新型工业化·新计算·计算机应用与技术类系列

U0663152

COMPUTER APPLICATION

操作系统原理与Linux实践教程

（第2版）

申丰山/编著

新形态·立体化
精品系列

电子工业出版社·
Publishing House of Electronics Industry
北京·BEIJING

内 容 简 介

操作系统课程是计算机、软件及相关专业的核心课程和必修课程，是计算机文化基础知识的重要组成部分。本书理论与实践案例并重，全面、系统地阐述了操作系统的重要概念和原理，深入、细致地剖析了操作系统的组成结构和运行机制，给出了相关概念、原理在 Linux 操作系统中的实现方法，提供了大量应用实例，详细说明了 Linux 实验环境搭建方法，给出了完整可用的 Linux C 源程序及编译和运行方法，方便读者无障碍实验学习和再创造，为培养具有扎实的专业理论知识和较强实践能力的高级工程技术人才提供可理解、可实践的内容和素材。本书对 Linux 内核进行了深入分析，给出了其系统模型。全书共 8 章，内容包括：操作系统概论，处理器管理，并发进程的同步、互斥与死锁，存储管理，设备管理，文件管理，操作系统安全，多处理机与多计算机操作系统，涵盖了操作系统的经典、核心内容及扩展内容。

本书结构完整，逻辑清晰，言简意赅，理论和实践、Linux 内核分析相呼应，理解和应用交替穿插，有效克服了学习的单调性，有助于活跃学生思维，激发学生的学习兴趣。

本书可作为计算机及软件类本科、专科专业课程教材或参考书，也可作为对工程实践能力有着更高要求的面向卓越工程师培养的相关专业的课程教材或参考书，也可供计算机及软件行业工程技术人员、内核分析与开发人员及研究生阅读和参考。

图书在版编目（CIP）数据

操作系统原理与 Linux 实践教程 / 申丰山编著.
2 版. -- 北京：电子工业出版社，2025. 8. -- ISBN
978-7-121-50800-4

Ⅰ. TP316.85
中国国家版本馆 CIP 数据核字第 202520F0A9 号

责任编辑：戴晨辰
印　　刷：北京天宇星印刷厂
装　　订：北京天宇星印刷厂
出版发行：电子工业出版社
　　　　　北京市海淀区万寿路 173 信箱　　邮编：100036
开　　本：787×1092　1/16　印张：20.25　字数：531 千字
版　　次：2016 年 1 月第 1 版
　　　　　2025 年 8 月第 2 版
印　　次：2025 年 8 月第 1 次印刷
定　　价：69.80 元

凡所购买电子工业出版社图书有缺损问题，请向购买书店调换。若书店售缺，请与本社发行部联系，联系及邮购电话：(010)88254888，88258888。
质量投诉请发邮件至 zlts@phei.com.cn，盗版侵权举报请发邮件至 dbqq@phei.com.cn。
本书咨询联系方式：dcc@phei.com.cn。

前　言

《操作系统原理与 Linux 实践教程》自 2016 年出版以来，通过不断的教学实践、反复深入的思考和大量文献的实例考证为新版教材积累了新的内容。本版教材做了如下修订：

（1）在第 2 章到第 6 章末尾分别增加了与相应章节理论相关的主流硬件结构知识和 Linux 内核功能、数据结构及内核流程解析内容，提供从抽象到具体、理论充分联系实际的多层次教学内容。

（2）基于清晰、准确、简洁的原则修订了个别概念、原理的表述，知识体系仍然保持稳定性。

操作系统是计算机系统的重要组成部分，是保证计算机功能正常、完整、可用的最基本的软件系统。操作系统几乎是每个计算机用户驾驭计算机的唯一系统工具。因此，每个用户理所当然地需要熟悉操作系统。然而，操作系统又是一种异常复杂的软件系统，不仅代码规模庞大，而且组成结构和运行机制复杂，学习、理解操作系统内部奥秘极富挑战性。操作系统直接建立在硬件基础上，对硬件进行管理，向用户屏蔽复杂的硬件细节。计算机系统中的硬件品种众多，工作流程复杂。操作系统需要处理大量的并发任务及并行操作，良好协调这些任务及操作间的同步关系，防止错误的发生。总之，操作系统是计算机系统工作的指挥者、协调者、监控者。理解操作系统乃至进行新的设计及实现均离不开对操作系统概念和理论的熟悉和掌握，这些概念和理论是操作系统领域的共同语言。操作系统课程内容又是程序设计、软件工程等需要以操作系统作为工作支持环境及涉及操作系统内核要素的课程的基础。作为一种复杂的、大规模的软件系统，操作系统的成功研制也是软件工程思想和方法应用的典范，并且为软件工程提供普遍的、可借鉴的、实用的实践方案和模板。例如，操作系统所包含的方便软件维护的模块化、层次化、分布式软件体系结构思想，复杂系统分治策略及各种资源管理中的数据结构在许多应用软件构造中有着类似的应用。因此，操作系统是一门重要的软件理论和方法基础课程。

全书共 8 章。第 1 章，介绍操作系统的定义、地位、功能、特性、发展、分类及结构。重难点内容是 1.1.3 操作系统的资源管理技术；1.3 操作系统的主要特性；1.5.1 程序接口；1.6 操作系统的结构设计。

第 2 章，讲述进程管理的硬件基础，进程的定义，进程的结构、状态，进程控制，处理器调度以及线程概念和线程实现，Intel x86 处理器与中断机构，Linux 中断管理和进程管理。重难点内容是 2.1.2 指令系统、特权指令与非特权指令；2.1.3 处理器工作模式（状态）及切换；2.2 中断；2.3 进程及其实现；2.4.2 多线程环境中进程与线程；2.6 处理器调度算法。

第 3 章，讲述并发进程之间的关系，包括并发进程的同步、互斥关系及信号量与 PV 操作和管程实现机制、死锁的产生及其解决方案、进程间的通信方案、Linux 内核中的同步互斥机制和 Linux 通信机制。重难点内容是 3.1.3 与并发执行时间有关的错误；3.2.1 临界区调度原则；3.3 同步；3.4 管程；3.5 进程通信；3.6 死锁。

第 4 章，从简单到复杂讲述存储管理技术，包括连续存储管理技术（固定分区、可变分区、伙伴系统）、离散实存管理技术（分页、分段、段页式系统）和虚拟存储管理技术（请求分页、请求分段、请求段页式系统）、Intel x86 存储机构和 Linux 存储管理，重点讲述请求分页式虚拟存储管理技术。重难点内容是 4.2 地址重定位、存储保护和存储共享；4.4 分页存储管理；

4.6 虚拟存储管理。

　　第 5 章，讲述设备管理的硬件基础知识、I/O 软件系统层次、磁盘结构与磁盘 I/O 调度算法、虚拟设备技术、Linux 设备管理。重难点内容是 5.1.2 I/O 控制方式；5.2.3 设备驱动程序；5.3.2 磁盘调度算法；5.4.2 SPOOLing 系统结构。

　　第 6 章，讲述文件管理系统的文件及目录结构、用户接口功能及其实现、文件空间管理方法、内存映射文件技术及虚拟文件系统结构、Linux 虚拟文件系统（VFS）和 Linux Ext2 文件系统。重难点内容是 6.1.4 文件操作；6.3 文件结构；6.4.2 文件操作系统调用功能实现；6.4.3 文件共享；6.5 文件空间管理。

　　第 7 章，简述操作系统安全保护机制，了解系统安全隐患与相应的防护措施。

　　第 8 章，简述多处理机及多计算机环境下操作系统设计思想，了解复杂硬件条件下与单处理机环境下处理机管理的区别。

　　对操作系统的内核功能进行实践应用是消除操作系统陌生感的重要学习形式，也是以工程实践能力为培养目标的教学内容的重要组成部分。本书包含经过多年教学实践积累、完善形成的 Linux 操作系统内核功能完整实验程序和实验环境搭建方法，可供读者无障碍地验证和透彻理解操作系统的相关概念和理论，并在此基础上进行操作系统的应用创新和设计。本书设计了13 个实验。实验选材既考虑操作系统概念、理论的验证性需求，同时也考虑相关技术在工程实践中的实用价值，达到学以致用的目的。本版教材增加的主流硬件结构知识和 Linux 内核流程解析内容则为操作系统的研制、开发、定制提供知识准备。

　　总之，本书理论与实践并重，满足各类读者的需要。既方便以理论学习为主的人员具体、完整地理解和掌握操作系统的理论知识，又方便需要在理论学习的基础上熟练掌握操作系统内核功能应用技术的人员顺利获得工程实践能力，也有利于减轻 Linux 内核分析人员和操作系统研发、定制人员理解操作系统内核的阻力。对于安排有独立实验学时的班级，教材中的实验可以在实验学时进行。对于课程安排在实验室或机房，但是没有独立实验学时的班级，教材中的实验可以嵌入理论讲授的适当时机进行，实验时长由教师根据学生情况及总学时合理确定。建议理论讲授与实验交替进行，防止学习形式的单调性，保持学生的学习兴趣。对于不具备统一实验条件的班级，教材中的实验可以由学生课下进行，教师决定验收与否。对以理论教学为主的班级，新增的主流硬件结构知识和 Linux 内核分析内容可以作为学生的课外学习内容，完成学习报告，计入平时成绩。略过教材中的实验章节以及新增的主流硬件结构知识和 Linux 内核分析内容，并不影响操作系统理论体系的完整性。

　　本书内容与知识结构图形象直观地描述了本书核心章节，可帮助读者总览知识全局、准确定位知识细节。

　　由于作者水平有限，加上操作系统代码规模庞大、复杂，分析不易，难以获得系统、完整、准确的第一手资料作为佐证，书中内容难免存在错误，敬请读者批评、指正，以便共同改进教材。为方便课程讲授，华信教育资源网提供了本书配套教学资源，供教师下载，或与作者联系索取。电子邮箱：iefsshen@zzu.edu.cn。

　　用于搭建实验环境的 Ubuntu Linux 操作系统可从官方网站下载安装。Ubuntu 新版本不断推出，读者可能下载到高于本书使用的 Ubuntu 版本，高版本 Ubuntu 完全可以替代本书使用的低版本 Ubuntu 顺利安装和完成实验。

编著者

本书内容与知识结构

多处理器、多计算机扩展系统

用户 —— 程序员 / 业务用户

操作系统
→ 模块依赖关系
⇢ 资源控制关系
—— 功能或内容细化

访问安全机制
用户接口

程序接口 / 操作接口
- 进程管理接口
- 文件管理接口
- 设备管理接口
- 存储管理接口

进程管理

处理器硬件
- 特权指令
- 处理器状态
- 中断

进程
- 进程结构
- 进程状态
- 进程控制
- 进程调度

线程
- 线程结构
- 线程实现

进程间关系
- 同步
- 互斥
- 通信
  - 管道
  - 共享内存
  - 消息队列
  - 套接字
  - 信号

管程
- 同步、互斥

文件管理

文件操作接口
- 文件类型及属性
- 文件存取方法
- 文件操作
- 内存映射文件

目录操作接口
- 目录结构
- 目录操作

文件结构
- 文件逻辑结构
- 文件物理结构

文件程序接口
- 文件系统调用功能
- 文件共享

文件空间管理
- 文件空间分配
- 文件辅存空间管理

虚拟文件系统
- Linux虚拟文件系统

设备管理

硬件系统
- 设备类别
- 设备硬件组成
- 控制器
- I/O控制方式

软件系统
- 用户空间的I/O软件
- 设备无关I/O软件
- 设备驱动程序
- 中断处理程序

磁盘
- 磁盘结构
- 磁盘调度算法

虚拟设备
- SPOOLing

存储管理

输入设备 → 处理器 → 内存 → 输出设备

磁盘

计算机硬件系统
→ 数据流
⇢ 硬件控制流

连续存储管理
- 固定分区
- 可变分区
- 伙伴系统

离散存储管理
- 分页存储管理
- 分段存储管理
- 段页式存储管理

虚拟存储管理
- 请求分页存储管理
- 请求分段存储管理
- 请求段页式存储管理

教 学 建 议

教学章节	教学内容	讲授学时	实验学时
第1章 操作系统概论	1.1 操作系统的资源管理功能和目标	2	2
	1.2 操作系统的功能	1	
	1.3 操作系统的主要特性	1	
	1.4 操作系统的发展和分类	1	
	1.5 操作系统的用户接口	1	
	1.6 操作系统的结构设计	2	
第2章 处理器管理	2.1 处理器	1	2
	2.2 中断	1	
	2.3 进程及其实现	3	
	2.4 线程及其实现	2	
	2.5 处理器调度系统	2	
	2.6 处理器调度算法	2	
第3章 并发进程的同步、互斥与死锁	3.1 并发进程	2	4
	3.2 临界区管理	2	
	3.3 同步	4	
	3.4 管程	2	
	3.5 进程通信	2	
	3.6 死锁	2	
第4章 存储管理	4.1 存储器层次	1	0
	4.2 地址重定位、存储保护和存储共享	1	
	4.3 连续存储管理	1	
	4.4 分页存储管理	2	
	4.5 分段存储管理	1	
	4.6 虚拟存储管理	3	
第5章 设备管理	5.1 I/O 硬件系统	2	0
	5.2 I/O 软件系统	2	
	5.3 磁盘管理	2	
	5.4 虚拟设备	1	
第6章 文件管理	6.1 文件	2	2
	6.2 目录	1	
	6.3 文件结构	2	
	6.4 文件系统功能及实现	2	
	6.5 文件空间管理	2	
	6.6 内存映射文件	1	
	6.7 虚拟文件系统	1	
第7章 操作系统安全	7.1 操作系统安全的概念	1	0
	7.2 信息安全保护机制	1	
第8章 多处理机与多计算机操作系统	8.1 多处理机操作系统	1	0
	8.2 多计算机操作系统	1	
		64	10

讲授及学习建议：

（1）建议课堂教学在配有上机环境的实验室进行，计算机上已安装 Ubuntu 操作系统。理论讲授和上机实验交替穿插进行，树立重视创新创造的工程意识。一般每周或每两次理论课安排一次实验，每次实验学时不超过 1 个学时。由于实验在各个章节的分布并不均匀，某些章节的讲授内容和实验次序可以适当调整，例如，3.5 节的 4 个进程通信实验可以安排在之前或之后的适当章节完成。

（2）教师在实验进行之前采用绘图等形式直观、概括地介绍实验设计方案和重要细节，学生调试运行本书源程序，观察运行结果，写出/绘制程序关键流程/步骤、Linux 内核函数与所依据概念及理论模型之间的对应关系。在此基础上改写程序，完成新的业务功能。

（3）先导课程建议为微处理器原理与接口、计算机硬件与汇编语言、数据结构及 C 语言程序设计。

（4）建议教学总学时为 64 学时或 48 学时，某些章节的讲授学时和实验学时可以适度压缩合并，课堂上未完成的实验可以由学生课后继续完成。

（5）课程考核形式建议为卷面考试和课程设计相结合，两者成绩占比分别为 70% 和 30%。课程设计开始时间建议为第 8 周或学时过半时。课程设计结束时间建议为讲授学时结束时。课程设计题目建议选择具有创新性、实用性的问题为题。题目数量依据工程复杂性和学生人数来定。

（6）教学建议表中未列的新增章节 2.7、2.8、2.9、3.7、3.8、4.7、4.8、5.5、6.8、6.9 为学生深入自学内容。对于纯理论教学，教师可针对上述新增章节布置研究型作业作为平时作业的组成部分，平时成绩可按 30% 计分。

目　　录

第1章　操作系统概论 ················· 1

1.1　操作系统的资源管理功能和目标 ······· 1

1.1.1　操作系统的定义 ·············· 1

1.1.2　操作系统在计算机系统中的位置 ···· 2

1.1.3　操作系统的资源管理技术 ······· 2

1.1.4　操作系统运行程序的服务 ······· 4

实验1　Linux操作系统实验环境搭建 ····· 5

1.1.5　操作系统的目标 ············· 10

1.2　操作系统的功能 ··············· 10

1.3　操作系统的主要特性 ············ 11

1.3.1　并发性 ·················· 11

1.3.2　共享性 ·················· 12

1.3.3　异步性 ·················· 13

1.3.4　虚拟性 ·················· 13

1.4　操作系统的发展和分类 ··········· 13

1.4.1　操作系统的发展 ············· 13

1.4.2　操作系统的分类 ············· 15

1.5　操作系统的用户接口 ············ 18

1.5.1　程序接口 ················· 18

实验2　Linux程序接口实验 ········· 20

1.5.2　操作接口 ················· 21

实验3　Linux操作接口实验 ········· 23

1.6　操作系统的结构设计 ············ 26

1.6.1　操作系统的主要构件 ·········· 26

1.6.2　操作系统的结构 ············· 27

1.6.3　操作系统运行模式 ··········· 29

习题1 ························· 30

第2章　处理器管理 ················ 32

2.1　处理器 ···················· 32

2.1.1　寄存器 ·················· 32

2.1.2　指令系统、特权指令与非特权指令 ··· 33

2.1.3　处理器工作模式（状态）及切换 ··· 33

2.1.4　程序状态字寄存器 ··········· 34

2.2　中断 ····················· 35

2.2.1　中断概念 ················· 35

2.2.2　中断源分类 ··············· 35

2.2.3　中断处理 ················· 37

2.2.4　中断与操作系统的关系 ········· 38

2.3　进程及其实现 ················ 39

2.3.1　引入进程概念的必要性 ········· 39

2.3.2　进程定义和属性 ············· 39

2.3.3　进程状态与切换 ············· 40

2.3.4　进程描述 ················· 42

2.3.5　进程切换 ················· 47

2.3.6　模式切换 ················· 49

2.3.7　进程控制与管理 ············· 50

实验4　Linux进程控制实验 ········· 52

2.4　线程及其实现 ················ 53

2.4.1　多线程的引入 ·············· 53

2.4.2　多线程环境中的进程与线程 ······ 54

2.4.3　多线程的实现方法 ··········· 56

实验5　结果不唯一的多线程并发运行实例···58

实验6　多线程共享资源并发访问控制 ···· 59

2.5　处理器调度系统 ··············· 62

2.6　处理器调度算法 ··············· 67

2.6.1　低级调度的功能和类型 ········· 67

2.6.2　作业调度和低级调度算法 ······· 68

2.7　Intel x86中断机构 ············· 75

2.7.1　中断向量及中断分类 ·········· 75

2.7.2　中断 ···················· 75

2.7.3　异常 ···················· 75

2.7.4　硬件中断机构 ·············· 76

2.7.5　中断描述符表 ·············· 76

2.7.6　中断和异常响应过程 ·········· 76

2.7.7　中断/异常返回过程 ·········· 77

2.7.8　中断嵌套 ················· 77

2.7.9　硬件级的进程上下文切换机制 ····· 78

2.8　Linux中断管理 ··············· 78

2.8.1　Linux中的中断向量及用途分配 ···· 78

2.8.2　Linux中断描述符表的初始化 ····· 78

2.8.3　注册中断 ················· 79

2.8.4　Linux中断向量的数据结构 ······· 79

2.8.5　Linux 内核栈的设置 ················ 80
2.8.6　Linux 中断处理程序执行过程 ······ 80
2.8.7　Linux 中断/异常处理返回 ·········· 81
2.8.8　异常处理 ···························· 81
2.8.9　I/O 中断与时钟中断处理 ·········· 81
2.9　Linux 进程管理 ···························· 82
2.9.1　Linux 进程结构 ···················· 82
2.9.2　Linux 进程组织 ···················· 84
2.9.3　Linux 进程控制 ···················· 85
2.9.4　Linux 进程调度 ···················· 88
2.9.5　抢占内核与非抢占内核 ·········· 90
2.9.6　内核同步 ·························· 91
2.9.7　Linux 线程管理 ···················· 91
习题 2 ·· 91
第 3 章　并发进程的同步、互斥与死锁 ·····95
3.1　并发进程 ································95
3.1.1　程序执行的顺序性 ·············· 95
3.1.2　程序执行的并发性 ·············· 96
3.1.3　与并发执行时间有关的错误 ······ 99
3.1.4　进程间的关系 ·················· 100
3.2　临界区管理 ···························· 102
3.2.1　临界区调度原则 ················ 102
3.2.2　实现临界区管理的几种错误算法··· 103
3.2.3　实现临界区管理的 Peterson 算法··· 104
3.2.4　实现临界区管理的硬件设施 ······ 105
3.3　同步 ·································· 107
3.3.1　同步与同步机制 ················ 107
3.3.2　信号量与 PV 操作 ·············· 108
3.3.3　利用信号量实现互斥 ············ 110
3.3.4　利用信号量实现进程同步 ········ 111
3.3.5　Linux 系统中的同步互斥功能 ····· 120
实验 7　使用信号量解决生产者-消费者
　　　　问题 ·························· 120
3.4　管程 ·································· 123
3.4.1　管程的概念 ···················· 123
3.4.2　管程的实现 ···················· 126
3.4.3　管程的应用 ···················· 129
3.5　进程通信 ······························ 132
3.5.1　管道通信机制 ·················· 133
实验 8　Linux 管道通信 ················ 133
3.5.2　共享内存通信机制 ·············· 137
实验 9　Linux 共享内存通信 ············ 137

3.5.3　消息传递通信机制 ·············· 141
实验 10　Linux 消息传递通信 ············ 144
3.5.4　套接字通信机制 ················ 146
实验 11　Linux 套接字通信 ············ 146
3.5.5　信号通信机制 ·················· 148
3.6　死锁 ·································· 151
3.6.1　死锁的概念和产生的必要条件 ····· 151
3.6.2　死锁防止 ······················ 152
3.6.3　死锁避免 ······················ 154
3.6.4　死锁检测与解除 ················ 159
3.7　Linux 内核中的同步和互斥机制······ 162
3.8　Linux 通信机制 ························ 163
3.8.1　Linux 管道 ···················· 164
3.8.2　Linux 共享内存 ················ 166
3.8.3　Linux 消息队列 ················ 166
3.8.4　Linux 信号量 ·················· 168
3.8.5　Linux 套接字 ·················· 168
习题 3 ·· 169
第 4 章　存储管理 ····························· 172
4.1　存储器层次 ···························· 172
4.2　地址重定位、存储保护和存储共享···· 173
4.3　连续存储管理 ·························· 175
4.3.1　固定分区存储管理 ·············· 175
4.3.2　可变分区存储管理 ·············· 176
4.3.3　伙伴系统 ······················ 178
4.3.4　内存不足的辅助存储管理技术 ···· 179
4.4　分页存储管理 ·························· 180
4.4.1　分页存储管理方案 ·············· 180
4.4.2　快表 ·························· 181
4.4.3　分页存储空间的分配和释放 ······ 182
4.4.4　分页存储空间页面共享与保护 ···· 183
4.4.5　多级页表 ······················ 184
4.4.6　反置页表 ······················ 185
4.5　分段存储管理 ·························· 185
4.6　虚拟存储管理 ·························· 187
4.6.1　虚拟存储器原理 ················ 187
4.6.2　请求分页式虚拟存储管理 ········ 188
4.7　Intel x86 存储机构 ···················· 197
4.7.1　Intel x86 段机制 ················ 198
4.7.2　Intel x86 分页机制 ·············· 201
4.7.3　Intel x86 快表机制 ·············· 203
4.8　Linux 存储管理 ························ 203

4.8.1　虚拟地址空间布局（虚拟地址空间
　　　　的划分）……………………… 203
4.8.2　进程映像的逻辑结构…………… 204
4.8.3　进程虚拟地址空间的组织结构… 205
4.8.4　Linux 分页机制………………… 208
4.8.5　存储空间管理单元与组织……… 208
4.8.6　Linux 内核空间布局及其映射机制… 209
习题 4 ……………………………………… 211

第 5 章　设备管理……………………… 213
5.1　I/O 硬件系统……………………… 213
　　5.1.1　I/O 设备……………………… 213
　　5.1.2　I/O 控制方式………………… 215
5.2　I/O 软件系统……………………… 219
　　5.2.1　I/O 软件设计目标…………… 219
　　5.2.2　设备中断处理程序…………… 219
　　5.2.3　设备驱动程序………………… 220
　　5.2.4　设备无关 I/O 软件…………… 223
　　5.2.5　用户空间的 I/O 软件………… 226
5.3　磁盘管理…………………………… 227
　　5.3.1　磁盘结构……………………… 227
　　5.3.2　磁盘调度算法………………… 229
5.4　虚拟设备…………………………… 231
　　5.4.1　虚拟设备原理………………… 231
　　5.4.2　SPOOLing 系统结构………… 235
5.5　Linux 设备管理…………………… 236
　　5.5.1　设备硬件管理接口…………… 236
　　5.5.2　Linux 设备分类与 I/O 软件层次… 236
　　5.5.3　字符设备驱动的内核数据和服务
　　　　　接口……………………… 238
　　5.5.4　字符设备驱动程序的开发、安装
　　　　　和使用…………………… 240
　　5.5.5　块设备驱动相关的软件层次架构… 242
　　5.5.6　块设备驱动的内核数据和服务
　　　　　接口……………………… 242
　　5.5.7　块设备驱动程序的开发、安装
　　　　　和使用…………………… 245
　　5.5.8　Linux 设备缓冲管理…………… 246
习题 5 ……………………………………… 249

第 6 章　文件管理……………………… 251
6.1　文件………………………………… 251
　　6.1.1　文件的概念…………………… 251

6.1.2　文件的类型和属性…………… 252
6.1.3　文件存取方法………………… 253
6.1.4　文件操作……………………… 255
实验 12　Linux 文件操作……………… 256
6.2　目录………………………………… 258
　　6.2.1　目录项信息和结构…………… 258
　　6.2.2　目录层次……………………… 260
　　6.2.3　目录操作……………………… 261
6.3　文件结构…………………………… 261
　　6.3.1　文件的逻辑结构……………… 261
　　6.3.2　文件的物理结构……………… 261
6.4　文件系统功能及实现……………… 262
　　6.4.1　磁盘信息分区………………… 262
　　6.4.2　文件操作系统调用功能实现… 263
　　6.4.3　文件共享……………………… 266
6.5　文件空间管理……………………… 269
　　6.5.1　文件空间分配方法…………… 269
　　6.5.2　文件外存空间管理…………… 273
6.6　内存映射文件……………………… 276
实验 13　Linux 内存映射文件………… 278
6.7　虚拟文件系统……………………… 280
6.8　Linux 虚拟文件系统（VFS）…… 283
　　6.8.1　VFS 框架结构………………… 283
　　6.8.2　文件系统操作及数据结构…… 283
　　6.8.3　文件、目录操作及数据结构… 287
6.9　Linux Ext2 文件系统……………… 293
　　6.9.1　Ext2 文件系统结构…………… 294
　　6.9.2　文件系统操作………………… 297
　　6.9.3　文件及目录操作……………… 298
习题 6 ……………………………………… 301

第 7 章　操作系统安全………………… 303
7.1　操作系统安全的概念……………… 303
　　7.1.1　信息安全及威胁……………… 303
　　7.1.2　信息保护……………………… 304
7.2　信息安全保护机制………………… 306
习题 7 ……………………………………… 309

第 8 章　多处理机与多计算机操作系统… 310
8.1　多处理机操作系统………………… 310
8.2　多计算机操作系统………………… 311
习题 8 ……………………………………… 313

第 1 章

操作系统概论

　　操作系统是信息社会正常运转的基础软件，几乎需要部署在每台计算机上，从而与每个用户都相关。操作系统是最受人们关注的系统软件之一，其发展一直非常活跃。总有一些人并不满足于接受目前的主流操作系统，他们乐于创造一种新的受人欢迎的操作系统，为人们学习、使用及开发创造更多的便利条件。了解操作系统无疑是学习计算机文化的重要组成部分。操作系统位于硬件之上、应用软件之下，既涉及丰富的硬件知识，又涉及软件构造的典型原则和方法，是综合硬件和软件技术的复杂工程产品。学习操作系统意味着要综合学习、融会贯通包括硬件、数据结构与算法、软件工程方法及原则在内的描述和构造复杂系统的多门课程知识。了解操作系统的结构和工作原理不仅有利于更好地应用操作系统，还有利于将其中包含的算法策略和软件工程思想应用到一般的应用软件开发活动中。开源操作系统 Linux 的出现为深入学习和了解操作系统技术奥妙、为理论学习和实践应用及内核理解和开发提供了重要实践样本，为操作系统的平衡发展和安全问题的解决提供了机会。

1.1　操作系统的资源管理功能和目标

1.1.1　操作系统的定义

　　操作系统（Operating System，OS）是管理系统资源、控制程序执行、改善人机界面、提供各种服务、合理组织计算机工作流程和为用户有效使用计算机提供良好运行环境的一种系统软件。

　　根据定义，操作系统对资源进行管理。计算机系统中有哪些资源呢？其主要有两类资源：**硬件资源**和**软件资源**。**硬件资源**主要包括：中央处理器（CPU）、内存、外存、输入/输出（I/O）设备。硬件资源通过主板连接在一起，可以相互通信，协调工作。图 1-1～图 1-7 列出了计算机系统的硬件资源。图 1-8 为 Linux 创始人林纳斯·托瓦兹（Linus Torvalds）。

图 1-1　计算机硬件系统　　　　图 1-2　中央处理器　　　　图 1-3　内存　　图 1-4　硬盘（外存）

　　（a）键盘　　　　　（b）鼠标　　　　　　　　　　　　　（a）打印机　　　　　　（b）显示器

　　　　　图 1-5　输入设备　　　　　　　　　　　　　　　　　　图 1-6　输出设备

　　　　　图 1-7 主板　　　　　　　　　　　　　　　图 1-8　Linux 创始人 Linus Torvalds

　　计算机系统中的**软件资源**包括程序、数据和文档。这些软件资源存放在外存中，使用时复制到内存中。

　　操作系统课程内容结构正是从操作系统资源管理角度来组织的，全书的重要章节包括处理器管理（进程管理）、存储管理（管理硬件内存）、设备管理（管理输入/输出设备）、文件管理（管理程序、数据和文档）。

1.1.2　操作系统在计算机系统中的位置

　　操作系统是计算机系统的重要组成部分，整个计算机系统大致可以分为如图 1-9 所示的 4 层结构，自底向上依次为：硬件（包括 CPU、内存、外存、输入/输出设备）、操作系统、应用软件和用户。操作系统位于硬件之上、应用软件之下，起着承上启下的作用。用户通过应用软件或操作系统使用硬件功能。

　　操作系统直接安装在硬件上，屏蔽复杂的硬件细节，向上层应用软件及用户提供简单、抽象、统一、友好的使用接口，即应用软件和用户不直接使用硬件的功能，而是通过操作系统间接使用硬件功能的。

用户
应用软件
操作系统
硬件

图 1-9　操作系统在计算机系统中的位置

1.1.3　操作系统的资源管理技术

　　操作系统对计算机系统中的资源进行管理。如何管理资源呢？操作系统主要采用如下 3 种资源管理技术。

1．资源复用

　　资源复用是指将一个资源从空间或时间上划分为多个可被独立使用的单元，以支持多个进程（作业）对同一个资源的同时占用，包括分割资源为较多更小单位的空分复用和分时轮流使用资源的时分复用。进程（作业）是有资格获得系统资源的独立主体。内存是典型的空分复用资源。为了同时运行多道程序，内存被划分为若干个区域，每个区域容纳一个进程，从而允许多个进程同时驻留内存，交替或者并行运行。CPU 交替执行多个进程的行为体现了 CPU 时分复用的特性。对 CPU 时分复用时，进程用完所得时间片时，无论是否运行结束都需释放 CPU，操作系统随后将 CPU 分配给其他可运行进程。

2. 资源虚化

资源虚化指利用一类资源模拟另一类资源，造成被模拟的资源数量更多或容量更大的假象。资源虚化改进了资源共享性能。显然，数量多的资源可以用来虚化/模拟数量少的资源，容量大的资源可以用来虚化/模拟容量小的资源。在计算机系统中，打印机的数量通常少于使用打印机的作业数，内存的容量通常远少于磁盘的容量。假脱机系统利用磁盘缓冲区模拟打印机，从逻辑上增加了打印机的数量。用户进程提交待打印文件到缓冲区即视为打印完成，用户进程无须等待物理打印机变得可用。物理打印机由打印机守护进程负责控制和分配。虚拟存储器则利用磁盘空间的一部分模拟内存，从逻辑上扩充内存的容量。

3. 资源抽象

资源抽象是利用软件封装复杂的硬件或软件资源，简化资源应用接口的一种资源管理技术。资源抽象允许资源的使用者只问目标，不问过程地使用资源。它允许资源使用者表达使用资源的目的，即要求资源做什么，而不必说明达到目的的过程，即要求资源怎么做。计算机系统中的硬件不仅种类繁多，而且通常较为复杂。在底层访问硬件时，涉及设备控制命令的发送、设备状态的获取、数据的读写、中断的响应等细节。用户访问硬件的目的通常是输入或输出数据。资源抽象可以隐藏硬件输入或输出数据的底层操作细节，向用户提供简单、抽象、易用的抽象（逻辑）设备。

键盘是最常见的一种输入设备。在 C 语言程序中输入数据时，仅需使用类似 scanf("%d%d",&a,&b)的库函数调用语句即可。该语句等候用户从键盘上输入两个整数送到变量 a 和变量 b 所在的内存单元中。scanf 语句使用户只需要关心输入的数据应该放在内存的什么地方，而不需要关心如何输入数据。控制键盘输入数据的细节由操作系统提供的系统调用处理程序实现，并进一步被库函数 scanf()封装。因此库函数 scanf()体现了键盘抽象的思想。可以认为，函数名 scanf 代表键盘，用户通过 scanf 使用键盘时，却看不到任何键盘硬件细节，用户需要看到和提供的仅仅是输入数据要送达的内存单元地址，scanf 完全隐藏了键盘的使用细节。类似地，库函数调用语句 printf("a+b=%d\n",a+b)封装了屏幕输出的硬件操作细节。可以认为，函数名 printf 代表了一个抽象的显示输出设备，通过库函数 printf()使用显示输出设备时，用户完全看不到输出的内部操作细节，用户只需说明输出什么。

总之，资源抽象将"如何做"的问题变成"做什么"的问题，使用户只关心目标，不关心过程。

资源复用和资源虚化的目的是解决物理资源不足的问题；资源抽象解决的是物理资源的易用性问题。

在某种意义上可以说，操作系统的作用就是通过对计算机的各种硬件（包括处理器、存储器、输入设备、输出设备等）进行虚拟来实现的。

下面列举有关虚拟的例子。

【例 1】　虚拟处理器。

多任务操作系统的进程管理功能通过多道程序设计技术即时分复用技术将一台物理处理

器虚拟成若干台逻辑处理器，从而可以在单处理器系统中同时运行多道程序，每道程序运行在一台逻辑处理器上。

【例 2】 虚拟存储器。

操作系统的虚拟存储管理功能通过进程在内、外存之间的对换、部分装入即可运行等操作，利用外存模拟内存（资源虚化），虚构了一个比实际内存空间大得多的编程空间，从而能够运行比内存空间大的程序，能够并发运行更多道的程序。

【例 3】 虚拟设备。

操作系统的 I/O 设备管理功能通过资源抽象屏蔽了显示器、打印机、扫描仪、键盘和鼠标等设备的物理细节，使得用户可以使用统一的 I/O 命令、统一的界面来对不同的外部设备进行数据的输入/输出操作。利用外存缓冲区模拟顺序共享型设备（资源虚化），扩充其数量，改进其工作方式，解决设备数量不足的问题。

【例 4】 虚拟文件系统。

虚拟文件系统统一了千差万别的各种文件系统的使用接口（资源抽象），使得用户通过虚拟文件系统提供的统一接口可以访问不特定的实际文件系统，避免了为不同的实际文件系统开发接口不同的应用程序。

【例 5】 窗口管理软件。

操作系统的窗口管理软件把一台物理屏幕改造成多个窗口（资源复用），每个应用可以在各自的窗口中操作，用户可以在窗口环境中方便地与计算机进行交互。

1.1.4 操作系统运行程序的服务

操作系统提供的最重要的服务是运行程序。操作系统如何为运行程序服务？以如图 1-10 所示的一个 C 语言程序为例，进行介绍。

该程序编译链接后存放于磁盘（外存）中。当用户输入程序名或在图形用户界面中双击程序名（使用操作系统提供的用户接口）后，操作系统到磁盘上寻找该程序所在扇区（用到操作系统的文件管理功能），根据其大小分配内存空间（用到操作系统的存储管理功能），将其加载到该内存空间（用到装入功能）。在加载程序的过程中，根据程序要装入的内存起始位置，操作系统可以将程序中的逻辑地址转变为内存物理地址。为了管理程序，不使程序运行失控，操作系统还为该程序创建了一个进程控制块（Process Control Block，PCB），PCB 如同进程的户口本、身份证或者档案一样。PCB 和所加载的用户程序代码及数据构成一个执行实体，称为进程，如图 1-11 所示。进程是一个动态实体，随着指令的执行改变资源状态及其自身。计算机中可能同时存在多个已经运行而尚未终止的进程，而处理器通常只有一个，处理器应该分配给多个进程中的哪一个属于操作系统的进程调度功能。新建进程未必能够马上获得处理器而转入运行状态，随着等待时间的延长，新进程的优先级会逐渐升高，最终成为最有资格获得处理器的进程而转入运行状态。

当执行到语句 scanf("%d%d",&a,&b);时，进程需要从键盘获得数据，键盘属于输入设备，键盘的操作涉及操作系统的设备管理功能，该功能将键盘复杂的机械特性封装起来，对用户提供的接口仅显示输入数据需要送达的内存单元。这句话的实质是通过键盘向内存变量赋值。键盘的访问在高层被转化为内存的访问。设备管理功能的资源抽象技术简化了键盘访问接口，使用户无须直接与键盘端口打交道，无须知道端口地址即可使用键盘功能输入数据。

当执行到语句 printf("a+b=%d\n",a+b);时，进程需要向显示器输出计算结果。显示器属于输出设备，显示器的输出操作涉及操作系统的设备管理功能，该功能将显示器复杂的机械特性和底层访问端口封装起来,仅向用户提供要输出的数据来自哪个接口。显示器的访问被操作系统的设备管理功能抽象为内存的访问。

```
#include <stdio.h>
int main(int argc, char *argv[])
{
    int a,b;
    scanf("%d%d",&a,&b);
    printf("a+b=%d\n",a+b);
    return 0;
}
```

图 1-10 一个简单的 C 语言程序

图 1-11 操作系统运行程序的服务

最后,执行 return 0;语句,进程结束,将处理器控制权交还给操作系统,操作系统回收结束进程的内存空间及其他资源。

通过该程序加载执行到结束的过程分析可以看到:该程序的执行获得了操作系统的进程管理服务、存储管理服务、设备管理服务和文件管理服务。

实验 1 Linux 操作系统实验环境搭建

源代码公开的 Linux 给了人们深入学习和探索操作系统内部奥秘的机会,为操作系统理论学习人员提供了十分重要的实验平台。Linux 优异的性能也获得众多公司和技术爱好人员的大力支持,其版本不断升级、完善,多个变种先后被推出。Ubuntu 是目前最为流行的 Linux 之一,其界面接近于人们非常熟悉的 Windows,Windows 用户可以非常顺利地转换为 Linux 用户。本课程实验平台选用 Ubuntu。

安装 Ubuntu 时有两种方法:第一种是物理安装,将 Ubuntu 安装为开机即可启动的模式;第二种是虚拟安装,将 Ubuntu 安装在虚拟机 VMware Workstation(VM)上。

1. 物理安装

(1)版本:Ubuntu-12.04.5(也可以选择其他版本,建议高于此版本)。

(2)安装文件:Ubuntu-12.04.5-desktop-i386.iso(756 MB)。

该文件可在 Windows 下安装,机器启动时,可在 Windows 和 Ubuntu 之间选择启动一种操作系统。

(3)安装前的磁盘分区情况:磁盘可分为 C、D 两个分区,Windows 已经安装在 C 分区,一键 Ghost 也已安装。

(4)安装步骤。

① 安装虚拟光驱软件,如 daemon4111-lite-x86(或者其他版本)。Windows 10 自带虚拟光驱,故可省略此步。

② 使用 daemon4111-lite-x86 装载 Ubuntu-12.04.5-desktop-i386.iso,或者使用资源管理器打开.iso 文件,系统自动解压文件到虚拟光驱下,如图 1-12 所示。

运行 wubi.exe 程序,出现如图 1-13 所示界面。此后的过程基本无须人工干预,系统自动安装完毕。

单击 daemon tool lite 图标

(a)虚拟光驱

(b) 使用 Windows 10 资源管理器解压 Ubuntu 安装文件

图 1-12　解压 Ubuntu 安装文件

(a)初始安装界面　　　(b)光盘启动　　　(c)安装光盘启动程序　　　(d)立即启动

图 1-13　选择安装选项

当进入登录菜单时，需要设置自己的用户名和口令，并将用户名和口令记录在笔记本或手机通讯录上，以免遗忘。以后每次启动 Ubuntu 时都需要输入口令，当计算机进入屏幕保护状态需要重新激活时也需要输入该口令。

（5）Ubuntu 的启动。Ubuntu 安装成功后，在启动菜单中会自动出现 Windows 和 Ubuntu 启动选项，用户可在这两种操作系统之间进行选择启动。

（6）启动后的 Ubuntu 12.04 桌面环境。

① Ubuntu 桌面左侧为菜单面板，包含 Home 文件夹、浏览器、办公软件、系统设置等图标。

② Ubuntu 桌面右上角为信息公告区，包含输入方法、网络控制、音量控制、当前注册用户名、系统日期与时间、系统控制（关机、重启、睡眠等）。

③ Ubuntu 桌面底部为窗口面板，包含桌面显示/隐藏按钮、窗口列表、工作区切换开关、回收站图标。

通过上述功能项目可以完成类似于 Windows 桌面环境下的资源管理器操作、控制面板操作、网络操作等，Ubuntu 自带办公软件以方便用户工作。

（7）Linux 命令的执行途径/方式。

① 通过图形界面执行命令：在 GNOME 图形界面上执行菜单命令。

② 通过命令行执行命令：按 Ctrl+Alt+t 组合键，打开类似 DOS 窗口一样的终端窗口，在该窗口里可以输入 Linux 命令及编写程序、安装软件和编译程序。

2．虚拟安装

在虚拟机 VMware Workstation 上安装 Ubuntu 的步骤如下。

（1）安装虚拟机软件 VMware Workstation。

在 Windows 下运行 VMware Workstation 10（或者更高版本）。安装过程出现的主要界面如图 1-14 所示。

（a）启动界面　　　　　　　　　　　　（b）输入许可证号

（c）VMwave Workstation 10 安装完成

图 1-14　VMware Workstation 安装过程中的主要界面

（2）在 VMware Workstation 上安装 Ubuntu。

首先启动 VMware Workstation，主要过程包括创建新虚拟机（见图 1-15）、安装 Ubuntu（见图 1-16）、设置用户名及口令（见图 1-17）、登录系统（见图 1-18）等。

（3）熟悉系统界面和部分功能的操作方法。

单击"开启此虚拟机"按钮，重新启动 Ubuntu，如图 1-19 所示。

输入口令，登录系统，进入工作桌面，如图 1-20 所示。

图 1-15　根据"新建虚拟机向导"创建新虚拟机

图 1-16　选择"安装程序光盘映像文件（iso）"单选按钮打开 Ubuntu 12.04.5

图 1-17　设置用户名及口令

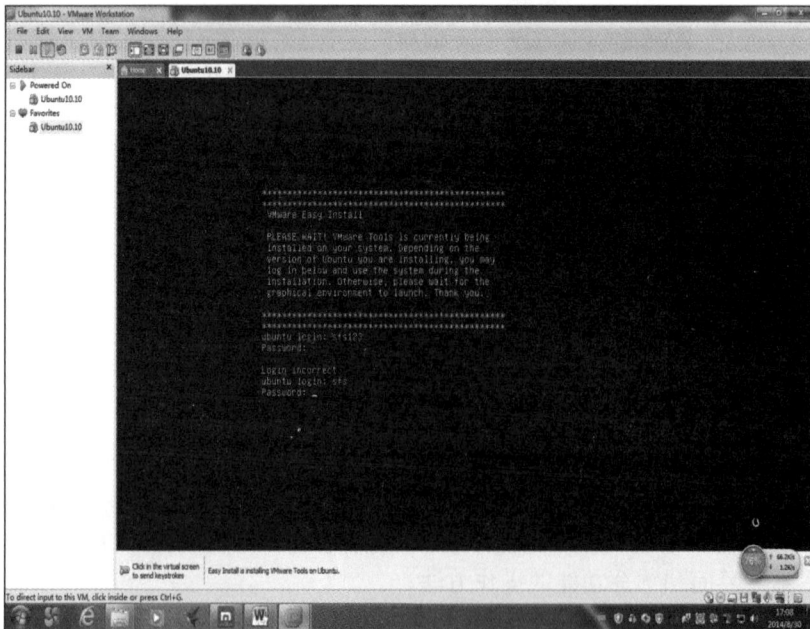

图 1-18　输入用户名和口令后登录系统

图 1-19　重新启动 Ubuntu

（a）输入口令并登录系统

（b）图形用户界面

图 1-20　输入口令，登录系统，进入工作桌面

部分操作应用如下。

① 在图形界面下打开命令行终端窗口。

方法：按 Ctrl+Alt+t 组合键即可打开命令行终端窗口。

② 查看 Ubuntu 内核版本号。

```
sfs@ubuntu:~$ uname -a
Linux ubuntu 3.0.0-12-generic #20-Ubuntu SMP Fri Oct 7 14:50:42 UTC 2011
i686 i686 i386 GNU/Linux
```

输入 exit 命令，关闭命令行窗口。

③ 由图形界面切换到文字界面的方法：按 Ctrl+Alt+Shift+F1 组合键。

④ 由命令行界面切换到图形界面的方法：按 Ctrl+Alt 组合键，在 Ubuntu 窗口中单击，使窗口获得焦点，再按 F7 键，即可返回 Ubuntu 操作系统图形界面。

⑤ 关机：执行"关机"命令，或者打开命令行窗口，输入命令 shutdown -h now。

1.1.5　操作系统的目标

1．方便用户使用

操作系统提供了用户与计算机硬件之间的友善接口。操作系统向用户提供的应用接口远比硬件向用户提供的接口简单易用。若只有硬件，则用户几乎无法使用计算机。

2．扩充机器功能

操作系统作为软件赋予了计算机系统远比硬件强大的功能。软件犹如计算机系统的"肌肉"，硬件犹如计算机系统的"骨骼"。如果只有骨骼没有肌肉，躯体就缺乏柔韧性和运动能量。如果没有操作系统，只有硬件的计算机将难以展现出强大的功能。

3．管理系统资源

操作系统代替人来管理计算机系统的软硬件资源。慢速的人工操作管理高速的系统硬件资源及庞大的软件资源将会耗费大量的时间且极易出错，甚至难以实现这种管理。

4．提高系统效率

操作系统代替人实现了对计算机的自动化管理，由此提高了系统效率。

5．构筑开放环境

开放环境指遵循有关国际标准，支持体系结构的可伸缩性和可扩展性，支持应用程序在不同平台上的可移植性和可互操作性的环境。

1.2　操作系统的功能

操作系统的功能体现为资源管理功能。根据硬件类别，操作系统的功能包括：处理器管理功能、存储管理功能、设备管理功能、文件管理功能及网络与通信管理功能。其中包含的详细内容将在各章节阐述，在此预览其梗概。

1．处理器管理功能

处理器管理的硬件对象是处理器，其主要工作是处理中断事件和处理器调度。处理器管理具体包括如下内容。

（1）进程控制和管理，包括进程创建、运行、阻塞、终止等。

（2）进程同步和互斥。

（3）进程通信和死锁。

（4）线程控制和管理。

（5）处理器调度，分为作业调度、中程调度、低级调度等。

处理器管理策略的不同会形成不同类型的操作系统或不同类型的任务处理方式，如批处理、分时处理、实时处理等描述的是操作系统处理任务的不同策略。

2．存储管理功能

存储管理的硬件对象是内存储器，其功能包括存储分配、存储共享、地址转换与存储保护、存储扩充。

3．设备管理功能

设备管理的硬件对象是输入/输出设备，其功能包括设备分配、缓冲管理、设备驱动、设备独立性、实现虚拟设备。

4．文件管理功能

文件管理的对象是软件，其任务包括提供文件逻辑组织方法、提供文件物理组织方法、提供文件的存取方法、提供文件的使用方法、实现文件的目录管理、实现文件的存取控制、实现文件的存储空间管理。

5．网络与通信管理功能

网络是对单机的扩展，其中包含多台互相连接的计算机，网络与通信管理对网络中的硬件和软件资源进行管理，其功能包括网上资源管理功能、数据通信管理功能、网络管理功能，如故障管理、安全管理、性能管理、记账管理和配置管理。

1.3　操作系统的主要特性

1.3.1　并发性

并发性是指两个或两个以上的事件或活动在同一时间间隔内发生。

已经开始、尚未结束的两个或多个事件或活动是并发的。如果一个事件或活动开始前，另一个事件或活动已经结束，两者没有时间上的重叠，则这两个事件或活动是顺序的。并发的事件或活动在宏观上是同时进行的，在微观上也可能是同时进行的，在时间上有重叠；也可能是交替穿插进行的，在时间上不重叠。

操作系统的并发性是指操作系统同时启动多个资源，同时执行多个程序任务的特性，这些程序交替、穿插地执行。并发执行的多个程序能够驱动不同的部件同时工作，如使多个 I/O 设备同时进行输入/输出操作，或者使设备 I/O 与 CPU 的计算同时进行，从而消除系统中部件和部件之间的相互等待，有效改善系统资源利用率，改进系统吞吐量，提高系统效率。

在计算机系统中，并发的实质是一个物理 CPU（也可以是多个物理 CPU）在若干道程序之间的多路复用。并发技术的关键在于如何对系统中多个运行程序（进程）进行切换。

与并发性概念相近的是并行性。**并行性**是指两个或两个以上的事件或活动在同一时刻发生。并行的事件或活动在宏观和微观上都是同时进行的。在多道程序环境下，并行性使多个程序同一时刻可在不同 CPU 上同时执行。并行的事件或活动一定是并发的，并发的事件或活动未必是并行的。

1.3.2　共享性

共享性是指计算机系统中的资源（包括硬件资源和软件资源）在合理的时间间隔内可被多个同时存在的资源请求者（作业）共同使用。资源请求者一般为进程或线程。共享与时间公平性密切相关。如果资源是共享的，则资源请求者应能在合理时间内获得所需资源。

资源共享的方式在时间间隔上可分为两种：顺序访问和同时访问。

在一个任务完成后才能切换到下一个任务的资源使用方式称为**顺序访问**。在顺序访问方式下，资源占用者完成任务后，资源才能切换到下一个任务。以顺序访问方式共享的资源一旦被分配给某个任务，则在该任务结束之前，其所占用资源不可被剥夺。顺序访问型的资源共享方式也可以称为不可剥夺的资源共享方式，或者不可剥夺的互斥访问方式。顺序访问资源的操作在时间上没有重叠，也不存在多个任务对同一个资源交替、穿插的使用。顺序访问的资源以完成任务的时刻作为资源在任务之间切换的时机。许多物理设备，如打印机、磁带机、卡片机等，以及某些数据和表格都是顺序访问的资源。

资源复用指的是多个资源使用者同时使用同一个资源，即某个资源在不同时空范围内同时服务多个任务，多个任务在时间上分时轮流占用同一个资源，或者在空间上分别占用资源的不同部分。因此，资源复用属于资源共享。

同时访问可分为并行访问和并发访问，多个任务对同一个资源的操作在时间上允许重叠的资源使用方式称为**并行访问**。允许多个任务对同一个资源进行交替、穿插操作的资源使用方式称为**并发访问**。资源占用者完成任务前，资源可暂时被收回分配到下一个任务。以并发访问方式共享的资源被分配给某个任务后，在该任务结束之前，其所占用资源可以被剥夺重新分配。并发访问型的资源共享方式也可以称为可剥夺的资源共享方式，或者可剥夺的互斥访问方式。并行访问时，对共享资源的使用在宏观和微观上都是同时的。并发访问时，对共享资源的使用在宏观上是同时的，在微观上，各个任务对同一个资源的访问不是连续的，而是交错的，在时间上不重叠。这种交错访问的顺序对访问的结果没有影响。被并发访问的资源从一个任务切换到另一个任务时，前一个任务未必已经完成。如果没有完成，则该任务将来需要再次获得该资源以继续被中断的未完成任务。典型的可供多个任务并发访问的资源是处理器以及磁盘，可重入程序也可被并发访问。

多个进程在同一处理器上并发执行时，它们对处理器的使用时间并不重叠。处理器的工作时间被分割为非常短的称为时间片的时间间隔。每个进程获得处理器时，仅能使用其中的一个时间片，一旦时间片用完，无论是否运行结束，进程都将暂停运行，处理器将切换到下一个进程。未完成进程在下一个时间片中等候继续运行。在任务完成后才允许切换共享资源还是在任务完成之前允许切换共享资源是区分顺序访问和并发访问的重要依据。

磁盘与打印机的不同之处在于，磁盘中信息存放的物理顺序不是最终读取时的逻辑顺序，最终读取文件内容时，需要按照逻辑顺序重新装配文件信息块，装配正确的信息才是最终阅读的文件内容。磁盘中信息块的非连续存放不影响最终访问的正确结果。对属于不同文件的信息块的交替访问在不同的缓冲区中排序后才提交给用户，这与依次顺序访问每个文件的效果相同，用户感知不到文件的内容是以交替访问的方式获得的还是以顺序访问的方式获得的。打印机则不然，打印机打印出的纸质信息是最终阅读的信息，其打印顺序即为最终向用户提交的顺序，必须与逻辑顺序一致。对多个文件的交替打印只会产生混乱的页面顺序。

并发性和共享性是操作系统的两个最基本特性，程序的并发执行导致资源共享，对共享资源的有效管理才能保证程序的并发执行。

1.3.3　异步性

异步性也称为随机性，在多道程序环境中，程序的执行不是一贯到底，而是"走走停停"的，何时"走"何时"停"是不可预知的。但是，只要运行环境相同，操作系统必须保证多次运行同一进程时，都会获得与单道运行时相同的结果。异步性是并发性的表现特征，并发性是异步性的内在原因。

中断是异步性特征表现的硬件基础。当中断发生时，当前正在运行的程序将暂停，而操作系统程序将开始执行，对 CPU 实施重新分配，获得 CPU 的某个进程将由"停"变为"走"的状态。许多中断事件的发生是随机的，难以预测一个运行着的程序何时会被中断而停下来。时钟中断事件的发生频率又是较高的，一个程序的运行会被多次中断，呈现出"走走停停"的特征。

1.3.4　虚拟性

虚拟性是物理资源被操作系统资源管理技术改造后所呈现出的资源更多、资源更易使用等虚幻特性。一些虚拟资源管理技术如下。

【例 6】　通过多道程序和分时使用 CPU 技术，物理上的一个 CPU 变成逻辑上的多个 CPU。

【例 7】　通过 SPOOLing（假脱机）技术把物理上的一台顺序共享的设备变成逻辑上的多台虚拟设备。

【例 8】　通过窗口技术可把物理上的一个屏幕变成逻辑上的多个虚拟屏幕。

【例 9】　IBM 的 VM（虚拟计算机）技术把物理上的一台计算机变成逻辑上的多台计算机。

【例 10】　虚拟存储器把物理上的多个存储器（内存和外存）变成逻辑上的一个存储器，即虚拟存储器。

1.4　操作系统的发展和分类

1.4.1　操作系统的发展

1．人工操作阶段

从诞生到 20 世纪 50 年代中期的计算机被称为第一代计算机，机器昂贵，每台价格高达几百万美元，仅被少数大公司和主要政府部门拥有，操作系统及其概念尚不存在，用户及其应用程序与硬件之间没有任何软件屏障，应用程序直接建立在硬件上。该时期，人工控制和使用计算机的过程大致如下。

（1）输入源程序：人工把源程序（写在纸上）用穿孔机穿制在卡片或纸带上（卡片和纸带相当于外部存储器），变成计算机可识别的输入形式。

（2）加载系统程序：将准备好的汇编解释程序或编译系统（也在卡片或纸带上）装入计算机。

（3）加载待汇编/编译源程序：汇编程序或编译系统将人工装在输入机上的穿孔卡片或穿孔纸带上的源程序读入计算机中。

（4）执行汇编或编译命令：执行汇编过程或编译过程，产生目标程序，并输出到目标卡片或纸带上。

（5）装入可执行程序：通过引导程序把装在输入机上的目标程序读入计算机。

（6）执行可执行程序，加载待处理数据：启动目标程序，从输入机上读入人工装好的数据卡片或数据纸带上的数据。

（7）输出结果：产生计算结果，执行结果从打印机上或卡片机上输出。

人工操作的严重缺点如下。

（1）用户独占全机资源，造成资源利用率不高、系统效率低下。

（2）手工操作多，处理机时间浪费严重，也极易产生差错。

（3）上机周期长。

2. 管理程序阶段

在该阶段，作业控制语言代替开关、按钮控制作业执行过程，实现了计算机从手工操作方式到脱机操作方式的转变。用户上机时需要向操作员提交由程序、数据和作业控制卡构成的作业，操作员收集到一批作业后把它们一起放到卡片机上输入计算机。计算机上则运行一个驻留在内存的管理程序，对作业进行自动控制和成批处理，自动进行作业转换，减少了系统空闲时间和手工操作时间。其工作流程如下。

操作员集中一批用户提交的作业，由管理程序将这批作业由纸带或卡片机输入磁带上，每当一批作业输入完成后，管理程序自动把磁带上的第一个作业装入内存，并把控制权交给作业。当该作业执行完成后，作业又把控制权交回管理程序，管理程序再调入磁带上的第二个作业到内存中执行，如此重复，直到磁带上的作业全部运行完毕。无须人工干预，系统自动顺序执行一批作业的处理系统即为单道批处理系统。单道批处理系统减少了等待人工干预的时间，但是一个作业运行期间仍然独占全机资源，某些暂不使用的资源处于空闲等待的状态。例如，当作业执行 I/O 操作时，CPU 便空闲下来，直到 I/O 操作完成。多道批处理系统能够在一个作业结束之前启动另一个或多个作业运行，系统中同时存在多个已经开始执行但未结束的作业。不同的作业可以同时使用未被占用的不同资源并行操作，减少了资源空闲等待的时间和作业执行时间，提高了资源利用率和系统吞吐率。

3. 多道程序设计和操作系统的形成

多道批处理系统属于多道程序系统，支持多个作业同时运行。多道程序系统是多道程序设计技术的产物。多道程序设计是指允许多个程序同时进入一个计算机系统的主存储器并启动进行交替计算的方法，即计算机内存中同时存放了多道程序，它们都处于开始和结束点之间。从宏观上看，多道程序并发运行，它们都处于运行过程中，但都未运行结束。从微观上看，多道程序的执行是交替的，不连贯的，各道程序轮流占用 CPU。多道程序设计技术的硬件基础是中断及通道技术。中断能够使系统暂停一个程序的执行而将 CPU 等资源切换到另一个程序，实现多道程序同时运行的效果。通道是能够执行 I/O 指令程序，代替 CPU 完成复杂设备 I/O 任务的智能部件，大幅度减少 CPU 处理设备 I/O 任务的时间消耗。引入多道程序设计技术可以提高 CPU 的利用率，充分发挥计算机系统部件的并行性。

多道程序设计技术提高资源利用率和系统吞吐量的算例分析如下。

【例 11】　单道程序运行问题。

有某个数据处理问题 P1，要求从输入机上输入 500 个字符（花费时间 78ms），经 CPU 处理 52ms 后,将结果的 2000 个字符存到磁带上(花费时间 20ms),重复进行,直至输入数据全部处理完毕。各硬件工作的时间关系如图 1-21 所示。处理器的利用率为 52/(78+52+20)≈35%,其他硬件的利用率也可类似计算。

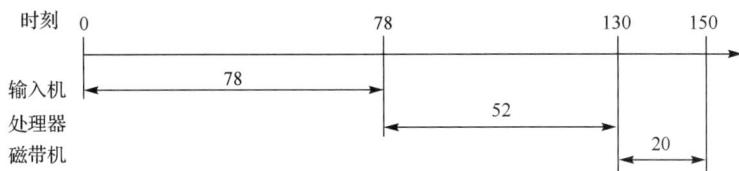

图 1-21　单道程序运行时各硬件工作的时间关系

为提高效率,让计算机同时接收两道算题,当第一道程序在等待外围设备时,让第二道程序运行,降低 CPU 空等时间,处理器的利用率显著提高。

【例 12】　在计算 P1 的同时,计算机还接收了另一道算题 P2:从另一台磁带机 2 上输入 2000 个字符(花费时间 20ms),经 CPU 42ms 的处理后,从行式打印机上输出两行(约花费时间 88ms)。两道算题运行时各硬件工作时间关系如图 1-22 所示。此时,处理机的利用率为 (52+42)/(78+52+20)≈63%。

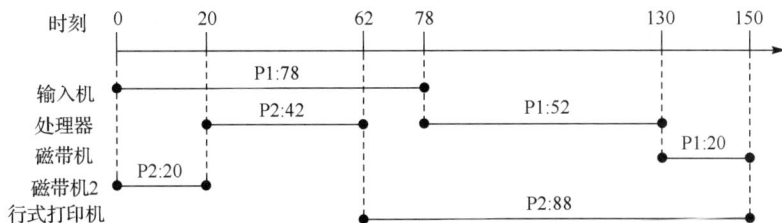

图 1-22　两道程序运行时各硬件工作时间关系

采用多道程序设计提高了 CPU、内存和 I/O 设备的利用率,改进了系统吞吐率,发挥了系统的并行性,提高了效率,增加了单位时间的算题量。

多道程序设计的道数多少不是任意的,并不是道数越多,效率就越高。内存储器的容量和用户的响应时间等因素影响多道程序中道数的多寡。

多道程序设计系统是一种软件技术,可以在单处理机上实现,也可以在多处理机上实现。而且对于多处理机系统,只有采用多道程序设计技术才能发挥各个处理机的作用。

实现多道程序设计必须妥善解决 3 个问题:存储保护与程序浮动,处理器的管理和调度,系统资源的管理和调度。

随着磁盘的问世,相继出现了批处理操作系统、分时操作系统和实时操作系统,奠定了现代操作系统的基本特征,这标志着操作系统正式形成。

1.4.2　操作系统的分类

批处理操作系统、分时操作系统和实时操作系统是 3 种基本类型的操作系统。

1. 批处理操作系统

批处理操作系统是为满足多个用户以脱机方式共用一台计算机进行高效计算而诞生的作业控制系统。所谓脱机是指用户不能亲自操作、控制计算机执行自己的作业,而是把作业提交到计算中心,由操作员集中后开机连续自动处理。早期计算机价格昂贵、稀少、耗电,以批处理方式运行作业可以减少机时浪费和电能消耗，降低作业运行代价。批处理操作系统能够自动连续运行一批作业，通过合理调度各个作业可以在不同的资源上进行工作，获得较高的资源利用率和作业吞吐率。

批处理操作系统（Batch Operating System）：将一批作业提交给操作系统后就无须人工干预，由操作系统按照作业控制说明书和资源可用情况自动调度各个作业的启停，完成作业的各种控制事务，直到作业完成。这种批量化处理作业的操作系统称为批处理操作系统。批处理操作系统实现了作业控制（或者操作）的自动化。作业的启动、暂停、异常处理、外部程序的调用、数据的读写、作业切换、作业结束等原本需要人工干预的作业控制、操作均采用类似程序设计语言的作业控制脚本来描述，并由操作系统解释执行。

如今，个人计算机已经成为日常家电。用户已经不再需要排队等待提交作业到计算中心。但是，以批处理方式运行作业的功能并未过时。在需要连续运行多个作业、多个程序或多个命令、无须用户频繁与系统交互的个人计算机应用场合，以及需要常年不间断运行一批命令、无须人工干预的服务器应用场合，作业、程序或者命令需要组织成批处理脚本的形式运行，操作系统仍然需要具备接受、调度和控制批处理作业的功能。批处理脚本一旦编写好并以文件形式保存起来，则可以反复运行。而以联机方式执行的一系列作业则在每次执行时都需要重新输入一遍作业命令。

批处理操作系统的主要特征如下。

（1）用户脱机工作：用户提交作业后直至获得结果前不再和计算机及其作业交互，不利于调试和修改程序。

（2）成批处理作业。

（3）多道程序运行。

（4）作业周转时间长。

2．分时操作系统

分时操作系统是为满足多个联机用户共用一台计算机以交互方式进行计算而诞生的作业控制系统。分时操作系统运行的计算机上连接有多个终端供多个用户同时上机，每个用户在各自的终端上以问答的方式控制程序运行，主机中央处理器轮流为每个终端的用户服务一段很短的时间，这段时间称为一个时间片，若一个终端用户的程序在一个时间片内未执行完，则挂起等待再次分到时间片时继续运行。每个用户感觉自己独占了一台计算机。

分时操作系统提供了不同于批处理操作系统的新的计算机共用方式，即联机共享。

分时操作系统（Time Sharing Operating System）：按一定时间间隔使若干个联机用户交替轮流使用计算机资源进行计算的操作系统称为分时操作系统。

分时操作系统可以同时处理多个交互型作业，便于多个终端用户与自己的作业进行及时交互，实现多用户对计算机系统资源的共享。分时操作系统也便于同一个用户同时运行多道程序，满足用户处理并发任务的需求。现在，基于局域网的客户机/服务器计算架构，基于互联网的浏览器/服务器计算架构以及由此派生出的在线计算或云计算应用模式都需要处理多个用户共享某个或某些服务器计算资源的问题，服务器上的操作系统无疑需要具备分时服务多个用户的功能。无论个人计算机还是服务器计算机，用户对操作系统分时处理任务的需求一直存在。

分时操作系统具有如下特性。

（1）同时性：若干个终端用户同时联机使用计算机。

（2）独立性：每个用户感觉自己独占了一台计算机。

（3）及时性：每个用户可以及时控制自己的程序。

（4）交互性：人机交互，联机工作，方便调试、修改程序。

分时操作系统和批处理操作系统都基于多道程序设计技术，两者的不同之处如下。

（1）目标不同：批处理操作系统以提高资源利用率和作业吞吐量为目标；分时操作系统以满足多个联机用户的立即型命令的快速响应为目标。

（2）适应作业的性质不同：批处理操作系统适应已经调试好的大型作业；分时操作系统适应正在调试的小作业。

（3）资源使用率不同：相对于分时操作系统，批处理操作系统更注重资源使用率。

（4）作业控制方式不同：批处理操作系统采用脱机控制方式，分时操作系统采用联机控制方式。

分时操作系统时间片的长度应根据机器速度、用户多少、响应要求、系统开销等因素综合考虑、合理选取。时间片的长度设得太短会导致过多的进程切换，减少实际运行用户程序的时间比，降低 CPU 的利用率；时间片的长度设得太长会使小的交互型请求的响应时间变长。

3. 实时操作系统

一些领域要求对业务处理的开始时刻或者完成时刻要严格遵守，否则就会造成损失。对处理起止时间有严格要求的业务属于实时业务。在计算机中处理实时业务的程序任务属于实时任务。实时任务需要由具备实时调度功能的操作系统即实时操作系统来执行。实时操作系统可以对多个实时任务进行协调一致的处理。

实时操作系统（Real Time Operating System）：当外界事件或数据产生时，能接收并以足够快的速度予以处理，处理的结果又能在规定时间内控制监控的生产过程或对处理系统做出快速响应，并控制所有实时任务协调一致运行的操作系统称为实时操作系统。

实时任务处理的正确性不仅取决于计算结果的正确性，还取决于结果产生的截止时间以及任务开始的截止时间是否被遵守，迟到的响应也是一种错误。实时任务可以分为硬实时任务和软实时任务。硬实时任务的开始或者结束必须严格遵守截止时间，否则会给系统带来破坏或者致命错误。软实时任务的进度同样有截止时间的要求，但并不强制，即使超过截止时间调度或完成，仍然可以接受。

如下为 3 种典型的实时操作系统。

（1）过程控制系统：如生产过程控制系统、导弹制导系统、飞机自动驾驶系统、火炮自动控制系统。

（2）信息查询系统：计算机同时从成百上千的终端接收服务请求和提问，并在短时间内做出回答和响应，如情报检索系统。

（3）事务处理系统：计算机不仅要对终端用户及时做出响应，还要频繁更新系统中的文件或数据库，如银行业务系统。

实时操作系统通常由 4 部分组成：数据采集、加工处理、操作控制、反馈处理。

分时操作系统和实时操作系统的主要区别在于两者设计目标不同，分时操作系统为用户提供一个通用的交互型开发运行环境，实时操作系统通常为特殊用途提供专用系统。

通用操作系统：如果一个操作系统兼有批处理、分时和实时处理的全部或两种功能，则该操作系统称为通用操作系统。

Windows、Linux 等流行操作系统具有批处理、分时处理的功能和弱实时处理功能，因而属于通用操作系统。通用操作系统可以应用于不特定的多数场合。

1.5 操作系统的用户接口

用户接口是操作系统内部功能与用户之间的界面，即用户界面，是操作系统的外观，是用户请求和获得操作系统服务和功能的手段。操作系统为用户提供了两种调用其服务和功能的接口：程序接口和操作接口。

1.5.1 程序接口

程序接口又称为应用编程接口（Application Programming Interface，API），供程序员在编制程序时以程序语句或指令的形式调用操作系统的服务和功能。许多操作系统的程序接口由一组系统调用（System Call）组成，用户程序使用"系统调用"即可获得操作系统的底层服务，使用或访问系统中的各种软硬件资源。

1．系统调用的概念

系统调用：系统调用是为了扩充机器功能、增强系统能力、方便用户使用而在内核中建立的过程（函数），它是用户程序或其他系统程序获得操作系统服务的唯一途径，系统调用也称为广义指令。

广义指令（系统调用）是由操作系统在机器指令的基础上实现的过程或子程序，其使用形式与机器指令非常相似，区别在于广义指令由软件过程实现，机器指令由硬件实现。

系统调用采用汇编语言或 C 语言来实现。早期操作系统的系统调用是使用汇编语言编写的。最新推出的一些操作系统，如 UNIX 新版本、Linux、Windows、OS2 等，其系统调用采用 C 语言编写，并以库函数形式提供。

2．系统调用的分类

根据所属资源类型，系统调用分为以下类别。

（1）进程控制：包括进程的创建、装入、执行、撤销、终止，进程属性的获取和设置等。

（2）文件管理：包括文件的创建、打开、读/写、关闭、删除，文件属性的获取和设置等。

（3）内存管理：包括内存的分配和释放等。

UNIX/Linux 和 Windows 的部分系统调用如表 1-1 所示。

表 1-1　UNIX/Linux 和 Windows 的部分系统调用

类别	UNIX/Linux	Windows	功能
进程控制	fork/exit	CreateProcess/ExitProcess	创建/终止一个进程
文件管理	create/open	CreateFile	创建/打开文件
文件管理	read/write/close	ReadFile/WriteFile/CloseHandle	读/写/关闭文件
内存管理	malloc/free	GlobalAlloc/GlobalFree	分配/释放内存空间

（4）设备管理：包括设备的申请、输入/输出、释放、重定向，设备属性的获取和设置等。

（5）信息维护：包括日期、时间及系统数据的获取和设置等。

（6）通信：包括通信的建立、连接和断开、信息的发送和接收等。

3．系统调用的实现要点

1）有关概念

陷入或异常处理机制：在操作系统中，实现系统调用功能的机制称为陷入（Trap）或异常

（Exception）处理机制。

访管指令（陷入指令或异常中断指令）：由于系统调用而引起处理器中断的机器指令称为访管指令（陷入指令或异常中断指令）。

执行访管指令是程序运行过程中请求操作系统提供服务的正常行为，是需要操作系统对程序行为做出响应的事件，体现了操作系统的服务职能，并非程序出现了需要操作系统干预的错误。当然，程序出现需要操作系统干预的错误也属于异常事件的一种，操作系统对程序错误需要主动干预，体现其管理职能。

2）系统调用的实现要点

（1）编写系统调用处理程序。

（2）设计一张系统调用入口地址表，每个入口地址都指向一个系统调用的处理程序。

（3）陷入处理机制需开辟现场保护区，以保存发生系统调用时的处理器现场。

3）系统调用处理过程

系统调用处理过程如图 1-23 所示。

图 1-23　系统调用处理过程

当处理器执行到系统调用指令时，其工作状态由用户态切换为核心态。处理器将由用户程序地址空间转移到操作系统地址空间，执行系统调用处理程序，该程序的入口地址根据系统调用功能号从中断向量表（系统调用向量表）中获得。包括用户进程下一条指令地址（即返回地址）在内的处理器现场被保存起来，系统调用处理程序的现场被设置后开始执行，对调用者提供的数据或命令处理后，将结果放在约定的地方供调用者取走。结束时，通过中断返回指令，用户进程的现场信息被恢复，处理器重返用户进程继续执行后续指令。用户进程从约定的地方取走系统调用的处理结果。

4．系统调用与过程（函数）调用的区别

系统调用与过程（函数）调用都将调用一段子程序，但系统调用指令调用的子程序属于操作系统内核程序（内核函数），两者在不同的地址空间，具有不同的特权级别，需要通过硬件中断机构激活操作系统实现处理器在不同地址空间的切换。过程（函数）调用指令调用的子程序属于普通的用户子程序，与调用者在同一地址空间，具有相同的特权级别，并不需要通过中断机构激活操作系统参与过程调用。具体区别如下。

（1）调用形式不同：过程（函数）调用使用调用指令或跳转型指令来执行，指令包含被调用过程的入口地址。系统调用使用访管指令来执行，指令中不包含处理程序入口，仅仅提供功能号，按功能号调用。

（2）被调用代码的位置不同：在过程（函数）调用中，主调程序和被调用代码在同一程序内，经过编译链接后作为目标代码的一部分。当过程（函数）升级或修改时，必须重新编译链接。系统调用的处理代码在调用程序之外（在操作系统中），系统调用处理代码升级或修改时，与调用程序无关。

（3）提供方式不同：过程（函数）由编译系统提供或用户编写，不同编译系统提供的过程（函数）可以不同；系统调用由操作系统提供，一旦操作系统设计好，系统调用的功能、种类与数量即固定不变。

（4）调用的实现不同：程序使用一般机器指令（跳转指令）来调用过程（函数），在用户态运行；程序执行系统调用使用访管指令，通过中断机构来实现，处理器从用户态切换为核心态，在管理态执行。

实验 2　Linux 程序接口实验

程序 1：使用 gedit 编写一个简单的 C 程序文件 hello.c，首先熟悉 Linux 平台的 C 语言开发工具，为接下来的 Linux 内核编程奠定语言和工具基础。该程序内容如下。

```
#include <stdio.h>
int main(void)
{
printf("Hello, world!\n");
return 0;
}
```

输入如下命令编译 hello.c，产生可执行程序 hello。

```
sfs@ubuntu:~$ gcc hello.c -o hello
```

输入如下命令运行程序 hello。

```
sfs@ubuntu:~$ ./hello
Hello, world!
```

程序 2：取进程标志及用户信息，了解 Linux 部分系统调用的用法。使用 gedit 编写程序 pflag.c。

```
#include <unistd.h>
#include <pwd.h>
#include <sys/types.h>
#include <stdio.h>
int main(int argc,char **argv)
{
    pid_t my_pid,parent_pid;
    uid_t my_uid,my_euid;
    gid_t my_gid,my_egid;
    struct passwd *my_info;
    my_pid=getpid();
```

```
        parent_pid=getppid();
        my_uid=getuid();
        my_euid=geteuid();
        my_gid=getgid();
        my_egid=getegid();
        my_info=getpwuid(my_uid);
        printf("Process ID:%ld\n",my_pid);
        printf("Parent ID:%ld\n",parent_pid);
        printf("User ID:%ld\n",my_uid);
        printf("Effective User ID:%ld\n",my_euid);
        printf("Group ID:%ld\n",my_gid);
        printf("Effective Group ID:%ld\n",my_egid);
        if(my_info)
        {
            printf("My Login Name:%s\n",my_info->pw_name);
            printf("My Password :%s\n",my_info->pw_passwd);
            printf("My User ID :%ld\n",my_info->pw_uid);
            printf("My Group ID :%ld\n",my_info->pw_gid);
            printf("My Real Name:%s\n",my_info->pw_gecos);
            printf("My Home Dir :%s\n",my_info->pw_dir);
            printf("My Work Shell:%s\n",my_info->pw_shell);
        }
    }
```

输入以下命令编译 pflag.c，生成可执行程序 pflag。

```
sfs@ubuntu:~$ gcc pflag.c -o pflag
```

输入以下命令运行程序 pflag。

```
sfs@ubuntu:~$ ./pflag
Process ID:2456
Parent ID:1759
User ID:1000
Effective User ID:1000
Group ID:1000
Effective Group ID:1000
My Login Name:sfs
My Password :x
My User ID :1000
My Group ID :1000
My Real Name:sfs,,,
My Home Dir :/home/sfs
My Work Shell:/bin/bash
sfs@ubuntu:~$
```

1.5.2　操作接口

操作接口又称为作业级接口，是操作系统为用户提供的操作控制计算机工作和提供服务的手段的集合，通常有操作控制命令、批处理作业控制语言、图形用户界面及新型用户界面等实现手段。同一操作系统通常会提供多种操作接口供用户选用。例如，Windows、Linux 等通用操作系统既提供操作控制命令接口，也提供批处理接口和图形用户接口。操作接口是一个完整的任务单位，一般是由操作系统提供的各类资源管理程序、实用程序、工具程序，可以独立运行；而程序接口只是程序中的一条系统调用语句或者指令，不是独立的、完整的任务实体，因而不能够独立运行。

1．操作控制命令

操作控制命令是用户请求操作系统立即执行的程序的名字、处理对象及处理方式的表示。命令的执行者由操作系统的命令解释程序承担。UNIX 及 Linux 操作系统提供了功能丰富的操作控制命令集合。操作控制命令集合及命令解释程序也称为命令接口或联机用户接口。命令的格式如下。

命令名　参数 1 参数 2…参数 n

命令语法为动宾结构（祈使句），说明做什么。"命令名"表示命令动作，"参数"说明动作对象，还可以加上行为方式选项说明做的方式。

在命令行窗口中输入的一条命令也称为一个命令行。

操作控制命令的执行过程如下。

（1）系统启动命令解释程序，输出命令提示符，等待用户输入命令。

（2）用户输入命令并按 Enter 键。

（3）命令解释程序读入命令、分析命令、执行命令。

（4）命令执行结束后，再次输出命令提示符，等待下一条命令。

联机用户通过操作控制命令对作业进行联机控制，联机控制的作业也称为联机作业。

Linux 五大类常用命令如下。

① 文件管理类：cd、chmod、chgrp、comm、cp、crypt、diff、file、find、ln、ls、mkdir、mv、od、pr、pwd、rm、rmdir。

② 进程管理类：at、kill、mail、nice、nohup、ps、time、write、mesg。

③ 文本加工类：cat、crypt、grep、norff、uniq、wc、sort、spell、tail、troff。

④ 软件开发类：cc、f77、login、logout、size、yacc、vi、emacs、dbs、lex、make、lint、ld。

⑤ 系统维护类：date、man、passwd、stty、tty、who。

操作控制命令可以逐条输入、逐条执行，也可以像编写程序一样将各条命令按序集中存放在一个具有特定扩展名的批处理命令文件（脚本）中，实现一次建立，多次连续自动执行，即批处理。例如，MS-DOS 的 BAT 批处理文件，UNIX 和 Linux 的 Shell 脚本。Shell 脚本不仅是一种交互型命令解释程序，还是命令级程序设计语言解释系统。BAT 批处理文件以及 Shell 脚本属于批处理接口的应用形式。

2．批处理作业控制语言（批处理接口）

批处理作业控制语言（Job Control Language，JCL）由一组作业控制卡，或作业控制语句，或作业控制操作命令组成，也称为脱机用户接口。脱机用户可通过作业控制语言对作业进行脱机控制。作业控制语言适用于批处理作业，其工作方式如下。

（1）用户使用 JCL 语句，把运行意图（需要对作业进行的控制和干预）写在作业说明书上，将作业连同作业说明书一起提交给系统。

（2）批处理作业被调度执行时，系统调用 JCL 语句处理程序或命令解释程序对作业说明书进行解释处理，完成对作业的运行和控制。

3．图形用户界面

图形用户界面（Graphical User Interface，GUI）使用窗口、图标、菜单和鼠标等，将系统的功能、各种应用程序和文件用图形符号直观、逼真地表示出来，用户可通过选择窗口、菜单、对话框和滚动条完成对其作业的各种控制和操作。例如，Windows 资源管理器及 Linux 图形桌面。

4．新型用户界面

虚拟现实接口、多感知通道用户接口、自然化用户接口、智能化用户接口技术的成熟将为操作系统的应用带来更大的方便。

实验 3　Linux 操作接口实验

1．Linux 权限用户

（1）超级用户账号：对应 root，对系统进行完全支配和管理。

（2）有较小特权的系统管理账号：如 bin，属于管理员组。

（3）普通用户：只具有管理自己目录的权限，属于普通用户组。

（4）第一用户：Ubuntu Linux 操作系统安装时产生的特别账号，平时权限与普通用户相同，但通过 sudo 命令，输入自己的密码，可以拥有超级用户的权限，这个账户属于超级用户组。

超级用户的默认命令提示符为"#"，普通用户的默认命令提示符为"$"。

2．Linux 部分操作控制命令（命令接口）

1）screenshot——抓图命令

用例：

```
sfs@ubuntu:~$ gnome-screenshot --delay=10
```

功能：延迟 10s 后抓图，抓图效果如图 1-24 所示。

图 1-24　抓图效果

2）pwd——显示当前目录

用法：pwd。

用例：

```
sfs@ubuntu:~$ pwd
/home/sfs
```

注释：当前目录为/home/sfs。

3）ls——列举目录和文件

用法：ls [参数] [文件名]。

参数：

[文件名]：要列举的文件名，可以使用通配符*和？。

-a：列举隐藏文件，即以"."开头的文件。

-d：显示目录中的内容。

-h：用 K、M、G 等记号醒目表示文件的大小。

-l：列举文件的权限、大小等详细资料。

-R：递归列举一个目录下的所有子目录中的文件。

-X：以文件的扩展名排列，便于找出同一类的文件。

用例：

```
sfs@ubuntu:~$ ls
examples.desktop  Ubuntu One  公共的  模板  视频  图片  文档  下载  音乐  桌面
```

注释：当前目录下的文件及目录如上。

4）mkdir——创建目录

用法：mkdir [参数] [目录名称]。

参数：

-p：可以建立很深的子目录，自动建立其中各级父目录结构。

例如，

```
xxxx@xxxx:/$mkdir -p "/home/abc/def/ghi/jkl/the corresponding directory
will be built automatically"
```

该语句可以一次建立很多目录，用空格隔开。如果要建立带空格的目录，则需要使用引号或者\符号。

用例：

```
sfs@ubuntu:~$ mkdir mychild
sfs@ubuntu:~$ ls
examples.desktop  Ubuntu One  模板  图片  下载  桌面
mychild           公共的  视频  文档  音乐
```

5）cd——改变路径

用法：cd [目录]。

参数：

.：代表当前目录。

..：代表父目录。

如果目录太长，则可以先输入目录名称前几个字母再按 Tab 键补充其余字符。

用例：

```
sfs@ubuntu:~$ cd mychild
sfs@ubuntu:~/mychild$
```

在图形用户界面中使用 gedit 在 mychild 下创建一个文件 f1，内容如图 1-25 所示。

列出文件 f1，命令如下。

```
sfs@ubuntu:~/mychild$ ls
```

```
    f1
    sfs@ubuntu:~/mychild$
```

图 1-25　文件 f1 的内容

6）cat——输出文件

用法：cat [参数] [文件名]…。

参数：

-b：只对非空行显示行号。

-E：在每一行结束时显示$字符。

-n：对所有行显示行号。

可以一次输入很多文件名，用空格隔开，这些文件会被依次输出。使用 more 命令可以逐屏输出。

用例：

```
    sfs@ubuntu:~/mychild$ cat f1
```

在 mychild 下新建一个文档，用于测试，内容如下。

```
    How are you today!
    我很好，谢谢你！
```

7）cp——复制文件

用法：cp [参数] [源文件]。

参数：类似于 mv。

-H：复制文件时，如果碰到链接，则连同链接所指向的原始文件一起复制。

-l：不复制文件，只建立相应的硬链接。

-L：连同符号链接一同复制。

-p：所有属性都复制。

-P：如果符号链接断开，则强行复制。

-r -R：复制整个目录树。

-s：只是建立相应的符号链接。

用例：

```
    sfs@ubuntu:~/mychild$ cp f1 ..
    sfs@ubuntu:~/mychild$ cd ..
    sfs@ubuntu:~$ ls
    examples.desktop  mychild    公共的  视频  文档  音乐
    f1                Ubuntu One 模板  图片  下载  桌面
    sfs@ubuntu:~$ cat f1
```

在 mychild 下新建一个文档，用于测试，内容如下。

```
    How are you today!
    我很好，谢谢你！
```

8）rm——移去

用法：rm [参数] [文件名/目录名]。

参数：

-i：每次删除时都提示，非默认开启参数。

-r：删除整个目录，包括子目录。

用例：

```
sfs@ubuntu:~$ rm f1
sfs@ubuntu:~$ ls
examples.desktop  Ubuntu One  模板  图片  下载  桌面
mychild           公共的  视频  文档  音乐
sfs@ubuntu:~$
```

1.6　操作系统的结构设计

1.6.1　操作系统的主要构件

操作系统的构件：通常把组成操作系统程序的基本单位称为操作系统的构件。操作系统的主要构件有内核、进程、线程、管程等。

1．内核

操作系统通过用户接口对外提供的服务和功能是由内核的执行实现的。操作系统内核是对硬件进行首次抽象的一层软件，也称为硬件抽象层，用于隐藏硬件复杂性，为上层软件提供简洁、统一的与硬件无关的接口，使得程序设计和系统移植简单方便。内核管理系统的进程、内存、设备驱动程序、文件和网络系统，决定了系统的性能和稳定性。进程是用户的代表，是系统资源的使用者。内核是系统资源的管理者、协调者，协调资源在多个并发进程之间的使用顺序。内核由系统资源管理程序组成，包括负责在多个并发进程（或线程）之间分享处理器时间的调度程序，负责管理进程地址空间的内存管理程序，管理网络与进程通信的服务程序，与设备通信、控制设备操作的设备驱动程序，负责响应设备、处理器、内存等硬件中断（或异常）的中断服务程序（或异常处理程序）等。

作为资源的管理者、协调者，内核具有直接访问硬件设备的所有权限。而进程以及建立在内核之上的其他系统程序使用设备的合法途径是委托内核获得设备服务功能。因此，内核可以看作处理器、内存、设备等硬件资源的抽象。

内核程序及数据所在的内存空间称为内核空间。应用程序所在内存空间称为用户空间。内核空间与用户空间被硬件隔离，两者工作在不同的保护级别（特权级别）上。内核空间具有更大的硬件访问权限。应用程序对内核的访问受到严格的限制，仅能通过访管指令（系统调用指令）激活内核程序，获得内核服务功能。

当硬件设备需要向内核反馈信息时，硬件设备会向处理器发出中断信号。每个中断都有一个中断号，硬件中断机构根据中断号查询中断向量表，获得相应中断处理程序的入口地址，并从该地址执行中断处理程序，作为内核对设备中断信号的响应。

操作系统的内核结构可分为单体式结构和微内核结构。单体式内核结构将操作系统的大部分功能以模块调用的方式组织为一个不可分割的整体，运行时建立一个单独的二进制映像，运行于一个单独的地址空间中，所有内核服务程序都在该空间中运行。Linux 内核属于单体式内核结构。

微内核结构将操作系统功能分解为内核和服务器，采用客户机/服务器（C/S）的模式运行。用户进程与操作系统服务进程构成客户机/服务器关系并运行在内核之上。用户进程以客户身份向操作系统服务器进程发出服务请求，服务器向用户进程返回服务结果，内核在客户机和服务器之间递交请求和服务结果，内核充当了一个服务中介的角色。内核、服务器以及用户进程分别运行在相互隔离的不同地址空间中，它们之间的通信采用消息传递的方式进行。Windows 2000 就采用了微内核结构。

微内核结构操作系统向客户机提供服务时，其消息传递通信需在客户机用户空间与内核空间、内核空间与服务器用户空间之间经历多空间上下文切换以交换请求和响应信息，CPU 模式切换次数显著多于单体式内核，切换开销更大。而单体式内核是服务的直接提供者，提供服务时仅需在用户空间和内核空间之间交换信息。因此，单体式内核效率高于微内核。

具体操作系统的内核结构往往对多种内核结构的优点兼收并蓄，形成某种内核类型的变种。例如，支持模块动态加载、卸载的单体式 Linux 内核获得了与微内核类似的按需裁剪服务的功能，同时保持单体式内核原有的优点。

2．进程

进程是程序的一次运行过程，用于完成特定任务，因此，进程是一个任务单位。进程运行过程是对处理器、内存、设备、文件等资源使用的过程。运行进程需要执行设备操作装入进程的程序代码及数据、分配内存、分配处理器、分配设备、分配外存等资源管理工作，进程结束时回收上述资源，操作系统为用户运行进程提供了各种资源管理服务。用户通过在操作系统上运行各种进程完成各种业务。因此，进程也可以视为用户的代表。

3．线程

线程是进程中的一个执行流，具有获得 CPU 的资格。一个进程可以包含多个执行流，此时，称该进程为多线程进程。每个执行流分别承担一个计算任务，多线程进程包含多个任务。多线程进程可以将分散在多个进程中的任务集中在同一个进程中，有利于降低任务切换、资源共享的开销。

4．管程

管程是用来管理共享资源的一种对象。管程封装了对共享资源进行同步、互斥操作的数据结构和一组过程，进程调用管程中的过程访问共享资源时，如同其他进程不存在一样。管程将分散在进程中的同步、互斥操作集中起来进行统一管理，简化了进程编制，减少出错的机会。

1.6.2　操作系统的结构

操作系统主要有单体式结构、层次式结构和微内核结构。

1．单体式结构

在单体式结构中，操作系统由过程集合构成，链接成一个大型可执行的二进制程序。整个操作系统在内核态中以单一程序的方式运行。每个过程可以自由调用其他过程。由于过程非常多，过程之间的调用关系十分复杂，系统难以理解和维护。

2．层次式结构

层次式结构是把操作系统划分为内核和若干模块（或进程），这些模块（或进程）按功能调用次序排列成若干个层次，各层之间只能是单向依赖或单向调用关系，即低层为高层服务，高层可以调用低层的功能，反之则不能。这样不但系统结构清晰，而且不构成循环调用。

层次式结构的构造方法有自底向上和自顶向下两种。自底向上的方法从裸机开始，逐步添加各层软件，形成越来越接近目标虚拟机的系统。自顶向下的方法从目标系统出发，通过若干层软件过渡到宿主机器，其实质是对目标系统的逐步求精。

分层的原则如下。

（1）与机器硬件有关的程序模块置于最底层，形成硬件相关层，以便将硬件与上层软件隔离开来。这样既可增强系统的适应性，又有利于系统的可移植性，移植时，只需把硬件相关层按新机器硬件的特性加以改变，其他层内容可以基本不动。

（2）为进程（线程）的正常运行创造环境和提供条件的内核程序应该尽可能放在底层。

（3）反映系统外部特性的软件属于最外层，这样，需要对系统外部特性进行改变或扩充时，只涉及对外层的修改，可以被外层以不同方式调用的内层部分保持不变。批处理方式、联机控制方式、实时控制方式等都属于系统外部特性。

（4）按照实现操作系统命令时模块间的调用次序或按进程间单向发送信息的顺序来分层。例如，文件管理要调用设备管理，因此，文件管理诸模块（或进程）应放在设备管理诸模块（或进程）的外层。一个操作系统按照层次结构的原则，自底向上可以分为裸机、CPU 调度及其他内核功能、内存管理、设备管理、文件管理、作业管理、命令管理、用户。

管理同一种硬件的软件模块之间的层次关系容易定义，容易区分。而当管理不同类型硬件的软件模块之间发生调用关系时，它们之间层次关系的定义和识别相对困难。

层次结构可使问题局部化，系统的正确性可通过各层的正确性来保证。增加、修改或替换某个层次不影响其他层次，有利于系统的维护和扩充。

在层次结构中，一个模块可能有不止一个调用它的上层模块，这些上层模块也可能位于不同层次中，因此，层次结构不同于树形结构。

目前，操作系统层次结构可以在硬件上得到执行保证。现代 CPU 通常具有多个特权级别（保护级别），以限制不同软件对资源的访问权限。特权级别之间具有层次关系。不同层次的软件被设置为不同的特权级别，不同特权级别的软件之间具有单向访问关系。违背单向访问约定的访问操作将被系统禁止。由此，在硬件上必须保证遵守操作系统的层次结构。

3．客户机/服务器与微内核结构

客户机/服务器与微内核结构将操作系统分成两大部分：一部分是运行在用户态并以客户机/服务器方式活动的进程；另一部分是运行在核心态的内核。除内核部分外，操作系统的其他部分被分成若干个相对独立的进程，每一个进程实现一类服务，称为服务器进程（如文件服务、进程管理服务、存储管理服务、网络通信服务等），用户进程也在该层并以客户机/服务器的方式活动。由于每个进程具有不同的虚拟地址空间，客户机和服务器进程之间采用消息传递的方式进行通信，而内核被映射到所有进程的虚拟地址空间内，它可以控制所有进程。客户进程发出消息，内核将消息传送给服务器进程，服务器进程执行客户提出的服务请求，通过内核发送消息并将结果返回给客户。内核只实现极少任务，主要起信息验证、消息交换的作用，因而，称为微内核（Microkernel），这种结构也称为客户机/服务器与微内核结构。通常，微内核只提供进程通信、少量内存管理、底层进程管理和底层 I/O 操作在内的最小服务。微内核用水平型结构操作系统代替传统的垂直型结构操作系统，如图 1-26 所示。

微内核结构的优点如下。

（1）具有一致性接口。微内核对进程的请求提供了一致性接口，进程不必区别内核级服务或用户级服务，因为，所有服务均借助消息传递机制提供。

（2）可扩充性好。微内核结构允许增加新服务，以及在相同功能范围内提供多种可选服务。

（3）可移植性强。在微内核结构中，所有与特定 CPU 有关的代码均在内核中，因而，把系统移植到一个新 CPU 上时所做的修改较小。

（4）可靠性高。较少的微内核代码容易进行测试。

（5）支持分布式系统。客户机/服务器进程可以驻留在不同机器上。

（6）支持面向对象的操作系统。

图 1-26　分层结构内核与微内核

微内核结构的缺点是进程间发送/接收消息的通信代价高，所有进程只能通过微内核相互通信，微内核会成为系统的瓶颈。改进方法是把核外的某些功能放回核内，减少通信开销。

具体操作系统可能同时具有多种结构特征。在单体式或层次式结构操作系统中存在某些由守护进程提供的系统服务功能，与客户机/服务器模式类似。操作系统中一部分模块之间的层次关系明确，具有层次结构的特征，而另一部分模块之间层次关系则不甚明确，具有单体式结构的部分特征。

1.6.3　操作系统运行模式

在操作系统中，用户程序以进程为单位进行运行，那么操作系统是否也以进程为单位运行呢？实际上，同一种操作系统的运行模式可以兼有进程模式和非进程模式，某些功能以进程模式运行，另一些功能以非进程模式运行。

1. 非进程模式

以非进程模式（内核模块调用模式）运行的操作系统，其功能组织成一组例行程序，操作系统服务例程以系统调用的形式与用户进程代码结合在一起执行，构成形式上的单一进程。这种模式也称为内核模块调用模式或系统调用模式。

在内核模块调用模式下，进程映像包括用户程序及数据，也包括服务于该进程的操作系统内核程序及数据，而且两者使用不同的堆栈，前者使用用户堆栈，后者使用系统堆栈，如图 1-27 所示。处理器执行两种程序时处于不同的工作状态：执行用户程序时处于用户态，执行操作系统内核程序时处于核心态。操作系统内核代码和数据位于共享地址空间中，被所有的用户进程共享。内核程序的一次执行可看作用户进程执行的一部分，即内核程序的执行不构成独立的进程。

图 1-27　非进程模式（内核模块调用模式）

图 1-28 进程模式

2. 进程模式

进程模式将操作系统组织成一组系统进程，即操作系统功能是这些系统进程集合运行的结果，这些系统进程也称为服务器或服务器进程，它们与用户进程或其他服务器进程之间构成了客户机/服务器关系，如图 1-28 所示。Windows 2000/ XP 采用了这种结构。显然，客户机/服务器与微内核结构操作系统的多数功能作为进程执行。

习 题 1

1-1 计算机系统有两道程序 A 和 B 并发运行，分别使用不同的硬件资源，程序 A 的运行轨迹为：计算 50ms、打印 100ms、再计算 50ms、打印 100ms、结束。程序 B 的运行轨迹为：计算 50ms、输入 80ms、再计算 100ms、结束。假设程序 A 首先开始运行。问题：

（1）分别绘制处理器、打印机、输入机、程序 A、程序 B 的工作和空闲时间线段图；

（2）分别计算程序 A、程序 B 单独运行时的 I/O 时间比率、处理器利用率；

（3）计算程序 A 和程序 B 并发运行时处理器的利用率。

1-2 在单 CPU 多道程序系统中，有两台 I/O 设备 I1 和 I2 可供并发进程使用，CPU、I1 和 I2 能够并行工作，现有 3 个作业 Jobl、Job2 和 Job3 投入运行。它们的执行轨迹如下：

Jobl：I2（30ms）、CPU（10ms）、I1（30ms）、CPU（10ms）、I2（20ms）。

Job2：I1（20ms）、CPU（20ms）、I2（40 ms）。

Job3：CPU（30ms）、I1（20ms）、CPU（10ms）、I1（10ms）。

（1）假设按照非抢占的调度方式依次调度 Jobl、Job2 和 Job3，请计算每个作业从投入到完成分别所需的时间、从投入到完成 CPU 的利用率和 I2 设备的利用率。

（2）假设按照优先级调度 3 个作业，优先级高的作业可以抢占优先级低的作业的 CPU，但不抢占设备 I1 和 I2，3 个作业优先级从高到低为 Jobl、Job2 和 Job3，请计算每个作业从投入到完成分别所需的时间、从投入到完成 CPU 的利用率和 I2 设备的利用率。

1-3 在多道程序系统中并发运行多道程序。

（1）假设每个用户进程等待 I/O 操作的概率为 80%，则 4 个进程并发运行时，CPU 的利用率是多少？8 个进程呢？

（2）假设每个用户进程等待 I/O 操作的概率为 20%，则 4 个进程并发运行时，CPU 的利用率是多少？8 个进程呢？

1-4 上机熟悉 Linux 用户权限管理系统。

1-5 列举 Linux 常用命令及用法实例并上机实践。

1-6 熟悉 Linux C 编译方法。

1-7 计算机系统中主要有哪些资源？这些资源与操作系统的功能模块之间有怎样的对应关系？由此说明操作系统主要有哪些功能？每种功能有哪些具体项目？

1-8 下面是一个简单的 C 语言程序，说明 main 函数中每句话执行时会用到 CPU 以外的哪种/哪些资源？操作系统的哪个/哪些功能模块为该资源的使用提供服务？C 语言程序如下：

```
#include <stdio.h>
int main(int argc, char *argv[])
```

```
{
    int a,b;
    scanf("%d%d",&a,&b);
    printf("a+b=%d\n",a+b);
    return 0;
}
```

1-9　操作系统主要有哪些资源管理技术？解释每种技术的含义，并举例说明该种技术如何应用于某种特定的资源？

1-10　操作系统有哪些特性？解释每种特性的含义，并举例说明。

1-11　什么是批处理操作系统、分时操作系统、实时操作系统和通用操作系统？请说明 Linux 是否存在批处理功能和分时功能？这些功能是如何使用或体现的？

1-12　什么是程序接口和操作接口？操作接口有哪些种类？试举一个程序接口和几种操作接口的例子。

1-13　什么叫内核？

1-14　操作系统有哪些结构？每种结构是如何组织的？

第 2 章

处理器管理

处理器是计算机系统中最重要的部件，计算机通过执行处理器指令对硬件及软件资源进行控制。

2.1 处 理 器

处理器用于执行指令对数据进行加工处理，对任务分配执行权限，辅助操作系统完成任务管理和控制。现代处理器具有多种工作模式（状态），每种工作模式有其可以合法执行的指令集、合法访问的寄存器。每个程序运行在一定的处理器工作模式下。工作模式赋予程序一定的资源访问权限。

2.1.1 寄存器

处理器属于时分复用型的共享资源，其中的寄存器被操作系统和各个进程/任务所共享，任意瞬时的寄存器内容构成处理器工作现场。当进程或任务发生切换时，寄存器内容必须被保存，以便进程或任务恢复执行时，还原处理器工作现场。

根据寄存器的内容，寄存器分为数据类寄存器、地址类寄存器、控制类寄存器。数据类寄存器用于存放操作数据或计算结果。地址类寄存器用于存放要访问的内存地址或设备 I/O 地址。控制类寄存器用于存放处理器的控制和状态信息。

Intel x86 处理器的寄存器主要如下。

（1）通用寄存器：EAX、EBX、ECX、EDX、EBP、ESP、ESI、EDI。

（2）段寄存器：CS、DS、SS、ES、FS、GS。

（3）标志寄存器：EFLAGS。

（4）指令指针寄存器：EIP。

（5）控制寄存器：CR0～CR3。

（6）系统地址寄存器：全局描述符表寄存器 GDTR、局部描述符表寄存器 LDTR、中断描述符表寄存器 IDTR、任务状态寄存器 TR。

ARMv8 处理器的寄存器分为 3 种。

（1）通用寄存器：包括 X0～X30 共 31 个，用于存放地址或数据。

（2）特殊寄存器：包括异常链接寄存器 4 个、备份程序状态寄存器 4 个、程序计数器 1 个和堆栈指针寄存器 4 个。特殊寄存器用于保存处理器工作模式切换时的现场信息，如异常/中断返回地址、模式切换时处理器的状态、即将执行的下一条指令的地址、入口参数所在堆栈位置等。

（3）系统寄存器：包括系统控制寄存器（SCTLR）3 个、转换控制寄存器（TCR）3 个和转换表基址寄存器（TTBR）2 个。系统寄存器用于系统配置和管理。如 SCTLR 用于使能某些硬件功能，TCR 用于配置地址转换功能的具体参数和属性，TTBR 用于存放页表基址及进程地址空间标识。

2.1.2　指令系统、特权指令与非特权指令

1. 指令分类

指令大致分为如下 3 类。

（1）数据传输类指令：完成处理器与存储器之间、处理器与 I/O 设备之间的数据传送操作。

（2）数据处理类指令：完成运算器对数据的算术操作、逻辑操作等计算功能。

（3）控制类指令：这类指令可以改变指令执行顺序及控制资源的使用权限。

2. 特权指令与非特权指令

指令的执行涉及系统资源的操作，系统资源供多个用户程序共享，必须赋予操作系统高于普通用户的资源管理权限，以便维护资源的有序使用。根据指令执行主体为操作系统内核程序还是普通用户程序，指令划分为特权指令和非特权指令。

特权指令是仅供操作系统内核程序使用的指令，一般用来控制硬件资源的分配和访问。执行特权指令时，操作系统可以对整个系统进行控制。特权指令包括启动 I/O 设备、设置时钟、控制中断屏蔽位、清内存、建立存储键、加载 PSW（程序状态字）等。特权指令与共享资源的使用相关。共享资源在操作系统的调度下被各个用户进程有序共享，维护共享资源公平、合理、高效地使用。只有操作系统才能执行指令系统中的全部指令（包括特权指令和非特权指令），用户程序只能执行指令系统中的非特权指令。如果用户程序试图执行特权指令，那么将产生保护性中断，转交给操作系统的“用户非法执行特权指令”的特殊处理程序处理。

2.1.3　处理器工作模式（状态）及切换

1. 处理器状态分类

同一个处理器在不同的时刻运行的程序具有不同的角色、不同的权限。每种角色、权限对应一种处理器工作模式（状态）。一定的工作模式被赋予一定的执行权限，规定处理器在该状态/模式可以执行的指令集合。在硬件上，处理器有多种工作模式（状态），但是在操作系统的概念上，这些模式被概括为管理/服务模式和被管理/被服务模式。处理器状态也因此简单划分为管理状态（特权状态、系统模式、核心态，简称特态或管态）和用户状态（用户态、用户模式、目标状态，简称目态或常态）。当处理器工作于管理状态时，处理器正在执行操作系统内核程序，行使管理员角色，处理器可以执行全部指令，特权级别较高。当处理器工作于用户状态时，处理器正在执行用户程序以及操作系统非内核程序，行使用户角色，处理器只能执行非特权指令，特权级别较低。

2. 处理器状态之间的转换

处理器状态之间可以由一定的条件触发转换。

1）用户状态向管理状态的转换

用户状态向管理状态转换是处理器由低特权级别向高特权级别的转换，意味着系统中出现了需要操作系统处理的服务事件或者管理事件，这种转换是由中断触发的。服务事件是由程序

执行访管指令，引发访管中断，请求操作系统服务引起的，属于自愿性中断或者主动性中断。管理事件不是由处理器上运行的程序主动引发的，而是由外部事件或者程序出错引发的，属于被动性中断。

2）管理状态向用户状态的转换

当操作系统为用户程序服务完毕后，或者对外部事件、程序出错事件处理完毕后，操作系统本次对处理器的使用就结束了，处理器接下来应该分配给用户程序使用，处理器的状态应由高特权级别的管理状态转变为低特权级别的用户状态。每台计算机通常会提供一条特权指令，称为加载程序状态字（Load PSW，LPSW）指令，或者中断返回指令，用来实现由管理状态向用户状态或原状态的转换。

3．Intel Pentium 的处理器状态

Intel Pentium 的处理器状态有 4 种，支持 4 个保护级别，运行在不同保护级别的程序有不同的操作权限，0 级操作权限最高，3 级操作权限最低。

4 个保护级别可以支持操作系统将服务程序和被服务程序细分为多个层级，部署在恰当的保护级别上运行。一种可能的部署方案如下。

（1）0 级为操作系统内核级，处理 I/O、存储管理等硬件操作和其他关键操作。

（2）1 级为系统调用处理程序级。用户程序调用该层级的过程执行系统调用。

（3）2 级为共享库过程级，其中的内容可以被很多正在运行的程序共享，用户程序可以调用这些过程，读取它们的数据，但是不能修改它们。

（4）3 级为用户程序级，操作权限最低，对共享资源的使用需要委托内层的 0～2 级程序完成。

各种操作系统可以有选择地使用硬件提供的保护级别，如运行在 Pentium 上的 Windows 操作系统只使用了 0 级和 3 级；虚拟机软件使用 1 级和 2 级分别模拟 0 级和 3 级。

Intel x86 处理器中的 INT 指令为系统调用指令，即访管指令。执行该指令，处理器状态由用户状态转换为管理状态；Intel x86 处理器中的 IRET 指令为中断返回指令。执行该指令，处理器状态由管理状态转换为用户状态或原状态。

4．ARMv8 的处理器状态

ARMv8 的处理器状态由 4 个异常级别 EL0～EL3 来定义。EL0 异常级别最低，EL3 异常级别最高。运行在较高异常级别的程序具有较大的资源访问权限。应用程序运行在异常级别 EL0，EL0 也被称为用户模式。操作系统内核运行在异常级别 EL1，EL1 也被称为内核模式。虚拟机监视器运行在异常级别 EL2，安全监视器运行在异常级别 EL3。

ARMv8 处理器中的 SVC 指令将使处理器异常级别由 EL0 转换为 EL1，完成系统调用功能。HVC 指令将使处理器异常级别由 EL1 转换为 EL2。SMC 指令将使处理器异常级别由 EL1 或 EL2 转换为 EL3。ARMv8 处理器中的 ERET 指令使处理器异常级别由较高级别返回原级别。

2.1.4　程序状态字寄存器

处理器的工作状态记录在程序状态字（Program Status Word，PSW）寄存器中，每个正在执行的程序都有一个与其执行相关的 PSW，而每个处理器都设置了一个或一组程序状态字寄存器。程序状态字寄存器一般包括以下内容。

（1）程序的基本状态。

① 程序计数器：指明下一条执行的指令地址。

② 条件码：表示指令执行的结果状态。

③ 处理器状态位：指明当前的处理器状态，如目态或管态。

（2）中断码：保存程序执行时当前发生的中断事件。

（3）中断屏蔽位：指明程序执行中发生中断事件时，是否响应出现的中断事件。

大多数计算机的处理器现场中可能找不到一个称为程序状态字寄存器的具体寄存器，但总有一组控制与状态寄存器实际上起到了这一作用。

在 Intel Pentium 中，PSW 由标志寄存器 EFLAGS 和指令指针寄存器 EIP 组成，均为 32 位。EFLAGS 的低 16 位称为 FLAGS，标志可划分为 3 组：状态标志、控制标志、系统标志。

① 状态标志：使得一条指令的执行结果影响后面的指令，如溢出标志、符号标志、结果为零标志、辅助进位标志、进位标志、奇偶校验标志等。

② 控制标志：如串指令操作方向标志、虚拟 86 方式标志、步进标志、陷阱标志等。

③ 系统标志：与进程管理有关，如 I/O 特权级标志、嵌套任务标志和恢复标志等。

ARMv8 处理器的状态包括异常级别记录在一组寄存器中，这组寄存器称为 PSTATE。

2.2 中　　断

中断是改变指令执行流程、实现操作系统并发多任务功能的重要硬件机构，也是激活操作系统，实现计算机控制的重要途径。

2.2.1 中断概念

请求系统服务、实现并行工作、处理突发事件、满足实时要求，都需要利用中断机制来打断处理器的正常工作。

中断：程序执行过程中，当发生某个事件时，暂停 CPU 上现行程序的运行，引出处理该事件的程序执行的过程称为中断。待中断事件处理完毕，在合适的时机恢复被中断程序的执行。

系统中会出现定时的和不定时的大量中断事件。中断的发生意味着系统中出现了需要处理的事件，而事件处理者就是操作系统。中断是通知操作系统工作的唯一方式。操作系统的职责就是处理各类中断事件。因此，可以认为，操作系统就是一个中断处理系统，操作系统由大量的中断处理程序组成。这些中断处理程序仅在中断发生时才会执行。因此，操作系统是中断驱动的。中断发生前，处理器执行一道程序，中断发生后，处理器执行另一道程序，通常为操作系统程序。操作系统程序执行完毕，通过中断返回指令，操作系统将处理器切换为原程序或其他程序。

在提供中断装置的计算机系统中，在每两条指令或某些特殊指令执行期间都检查是否有中断事件发生，若无则立即执行下一条指令，否则响应该事件并转去处理中断事件。

中断源是引起中断的事件。中断装置是发现中断源并产生中断的硬件。中断机制的重要特征在于：当中断事件发生后，它能改变处理器内操作执行的顺序。在中断前执行一个任务，中断后执行另一个任务，两个任务是并发的。因此，中断是现代操作系统实现并发性的基础之一。

2.2.2 中断源分类

1. 按照中断事件的性质和激活的手段分类

按照中断事件的性质和激活的手段可以把中断源分成两类：强迫性中断事件和自愿性（主

动性）中断事件。

1）强迫性中断事件

强迫性中断事件不是正在运行的程序所期待的，而是由于随机发生的某种事故或外部请求信号引起的。正在运行的程序不可预知强迫性中断事件发生的时刻。这类中断事件大致有以下几种。

（1）机器故障中断事件，如电源故障、主存储器出错等。

（2）程序性中断事件，如定点溢出、除数为 0、地址越界等，又称异常。

（3）外部中断事件，如键盘中断、时钟定时中断等。

（4）输入输出中断事件，如设备出错、传输结束等。

强迫性中断事件可能是由正在运行的程序引起的，如出现了除零错误、地址越界错误等，也可能是由外部事件引起的，如出现了 I/O 结束中断、时钟定时中断等。

2）自愿性中断事件

自愿性中断事件是正在运行的程序所期待的事件。这种事件由程序执行访管指令而引发，表示当前程序请求操作系统服务。自愿性中断事件属于主动性中断事件，通过执行访管指令而引发，引发的时刻是预知的，就是访管指令执行时。

操作系统对自愿性中断事件的响应体现了操作系统的服务功能，操作系统对强迫性中断事件的响应体现了操作系统的管理功能，就像政府组织一样，操作系统同时身兼服务和管理功能。操作系统的服务和管理功能非常类似于警察与民众之间主动与被动交互的关系。当民众有求于警察时，通常是需要获得警察的帮助，警察将行使其服务职能，为求助者提供服务。当警察拦住某个民众时，通常是由于该民众出现了违法嫌疑，警察将行使其管理职能，对其采取执法措施。

2．按照中断信号的来源分类

按照中断信号的来源，中断可分为外中断和内中断。

1）外中断

外中断（又称中断）是指来自处理器和内存之外的中断，是由外部设备产生的中断，可能发生在任意时刻，与当前运行的程序指令无关，也称为异步中断。外中断在指令周期末尾检测其是否发生。

外中断包括：电源故障中断、时钟中断、控制台中断、打印机中断和 I/O 中断等。

不同的外中断具有不同的中断优先级，处理高级外中断时，往往会屏蔽部分或全部低级外中断。

2）内中断

内中断（又称异常）是指来自处理器和内存内部的中断，是由当前运行着的程序指令引发的，也称为同步中断。内中断在指令执行期间检测其是否发生。

内中断包括：通路校验错、主存奇偶错、非法操作码、地址越界、页面失效、调试指令、访管中断、算术操作溢出等各种程序性中断。

内中断是不能被屏蔽的，一旦出现应立即响应并加以处理。

3）中断和异常的区别

中断是由与现行指令无关的中断信号触发的（异步的），且中断的发生与 CPU 处在用户模式或内核模式无关，通常在两条机器指令之间才可响应中断。一般来说，中断处理程序提供的服务不是当前程序所需的，如时钟中断。中断处理完毕，被中断程序将被择机恢复执行。异常是由处理器正在执行的现行指令引起的，异常处理程序为当前程序提供服务以及可能的错误处理。访管指令引起的异常处理完毕，该指令所属程序将被择机恢复执行。因执行指令产生程序无法继续执行的错误性异常处理完毕，引起异常的程序将被终止。

IBM 中大型机操作系统使用上述第一种分类方法，Windows 2000/XP 则采用上述第二种分类方法。

3．硬中断与软中断

（1）硬中断：硬中断是由硬件设施产生的中断信号。

（2）软中断：软中断是利用软件模拟产生的中断信号，用于实现内核与进程或进程与进程之间的通信。

软中断的产生并不能脱离硬中断。软中断实际上产生自硬中断。软中断是硬中断的一种延迟处理机制。硬中断发生时会立刻响应。有些中断处理事务相对比较耗时，为了避免中断处理程序占用处理器时间过长，影响系统实时性，将中断处理过程分为紧急的部分和可延迟的部分，其中最紧急的处理操作在硬中断发生时立即执行，而可延迟的部分以软中断来标记，交由软中断处理程序在将来合适的时刻再执行。软中断发生时，如果接收中断信号的进程处于非运行状态，则软中断不会立即响应。响应软中断的处理程序也不必运行在核心态。响应软中断的处理程序可以由用户定义，并且运行在用户态。

2.2.3　中断处理

所有计算机系统都采用硬件和软件（硬件中断装置和软件中断处理程序）结合的方式实现中断处理。硬件（即中断装置）发现中断源并产生中断信号，硬件包括中断逻辑线路和中断寄存器。

中断寄存器用来记录中断事件，其内容称为中断字，中断字的每一位对应一个中断事件。每当一条机器指令执行结束时，中断控制部件扫描中断字，查看是否有中断事件发生，若有则处理器响应此中断请求。

中断发生后，中断字的相应位会被置位。由于同一时刻可能有多个中断事件发生，中断装置将根据中断屏蔽要求和中断优先级选取一个，然后把中断字送入程序状态字寄存器的中断码字段，且把中断字的相应位清"0"。

1．（硬件）中断装置

中断装置对中断做如下处理。

（1）发现中断源，响应中断请求。

（2）保护现场：将运行程序中断点在处理器中某些寄存器的现场信息（又称运行程序的执行上下文）存放于内存储器。

（3）启动处理中断事件的程序。

例如，在 IBM PC 上，设备 I/O 操作完成后中断装置的典型操作序列如下。

① 设备给处理器发送一个中断信号，处理器发现中断源。

② 处理器向设备发送确认信号，处理器响应中断请求。

③ 中断现行程序，保护现场：保存当前程序断点信息到系统栈（核心栈）以备将来恢复执行被中断程序时还原现场，断点信息包括程序状态字（PSW）、程序计数器 IP（包含下一条要执行的指令地址）及段寄存器（CS）。

④ 启动中断处理程序：处理器根据硬件中断装置提供的中断向量号，获得被接收的中断请求的中断向量地址，再按照中断向量地址把中断处理程序的 PSW 送入现行程序状态字寄存器（加载新的程序状态字），将中断处理程序入口地址装入程序计数器 IP。

⑤ 中断返回：中断处理程序执行结束，立刻或者将来返回原程序时，把系统栈顶内容送

入程序计数器 IP、CS 和 PSW。

2.（软件）中断处理程序

处理中断事件的程序称为中断处理程序或者中断服务程序（例程），它的主要任务是处理中断事件和恢复正常操作。

中断处理程序由硬件中断装置激活后继续进行中断处理，主要完成以下 4 项工作。

（1）保护未被硬件保护的一些必需的处理器状态，如保存通用寄存器的内容到内存储器中。

（2）识别各个中断源，分析产生中断的原因。

（3）处理发生的中断事件。

（4）中断返回。恢复中断前的程序，使其从断点执行或者重新启动一个新的程序，甚至可以重新启动操作系统。

中断处理程序是操作系统的组成部分，执行中断处理程序就代表执行操作系统。操作系统应对计算机中发生的各种事务的方式就是执行中断处理程序。中断处理程序是由硬件触发执行的。

3.中断处理程序入口地址的寻找

不同中断源对应不同的中断处理程序，每个中断源的编号，称为中断号。与按照功能号调用系统调用处理程序类似，中断处理程序按中断号定位并被自动调用。各个中断处理程序的入口地址被存放在内存储器中的一张表中，此表称为中断向量表。表项的序号即中断号，也称为中断向量号。当中断发生时，中断机构将产生中断号。根据中断号检索中断向量表相应的表项内容，即可获得所需执行的中断处理程序的入口地址。

系统调用产生的中断即访管中断作为中断的一种，其中断处理程序（总控程序）的入口地址也在中断向量表中占据一个表项。但系统调用又按功能号细分为多个系统调用处理子程序，每个子程序的入口地址登记在系统调用向量表中。即系统调用向量表是嵌在中断向量表中的子表。

2.2.4　中断与操作系统的关系

中断与操作系统的关系十分密切。操作系统的运行是中断驱动的。仅当中断事件发生时，操作系统才会执行。操作系统的主要职责就是处理各种中断事件。操作系统本身由中断触发的中断处理程序和大量系统调用处理程序组成。每一个处理程序对应着一种服务或管理事务。操作系统的服务和管理行为是被动的，如果没有中断发生，则不会主动提供服务或行使管理职责。当用户程序向操作系统发出服务请求，或者用户程序在执行中发生了无法继续执行的错误，如除零错误、地址越界错误等，或者处理器正在执行用户程序以及系统程序时出现外部设备中断事件，则操作系统中相应的处理程序将被激活并运行，以对所发生的中断事件进行处理。中断事务处理完毕，操作系统将把处理器分配给某个用户进程或者其他程序。待中断发生时，处理器将由用户程序收归操作系统，以便处理所发生的中断事件。处理器就在操作系统和用户程序间反复进行着收回和分配的操作。

中断为资源的共享和公平分配创造了机会。每当中断发生时，处理器将由操作系统支配，以处理中断事务。中断事务处理完毕，处理器将按照公平原则分配给等候获得处理器的某个用户程序。中断是重新分配资源的机会。如果没有中断，某个程序将长时间占用处理器，中断为操作系统控制计算机系统提供了机会。在多个资源使用主体之间公平合理地分配资源是操作系统的基本职能，操作系统必须能够而且有机会控制资源，控制资源的机会就是中断发生时。操作系统利用中断发生的时刻对资源实施重新分配，使得每个资源请求者拥有合理的资源使用机会。中断像刹车，可以使用户程序及系统程序适时停止运行，以便重新分配资源，尤其是处理器资源，避免某些程序过长时间垄断资源，破坏资源使用的公平性。

中断使得处理器在进程和操作系统之间频繁切换，但是处理器的控制权掌握于操作系统，而不是用户进程。操作系统拥有分配处理器的权限，用户进程则没有。操作系统与用户进程的地位并不对等，操作系统是用户进程的服务者和管理者。

中断犹如计算机系统的心脏，无论何时都不能停止发生，否则，计算机系统将失去驱动力。

2.3　进程及其实现

计算机是用来执行程序的，每个被提交给操作系统执行的用户程序都须符合系统规定的格式，用户程序实体需说明本程序的边界、执行入口、地址重定位信息等。符合规定格式的用户程序在执行前需要加载到内存中，并配置和记录其运行档案信息后，才能成为有资格被分配处理器执行的单元，这个单元被称为进程。进程是一个独立的活动单位。进程是操作系统服务和管理的客户。进程是用户的代表。用户使用计算机处理业务的途径就是创建和执行进程。

2.3.1　引入进程概念的必要性

进程与程序是极其容易混淆的两个概念。两者虽然都包含程序，但是程序是静态的，描述了计算机各种资源按照什么顺序工作，以完成既定任务。程序的描述不会产生资源分配动作，程序指令并未执行起来，并未驱使任何硬件工作，并未消耗任何电能。程序通常以文件形式存放在外存上，需要执行时再调入内存。程序也可以存放在内存中以及纸质等介质上。进程是动态的，进程是程序执行时的动态过程。执行进程中的指令，必须为指令分配 CPU、内存、设备等资源，这些资源要消耗电能，没有电能，进程将不能存在。同一个程序在一段时间内可以同时存在多个执行活动（即进程），分别对不同的数据进行处理。这时，程序与进程之间存在一对多的关系。多个进程执行了相同的程序。例如，用于计算阶乘的程序既可以计算 10 的阶乘，又可以计算 15 的阶乘，两个计算工作（进程）可以同时进行，互不影响。虽然计算阶乘的具体数值不同，但是算法相同，即都执行同一个程序。这时，两个数值的计算活动不能称为程序，因为"程序"这个名词无法将两者区分开来，必须称这两个计算活动为进程，而且是不同的、相互独立的进程。进程运行结束或者终止进程时，进程即被撤销，不再存在。而进程执行的程序文件却独立于进程长期存在，并且通常不随进程的变化而变化。

2.3.2　进程定义和属性

1．进程的概念

进程：进程是一个可并发执行的、具有独立功能的程序关于某个数据集合的一次执行过程，也是操作系统进行资源分配和保护的基本单位。

该定义表明：进程至少包含程序、数据以及用来管理进程的数据结构部分。有些系统称进程为"任务"或"活动"。

2．进程的属性

（1）结构性：进程包含数据集合和运行于其上的程序。每个进程至少包含 3 个组成要素：程序块、数据块和进程控制块。程序也具有结构性，外存上的程序文件包括文件头（也称为程序前缀控制块）、代码及数据结构部分。代码及数据结构部分定义了程序的功能，进程的程序块和数据块就来自代码及数据结构部分。

（2）共享性：同一个程序运行于不同数据集合上构成不同的进程。多个不同的进程可以共享和执行相同的程序，所以进程和程序不是一一对应的。

（3）动态性：进程由创建而产生，由调度而执行，因失去处理器而暂停执行，因撤销而消亡，进程是有生命期的动态对象。进程实体的内容也随着进程的运行而不断发生着变化。进程运行时需要使用处理器、内存、外设、外存等资源，消耗电能。程序是静态的、不活动的，并不使用处理器、内存等执行资源，并不以耗电能作为存在的基础。

（4）独立性：进程是系统中资源分配和保护的基本单位，也是系统调度的独立单位。系统为每个进程分别设立一个进程控制块作为追踪、记录其动态运行信息的管理档案。

（5）制约性：并发进程之间因为共享硬件资源或者变量等软件资源而存在着制约关系，进程在执行的关键点上需要相互等待、互通消息，呈现出走走停停的异步特性。

（6）并发性：在单处理器系统的环境下，各个进程轮流占用处理器，在微观上交替执行，在宏观上同时执行。

2.3.3　进程状态与切换

进程是需要获得所需资源才能运行的实体。在不同的运行阶段，进程所需、所获的资源是不完全相同的。进程对资源的需求和占用情况采用进程状态来表示。操作系统根据进程状态对进程资源采取分配或回收操作。由于中断的频繁发生以及各种资源条件的限制，进程通常不会在处理器上一气呵成地执行完毕，而是断断续续地执行。进程至少有运行和暂停两种状态。正在处理器上运行的进程已经拥有了所需的各种资源。处于暂停运行状态的进程至少未拥有处理器，一些暂停运行的进程还缺少其他资源，或者正在等待某个事件的发生。因此，暂停运行状态根据暂停原因还可细分为若干种非运行状态。操作系统对进程按执行状态分类组织，便于在资源条件发生变化时，从相应状态类型的进程集合中快速找到需要分配或回收其资源的进程。进程状态划分有不同的方案或模型。

1. 三态模型

1）进程的 3 种基本状态

一个进程从创建而产生至撤销而消亡的整个生命周期至少有如下 3 种基本状态。

（1）运行态（Running）：进程占用处理器正在运行。

（2）就绪态（Ready）：进程具备运行条件，等待操作系统分配处理器以便运行。就绪态进程一旦获得处理器，就能立即运行起来。就绪态的进程因外部原因（未获得处理器）无法运行。

（3）等待态（Wait）：又称为阻塞态（Blocked）或睡眠态（Sleep），进程不具备运行条件，正在等待某个事件完成。等待态的进程因自身原因不能运行。分配处理器给等待态进程是无意义的。

通常，当一个进程创建后，就处于就绪态。进程在执行过程中处于上述 3 种状态之一。随着进程的执行，其状态将会发生变化，图 2-1 所示为进程的三态模型。

2）引起进程状态转换的具体原因

运行态→等待态：进程等待使用资源或某事件发生，在资源被满足前或事件发生前，进程不具备继续运行的条件，进程转变为等待态。例如，进程执行系统调用请求操作系统提供服务。此时，处理器归操作系统服务程序占用，进程状

图 2-1　进程的三态模型

态应转换为等待态，表示在服务完成前，进程不具备重新获得处理器继续执行的条件。如果把服务请求进程的状态转换为就绪态，就意味着无论服务是否完成，进程都可以在处理器上运行，无须等待服务完成，就违反了程序预定的操作时序，这无疑是错误的。等待态是进程自身原因造成不能继续执行时的状态转换结果。

等待态→就绪态：进程所需资源得到满足或事件发生，进程具备重新获得处理器继续执行的条件，此时进程转换为就绪态。

运行态→就绪态：在剥夺调度方式中，时间片用完或者出现了更高优先级进程，当前运行进程的处理器将被收回分配给另一个进程，当前进程转换为就绪态。或者出现了非进程自身原因的外部中断事件，如设备操作结束中断，处理器将切换到操作系统处理中断事件，当前进程转换为就绪态。就绪态的进程自身具备执行条件，但因与之无关的外部原因暂未获得处理器而暂停执行。

就绪态→运行态：CPU 空闲时选择一个就绪进程，该进程由就绪态转换为运行态。

2．五态模型

进程的五态模型是在三态模型的基础上，引进了新建态和终止态，如图 2-2 所示。新建态进程刚被创建，尚未提交参与处理器竞争，正在等待操作系统完成创建进程的必要操作。终止态进程已经终止，不再参与处理器竞争，但是进程尚未退出内存。一旦其他进程完成了对终止态进程的信息抽取，则系统将删除该进程。

图 2-2　进程的五态模型

进程状态转换的具体原因如下。

NULL→新建态：创建一个子进程。

新建态→就绪态：系统完成进程创建操作，且当前系统性能和内存容量均允许接纳新进程。

运行态→终止态：进程自然结束，或出现无法克服的错误，或被操作系统终结，或被其他有终止权的进程终结。

终止态→NULL：完成善后操作，进程撤离系统。

就绪态→终止态：父进程终结子进程，进程被强行终止。

等待态→终止态：父进程终结子进程，进程被强行终止。

3．具有挂起状态的七态模型

挂起是进程暂不参与调度的状态。

1）引入"挂起"状态的原因

由于进程不断创建，系统资源已不能满足进程运行的要求，必须把某些进程挂起，对换到磁盘镜像区中，暂时不参与进程调度，起到平滑系统负荷的目的。

2）引起进程挂起的主要原因

① 当系统中的进程均处于等待状态时，需要把一些阻塞进程对换出去，以腾出足够内存来装入就绪进程运行。

② 进程竞争资源，导致系统资源不足，负荷过重，需要挂起部分进程以调整系统负荷，保证系统的实时性或使系统正常运行。

③ 将定期执行的进程（如审计、监控、记账程序）对换出去，以减轻系统负荷。

④ 用户要求挂起自己的进程，以便进行某些调试、检查和改正。

⑤ 父进程要求挂起后代进程，以进行某些检查和改正。

⑥ 操作系统需要挂起某些进程，检查运行中资源的使用情况，以改善系统性能；或当系统出现故障或某些功能受到破坏时，需要挂起某些进程以排除故障。

3）两个挂起状态

① 挂起就绪态（Ready Suspend）：表明进程就绪但位于外存，待对换到内存后方可调度执行。

② 挂起等待态（Blocked Suspend）：表明进程阻塞并位于外存。

具有挂起状态的进程状态模型如图 2-3 所示。

图 2-3　进程的七态模型

4）引起进程状态转换的具体原因

等待态→挂起等待态：当前不存在就绪态进程，至少有一个等待态进程将被对换出去成为挂起等待态进程。

挂起等待态→挂起就绪态：引起进程等待的事件结束之后，相应的挂起等待态进程将转换为挂起就绪态进程。

挂起就绪态→就绪态：内存中没有就绪态进程，或挂起就绪态进程优先级高于就绪态进程，挂起就绪态进程将转换为就绪态进程。

就绪态→挂起就绪态：为了减轻系统负荷，满足运行进程的资源使用和性能要求，将就绪态进程对换出去成为挂起就绪态进程。

挂起等待态→等待态：当内存空间充足，某个挂起等待态进程优先级较高，并且导致该进程阻塞的事件即将结束时，该挂起等待态进程将被对换到内存中转换为等待态进程。

运行态→挂起就绪态：当一个高优先级挂起等待态进程的等待事件结束后，它将抢占 CPU，而此时内存不够，从而可能导致正在运行的进程转化为挂起就绪态进程。

新建态→挂起就绪态：根据系统当前的资源状况和性能要求，可以将新建态进程对换出去成为挂起就绪态进程。

挂起的进程将不参与低级调度直到它们被对换到内存中。

5）挂起状态进程的特征

① 挂起状态进程不能立即被执行。

② 挂起状态进程所等待的事件独立于挂起条件，事件结束并不能导致进程具备执行条件。等待来自进程个体的需要，挂起则来自操作系统的需要。

③ 进程进入挂起状态是由于操作系统、父进程或进程本身阻止它的运行。

④ 结束进程挂起状态的命令只能通过操作系统或父进程发出。

2.3.4　进程描述

1. 操作系统的控制结构

为了管理进程和各种资源，操作系统需要构造相应的数据结构来登记各个进程和资源的组成结构和使用情况的信息，同样类型的数据结构组成的表，称为控制表。操作系统的控制表分为如下 4 类。

（1）进程控制表：管理各个进程及其相关信息，就像花名册一样，每个进程是花名册中的一个成员，占一个表项。

（2）存储控制表：管理内存和外存，主要内容包括内存储器的分配信息（分配给进程的内存）、辅助存储器的分配信息（分配给进程的外存）、存储保护和分区共享信息（哪些进程可以访问共享内存区域）、虚拟存储器管理信息。

（3）I/O 控制表：管理计算机系统的 I/O 设备和通道，主要内容包括 I/O 设备和通道是否可用、I/O 设备和通道的分配信息、I/O 操作的状态和进展、I/O 操作传输数据所在的内存区。

（4）文件控制表：管理文件，主要内容包括被打开文件的信息、文件在内存储器和辅助存储器中的位置信息、被打开文件的状态和其他属性信息。

以上 4 种表分别管理计算机系统中的硬件资源（如 CPU、内存、I/O 设备）和软件资源（如文件），如图 2-4 所示。

进程是内存、I/O 设备和文件资源的使用者，为了使操作系统能够跟踪进程对资源的使用情况，存储控制表、I/O 控制表和文件控制表需与进程控制表关联。主进程控制表的每项都分别包含一个指向进程映像的指针。在执行期间，进程映像需要驻留内存。

图 2-4　操作系统控制表结构

2. 进程实体（进程映像）的组成

进程实体包括程序块、数据块、进程控制块和核心栈，如图 2-5 所示。其中，程序块和数据块定义进程的行为和功能，进程控制块用于操作系统跟踪、管理进程，记录进程运行的动态档案信息，核心栈是供进程被中断时处理器在核心态下运行的中断处理程序或系统调用处理程序跟踪过程调用和过程间参数传递信息的工作空间。

图 2-5　进程实体结构

1）进程控制块

进程控制块是记录进程运行动态信息的档案，是进程存在的标志。每一个进程都捆绑一个进程控制块，用来存储进程的标志信息、现场信息和控制信息。进程创建时建立进程控制块，进程撤销时回收进程控制块，进程控制块与进程一一对应。

2）程序块

程序块即被执行的程序，规定了进程一次运行应完成的功能。程序块通常是纯代码，可被多个进程共享。纯代码被调用执行时自身不会发生改变。纯代码通过各个调用者提供的堆栈接收输入数据，返回结果。即纯代码的调用者需要自备工作区。

3）数据块

数据块是进程的私有地址空间中的内容，是程序运行时加工处理的对象，包括全局变量、局部变量和常量、用户栈等的存放区，常常为一个进程专用。用户栈是处理器工作在用户态，执行用户进程指令时所使用的工作场地（工作空间），用于暂存过程调用时的参数、返回地址等信息。

4）核心栈

每一个进程都将捆绑一个核心栈，当进程被中断，处理器转为核心态工作模式，执行操作系统中断事务处理程序时，以核心栈作为内核事务程序的工作场地，一方面用来保存被中断进程的断点信息，即现场信息，包括用户栈指针和各寄存器值；另一方面暂存核心态下内核程序的中断/异常现场，保存函数调用的参数和返回地址。进程在运行期间可能出现各种中断事件，如执行访管指令请求操作系统服务引发的访管中断，除数为零、地址越界引起的异常错误，外部设备输入/输出完成或出错引起的中断，都会引起处理器切换到核心态，执行操作系统的中断处理程序，对所发生的中断事件进行处理。核心栈将作为中断处理程序的工作场地。核心栈和进程控制块都是进程必须捆绑的结构，可以看作一个整体，或者将核心栈看作进程控制块的扩展，两者的访问权仅仅属于操作系统，两者的位置也在操作系统内核空间。而程序块和数据块则位于进程的私有地址空间，仅被所属进程访问。进程程序块无权访问核心栈和进程控制块。在核心态工作的操作系统内核程序（中断处理程序）使用核心栈作为其工作空间。在用户态工作的用户程序使用用户栈作为其工作空间。即工作程序和其使用的堆栈位于同一空间。进程的核心栈、进程控制块、程序块和数据块的实际位置如图 2-6 所示。

图 2-6　进程的核心栈、进程控制块、程序块和数据块的实际位置

为什么要为进程分别设置用户栈和核心栈，而不是一个栈？如果只设置一个栈，该栈将位于用户态空间或者核心态空间。若位于核心态空间，用户程序指令（非特权指令）将无权访问栈，无栈空间可用。若位于用户态空间，用户程序指令将有机会访问到其访问权仅属于操作系统的栈中管理信息，影响其安全性。

进程实体的内容随着进程的执行不断发生变化，任意瞬时进程实体的内容及其状态集合称为该瞬时的**进程映像**。

进程实体指的是进程的组成结构，进程映像指的是进程实体中的内容，该内容随着时间而变化。

3．进程上下文

进程上下文：指进程物理实体和支持进程运行的环境。

UNIX 进程上下文包括如图 2-7 所示的 3 个组成部分。

（1）**用户级上下文**：由正文（用户进程的程序块，只读，由程序指令构成）、数据块和用户栈组成，它们占用进程的虚拟地址空间。用户栈用于保存用户态下过程调用和返回地址、参数传递信息。用户级上下文是在处理器用户态下进程可以访问的内容。

（2）**寄存器上下文**：由 CPU 寄存器（程序状态字（PSW）寄存器、指令计数器、栈指针、

控制寄存器、通用寄存器等内容）组成。进程被中断而暂停运行时，上述信息保存在该进程的核心栈中。待进程将来恢复运行时，从其核心栈中恢复寄存器上下文内容到相应寄存器中。

图 2-7　进程上下文物理结构与进程实体（进程映像）逻辑结构

（3）**系统级上下文**：由进程控制块、核心栈组成，仅供在核心态下执行的操作系统管理程序访问。

进程实体、进程映像与进程上下文强调了进程的不同方面。进程实体强调进程的结构框架，该框架具有稳定不变性，同一系统中的所有进程具有相同的框架。进程映像强调进程结构框架中的内容，该内容随进程的运行而变化，也随进程的不同而不同。进程上下文则强调组成进程的结构内容在物理上存放于哪些资源、哪些空间位置上，进程的结构内容是进程自身的组成部分，这些组成部分所在的资源及其空间位置则是支持进程运行的物理环境。

4．进程控制块

进程控制块是操作系统用于记录和刻画进程状态及有关信息的数据结构和档案，也是操作系统掌握进程的唯一结构，是操作系统控制和管理进程的主要依据，是进程存在的唯一标识和合法证明。每个进程有且只有一个进程控制块，其中包括了进程执行时的情况，以及进程让出处理器后所处的状态、断点等信息。

进程控制块包含 3 类信息：标识信息、现场信息、控制信息。

（1）标识信息：用于唯一地标识一个进程，常分为由用户使用的外部标识符和被系统使用的内部标识号（进程号）。每个进程都被赋予一个唯一的、内部使用的、数值型的进程号，操作系统的其他控制表通过进程号来交叉引用进程控制表。常用的标识信息有进程标识符 ID、进程组标识符 ID、用户进程名、用户组名等。

（2）现场信息：用于保留进程暂停运行时存放在处理器现场的各种信息，进程让出处理器时必须把处理器现场信息或其在核心栈中的位置指针保存到 PCB 中，当该进程重新恢复运行时也应恢复处理器现场。现场信息包括通用寄存器内容、控制寄存器（如 PSW 寄存器的）内容、栈指针等。

（3）控制信息：用于管理和调度进程，常用的控制信息如下。

① 进程调度信息，如进程状态、等待事件和等待原因、进程优先级、队列指针等。

② 进程组成信息，如正文段（即程序块）指针、数据段指针。

③ 进程间通信信息，如消息队列指针、信号量等。

④ 进程在二级（辅助）存储器内的地址信息，如段/页表指针、进程映像在外存中的地址等。

⑤ CPU 资源的占用和使用信息，如时间片余量、进程已占用 CPU 的时间、进程已执行时间总和、记账信息。

⑥ 进程特权信息，如内存访问权限和处理器特权。

⑦ 资源清单，包括进程所需全部资源、已经分得的资源，如内存资源、I/O 设备、打开文

件表等。

进程控制块各部分的信息所在位置及其与进程实体其他部分的关系，如图 2-8 所示。

图 2-8　进程控制块的信息

由图可见，进程控制块中存放着进程其他部分的索引，从进程控制块出发可以找到进程实体其他部分，即程序块、数据块的位置。一些操作系统或者操作系统的某些版本在进程控制块中也会设置指向核心栈的指针，这样从进程控制块出发也可以找到核心栈的位置。或者将核心栈放置在偏离进程控制块某个距离的位置，通过计算间距获得核心栈的位置。核心栈结构中也存放指向进程控制块的指针。所以，核心栈和进程控制块可以相互访问到对方，它们共同用来存放处理器现场信息的不同部分。可以认为，核心栈暗含在进程控制块中。

进程控制块的使用权和修改权属于操作系统程序，包括调度程序、资源分配程序、中断处理程序、性能监视和分析程序等。操作系统是根据 PCB 对并发执行的进程进行控制和管理的。

5．进程队列及其管理

进程队列：将处于同一状态的所有 PCB 链接在一起的数据结构称为**进程队列**（Process Queues）。

进程队列的排队原则如下。

① 同一状态进程的 PCB 按先来先到、优先级或其他原则排成队列。

② 等待态进程队列按照等待原因细分为多个队列。

比较简单的三态模型的进程队列结构如图 2-9 所示。

在一个队列中，链接进程控制块的方法有单向链接和双向链接。

队列管理模块的操作有入队和出队。新提交进程进入就绪队列，操作系统进程调度程序依次调度就绪队列的每个进程占用处理器并获得运行机会。获得处理器的进程进入运行状态，如果在分得的时间片内进程执行完毕，则撤离系统，否则重返就绪队列。如果正在运行的进程产生等待事件，则该进程释放处理器并加入该事件等待队列。待等待事件结束时，进程离开事件等待队列并加入就绪队列，开始等待获得处理器的新一轮机会。进程在各个队列中入队、出队的情况如图 2-10 所示。

图 2-9　进程队列结构

图 2-10　队列管理和状态转换示意图

2.3.5　进程切换

进程切换即中断一个进程的执行转而执行另一个进程，被中断的进程上下文需要保存到其进程控制块以及核心栈中，然后装入新进程上下文，使其从上次断点恢复执行，或者调度一个新的进程。进程切换意味着处理器、输入/输出设备等共享资源的切换，必须将其中的现场信息保存起来，以便进程重新获得调度时恢复现场信息。

何时执行进程切换？当进程出现了自身原因导致的无法继续执行下去的事件，例如，进程因等待资源或某事件发生，或进程执行结束而不能在 CPU 上继续执行，或可运行进程出现了需要剥夺 CPU 的条件，如进程时间片用完或者出现了优先级更高的进程，系统将执行进程切换。具体情况分述如下。

1．允许发生进程上下文切换的 5 种情况（即进程调度时机）

（1）当进程进入等待态时：一个进程等待时处理器会空闲下来，一个就绪态进程应该获得处理器。进程等待事件激活操作系统实施进程切换。

图 2-11 发生进程切换的一种情形（系统调用返回）

（2）当进程的系统调用请求完成后，CPU 即将被分配给某个进程，该系统调用请求者进程不是最有资格获得 CPU 的进程时，CPU 将被分配给另一个进程，即最有资格获得 CPU 的进程。如图 2-11 所示，当进程 P_1 的系统调用请求完成后，操作系统调度程序从众多进程中挑选最有资格获得 CPU 的进程，发现是 P_2 而不是 P_1 最有资格获得 CPU，则 P_2 获得 CPU，进程切换发生。

（3）当内核完成中断处理，即将把处理器分配给某个进程，而刚被中断的进程不是最有资格获得 CPU 的进程时，CPU 将被分配给另一个进程，即最有资格获得 CPU 的进程。这种情况类似于第二种情况，不同之处在于中断类型不同。第二种情况中的系统调用是自愿性中断，由当前进程主动引发，其发生时机可以预知。第三种情况的中断是强迫性中断，非当前进程主动引发，其发生时机不可预知。其处理过程类似于第二种情况。

（4）当进程执行结束时，不再需要处理器，处理器理应分配给其他进程使用，需要实施进程切换。通常，进程调用"结束进程，返回操作系统"系统调用显式请求操作系统做结束处理，包括进程切换。

例如，IBM PC 汇编程序末尾的语句：

```
MOV AH,4CH
INT 21H
```

表示"结束程序，返回操作系统"。

（5）在剥夺式调度方式下，当进程的时间片用完了或者出现了优先级更高的进程时，系统将执行进程切换。

上述 5 种情况实际上可归纳为一种情况：中断发生时才有可能发生进程上下文切换。上述 5 种情况是对中断事件的细分。只有中断发生时，操作系统才能接管处理器，才有机会在处理完中断事件后，把处理器由一个进程转交给另一个进程，进程切换才会发生。但并非每次中断发生时都会执行进程调度程序实施进程切换。如果中断的发生是由进程自身无法继续运行导致的，则中断处理后，必须实施进程切换。如果中断的发生并非因进程自身无法继续运行导致的，而是由外部事件导致的，则中断处理后，是否实施进程切换视情况而定。如果系统采用剥夺调度方式，且被中断进程的时间片尚未使用完毕，且没有出现更高优先级进程，则中断处理后，最近被中断的进程应当继续获得处理器并恢复运行。否则，应当把处理器分配给另一个进程。从中断发生到进程切换的过程如图 2-12 所示。

2．Linux 进程调度时机

Linux 进程调度时机主要有以下几种。

（1）进程状态转换的时刻，如进程终止（结束）、进程睡眠（阻塞等待），进程调用 sleep() 或 exit() 等函数进行状态切换，这些函数会主动调用调度程序实施进程切换。

（2）当前进程的时间片用完时。时间片由时钟中断更新，时钟中断处理程序隶属操作系统内核程序，该情况与第 4 种情况相同。

（3）设备驱动程序执行时。设备驱动程序向设备硬件发送操作指令，设备执行操作指令需要花费一定的时间，CPU 此时空闲下来，Linux 将执行进程调度，把 CPU 分配给其他进程。

图 2-12　从中断发生到进程切换的过程

（4）中断、异常或系统调用处理结束，操作系统对 CPU 的使用结束，CPU 将被分配给某个进程时，Linux 将执行进程调度，挑选最有资格获得 CPU 的进程。操作系统将调度和进程切换的时机安排在处理中断事件时，因为中断是激活操作系统的唯一途径。

3．进程切换的步骤

（1）保存被中断进程的处理器现场信息。

（2）修改被中断进程的进程控制块的有关信息，如进程状态等。

（3）把被中断进程的进程控制块加入有关队列。

（4）选择下一个占用处理器运行的进程。

（5）修改被选中进程的进程控制块的有关信息。

（6）根据被选中进程设置操作系统用到的地址转换和存储保护信息。

（7）根据被选中进程的信息恢复处理器现场。

进程切换的步骤如图 2-13 所示。

图 2-13　进程切换的步骤

2.3.6　模式切换

CPU 模式切换即处理器管态（核心态）与目态（用户态）之间的切换。中断发生时，处理器由执行用户进程代码的用户态切换为执行操作系统内核程序（中断处理程序）的核心态，这是由用户态到核心态的模式切换。内核中断处理程序执行结束后，通过执行程序状态字加载指令可以使处理器由核心态切换为用户态，这是由核心态到用户态的模式切换。被中断的程序可以是正在用户态下执行的，也可以是正在核心态下执行的（这属于中断嵌套或多重中断），内核都要保留足够信息以便以后恢复被中断了的进程。

模式切换的步骤如下。

（1）保存被中断进程的处理器现场信息。

（2）处理器由用户态切换到核心态，准备执行中断处理程序。

（3）根据中断级别设置中断屏蔽位。

（a）进程切换

（b）模式切换

图 2-14　进程切换与模式切换的区别

（4）根据系统调用号或中断号，从系统调用表或中断入口地址表中找到系统服务程序或中断处理程序的地址。

进程切换包含两次模式切换，一次是处理器由执行一个进程的用户态切换到核心态，另一次是处理器由核心态切换到执行另一个进程的用户态。

如果两次模式切换仅仅发生在一个用户进程与操作系统内核程序之间，则进程切换并未发生。进程切换与模式切换的区别如图 2-14 所示。

2.3.7　进程控制与管理

在进程生命周期中，会出现各种各样的事务，进程状态会发生相应的转换，对进程事务进行响应处理的操作称为进程控制。进程控制也是处理器管理的主要工作，包括进程创建、进程阻塞、进程唤醒、进程挂起、进程激活、进程终止和进程撤销等。这些控制和管理功能是由操作系统中的原语来实现的。

原语（Primitive）：在管态下执行、完成系统特定功能的不可中断的过程，具有原子操作性。根据定义，原语的执行是顺序的而不可能是并发的。原语属于操作系统内核程序。

原语的实现方法：原语可以采用屏蔽中断的系统调用来实现，以保证原语操作不被打断。因此，原语和系统调用都使用访管指令来调用。普通系统调用可以被中断，而原语不可中断。

1．进程的创建

1）进程创建的事件来源

① 提交一个批处理作业。

② 交互式作业登录。

③ 操作系统创建一个服务进程。

④ 存在的进程创建（孵化）新的进程。

生成其他进程的进程称为父进程（Parent Process），被生成的进程称为子进程（Child Process），即一个父进程可以创建子进程，从而形成树形结构。

2）进程的创建过程

① 在主进程表中增加一项，并从 PCB 池中取一个空白 PCB，为新进程分配唯一的进程标识符。

② 为新进程的进程映像分配地址空间，并装入程序和数据。

③ 为新进程分配内存空间外的其他资源。

④ 初始化进程控制块，如进程标识符、处理器初始状态、进程优先级等。

⑤ 把进程状态置为就绪态并加入就绪进程队列。

⑥ 通知操作系统的某些模块，如记账程序、性能监控程序。

2．进程的阻塞和唤醒

进程阻塞是指一个进程因出现等待事件而释放处理器，转为等待状态的行为。通常，进程调用阻塞原语阻塞自己，所以，阻塞是自主行为，是一个同步事件。当一个等待事件结束时会产生一个中断，从而激活操作系统，将被阻塞的进程唤醒。

1）进程阻塞的步骤

① 停止进程执行，保存现场信息到其 PCB 中。

② 修改 PCB 的有关内容，如进程状态由运行态改为等待态，并把修改状态后的 PCB 加入相应等待队列。

③ 转入进程调度程序，调度其他进程运行。

2）进程唤醒的步骤

① 从相应等待队列中移出进程。

② 修改其 PCB 的有关信息，如将进程状态改为就绪态并把修改 PCB 后的进程加入就绪队列。

③ 若被唤醒的进程优先级高于当前运行的进程，则重新设置调度标志。

在 UNIX/Linux 中，与进程的阻塞与唤醒相关的原语主要有：sleep（暂停）、pause（暂停并等待信号）、wait（等待子进程暂停或终止）和 kill（终止进程）。

3．进程的撤销

进程终止时由操作系统撤销进程。进程撤销的主要工作是由操作系统内核回收终止进程所拥有的内存、打开文件、信号量等资源。

1）进程撤销的主要原因

① 进程正常运行结束。

② 进程执行了非法指令，或在常态下执行了特权指令。

③ 进程运行时间或等待时间超过了最大限定值。

④ 进程申请的内存超过最大限定值。

⑤ 越界错误、算术错误、严重的输入/输出错误。

⑥ 操作员或操作系统干预。

⑦ 父进程撤销其子进程、父进程被撤销、操作系统终止。

2）进程撤销步骤

① 根据撤销进程标识号，从相应队列找到它的 PCB。

② 将该进程拥有的资源归还给父进程或操作系统。

③ 若该进程拥有子进程，则对子进程采取两种可选措施：第一种，先撤销它的所有子孙进程，以防它们脱离控制。第二种，为子进程重新指定一个新的父进程。

④ 撤销进程出队，将它的 PCB 归还给 PCB 池。

进程调用 exit()函数使自己进入终止状态。无论编程者是否显式调用 exit()函数，C 编译程序都会自动将 exit()函数追加在 main()函数尾部。

4．进程的挂起和激活

挂起原语执行过程：检查要被挂起进程的状态，若处于就绪态，则修改为挂起就绪态；若处于等待态，则修改为挂起等待态。被挂起进程的程序块、数据块要交换到磁盘对换区中，进程的 PCB 常驻内存。

激活原语主要处理过程：把进程的程序块、数据块调入内存，修改它的状态，将挂起等待态改为等待态，将挂起就绪态改为就绪态，并加入相应队列。挂起原语既可由进程自己，又可由其他进程调用，但激活原语只能由其他进程调用。

Linux 没有为进程定义一个明确的"挂起"状态，Linux 中的"挂起"指的是暂停进程的执行，"挂起"并不意味着要将进程对换到外存，被暂停进程的状态可能转换为 T（Stopped）状态、S（Interruptible Sleep）状态或 D（Uninterruptible Sleep）状态。使用 kill 命令向进程发送 SIGSTOP 信号、SIGTSTP 信号或按 Ctrl+Z 组合键可以暂停进程的执行。使用 kill 命令向进程发送 SIGCONT 信号或使用 fg 命令可以恢复进程的执行。

实验 4　Linux 进程控制实验

1. 进程的创建、阻塞、终止

使用 kill 终止进程，使用 sleep 使进程自己睡眠，使用 waitpid 等待子进程结束。
编写程序 killer.c：

```c
#include <sys/wait.h>
#include <sys/types.h>
#include <stdio.h>
#include <stdlib.h>
#include <signal.h>
int main( void )
{
    pid_t childpid;
    int status;
    int retval;
    childpid = fork();
    if ( -1 == childpid )
    {
        perror( "fork()" );
        exit( EXIT_FAILURE );
    }
    else
    if ( 0 == childpid )
    {
        puts( "In child process" );
        printf("子进程号=%d,子进程睡眠 100 秒\n",(int) getpid ());
        sleep( 100 );
        exit(EXIT_SUCCESS);
    }
    else
    {
        printf("父进程号=%d,父进程等待子进程结束,若未结束则立即返回\n",(int)
            getpid ());
        if ( 0 == (waitpid( childpid, &status, WNOHANG )))   //立即返回
        {
            printf("杀死子进程前当前的活跃进程\n");
            retval = kill( childpid,SIGKILL );
            printf("父进程杀死子进程\n");
            if ( retval )
```

```
            {
                puts( "kill failed." );
                perror( "kill" );
                waitpid( childpid, &status, 0 );
            }
            else
            {
                printf( "%d killed\n", childpid );
                printf("杀死子进程后当前的活跃进程\n");
            }
        }
    }
    exit(EXIT_SUCCESS);
}
```

编译 killer.c：

```
sfs@ubuntu:~$ gcc killer.c -o killer
```

运行进程 killer：

```
sfs@ubuntu:~$ ./killer
```

系统调用简要说明：

（1）int kill(pid_t pid,int sig)：传送参数 sig 指定的信号给参数 pid 指定的进程。

（2）unsigned int sleep(unsigned int sec)：使进程休眠 sec 秒。

（3）pid_t waitpid(pid_t pid,int*status,int options)：暂时停止目前进程的执行，直到有信号来到或子进程结束。

2．获取进程标识符信息

使用到的系统调用（库函数）如下。

（1）getpid ()：获取本进程标识号。

（2）getppid ()：获取父进程标识号。

用例：

```
#include <stdio.h>
#include <unistd.h>
int main()
{
    printf("The process ID is %d\n",(int) getpid ());
    printf("The parent process ID is %d\n",(int) getppid ());
    return 0;
}
```

2.4　线程及其实现

2.4.1　多线程的引入

在操作系统中，进程代表一个任务单元，如果该任务仅由一个执行流（执行单位）承担，则该进程称为单线程进程。如果进程任务被划分为若干并发子任务，分别由不同执行流承担，则该进程称为多线程进程。进程中的每个执行流称为一个线程。线程代表从进程划分出来的更小的任务单元。

单线程进程代表的任务与其中线程代表的任务是同一个任务。单线程进程既是系统进行资源分配的基本单位，又是处理器调度的基本单位。线程切换意味着进程切换，即线程调度与进程调度重合。

多线程进程包含多个并发任务、并发执行流构成的集合，每个线程代表一个相对独立的任务。在多线程进程中，进程是系统进行资源分配的基本单位，线程是处理器调度的基本单位。线程切换并不意味着进程切换，即处理器调度分为进程调度和线程调度两级。

通过任务分解可以在一个进程内产生多个并发多线程，通过任务合成可以将原本分散在多个进程中的任务集中在一个进程中，每个任务分别由一个线程来承担，形成多线程进程。

对于由多个任务构成的应用，既可以采用多进程来实现，又可以采用多线程进程来实现。采用多进程实现时，每个进程承担一个任务。采用多线程进程实现时，一个进程中的每个线程承担一个任务。多线程进程好像是由多个成员构成的家庭，每个线程是家庭中的一个成员。分配到家庭的任务可以分解后分配给家庭中的每个成员，大家一起干，人多力量大，任务完成得快。

多线程进程运行模型在客户机/服务器类应用中效果很好。在客户机/服务器应用环境中，一个服务器接收来自多个客户机的请求并应答。如果服务器是单线程的，则一旦阻塞，将无法响应其他客户的请求。如果服务器是多线程的，则针对每个客户请求，服务器可以分别创建一个线程为之服务。一个线程的阻塞不影响其他线程继续为其他客户服务，不同的线程可以共享服务器进程中的内存数据，减少 I/O 设备的访问，提高服务器效率和响应实时性，如图 2-15 所示。

图 2-15　多线程服务器与客户机

2.4.2　多线程环境中的进程与线程

多线程进程将任务执行实体与资源分配和拥有实体分离开来，线程属于任务执行实体，进程则作为资源分配和拥有实体，多个线程共享进程拥有的资源。但多线程进程与单线程进程的概念是相同的。多线程进程将进程间的合作变为进程内多个线程间的合作。

1．多线程环境中的进程

在多线程环境中，进程仍然是资源分配和保护的基本单位，但多线程进程不是处理器调度和分派的基本单位；线程不是资源分配和保护的基本单位，而是处理器调度和分派的基本单位。同一进程中的所有线程共享该进程拥有的资源，线程之间可以直接访问共享内存区，实现通信和数据共享。多线程进程实体包括进程控制块，容纳程序、数据和用户栈的用户地址空间，核心栈。每个线程都有一个用户栈、核心栈和线程控制块（Thread Control Block，TCB）。

2．多线程环境中的线程

线程是进程中能够独立执行的实体（控制流），是处理器调度和分派的基本单位。

线程是进程的组成部分，每个进程可以包含多个并发执行的实体（控制流），这就是多线程。

同一进程中的所有线程驻留在同一地址空间中，可以访问到相同的数据。各个线程共享进程获得的内存空间和资源，如内存、I/O 设备、I/O 通道和文件等，但不拥有资源。

单线程和多线程进程的实体结构如图 2-16 所示。

图 2-16　单线程和多线程进程的实体结构

每当创建一个进程时，至少要同时为该进程创建和启动一个线程（主线程），已经启动的线程又可创建和启动其他线程，从而使所有线程都活动起来。

线程实体包括如下 3 种。

1）线程控制块

线程控制块是存放线程结构信息和活动情况的档案资料，包括线程唯一标识符及线程状态信息、暂停运行时保存的线程上下文（如处理器寄存器值、优先级）等。每个线程暂停执行时，都有各自独立的上下文，需要保存在各自的 TCB 中。

2）私有存储区

私有存储区用于存放线程执行的程序和数据（包括局部变量及用户栈）。用户栈用于线程在用户态下工作时存放函数调用传递的参数、返回地址等。

3）核心栈

核心栈用于在核心态下工作的内核存放函数调用传递的参数、返回地址等。

3．线程的状态及进程级状态

线程的关键状态有运行、就绪、阻塞和终止，线程的状态转换类似进程。某些状态只在进程级有意义。例如，挂起状态对线程没有意义，如果进程挂起后被对换出内存，则它的所有线程因共享了进程的地址空间，必须全部对换出去。所以挂起状态是进程级状态，不作为线程级状态。类似地，进程的终止会导致其所有线程终止。但是，线程终止，其所属进程是否终止取决于该线程是否为主线程（即进程中的第一个线程）以及线程类型为用户级线程（假线程）还是内核级线程（真线程）。若主线程终止或者用户级线程终止，则其所属进程将终止。

　　某些状态在进程级和线程级均有意义，如阻塞态。对某些线程实现机制，如用户级线程，由于该机制对操作系统不可见，操作系统仅支持单线程进程，所以其中任何用户级线程的阻塞都代表整个进程的阻塞，进程因此转换为阻塞态，即使这个进程存在另一个处于就绪态的用户级线程；对其他线程实现机制，如内核级线程，当一个内核级线程阻塞时，如果存在另一个处于就绪态的内核级线程，则调度该线程处于运行态，否则进程转换为阻塞态。

　　由于多线程进程不是调度单位，因此，进程状态不必划分过细，如 Windows 操作系统中仅把进程分为可运行和不可运行状态，挂起状态属于不可运行状态。

4．线程的控制

线程的控制操作如下。

（1）创建：当进程创建后，系统会默认创建并启动一个线程（即主线程），已经启动的线程可以再创建和启动同一进程中的其他线程。

（2）阻塞：也称等待，暂停线程执行。

（3）恢复：当被阻塞线程等待的事件发生时，线程转换成就绪态或相应状态。

（4）结束：线程终止，撤销线程。

5．并发多线程程序设计的优点

（1）进程内的线程间切换速度快、切换开销小。同一进程中的各个线程共享同一地址空间，切换线程不需要切换地址空间，因而切换速度快、切换开销小。进程切换需要切换不同进程的虚地址空间，切换开销大。

（2）进程内的线程间易于实现任务间的通信协作。同一进程内线程间的通信可以通过访问进程地址空间来实现，这样既快捷又省时。进程间的通信需借助操作系统提供的内核服务功能，通信过程复杂耗时。

（3）提高并发度，线程切换开销小。在同样时间内，处理器可以在更多线程间切换，却只能在较少进程间切换。小的并发任务，即细粒度并发任务适合采用线程实现。

2.4.3　多线程的实现方法

目前，线程的实现方法有如下 3 种。

1．用户级线程

1）用户级线程的实现原理

用户级线程（User Level Thread，ULT）是在一个进程内部实现了类似进程调度、进程切换功能的一种进程内多任务应用功能，其中调度、切换的任务单位是线程。管理线程的数据结构，如线程控制块由用户进程创建和维护，仅存在于用户态空间。用户级线程的切换并不依靠中断机构和操作系统调度程序来实现，而由运行在用户态的程序自行确定用户级线程切换的时机。用户级线程的调度和切换仅仅发生在用户进程空间。操作系统对此一无所知，因而不参与用户级线程的调度。用户级线程不能作为处理器调度和分派的基本单位，操作系统仍然维持原来的处理器调度单位和调度策略。Java 实现了用户级线程。

2）用户级线程的优点

（1）进程内的线程切换不需要内核介入。因为所有管理线程的数据结构均在进程的用户空间中，管理线程切换的线程库也在用户地址空间中运行，因而进程不需要切换为内核方式来做线程管理，线程切换不会导致进程失去处理器的控制权。

（2）针对不同进程，按需选择不同的线程调度算法。线程库的线程调度算法与操作系统的低级调度算法无关，进程可以根据多线程任务的不同特征选择合适的多线程调度算法。

（3）用户级线程可以运行在任何操作系统上，不需对内核做任何改造。

3）用户级线程的缺点

（1）线程执行系统调用时，不但该线程被阻塞，而且进程内的所有线程均被阻塞。

（2）纯用户级线程不能利用多处理器技术。在一段时间里，一个进程仅分配一个 CPU，进程中仅有一个线程能够执行。

4）用户级线程不能利用多处理器技术。

方法 1：把应用程序改写为多进程程序而非多线程程序。这种方法消除了线程的主要优点，进程切换开销较大。

方法 2：使用 jacketing 技术，把产生阻塞的系统调用转换成一个非阻塞的系统调用。

例如，当线程需要执行 I/O 操作时，不直接调用一个系统 I/O 例程，而是调用一个应用级的 I/O jacket 例程，该 jacket 例程检查 I/O 设备是否忙。如果忙，则该线程阻塞，控制传送给另一个线程。当这个线程将来重新获得控制时，jacket 例程会再次检查 I/O 设备。

2．内核级线程

1）内核级线程的实现原理

内核级线程（Kernel Level Thread，KLT）是在操作系统内核层对进程实现的多线程功能，操作系统以线程作为处理器调度和分派的基本单位。管理线程的数据结构，如线程控制块由操作系统内核创建和维护，存在于内核空间。内核级线程的切换与进程切换类似，在中断发生时由操作系统实施切换。内核为进程及其内部的每个线程维护上下文信息，如 Windows NT 和 OS/2。

2）内核级线程的主要优点

（1）内核可以同时把同一进程中的多个线程调度到多个处理器上并行执行。

（2）进程中的一个线程被阻塞了，内核能调度同一进程中的其他就绪线程运行。

（3）内核级线程数据结构和堆栈小，切换速度快，内核自身也可采用多线程技术实现，提高系统执行速度和效率。

内核级线程的主要缺点是同一进程中的线程切换需要内核介入，需要经过用户态-内核态-用户态的模式切换，系统开销较大。

用户级线程与内核级线程的优劣与应用程序的性质有关。如果应用程序中的多数线程涉及频繁的阻塞式内核访问操作，则用户级线程方案不如内核级线程方案对系统并发性改进效果好。

3．混合式线程

某些操作系统（如 Solaris）提供了同时支持用户级线程和内核级线程的混合式线程设施，线程的创建、调度和同步在用户空间进行。一个应用程序中的多个用户级线程被映射到一些（小于或等于用户级线程的数目）内核级线程上，他们共享该内核级线程的处理器。程序员可以为特定的应用程序和处理器调节内核级线程的数目。

在混合式线程中，同一个应用程序中的多个线程可以在多个处理器上并行运行，某个线程的阻塞式系统调用不会阻塞整个进程。

Linux 提供了一种不区分进程和线程的解决方案，该方案使用一种类似 Solaris 轻量级进程的方法，用户级线程被映射到内核级线程上，组成一个用户级进程的多个用户级线程被映射到共享同一个组 ID 的多个 Linux 内核级进程上。这使得这些进程可以共享文件和内存等资源，同一组中的进程切换不需要切换上下文。

实验 5　结果不唯一的多线程并发运行实例

Linux 多线程并发运行：编写包含一个主线程和 3 个子线程的多线程并发程序。

```c
#include <pthread.h>
#include <stdio.h>
void* printyou (void* unused)
{
    int c=2000;
    while (c--)      fputs ("你", stderr);
    return NULL;
}
void* printme (void* unused)
{
    int c=2000;
    while (c--)      fputs("我", stderr);
    return NULL;
}
void* printhim (void* unused)
{
    int c=2000;
    while (c--)      fputs("他", stderr);
    return NULL;
}
int main ()
{
    int c=2000;
    pthread_t thread_id1,thread_id2,thread_id3;
    pthread_create (&thread_id1, NULL, &printyou, NULL);
    pthread_create (&thread_id2, NULL, &printme, NULL);
    pthread_create (&thread_id3, NULL, &printhim, NULL);
    while (c--)      fputc ('o', stderr);
    return 0;
}
```

编译程序 create-threads.c：

```
sfs@ubuntu:~$ gcc create-threads.c -o create-threads -lpthread
```

运行程序 create-threads：

```
sfs@ubuntu:~$ ./create-threads
```

系统调用（库函数）说明：

int pthread_create(pthread_t*restrict tidp,const pthread_attr_t *restrict attr,void*(*start_rtn)(void*),void *restrict arg)：创建线程函数。第一个参数为指向线程标识符的指针，第二个参数用来设置线程属性，第三个参数是线程运行函数的起始地址，最后一个参数是运行函数的参数。在编译时要注意加上-lpthread 参数，以调用链接库。因为 pthread 并非 Linux 操作系统的默认库，而是 posix 线程库，在 Linux 中将其作为一个库来使用，因此加上 -lpthread（或-pthread）以显式地链接该库。新创建的线程从 start_rtn()函数的地址开始运行。

实验 6　多线程共享资源并发访问控制

（1）一个进程中的多个线程对共享变量的非互斥并发访问会导致运行结果的不唯一。

例如，有一个共享变量 num 值为 200，3 个线程分别使该变量减一 30 次，正确结果应为 200–30×3=110。但是 3 个线程对共享变量 num 的非互斥并发访问会导致该变量的最终结果可能不是 110。

程序实例 thrmainsharevar2.c 如下。

```c
#include <stdio.h>
#include <stdlib.h>
#include <pthread.h>
#include <unistd.h>
#include <string.h>
int num=200,count=30;
void *sub1(void *arg)            //线程执行函数，执行 num 减一 30 次
{
    int i = 0,tmp;
    for (; i <count; i++)
    {
        printf("线程 1 num 减 1 前值为:%d,",num);
        tmp=num-1;
        printf("线程 1 num 减 1 后 tmp 值为:%d,",tmp);
        num=tmp;
        printf("线程 1 num 减 1 后值为:%d\n",num);
    }
    return ((void *)0);
}
void *sub2(void *arg)            //线程执行函数，执行 num 减一 30 次
{
    int i = 0,tmp;
    for (; i <count; i++)
    {
        printf("线程 2 num 减 1 前值为:%d,",num);
        tmp=num-1;
        printf("线程 2 num 减 1 后 tmp 值为:%d,",tmp);
        num=tmp;
        printf("线程 2 num 减 1 后值为:%d\n",num);
    }
    return ((void *)0);
}
int main(int argc, char** argv)
{
    pthread_t tid1,tid2;
    int err,i=0,tmp;
    void *tret;
    err=pthread_create(&tid1,NULL,sub1,NULL);      //创建线程
    if(err!=0)
    {
        printf("pthread_create error:%s\n",strerror(err));
        exit(-1);
```

```
    }
    err=pthread_create(&tid2,NULL,sub2,NULL);
    if(err!=0)
    {
        printf("pthread_create error:%s\n",strerror(err));
        exit(-1);
    }
    for(;i<count;i++)
    {
        printf("main num 减 1 前值为:%d,",num);
        tmp=num-1;
        printf("main num 减 1 后 tmp 值为:%d,",tmp);
        num=tmp;
        printf("main num 减 1 后值为:%d\n",num);
    }
    printf("两个线程运行结束\n");
    err=pthread_join(tid1,&tret);//阻塞等待线程 ID 为 tid1 的线程，直到该线程退出
    if(err!=0)
    {
        printf("can not join with thread1:%s\n",strerror(err));
        exit(-1);
    }
    printf("thread 1 exit code %d\n",(int)tret);
    err=pthread_join(tid2,&tret);
    if(err!=0)
    {
        printf("can not join with thread1:%s\n",strerror(err));
        exit(-1);
    }
    printf("thread 2 exit code %d\n",(int)tret);
    return 0;
}
```

编译程序 thrmainsharevar2.c：

```
administrator@ubuntu:~$ gcc thrmainsharevar2.c -o thrmainsharevar2 -lpthread
```

运行程序 thrmainsharevar2：

```
administrator@ubuntu:~$ ./thrmainsharevar2
```

（2）改进上述程序，为共享变量的访问加上互斥锁 pthread_mutex_t mylock，使各个线程对共享变量 num 的访问只能顺序进行，而不能并发进行，观察程序执行结果的唯一性。

加锁调用：int pthread_mutex_lock (pthread_mutex_t * __mutex);。

解锁调用：int pthread_mutex_unlock (pthread_mutex_t * __mutex);。

加上互斥锁的程序实例 thrmutex.c 如下。

```
#include <stdio.h>
#include <stdlib.h>
#include <pthread.h>
#include <unistd.h>
#include <string.h>
int num=200,count=30;
pthread_mutex_t mylock=PTHREAD_MUTEX_INITIALIZER;
void *sub1(void *arg)          //线程执行函数，执行 num 减一 30 次
{
```

```
        int i = 0,tmp;
        for (; i <count; i++)
        {
            pthread_mutex_lock(&mylock);
            printf("线程 1 num 减 1 前值为:%d,",num);
            tmp=num-1;
            printf("线程 1 num 减 1 后 tmp 值为:%d,",tmp);
            num=tmp;
            printf("线程 1 num 减 1 后值为:%d\n",num);
            pthread_mutex_unlock(&mylock);
        }
        return ((void *)0);
}
void *sub2(void *arg)            //线程执行函数,执行 num 减一 30 次
{
        int i = 0,tmp;
        for (; i <count; i++)
        {
            pthread_mutex_lock(&mylock);
            printf("线程 2 num 减 1 前值为:%d,",num);
            tmp=num-1;
            printf("线程 2 num 减 1 后 tmp 值为:%d,",tmp);
            num=tmp;
            printf("线程 2 num 减 1 后值为:%d\n",num);
            pthread_mutex_unlock(&mylock);
        }
        return ((void *)0);
}
int main(int argc, char** argv)
{
        pthread_t tid1,tid2;
        int err,i=0,tmp;
        void *tret;
        err=pthread_create(&tid1,NULL,sub1,NULL);         //创建线程
        if(err!=0)
        {
            printf("pthread_create error:%s\n",strerror(err));
            exit(-1);
        }
        err=pthread_create(&tid2,NULL,sub2,NULL);
        if(err!=0)
        {
            printf("pthread_create error:%s\n",strerror(err));
            exit(-1);
        }
        for(;i<count;i++)
        {
            pthread_mutex_lock(&mylock);
            printf("main num 减 1 前值为:%d,",num);
            tmp=num-1;
            printf("main num 减 1 后 tmp 值为:%d,",tmp);
            num=tmp;
            printf("main num 减 1 后值为:%d\n",num);
            pthread_mutex_unlock(&mylock);
        }
        printf("两个线程运行结束\n");
        err=pthread_join(tid1,&tret);//阻塞等待线程 ID 为 tid1 的线程,直到该线程退出
        if(err!=0)
```

```
    {
        printf("can not join with thread1:%s\n",strerror(err));
        exit(-1);
    }
    printf("thread 1 exit code %d\n",(int)tret);
    err=pthread_join(tid2,&tret);
    if(err!=0)
    {
        printf("can not join with thread1:%s\n",strerror(err));
        exit(-1);
    }
    printf("thread 2 exit code %d\n",(int)tret);
    return 0;
}
```

编译程序 thrmutex.c：

```
administrator@ubuntu:~$ gcc thrmutex.c -o thrmutex -lpthread
```

运行程序 thrmutex：

```
administrator@ubuntu:~$ ./thrmutex
```

2.5　处理器调度系统

处理器调度考虑的是在何时如何从多个作业中选择一些作业加载到内存中为其创建进程（称为作业调度或高级调度、长程调度）和在何时如何从多个进程中选择一个进程占用处理器运行（称为进程/线程调度、低级调度或短程调度）的问题。决定何时如何选择一个作业、进程或者线程运行的规则称为调度策略。

处理器调度策略与作业类型密切相关。用户作业包括批处理作业和终端交互型作业。批处理作业进入系统后在磁盘后备队列中等候作业调度，终端交互型作业一旦被接纳，直接创建进程，接受进程调度。

从系统接收到运行结束退出系统为止，作业可能要经历如图 2-17 所示的三级调度过程：高级调度、中级调度和低级调度。

图 2-17　处理器调度层次与进程状态的转换关系

高级调度发生在新进程的创建中，它决定一个进程能否被创建，或者创建后能否被置成就绪态；中级调度反映到进程状态上就是挂起和解除挂起，它根据系统的当前负荷情况决定停留在内存中的进程数；低级调度决定哪一个就绪态进程/线程占用 CPU。

调度层级与调度队列的关系如图 2-18 所示。

图 2-18　调度层级与调度队列

1．高级调度

高级调度（作业调度、长程调度）从磁盘后备作业队列中挑选若干作业进入内存，为其分配资源，创建进程；作业完成后还要做善后处理工作。高级调度根据 CPU 的空闲时间控制多道程序的道数，每当作业结束后，把新的作业装入内存中。高级调度配置在批处理系统或者操作系统的批处理部分中。

新提交的批处理作业保存在磁盘后备作业队列中等候创建进程。高级调度涉及两个决策：进程创建时机和为哪个或哪些作业创建进程。进程创建时机取决于系统并发度。创建的进程越多，每个进程获得的 CPU 可执行时间比越低。为了给当前进程集提供满意的服务，高级调度可能限制系统并发度。每当一个作业结束或者处理器空闲时间片超过一定阈值时，高级调度都可以增加一个或几个新作业到内存中。为哪个或哪些作业创建进程的决策有基于先来先服务原则、基于优先级原则、基于期待执行时间和 I/O 需求的原则等。

终端交互型作业将直接被接纳，直至系统饱和为止。

2．中级调度

中级调度（平衡调度、中程调度）是进程对换的一部分。中级调度决定哪些进程参与竞争处理器资源，途径是把一些进程换出内存，使之进入"挂起"状态，不参与进程调度；或者将进程对换到内存中，解除挂起状态。中级调度根据内存资源决定内存中所能容纳的进程数目，并根据进程的当前状态来决定外存和内存中进程的对换。中级调度起到平滑和调整系统负荷的作用，提高内存利用率和系统吐吞率。

3．低级调度

低级调度（进程调度、线程调度、短程调度）的主要功能是按照某种原则决定就绪队列中的哪个进程或内核级线程获得处理器，并将处理器分配给它工作。低级调度执行分配 CPU 的程序称为分派程序。

低级调度程序是操作系统最为核心的部分，执行十分频繁。低级调度策略的优劣直接影响到整个系统的性能。

低级调度是各类操作系统必须具有的功能；在纯粹的分时或实时操作系统中，通常不需要配置高级调度，仅配置低级调度；一般的操作系统配置高级调度和低级调度；中级调度可以选择性地配置和启用，由系统或用户在对换代价和内存利用率之间进行取舍。

低级调度执行的时机是当前进程阻塞或可能抢占当前运行进程的事件发生时，这类事件有时钟中断、操作系统调用、中断和信号（如信号量）。

4．选择调度算法的原则

操作系统调度程序所使用的算法称为调度算法。根据调度所要达到的目标，设计调度算法通常应考虑如下原则。

1）资源利用率高

资源包括 CPU 及 I/O 设备等，其中 CPU 资源的利用率最为关键。在一定 I/O 操作等待时间的比率下，运行程序的道数越多，CPU 空闲时间所占百分比越低。CPU 利用率的计算公式如下。

CPU 利用率 = 作业处理过程中 CPU 有效工作时间/作业处理总时间（周转时间）

作业处理总时间 = CPU 有效工作时间+ CPU 空闲等待时间

2）吞吐率高

吞吐率是单位时间内 CPU 处理的作业数。这是批处理系统调度性能的一个指标。显然，处理的长作业多则吞吐率低，短作业多则吞吐率高。

3）资源分配公平性

调度算法要确保每个用户每个进程获得合理的 CPU 份额或其他资源份额，不会出现"饥饿"现象。

4）响应时间短

交互式进程从提交一个请求到接收到响应之间的时间间隔称为响应时间。响应时间包括命令传输到 CPU 的时间、CPU 处理命令的时间和处理结果返回终端的时间。使交互式用户的响应时间尽可能短，或尽快处理实时任务，是分时系统和实时系统衡量调度性能的一个重要指标。

5）周转时间短

批处理用户从作业提交给系统开始，到作业完成为止的时间间隔称为作业的周转时间。作业的周转时间包括作业在后备队列等待的时间、作业进程在就绪队列等待的时间、进程在 CPU 上运行的时间和等待事件（在等待队列）的时间。

应使作业周转时间或平均作业周转时间尽可能短，这是批处理系统衡量调度性能的一个重要指标。批处理系统的调度性能主要用作业周转时间和作业带权周转时间来衡量，此时间越短，则系统效率越高，作业吞吐率越高。

单个作业采用周转时间来衡量该作业的运行效率。设作业 i 提交给系统的时刻是 t_1，完成时刻是 t_2，则该作业的周转时间为

$$t_i = t_2 - t_1$$

周转时间是作业在系统中的等待时间与运行时间之和。

一批作业采用平均作业周转时间衡量该批作业的运行效率。n 个作业的平均周转时间为

$$T = (\Sigma t_i) / n$$

为了比较不同长度作业的运行效率，将周转时间转换为带权周转时间。若作业 i 的周转时间为 t_i，所需运行时间（所需各种资源的服务时间）为 t_k，则作业 i 的带权周转时间为

$$w_i = t_i / t_k$$

其中，t_i 是作业在系统中的等待时间与运行时间之和，等待时间是程序处于非工作状态即空闲等待状态的时间，运行时间是程序使用所需资源工作的时间之和，包括在处理器、设备等资源上工作的时间之和。故带权周转时间总大于或等于 1。带权周转时间反映了作业运行代价，即为获得一个单位的运行时间，作业实际需要付出的时间成本。

平均带权周转时间可以用来比较不同作业流的运行效率。平均带权周转时间为

$$W = (\Sigma w_i) / n$$

作为服务进程的系统和接收系统服务的不同类型的进程，它们对调度算法的目标和原则有不尽相同的追求。交互式进程、批处理进程和实时进程是 3 种常见的进程类型。交互式进程用户频繁通过键盘及鼠标向进程发送数据或命令，进程必须尽快获得调度，以便及时响应用户的输入。shell、文本编辑程序以及图形界面应用程序是典型的交互式程序。批处理进程无须用户干预，其处理器分配优先权低于交互式进程。实时进程对调度的截止时间有着严格的限制，迟到的正确对实时进程是错误的。

5．操作系统中的任务调度单位——作业、进程和线程

作业、进程和线程是操作系统中不同级别的任务单位。任务的分级反映了业务的分解处理属性。作业对应一个完整的业务处理过程，该过程包含若干个相对独立又相互关联的顺序加工步骤，每个加工步骤称为一个作业步。进程或线程对应一个作业步的处理过程。

例如，"开发一个程序"是一项业务，该业务可以采用如下 4 个步骤来完成：编写源程序；编译源程序，产生目标程序；链接目标程序为可执行程序；运行可执行程序，对用户数据进行处理，产生结果。完成该业务的整个过程可以看作一个作业，其中的每一步分别是一个作业步，上一个作业步的输出往往是下一个作业步的输入。每一个作业步由进程完成。例如，源程序的编写由编辑进程完成；源程序的编译由编译进程完成；目标程序的链接由链接进程完成；对用户数据的处理由生成的用户进程完成。

用户进程在执行过程中可生成作业步子进程，子进程还可以生成其他子进程。进程还可以生成线程。

作业概念更多地应用在批处理操作系统中，而进程则可以应用在各种多道程序设计系统中。有时，作业指包含多个子任务的复杂实体；有时，作业泛指各种级别的任务，是对作业、进程及线程任务的统称。

作业调度系统对不同类型的作业采用不同的组织和管理方式，作业分为批处理作业和终端交互型作业。

6．批处理作业的组织和管理

1）批处理作业的组成结构

批处理作业采用脱机控制方式，作业实体由作业控制块、程序、数据和作业说明书组成，如图 2-19 所示。作业说明书是按规定格式书写的一个文件，把用户对系统的各种请求和对作业的控制要求进行集中描述，并与程序和数据一起提交给系统（管理员）。计算机系统成批接收用户作业输入，把它们放到输入井中，并在操作系统的管理和控制下执行。

2）批处理作业的创建

多道批处理操作系统具有独立的作业管理模块，必须像进程管理一样为每一个作业建立作业控制块（Job Control Block，JCB）。JCB 通常是在批处理作业进入系统时，由 SPOOLing（假脱机）系统建立的，它是作业存在于系统中的标志，作业撤离时，JCB 也被撤销。

图 2-19　作业实体结构

JCB 的主要内容如下。

① 作业情况（用户名、作业名、语言名）。

② 资源需求（估计 CPU 运行时间、最迟截止期、内存量、设备类型/台数、文件数和数据量、函数库/实用程序等）。

③ 资源使用情况（进入系统时间、开始运行时间、已运行时间），作业控制（优先数、控制方式、操作顺序、出错处理等），作业类型（CPU 繁忙型、I/O 繁忙型、批量型、终端型）等信息。

3）批处理作业的调度

批处理作业调度程序完成以下几项任务。

① 选择作业：由作业调度程序根据资源状况和多道程序道数决定选择哪些作业。

② 分配资源：分配内存、设备等。

③ 创建进程：进程调度程序负责为进程分配处理器。进入计算机系统的作业只有经过两级调度后才能占用处理器。第一级是作业调度，使作业进入内存储器；第二级是处理器调度，使作业进程占用处理器。

④ 作业控制：根据作业控制块和作业说明书，SPOOLing 管理程序控制作业的启动、作业步转接、程序调入、数据 I/O、异常处理。

⑤ 后续处理：作业正常结束或出错终止时，作业调度程序回收资源、撤销作业控制块，并选择新的作业进入内存。

7. 终端交互型作业的组织和管理

终端交互型作业采用联机控制方式，在分时系统中需要配置终端交互型作业管理程序。

操作系统启动时，为连接至系统的每个终端创建一个终端进程，该进程接收用户输入的终端交互型命令、解释和执行命令。用户输入退出命令即可结束本次上机过程。

分时系统的作业就是用户的一次上机过程，终端交互型作业开始于终端进程的创建，结束于退出命令。用户输入一条命令，操作系统就创建一个或若干个进程。一个命令即一个作业步。

现代操作系统很少使用真正的批处理策略，往往以联机方式执行批处理命令，以减少输入重复的多个命令。

系统中可能同时存在批处理作业和终端交互型作业。调度算法要兼顾各类作业的需求，权衡资源分配的公平性、响应的及时性、较高的资源利用率和吞吐率、缩短周转时间等相互矛盾的原则。在需求同样的资源，尤其是 CPU 时，一般应优先满足终端交互型作业。这样可以满足终端交互型作业对响应要求的及时性，同时也有利于 CPU 与外部设备的并行工作，获得较高的资源利用率，缩短作业周转时间。

2.6 处理器调度算法

处理器调度算法是对一批进程或者线程确定处理器分配顺序的方法,即在众多就绪进程或者线程中,当前选择哪个进程或者线程运行。对于低级调度(即进程调度或者线程调度),处理器调度算法还有剥夺与非剥夺之分。

2.6.1 低级调度的功能和类型

低级调度的对象是进程或线程。

1. 低级调度的主要功能

低级调度程序包含两项任务:调度和分派。调度实现调度策略,确定就绪进程/线程竞争使用处理器的顺序,即进程/线程何时应放弃处理器和选择哪个进程/线程来执行。对于单处理器系统来说,调度就是完成多选一的选择功能。分派将处理器分配给选中的进程或线程,处理进程或线程上下文交换细节,完成进程/线程和 CPU 的绑定或放弃的实际工作。

2. 调度机制的逻辑功能模块

调度机制包含以下 3 个逻辑功能模块。

(1)队列管理程序:进程/线程状态变化时,将该进程/线程从一个队列中取出来,修改其 PCB 后加入另一个队列。

(2)调度程序:从就绪队列中选择下一个运行的进程/线程,完成多选一的功能。

(3)上下文切换程序:负责进程/线程上下文切换,将当前运行的进程/线程上下文信息保存至其 PCB/TCB 中,恢复选中进程/线程的上下文信息,即完成处理器分派功能。

3. 低级调度的基本类型

根据处理器是否可以被剥夺,低级调度分为剥夺(或抢占)和非剥夺(或非抢占)两种方式。

1)剥夺方式

在进程/线程具备运行条件的情况下,系统根据规定的原则剥夺正在运行进程/线程的处理器,将其分配给另一个进程/线程使用的处理器分配方式称为剥夺调度。常见的剥夺原则有两种:高优先级剥夺原则和时间片剥夺原则。高优先级剥夺原则即高优先级进程或线程可以剥夺低优先级进程或线程的处理器。时间片剥夺原则即当正在运行的进程/线程所分得的处理器时间片用完后,处理器被收回重新分配。当高优先级进程/线程到来或进程/线程时间片用完时均触发中断。执行完中断处理程序后,操作系统执行进程/线程调度程序,将处理器分配给高优先级进程/线程或其他进程/线程。被剥夺处理器的进程/线程将由运行态转换为就绪态。

2)非剥夺方式

非剥夺方式是指某个进程或线程一旦获得处理器开始执行时,该进程或线程运行到结束或者阻塞前,处理器不会切换给另一个进程或线程。但是这并不意味着操作系统不会打断进程或线程的执行。相反,操作系统总是可以随时打断进程或线程的执行,以处理一些必须立即处理的系统事务。操作系统对处理器的使用不受进程/线程调度方式的影响。剥夺调度指的是进程或线程之间对处理器的抢占,而非用户进程/线程与操作系统之间对处理器的抢占,因为,操作系统总是优先于用户进程或线程,因而总是可以剥夺用户进程或线程的处理器。

处理器可以采用剥夺调度方式,也可以采用非剥夺调度方式。而 I/O 设备等慢速资源通常采用非剥夺调度方式,不受处理器是否被剥夺的影响。处理器只有电信号,没有机械动作,处理器的上下文可以保存和恢复，程序的中断和恢复运行不影响其内部执行流程和执行结果。因而处理器可以被剥夺。设备有机械动作，其上下文不可以保存和恢复，设备工作被中断意味着前功尽弃，因而设备不可被剥夺。

剥夺和非剥夺调度策略一般组合使用，内核关键程序采用非剥夺调度方式，用户进程采用剥夺调度方式。

2.6.2　作业调度和低级调度算法

作业调度和低级调度算法有很多种，每种算法是否具有实用价值要看其是否适用一定的应用场景。下面列举讨论一些操作系统常采用的算法以及在理论上具备某些综合性能的算法。

1．先来先服务算法

（1）策略：先来先服务（FCFS）算法可用于作业调度，也可用于进程或线程调度。FCFS 算法用于作业调度时，在到达系统的一批作业中，先来先服务算法按照作业进入系统的先后次序挑选作业，先进入系统的作业优先被挑选。FCFS 算法用于进程或线程调度时，按照进程/线程请求资源的顺序为其分配资源。CPU、I/O 设备等资源均可采用 FCFS 算法确定分配顺序。这是一种非剥夺式调度算法。

（2）效果：算法容易实现，但只顾及作业等候时间，没有考虑作业要求服务时间的长短，不利于短作业而优待了长作业，有利于 CPU 繁忙型作业而不利于 I/O 繁忙型作业。

FCFS 算法举例：有 3 个作业 P1、P2、P3 分别在时刻 0、1、2 先后到达多道程序系统，各作业处理流程如下。

P1：I1（10ms），I2（10ms），C（5ms）；

P2：I2（10ms），C（20ms）；

P3：I2（10ms），C（5ms）；

其中 I1（10ms）、I2（10ms）分别表示在输入设备 I1、I2 上执行操作 10ms，C（5ms）表示在处理器上执行 5ms。设备及 CPU 均按请求顺序分配。每个作业的内部处理流程以顺序方式使用各个资源。采用先来先服务算法调度 3 个作业，计算各作业的周转时间、带权周转时间、平均周转时间和平均带权周转时间。

解：3 个作业的调度时序及每个作业的周转时间和带权周转时间如图 2-20 所示。

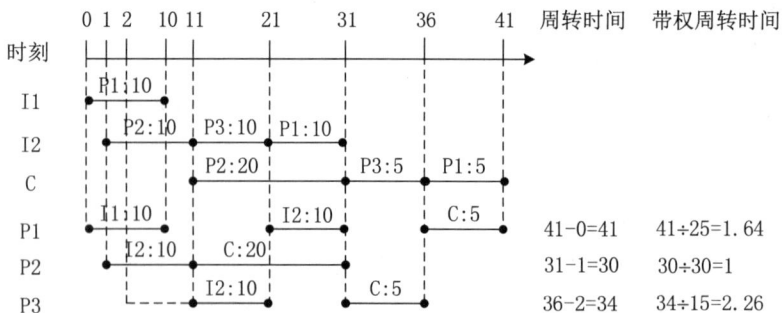

图 2-20　先来先服务调度算法

P3 从时刻 2 开始请求资源 I2，P1 从时刻 10 开始请求资源 I2。在时刻 11，按照请求资源的顺序将资源 I2 分配给 P3。

P3 从时刻 21 开始请求资源 C，P1 从时刻 31 开始请求资源 C。在时刻 31，按照请求资源的顺序将资源 C 分配给 P3。

作业所需的运行时间是在资源随时可用的无等待状态下作业运行完花费的时间,即作业在各个资源上工作的时间之和。P1、P2、P3 所需运行时间分别为 25ms、30ms 和 15ms。

3 个作业的平均周转时间为(41+30+34)÷3=35(ms)。

3 个作业的平均带权周转时间为(1.64+1+2.26)÷3=1.63(ms)。

2. 最短作业优先算法

(1)策略:在到达系统的一批作业中,最短作业优先(SJF)算法选取估计运行时间最短的作业投入运行。在多个进程/线程请求某一资源时,按照资源使用时间短者优先分配的原则分配资源。这是一种非剥夺式调度算法。SJF 算法适用的资源一般是处理器。如果作业分多个时间段使用处理器,则 SJF 算法挑选下个时间段使用处理器时间最短的作业投入运行。

(2)性能:算法易于实现。其弱点是需要预先知道作业所需的处理(资源使用)时间,而这个时间只能靠估计,估计值很难精确。若估计过低,则系统可能提前终止该作业。若无从估计,则算法将失去调度依据。SJF 算法忽视了作业等待时间,会出现饥饿现象。由于缺少剥夺机制,因此不利于分时、实时处理。

SJF 算法举例:有 3 个作业 P1、P2、P3 分别在时刻 0、1、2 先后到达多道程序系统,各作业处理流程如下。

P1:C(5ms),I1(5ms),I2(10ms),C(12ms);

P2:C(8ms),I2(12ms);

P3:C(5ms),I2(8ms),C(10ms);

其中 I1(5ms)、I2(10ms)分别表示在输入设备 I1、I2 上执行操作 5ms、10ms,C(5ms)表示在处理器上执行 5ms。每个作业的内部处理流程以顺序方式使用各个资源。采用最短作业优先算法分配处理器,采用 FCFS 算法分配设备。如果作业同时请求设备,则采用最短作业优先算法分配设备。计算各作业的周转时间、带权周转时间、平均周转时间和平均带权周转时间。

解:3 个作业的调度时序及每个作业的周转时间和带权周转时间如图 2-21 所示。

图 2-21 最短作业优先调度算法

P2 从时刻 1 开始请求资源 C,需要使用 C 的时间为 8ms。P3 从时刻 2 开始请求资源 C,需要使用 C 的时间为 5ms。在时刻 5,按照资源使用时间短者优先的原则将资源 C 分配给 P3。

P1 从时刻 10 开始请求资源 I2,需要使用 I2 的时间为 10ms。P3 从时刻 10 开始请求资源 I2,需要使用 I2 的时间为 8ms。在时刻 10,P1 和 P3 同时请求设备 I2,则采用最短作业优先算法将设备 I2 分配给 P3。

P1 从时刻 10 开始请求资源 I2,需要使用 I2 的时间为 10ms。P2 从时刻 18 开始请求资源

I2，需要使用 I2 的时间为 12ms。在时刻 18，按照 FCFS 算法将设备 I2 分配给 P1。

3 个作业的平均周转时间为(40+39+26)÷3=35（ms）。

3 个作业的平均带权周转时间为(1.25+1.95+1.13)÷3=1.44（ms）。

3. 最短剩余时间优先算法

最短剩余时间优先（SRTF）算法是剥夺式的最短时间优先调度算法。如果新作业需要的 CPU 时间比当前正在执行的作业剩余所需 CPU 时间短，则新作业将抢占当前作业的处理器。最短剩余时间优先算法用于调度 CPU 这种可剥夺资源，而不适用于不可剥夺的资源，如顺序共享型设备——打印机。此算法适用于作业调度和进程调度。

SRTF 算法举例：有 3 个作业 P1、P2、P3 分别在时刻 0、3、6 先后到达多道程序系统，各作业处理流程如下。

P1：C（11ms），I1（6ms），C（3ms）;

P2：C（7ms），I2（5ms）;

P3：C（3ms），I2（8ms），C（10ms）;

其中 I1（6ms）、I2（5ms）分别表示在输入设备 I1、I2 上执行操作 6ms、5ms，C（3ms）表示在处理器上执行 3ms。每个作业的内部处理流程以顺序方式使用各个资源。采用最短剩余时间优先算法调度 3 个作业，计算各作业的周转时间、带权周转时间、平均周转时间和平均带权周转时间。

解：3 个作业的调度时序及每个作业的周转时间和带权周转时间如图 2-22 所示。

图 2-22　最短剩余时间优先调度算法

在时刻 3，作业 P2 到达，P2 需要的 CPU 时间为 7ms，小于 P1 所需剩余 CPU 时间 8ms，因此，P1 暂停，P2 从时刻 3 开始运行。

在时刻 6，作业 P3 到达，P3 需要的 CPU 时间为 3ms，小于 P2 所需剩余 CPU 时间 4ms，因此，P2 暂停，P3 从时刻 6 开始运行。

在时刻 9，P3 第 1 阶段需要的 CPU 时间 3ms 用完，P2 从时刻 9 恢复运行。

在时刻 13，P2 的剩余 CPU 时间 4ms 用完，P1 从时刻 13 恢复运行。

在时刻 21，P1 第 1 阶段的剩余 CPU 时间 8ms 用完。

在时刻 27，P1 请求第 2 阶段的 CPU，在该阶段，P1 需要的 CPU 时间为 3ms，小于 P3 所需剩余 CPU 时间 4ms，因此，P3 暂停，P1 从时刻 27 开始运行。

在时刻 30，P1 第 2 阶段需要的 CPU 时间 3ms 用完，P3 从时刻 30 恢复运行。

I1、I2 均属于设备，不可剥夺，按照设备请求顺序分配。

3 个作业的平均周转时间为(30+19+28) ÷3=25.66（ms）。

3 个作业的平均带权周转时间为(1.5+1.58+1.33) ÷3=1.47（ms）。

4．响应比最高者优先算法

先来先服务算法与最短作业优先算法都有明显的片面性。FCFS 算法只考虑作业等候时间而忽视了作业的计算时间，SJF 算法只考虑用户估计的作业计算时间而忽视了作业等待时间。响应比最高者优先（HRRF）算法是 FCFS 算法和 SJF 算法的折中，既考虑作业等待时间，又考虑作业运行时间，既照顾短作业又不使长作业等待时间过长，力图改进资源分配的公平性。

响应比=作业的响应时间/作业处理时间=1+已等待时间/作业处理时间

作业的响应时间=作业进入系统后的等待时间+处理时间，因此，响应比=1+作业已等待时间/作业处理时间。作业处理时间由用户给出，是一个常量。

每当调度一个作业运行时，都要计算后备作业队列中每个作业的响应比，选择响应比最高者投入运行。HRRF 算法采用非剥夺方式调度作业。

HRRF 算法也适用于进程调度。当资源空闲时，计算请求资源的每个进程的响应比，资源分配给响应比最高的进程。

HRRF 算法举例：有 3 个作业 P1、P2、P3 分别在时刻 0、1、2 先后到达多道程序系统，各作业处理流程如下。

P1：C（11ms），I（15ms），C（12ms）；

P2：C（4ms），I（4ms），C（3ms）；

P3：C（3ms），I（8ms），C（3ms）；

其中 I（15ms）表示在输入设备 I 上执行操作 15ms，C（11ms）表示在处理器上执行 11ms。每个作业的内部处理流程以顺序方式使用各个资源。采用响应比最高者优先算法调度作业、分配资源，计算各作业的周转时间、带权周转时间、平均周转时间和平均带权周转时间。

解： 每当多个作业同时请求一个资源时，计算请求该资源的各个作业的响应比，将资源分配给响应比高者的作业。

如图 2-23 所示，在时刻 11，P1 第 1 阶段需要的 CPU 时间 11ms 已用完，P2 等候第 1 阶段需要的 CPU 时间 4ms 的响应比 = 1 + (11 − 1) ÷ 4 = 3.5。P3 等候第 1 阶段需要的 CPU 时间 3ms 的响应比 = 1 + (11 − 2) ÷ 3 = 4。P3 的响应比大于 P2 的响应比，因此，在时刻 11，P3 开始在 CPU 上运行。

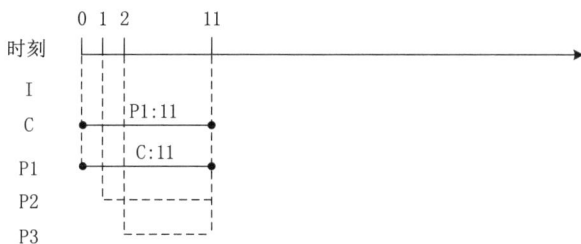

图 2-23　在时刻 11，作业 P2、P3 等候使用第 1 阶段 CPU

在时刻 14，P3 用完 CPU，P2 开始在 CPU 上运行。如图 2-24 所示，在时刻 26，P1 在设备 I 上的运行结束，P2 等候设备 I 的响应比 = 1 + (26 − 18) ÷ 4 = 3。P3 等候设备 I 的响应比 = 1 + (26 − 14) ÷ 8 = 2.5。P2 的响应比大于 P3 的响应比，因此，在时刻 26，P2 开始在设备 I 上运行。

在时刻 30，P2 用完设备 I，P3 开始在设备 I 上运行。如图 2-25 所示，在时刻 38，P1 第 2 阶段需要的 CPU 时间 12ms 已用完，P2 等候第 2 阶段需要的 CPU 时间 3ms 的响应比 = 1 + (38 − 30) ÷ 3 ≈ 3.66。P3 等候第 2 阶段需要的 CPU 时间 3ms 的响应比 = 1 + 0 ÷ 3 = 1。P2 的响应比大于 P3 的响应比，因此，在时刻 38，P2 开始在 CPU 上运行。

图 2-24　在时刻 26，作业 P2、P3 等候使用设备 I

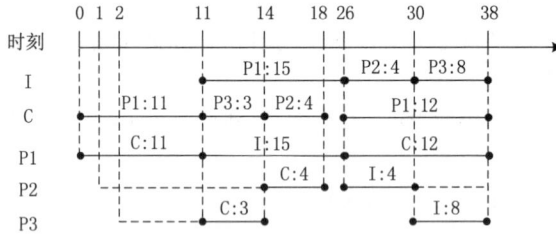

图 2-25　在时刻 38，作业 P2、P3 等候使用第 2 阶段 CPU

在时刻 41，P2 用完 CPU，P3 开始在 CPU 上运行。在时刻 44，3 个作业全部运行完毕，完整的调度时序图如图 2-26 所示。

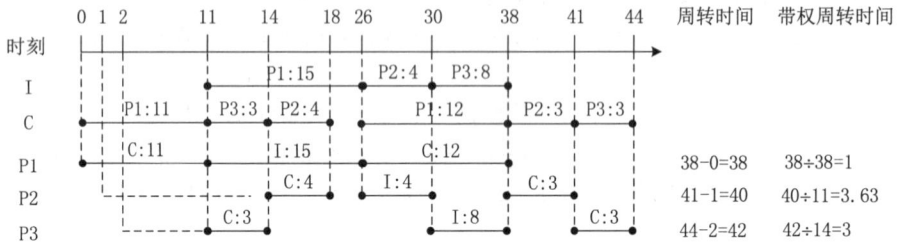

图 2-26　作业全部完成时完整的调度时序图

3 个作业的平均周转时间为(38+40+42) ÷3=40（ms）。

3 个作业的平均带权周转时间为(1+3.63+3) ÷3 ≈ 2.54（ms）。

响应比最高者优先（HRRF）算法的优点如下。

（1）短作业容易得到较高的响应比。

（2）长作业等待时间足够长后，也将获得足够高的响应比。

（3）饥饿现象不会发生。

响应比最高者优先算法的缺点是每次计算各个作业的响应比时会有一定的时间开销，性能比 SJF 算法略差。

5．优先级调度算法

优先级调度算法根据确定的优先级选取进程/线程，每次总是选择就绪队列中优先级最高者运行。

优先级调度算法可采用剥夺式或非剥夺式调度。如果就绪队列中出现优先级更高的进程/

线程，则剥夺式调度可立即调度该进程/线程进行运行。非剥夺式调度是待当前运行进程结束或者出现等待事件主动让出处理器后，才会调度另一进程投入运行。

用户进程/线程优先级的规定者有如下两种。

（1）用户。由用户自己提出优先级，称为外部指定法。优先级越高，费用越高。

（2）系统。由系统综合考虑有关因素来确定用户进程/线程的优先级，称为内部指定法。确定优先级的因素有进程/线程类型、空间需求、运行时间、打开文件数、I/O 操作多少、资源申请情况等。

优先级通常用 0～4095 的整数表示，该整数称为优先数。UNIX/Linux 规定优先数越小，优先级越高，有些系统规定则相反。

根据优先级是否随时间而变，进程/线程优先级的确定可分为静态和动态两种方式。

（1）静态优先级在进程/线程创建时确定（外部指定或内部指定），此后不再改变。静态指定法会产生饥饿现象，低优先级进程/线程被无限期推迟执行。

（2）动态优先级随时间而变，基本原则如下。

① 正在运行的进程/线程随着占用 CPU 时间的增加，而优先级逐渐降低。

② 就绪队列中等待 CPU 的进程/线程随着等待时间的增加，优先级逐渐提高。

6．轮转调度算法

1）算法思想

轮转调度算法也称为时间片调度，调度程序每次将 CPU 分配给就绪队列中的首进程/线程使用一个时间片，通常为 10～200ms，就绪队列中的每个进程/线程轮流运行一个时间片。当这个时间片耗尽时，强迫当前进程/线程让出处理器，排到就绪队列尾部，等候下一轮调度。

轮转策略可防止那些很少使用外围设备的进程过长时间地占用处理器而使要使用外围设备的进程没有机会启动外围设备。

2）实现原理

实现轮转调度要使用一个间隔时钟。当一个进程开始运行时，将时间片的值置入间隔时钟内，当发生间隔时钟中断时，中断处理程序会通知处理器调度程序切换进程。

3）常用的轮转调度算法

最常用的轮转调度算法是等时间片轮转法，每个进程轮流运行相同的时间片。改进的轮转调度算法对不同的进程分配不同的时间片，时间片的长短可以动态修改。

4）时间片的选取

轮转调度算法是一种剥夺式调度，系统耗费在进程切换上的开销比较大，时间片大小的确定与进程切换开销密切相关。如果时间片取值太小，多数进程不能在一个时间片内运行完毕，切换就会频繁，开销显著增大。从系统效率来看，时间片取大一点为好。如果时间片取值较大，随着就绪队列里进程数目的增加，轮转一次的总时间将增大，系统对进程的响应速度就会变慢。如果时间片大到每个进程足以完成其所有任务，轮转调度算法就退化为先来先服务算法。为满足响应时间要求，要么限制就绪队列中进程的数量，要么采用动态时间片法，根据负载状况，及时调整时间片的大小。

时间片大小的确定要从进程个数、切换开销、系统效率和响应时间等方面考虑。

7．多级反馈队列调度算法

1）主要思想

多级反馈队列调度算法建立两个或多个就绪进程队列，每个队列赋予不同优先级，较高优先级队列一般分配给较短的时间片。处理器调度每次先从高优先级就绪队列中选取可占用处理器的进程，只有在无进程时，才从较低优先级就绪队列中选取进程。同一队列中的进程按先来先服务原则排队。

开始工作时，新就绪进程首先进入高优先级队列等候调度，若能在该级队列的一个时间片内执行完成，则进程撤离系统，否则进入低一级队列等候调度。队列级别越低，时间片越长，低优先级队列中的进程获得调度时运行的时间就会长一些。

图 2-27 所示为三级反馈队列调度模型。就绪进程首先在高优先级就绪队列中按时间片20ms 轮转执行各进程一次，完成的进程撤离系统，未完成的就绪进程进入次优先级就绪队列，按时间片 40ms 轮转执行各进程一次，完成的进程撤离系统，未完成的就绪进程进入第 3 优先级就绪队列，按时间片 100ms 反复轮转，直到进程完成撤离系统。当处理器正在执行低优先级就绪队列中的进程时，若新就绪进程到达高优先级就绪队列，则处理器暂停当前低优先级就绪队列进程的执行，转而执行高优先级就绪队列中的新到就绪进程。因此，多级反馈队列调度是一种剥夺式调度。

图 2-27　三级反馈队列调度模型

2）效果

多级反馈队列调度的性能较好，能满足各类用户作业的需要。

（1）分时交互式作业通常可在最高优先级就绪队列规定的一个时间片内完成，响应速度快。

（2）I/O 繁忙型作业有机会多次进入高优先级就绪队列及时启动设备操作。

（3）长批处理型作业以及 CPU 繁忙型作业可以从高到低在各优先级就绪队列中运行一个时间片，直到在某个级别就绪队列中执行完毕或者在最后一个队列中经过若干个时间片执行完毕，绝不会发生长批处理型作业长期得不到调度的情况，或者 CPU 繁忙型作业长时间占用处理器的情况。

3）不足及解决方法

多级反馈队列调度算法存在饥饿问题，当新的就绪进程不断到来，较高优先级就绪队列长时间不空，CPU 忙于运行高优先级就绪队列中的进程，低优先级就绪队列中的进程将长时间得不到调度，产生饥饿现象。

解决饥饿问题的办法是设置一个队列间时间片 K，在一个队列间时间片内，高优先级就绪队列和低优先级就绪队列中的进程均要至少调度一次。而队列内部的时间片 n 为队列内每个进程轮流执行的时间段。队列间时间片 K 值较大，每当低优先级就绪队列进程超过时间片 K 而没有被运行时，CPU 无条件地为低优先级就绪队列的全部或部分进程服务不超过时长 K 的时间，再返回高优先级就绪队列服务。先来先服务法和轮转法是解决饥饿问题的最简单方法。

2.7　Intel x86 中断机构

2.7.1　中断向量及中断分类

中断是能够改变处理器指令执行顺序的事件。中断有不可预测的事件,也有可预测的事件。可预测的中断称为同步中断或异常。同步中断是处理器执行特定指令出现异常错误或请求系统提供服务引发的,与当前任务的执行有关。不可预测的中断称为异步中断或中断。异步中断是由时钟或外部设备产生的,可以在处理器指令执行序列的任意位置发生,具有不可预测性。

每个中断或异常由 0~255 的一个数来标识,该数称为向量。非屏蔽中断的向量和异常的向量是固定的,可屏蔽中断的向量可以通过对中断控制器的编程来改变。

Intel x86 处理器支持 256 种中断,每种中断采用一个 8 位无符号整数进行编号,此整数称为中断向量。这些中断分为两大类:中断和异常。

2.7.2　中断

中断分为可屏蔽中断和非屏蔽中断。I/O 设备产生的中断都是可屏蔽的。危急事件引发的中断,如硬件故障是非屏蔽的。

计算机中有个独立于 CPU 的实时时钟芯片,依靠纽扣电池供电。时钟芯片产生周期性的中断,即时钟中断。可以对时钟芯片进行编程,用来控制中断产生的时间间隔。内核可以访问时钟端口获取或设置日期和时间。CPU 从时钟芯片中接收时钟信号,Pentium 及以后的处理器可以在收到时钟信号时使 64 位的时间戳计数器寄存器值增一,该寄存器值可以使用汇编指令 rdtsc 读取,根据时间节拍,可以将该值换算为时间值。

可编程间隔定时器也是计算机中的一个计时装置,拥有端口,通过端口可以设置时钟中断产生的时间间隔。

系统中可能有多种计时装置,Linux 优先选择 HPET(事件定时器),若不可用,则选择 ACPI 电源管理定时器,若不可用,则选择 TSC(时间戳计数器),最后,选择总是存在的 PIT(可编程间隔定时器)。

定时器中断定期发生的频率为每秒 HZ 次,其默认值为 250。较高的 HZ 值使得系统具有较好的交互性和响应速度,每个时钟中断都会调用调度器。但 HZ 的增高也会增加内核的开销。较高的 HZ 值适合于桌面系统和多媒体系统这类交互性需求较多的系统。较低的 HZ 值适合于服务器和批处理器这类交互性比较次要的系统。

2.7.3　异常

异常包括故障、陷阱、异常中止、编程异常等。当执行指令引起故障时,故障指令地址被保存在 EIP 中,待故障排除后,该指令重新执行。除 0、地址越界、无效操作码、引用不存在的段、保护模式错、缺页等都属于故障。陷阱主要用于调试程序,在单步执行完一条指令或执行到断点后,发出陷阱类中断信号,被调试程序暂停运行。异常中止用于报告严重的错误,将控制权切换到异常中止处理程序,对受影响的进程做终止处理。编程异常是由编程者发出的,用于执行系统调用,请求操作系统服务,或者向调试程序通报特定事件。

2.7.4　硬件中断机构

中断信号由硬件设备控制器经由其中断请求（IRQ）输出线发出。IRQ 线与可编程中断控制器（PIC）输入引脚相连，同时与处理器 INTR 引脚也相连，中断发生时，两者同时收到中断信号。可编程中断控制器的工作过程如下。

（1）监视 IRQ 线是否产生中断信号。一次仅选择一个信号。如果多条 IRQ 线上产生信号，则选择引脚编号较小的 IRQ 线。

（2）将接收到的中断信号转换为对应的向量，将该向量存放在可编程中断控制器的一个 I/O 端口中供 CPU 读取。

CPU 的 INTR 引脚接收到中断信号后，该信号被写入可编程中断控制器的一个 I/O 端口中，然后清除 INTR 线。

对可编程中断控制器编程可选择性地禁止或解禁某些 IRO 线的中断报告功能。被禁止的中断不会丢失，一旦解禁，可编程中断控制器仍可向 CPU 发送解禁期间产生的中断信号。这一特点允许中断处理程序逐个处理同一类型的 IRQ 信号。

2.7.5　中断描述符表

中断描述符表（IDT）用于存放中断或异常处理程序的入口地址，每个中断或异常在表中占一个表项，每个表项占 8 个字节。256 个中断或异常向量共需 256×8=2048 个字节。IDT 在内存中的位置存放于 IDTR 寄存器中。IDT 和 IDTR 寄存器应在允许中断发生前进行初始化。IDTR 寄存器使用汇编指令 lidt 初始化。

IDT 包含 3 种类型的描述符。

1．任务门描述符

当中断发生，需要执行进程切换时，将获得处理器的进程的 TSS（任务状态段）选择符存放在任务门中。TSS 存放任务（进程）切换时的现场信息，包括 CPU 通用寄存器、段寄存器、指令指针和标志寄存器值、LDT 段选择器值、页表寄存器 CR3 值、I/O 映射基地址值、内层堆栈指针值等。

2．中断门描述符

中断门描述符包含中断或异常处理程序所在段的选择符和段内偏移量。当控制权转移到一个适当的段时，处理器清除 IF 标志，关闭将来可能发生的可屏蔽的中断。

3．陷阱门描述符

与中断门描述符相似，陷阱门描述符只是当控制权传递到一个适当的段时，处理器不修改 IF 标志。

Linux 利用中断门处理中断，利用陷阱门处理异常。

2.7.6　中断和异常响应过程

通常，每执行完一条指令后，在执行下一条指令前，CPU 将检查是否发生了中断或异常。如果发生了中断或异常，CPU 将获知其向量号，设向量号为 i（$0 \leqslant i \leqslant 255$），CPU 响应中断或异常的处理过程如下。

（1）访问 IDTR 寄存器所指向的 IDT 表的第 i 项，获得中断/异常处理程序入口地址的段选

择符 S_i 以及段内偏移量。

（2）访问 GDTR 寄存器所指向的 GDT 表的第 S_i 项，获得段 S_i 的基地址。

（3）检查特权级的合法性。如果当前的特权级 CPL（位于 CS 寄存器低两位）小于 S_i 的段描述符（位于 GDT 中）的特权级 DPL，则产生"通用保护"异常错误，因为中断处理程序的特权不能低于引起中断的程序的特权。对于编程异常，需做进一步的权限检查，如果 CPL 大于 IDT 中任务门描述符的 DPL，则产生"通用保护"异常错误，避免用户程序访问特殊的陷阱门或中断门。

（4）检查特权级是否发生变化。若 CPL 不同于所选择的段描述符的 DPL，则使用与新的特权级相关的栈。其具体过程如下。

① 访问 TR 寄存器指向的运行进程的 TSS 段，获取与新特权级相关的栈和栈指针值。

② 使用新的栈和栈指针值装载 SS 和 ESP 寄存器。

③ 在新的栈中保存 SS 和 ESP 寄存器以前的值，这些值与旧特权级使用的栈相关。

（5）如果中断缘由为故障，则以引起异常的指令地址装载 CS 和 EIP 寄存器，从而使得故障排除后，该条指令能够再次执行。

（6）在栈中保存 EFLAGS、CS 及 EIP 的内容。

（7）如果异常产生了硬件出错码，则将其保存在栈中。

（8）以中断/异常处理程序的入口地址装载 CS 和 EIP 寄存器，其值分别为 IDT 表中的第 i 项中断门描述符的段选择符和段内偏移量。处理器将执行中断/异常处理程序。

2.7.7　中断/异常返回过程

中断/异常处理程序通过执行 IRET 指令将控制权返回给被中断的进程。其返回具体过程如下。

（1）将栈中保存的被中断进程的断点值恢复到 CS、EIP 及 EFLAGS 寄存器中。若硬件出错码被压入栈中，并且在 EIP 内容上面，则在执行 IRET 指令前先弹出这个硬件出错码。

（2）比较中断处理程序的 CPL 与 CS 中最低两位的特权值，若相等（这意味着被中断进程与中断处理程序运行在同一特权级），则 IRET 终止执行；否则转至步骤（3）。

（3）从栈中恢复 SS 和 ESP 寄存器的值，使其指向与旧特权级相关的栈。

（4）检查 DS、ES、FS 及 GS 段寄存器的内容，如果其中一个寄存器包含的选择符是一个段描述符，且其 DPL 值小于 CPL，则清除相应段寄存器。这样就禁止用户态程序（CPL=3）利用内核以前所用的段寄存器（DPL=0）非法访问内核地址空间。

2.7.8　中断嵌套

如果一个中断处理程序可以被另一个中断处理程序中断，则形成中断嵌套。中断返回时，如果返回到被中断的中断处理程序，则处理器仍然运行在核心态（也叫内核态）。如果允许中断嵌套，则中断处理程序不应被阻塞。如果中断处理程序能被阻塞，则进程切换将在中断处理程序阻塞时发生。当阻塞原因消除后，中断处理程序需要恢复运行。这意味着中断处理程序需要像进程一样由调度程序识别和管理，记录其运行状态。中断处理程序被激活运行时，需要为其创建进程控制块。而中断处理程序并不是一个进程。

但缺页异常处理程序是个例外，该程序执行期间可以发生进程切换。当某进程 A 访问的页面不在内存时，引起缺页异常。缺页异常处理程序开始为缺页进程 A 调页。在调页期间，缺页进程 A 被挂起，而另一个进程 B 转入运行状态。缺页异常处理程序等待调页完成。调页完毕，磁盘 I/O 完成中断发生，进程 B 被中断，缺页异常处理程序被唤醒，缺页进程 A 被解除挂起，一旦获得处理器，缺页进程 A 将恢复执行。

一个中断处理程序或者异常处理程序可以被另一个中断处理程序所打断，但中断处理程序不会被异常处理程序所打断。

2.7.9　硬件级的进程上下文切换机制

任务状态段 TSS 是 80x86 中用来存放进程或任务切换时硬件上下文的一种系统段。当 CPU 从用户态切换为核心态时，TSS 中保存着用户态堆栈的地址。当用户态进程执行 in 或 out 特权指令访问端口时，CPU 根据 TSS 中的 I/O 许可权位图检查该访问操作是否符合权限规定。

Linux 访问 TSS 中的相关信息完成任务切换及权限检查之类的操作。

像其他段一样，每个 TSS 中也有一个段描述符，即任务状态段描述符，用来说明 TSS 段在内存的起始地址即基地址、段长、段类型（即系统段）等属性信息。TSS 段描述符存放在全局描述符表（全局段表 GDT）中，同时也存放在 TR 寄存器中。GDT 的基地址存放在全局段表寄存器 GDTR 中。这样无须访问 GDTR，仅访问 TR 寄存器即可检索 TSS 段地址。

2.8　Linux 中断管理

2.8.1　Linux 中的中断向量及用途分配

Linux 对中断向量的用途分配如表 2-1 所示。

表 2-1　Linux 中的中断向量及用途分配

向量范围	用途
0~19（0x0~0x13）	非屏蔽中断和异常
20~31（0x14~0x1f）	Intel 保留
32~127（0x20~0x7f）	外部中断（IRQ）
128（0x80）	用于系统调用
129~238（0x81~0xee）	外部中断（IRQ）
239（0xef）	本地 APIC 时钟中断
240（0xf0）	本地 APIC 高温中断
241~250（0xf1~0xfa）	Linux 保留扩展使用
251~253（0xfb~0xfd）	处理器间中断
254（0xfe）	本地 APIC 错误中断
255（0xff）	本地 APIC 伪中断

2.8.2　Linux 中断描述符表的初始化

中断描述符表（IDT）用于存放中断或异常处理程序的入口地址。中断描述符表是硬件中断机构定位并触发中断处理程序的系统表格，中断处理程序的访问权限等属性也在其中定义。中断处理程序可由硬件触发被动执行，也可由 INT 指令即系统调用指令以主动调用方式执行。运行在用户态的进程可以执行 INT 指令，发出中断信号，执行相应中断处理程序以获得操作系统服务。为了防止用户通过 INT 指令随意执行未被许可的中断处理程序，将中断门或陷阱门描述符的 DPL 字段的最高权限值设置为 0，用户进程以 INT 指令执行这样的中断处理程序时会产生保护异常错。而对允许用户态进程以 INT 指令调用的中断处理程序，其中断门或陷阱门描述符的 DPL 字段的最低权限值被设置为 3，这样，INT 指令的执行能够通过权限检查。

Linux 对 Intel 中断进行了细分，并对不同类型的中断权限进行了不同的初始化，中断类型及初始化如下。

1. 中断门

中断门是 DPL 字段值为 0 的 Intel 中断门，用户态进程不能访问中断门。所有的 Linux 中断处理程序都通过中断门激活。

2. 系统门

系统门是 DPL 字段值为 3 的 Intel 陷阱门。通过系统门可以激活向量分别为 4、5 及 128 的 3 个 Linux 异常处理程序。用户态进程可以执行 into、bound 及 int $0x80 3 条汇编指令陷入操作系统执行上述 3 个异常处理程序。

3. 系统中断门

系统中断门是 DPL 字段值为 3 的 Intel 中断门，向量为 3 的异常处理程序由系统中断门激活。在用户态可以执行 int 3 指令陷入操作系统执行向量为 3 的异常处理程序。

4. 陷阱门

陷阱门是 DPL 字段值为 0 的 Intel 陷阱门，用户态进程不能访问陷阱门。大部分 Linux 异常处理程序通过陷阱门激活。

5. 任务门

任务门是 DPL 字段值为 0 的 Intel 任务门，用户态进程不能访问任务门。Linux "Double fault" 异常处理程序由任务门激活。

2.8.3 注册中断

外设中断的注册与由处理器或者用户进程中软件引发的异常安装、注册机制是不同的。异常的编号在系统初始化时设定，此后不会改变。中断和异常的注册在内核初始化时进行，在运行时并不改变。

2.8.4 Linux 中断向量的数据结构

每个中断向量都是采用 irq_desc_t 结构描述其属性信息的。所有中断向量的描述结构 irq_desc_t 组成了一个数组 irq_desc。

irq_desc_t 结构描述的中断向量属性信息如下。

（1）handler：指向可编程中断控制器（PIC）对象。

（2）action：指向中断服务例程链，链表中的每个结点表示共享 IRQ 线的一个设备。设备属性信息包括 I/O 设备中断服务例程指针、IRQ 与 I/O 设备关系标志、I/O 设备名、I/O 设备主次设备号、IRQ 线、与 IRQ 相关的目录描述结构指针、链接下一个设备的指针。

IRQ 与 I/O 设备关系标志如下。

① SA_INTERRUPT：处理程序执行时必须禁止中断。

② SA_SHIRQ：设备允许其 IRQ 线与其他设备共享。

③ SA_SAMPLE_RANDOM：设备可以被看作事件的随机发生源。

（3）status：IRQ 线状态的一组标志，主要标志及其含义如下。

① IRQ_INPROGRESS：IRQ 线的一个处理程序正在执行。

② IRQ_DISABLED：设备驱动程序禁用 IRQ 线。

③ IRQ_PENDING：内核还没有为出现的 IRQ 线提供服务。

④ IRQ_REPLAY：IRQ 线被禁用，但前一个出现的 IRQ 线还没有对 PIC 做出应答。

（4）lock：用于串行访问 IRQ 线描述结构和 PIC 的自旋锁。

PIC 对象的方法主要有启用 IRQ 线、禁用 IRQ 线、应答 IRQ 信号、IRQ 终止等。

2.8.5　Linux 内核栈的设置

当中断发生时，中断处理程序使用内核栈作为辅助工作空间。中断处理程序可能应进程请求而执行，为进程提供服务，这时，中断处理程序属于服务例程；也可能因进程执行过程中出现异常错误而执行，对错误进行处理，这时，中断处理程序属于异常错误处理程序；也可能因设备等其他硬件产生 I/O 事件而执行，对设备 I/O 进行处理。因此，发生的中断事件可能与当前进程有关，也可能与其无关。

Linux 不同内核版本先后采用两种方式设置内核栈，一种方式是分别设置中断发生时与进程有关的内核栈和与进程无关的内核栈。与进程有关的内核栈即异常栈，用于处理异常（即内中断）类型的中断。每个进程的 thread_union 数据结构中包含该进程的异常栈。异常发生时，内核使用引发该异常的进程的异常栈。系统为每个 CPU 分别设置一个硬中断请求栈用于处理中断。系统也为每个 CPU 设置一个软中断请求栈用于处理可延迟的函数；设置内核栈的另一种方式是为每个进程创建较大的 thread_union 数据结构存储空间同时作为处理异常、中断和可延迟的函数的内核栈。

2.8.6　Linux 中断处理程序执行过程

当 CPU 接收到一个中断时，硬件自动保存 EFLAGS、CS、EIP、SS 和 ESP 寄存器的值，然后开始执行中断处理程序。中断处理程序的主要执行步骤如下。

（1）继续保存 CPU 中其他未保存的寄存器的值到内核栈中。

（2）中断处理程序嵌套数增一（嵌套数位于当前进程 thread_info 结构的 preempt_count 字段中）。

（3）如果异常、中断使用不同的内核栈，则对中断使用硬中断请求栈，使 ESP 寄存器指向栈顶，并保存 ESP 寄存器的旧值。

（4）以中断请求号（IRQ 号）和用户态寄存器的值作为入口参数调用中断处理函数，其主要处理步骤如下。

① 获得 IRQ 描述结构的自旋锁。

② 调用 IRQ 描述结构的应答函数回应 PIC（或 APIC）上的中断，并禁用相应的 IRQ 线。

③ 初始化 IRQ 描述结构的标志，设置 IRQ_PENDING 标志，表示中断已被应答，但还未真正处理。

④ 检查是否必须真正地处理中断。如果 IRQ 线被禁止（IRQ_DISABLED 被设置），或者有其他 CPU 正在对同一个中断的前一次出现进行处理（IRQ_INPROGRESS 被设置），则新出现的中断仍由该 CPU 处理，或者中断服务例程为空，则空操作。

⑤ 如果中断必须处理，则设置 IRQ_INPROGRESS 标志，并开始执行一个循环。每次循

环都清除中断已被应答标志 IRQ_PENDING，并释放自旋锁，以 IRQ 号、设备标识符和包含被保存寄存器值的内核栈指针作为参数调用中断服务例程。中断服务例程结束，再次获得自旋锁，并检查是否存在已经应答的中断。如果不存在，则循环结束。否则表明另一个 CPU 正在对这种中断执行中断响应函数，该函数再次循环，对新出现的中断进行处理。

⑥ 结束循环中断处理，重新激活 IRQ 线。

⑦ 释放自旋锁。

（5）恢复 ESP 寄存器的旧值，使其指向中断前的异常栈或软中断请求栈。

（6）中断嵌套数减一，并检查是否有可延迟的函数正在等待执行。

（7）中断返回。

2.8.7　Linux 中断/异常处理返回

从中断或异常返回时，需要决定返回哪个程序或任务。可能的情况如下。

（1）返回到被中断的一个内核程序。如果中断/异常发生时，操作系统内核程序正在运行，则中断/异常处理结束后仍然返回被中断的内核程序。

（2）返回被中断的一个用户进程。

（3）调度另一个用户进程运行。

2.8.8　异常处理

当异常发生时，相应的异常处理程序将硬件出错码和异常向量保存在当前进程的描述结构中，然后代表内核向引起异常的进程发送一个信号，通知它异常事件发生。收到信号的进程运行时，如果存在由进程为该信号设置的处理程序，则在用户态执行信号处理程序。否则由内核来处理，进程一般被杀死。

2.8.9　I/O 中断与时钟中断处理

1．I/O 中断

当设备发出 I/O 中断时，中断处理程序查询设备以确定适当的操作过程。当中断处理程序正在执行时，相应 IRQ 线上发出的中断信号会被暂时忽略。中断处理程序不能执行任何阻塞过程，如磁盘 I/O 操作。对于比较紧急的中断事务，在禁止可屏蔽中断的情况下由中断处理程序处理。对于非紧急的中断事务，在开中断的情况下由中断处理程序处理。对于非紧急可延迟的中断事务，由独立函数处理。

所有的中断处理程序执行 4 个相同的基本操作。

（1）在内核态堆栈中保存 IRQ 的值和寄存器的内容。

（2）为 IRQ 线所连 PIC 发送一个应答，允许 PIC 继续发出中断。

（3）执行共享该 IRQ 的所有设备的中断服务例程（ISR）。

（4）终止。

2．时钟中断

Linux 启动时读取时间值并记录在相关变量中，选择定时器资源，建立时钟中断源（如可编程间隔定时器 PIT）与中断请求线的连接关系，并指定相应的时钟中断处理函数（程序）。

当时钟中断发生时，时钟中断处理程序完成以下处理任务。

（1）记录定时器计数器的当前值。

（2）时钟中断（节拍）计数器值增一。

（3）更新系统日期和时间，计算当前系统负载（一般统计处于运行和可运行状态的进程数）。

（4）更新进程执行统计信息。检测当前进程运行的时间长度。根据当前进程运行在用户态还是内核态，更新当前进程在用户态下经过的节拍数或在内核态下经过的节拍数。

（5）当前进程的时间片计数器减一，若计数器值变为 0，则执行进程切换。

本地时钟中断处理程序监管内核代码，并检测当前进程在 CPU 上运行的时间长度。

2.9　Linux 进程管理

2.9.1　Linux 进程结构

task_struct 是描述 Linux 进程实体的数据结构，其中包括进程的多项属性字段，一些字段内容为指向其他数据结构的指针，通过这些指针，进程所用资源被集中在 task_struct 中统一管理。task_struct 的部分成员随着 Linux 内核版本的变化而变化。下面分类介绍其部分成员。

1．进程状态

state 字段用于存放进程状态，进程可能的状态如下。

（1）可运行状态（TASK_RUNNING）

处于可运行状态的进程正在 CPU 上执行，或者具备执行条件，准备执行。

（2）可中断的等待状态（TASK_INTERRUPTIBLE）

进程处于挂起睡眠状态，直到某个条件为真。当进程等待的资源被释放，或者接收到信号等条件出现时，进程被唤醒，转为可运行状态。

（3）不可中断的等待状态（TASK_UNINTERRUPTIBLE）

该状态与可中断的等待状态类似，区别在于接收到信号的睡眠进程状态不变。例如，当进程打开设备文件时，设备驱动程序开始探测设备状况，在探测完成前，设备驱动程序不能被中断，否则，设备将处于不可预知的状态。

（4）暂停状态（TASK_STOPPED）

进程暂停执行。当进程收到信号 SIGSTOP、SIGTSTP、SIGTTIN 或 SIGTTOU 后，进入暂停状态。

（5）僵死状态（EXIT_ZOMBIE）

进程终止但未撤销的状态，父进程尚未搜集死亡进程中包含的信息。

（6）僵死撤销状态（EXIT_DEAD）

进程已经被撤销。

2．进程标识

进程标识类字段有进程标识符字段 pid 和线程组标识符字段 tgid。进程和进程描述结构之间具有一一对应的关系。进程描述结构的地址即其指针就成为标识进程的一种符号。另一种标识进程的方法是采用不大于某个正整数的非负数字来标识，称为进程号（PID）。新建进程的进程号为前一个进程的进程号加 1。当进程号达到最大值时，从最小号开始循环使用闲置的进程号。同一组线程具有相同的标识符，该标识符存放在 tgid 中。

3．进程之间的亲属关系

进程之间的亲属关系字段主要如下。

（1）parent：指向父进程。一个进程终止时，必须向它的父进程发送信号。

（2）children：子进程链表表头，链表中的元素是进程的子进程。

（3）sibling：进程的兄弟链表表头，链表中的元素是进程的兄弟进程。

4．进程调度信息

进程调度信息类字段主要如下。

（1）prio：动态优先级。

（2）static_prio：静态优先级。

（3）rt_priority：实时优先级。

（4）need_resched：调度标志，表示该进程是否需要重新调度。

（5）policy：进程调度策略，常见策略如下。

SCHED_NORMAL：优先级调度。

SCHED_FIFO：先来先服务调度。

SCHED_RR：时间片轮转调度。

5．时间信息

进程时间信息字段主要如下。

（1）start_time：进程创建时间。

（2）utime：进程在用户态下执行的时间。

（3）stime：进程在核心态（内核态）下执行的时间。

（4）cutime：所有子孙进程在用户态的运行时间总和。

（5）cstime：所有子孙进程在核心态的运行时间总和。

（6）timeout：进程被重新唤醒的时间间隔。

6．内存空间管理与页面使用信息

内存空间管理与页面使用信息主要如下。

（1）mm：进程的内存空间描述信息存储在结构体成员 mm 中。进程的内存空间由若干个离散的虚拟存储块构成，每个虚拟存储块由一个 vm_area_struct 描述，多个虚拟存储块构成一个虚存队列 mmap。

（2）min_flt、maj_flt：该进程累计的最少和最大缺页次数。

7．文件系统信息

进程的文件系统信息主要包括以下两个字段。

（1）fs：与 VFS 关联，保存文件系统信息，包含根目录结点指针 root、当前目录结点指针 pwd、新建文件的访问模式 umask 等。

（2）files：进程打开文件表，包含进程当前已经打开文件的表目，其中前 3 项分别预设为标准输入、标准输出和出错消息输出文件的表目。Linux 规定了每个进程能够同时打开的最大文件数。

8．信号处理信息

信号处理信息字段主要如下。

（1）signal：进程信号描述符指针。

（2）sighand：进程信号处理程序描述符指针。

（3）blocked：阻塞信号暂不处理的掩码。

（4）pending：尚待处理的信号。

（5）sas_ss_sp：信号处理程序备用堆栈的地址。

（6）sas_ss_size：信号处理程序堆栈的地址。

（7）exit_code：引起进程退出的返回代码。

（8）exit_signal：引起错误的信号名。

（9）pdeath_signal：父进程终止时向子进程发送的信号。

9．进程上下文信息

进程上下文信息主要如下。

（1）CPU：进程正在使用的 CPU。

（2）stack：核心栈。

（3）thread_info：用户栈。

对每个进程，Linux 将其核心态堆栈和线程描述结构 thread_info 紧凑地存放在一个单独为进程分配的存储区域内。thread_info 结构与 task_struct 结构具有相互指向对方的指针，因而它们是可以互访的。ESP 寄存器指向核心态堆栈的栈顶，从 ESP 寄存器可以获得当前正在 CPU 上运行的进程的 thread_info 结构的地址，访问 thread_info 结构的 task 指针域又可以获得进程描述结构指针。

2.9.2　Linux 进程组织

Linux 以队列形式对不同状态的进程进行组织和管理。主要队列如下。

1．可运行进程队列

TASK_RUNNING 状态的进程是正在 CPU 上运行的进程或者具备运行条件的进程。Linux 2.6 为可运行进程按照其优先级建立多个队列（链表），优先级相同的可运行进程位于同一个队列中。优先级取值范围为 0～139。task_struct 结构中 run_list 字段用于链接优先级相同的下一个进程。

Linux 没有为暂停状态（TASK_STOPPED）、僵死状态（EXIT_ZOMBIE）和僵死撤销状态（EXIT_DEAD）的进程建立专门的链表。

2．等待队列

Linux 等待队列由双向链表实现，每个元素表示一个睡眠进程。每个等待队列都有一个 wait_queue_head_t 类型的等待队列头，等待队列头包含两个成员分量，一个是互斥访问自旋锁 lock，一个是等待进程链表表头 task_list。等待队列可能被中断处理程序以及其他一些内核函数并发修改，因此必须采用互斥机制对访问操作进行串行化，lock 成员就是用来实现对等待队列的互斥访问。

等待队列中的元素类型为 wait_queue_t，其中包括以下分量。

（1）互斥/非互斥进程类型标志 flags。flags=0 表示睡眠进程为非互斥进程，当事件发生时，所有这类进程都被唤醒。例如，等待磁盘传输完成的进程在磁盘传输完成时将被全部唤醒；flags=1 表示睡眠进程为互斥进程，当事件发生时，这类进程将被有选择地唤醒。例如，等待访问临界资源的进程在临界资源可用时，可以被唤醒的进程数不超过可用资源数。

（2）指向睡眠进程描述结构 task_struct 的指针 task。通过 task 可以访问或操作进程描述结构信息。

（3）睡眠进程唤醒函数 func。func 定义了唤醒进程的方式。

（4）链接等待相同事件的下一个睡眠进程链表结点的指针 task_list。通过 task_list 可以遍历等待链表中的下一个进程结点元素。

非互斥睡眠进程被插入等待队列链表的第一个位置，互斥睡眠进程则被插入等待队列链表的最后一个位置。

设 p 为非互斥睡眠进程的描述结构指针，则将睡眠进程 p 加入等待队列的过程如下。

（1）初始化 wait_queue_t 型等待队列元素 q，将 q 的 flags 域设为 0；将 task 域设为 p；将 func 域设为 default_wake_function()。

（2）将睡眠进程 p 的状态设为 TASK_UNINTERRUPTIBLE。

（3）将 q 加入某一个等待队列 wq。

（4）执行调度程序 schedule()。

（5）将进程 p 从等待队列 wq 中删除。

对睡眠进程也可以定义一个时间间隔，当时间间隔过后，进程被唤醒。

2.9.3　Linux 进程控制

1．创建进程

父进程创建子进程时，子进程共享父进程的资源。采用写时复制技术使得子进程不必立即完整复制父进程的地址空间，仅当父子进程之一试图写一个物理页时，才把该页内容复制到一个新的物理内存块中，并把该物理内存块分配给正在写的进程。

fork()系统调用采用 clone()实现，flags 参数指定子进程结束时向父进程发送 SIGCHLD 信号，child_stack 参数指定父子进程暂时共用同一个用户态堆栈。但是写时复制技术在父子进程中的任何一个改变堆栈时，将为修改者创建用户态堆栈的一个副本。

do_fork()函数处理 fork()系统调用。do_fork()函数利用 copy_process()函数创建子进程描述结构以及其他所需内核数据结构。do_fork()函数为新进程分配进程标识符 PID，复制父进程描述结构到新建的 task_struct 结构中。将子进程插入父进程运行队列，返回子进程标识符 PID。

copy_process()函数完成的主要工作如下。

（1）为新进程分配 task_struct 描述结构空间。

（2）如果需要，将 FPU、MMX 和 SSE/SSE2 寄存器的内容保存到父进程的 thread_info 结构中，这些值将被复制到子进程的 thread_info 结构中。

（3）为子进程的 thread_info 结构和核心栈分配（8KB 或 4KB 的）内存空间。

（4）将当前进程描述结构的内容复制到新进程 task_struct 描述结构中，将当前进程 thread_info 结构的内容复制到新进程 thread_info 结构中。

（5）将新进程描述结构的使用计数器置为 2，表示进程描述结构正在被使用且其相应进程处于活动状态。

（6）若当前用户所拥有的进程数未达到最大限定值，则当前用户所拥有的进程数（新进程的 user→processses 字段）和每个用户数据结构 user_struct 的使用计数器（新进程的 user→__count 字段）增一。

（7）检查系统中的进程数量是否超过最大限定值。

（8）将新进程的 PID 保存到其描述结构的 pid 字段。

（9）将新进程描述结构插入进程链表，将新进程的 PID 插入散列表。

do_fork()函数调用结束后，调度程序决定何时将 CPU 分配给新进程。当新进程获得 CPU 时，调度程序将该进程描述结构 thread 字段的值装入对应的 CPU 寄存器，如将 thread.esp（即进程核心态堆栈的地址）装入 ESP 寄存器，把函数 ret_from_fork()的地址装入 EIP 寄存器。再用存放在栈中的值装载所有的寄存器，然后使 CPU 返回到用户态，新进程开始执行。fork()系统调用返回给子进程的值是 0，返回给父进程的值是子进程的 PID。

2．内核线程及创建

（1）内核线程

Unix 及 Linux 将一些任务委托给周期性执行的进程来完成，这些任务包括刷新磁盘高速缓存、对换出不用的页框、维护网络连接等。一些系统进程只运行在内核态，现代操作系统便将它们的函数委托给内核线程。Linux 内核线程只运行在内核态，而普通进程有时运行在用户态，有时运行在内核态。内核线程只使用内核空间限定的那部分线性地址空间。普通进程不管在用户态还是内核态，都可以使用 4GB 的线性地址空间。

（2）内核线程的创建

创建内核线程时需要给出的参数有：所要执行的内核函数的地址、要传递给函数的参数、避免复制调用进程页表的标志位、内核线程不被跟踪的标志位、内核栈的地址（其中存放着为新线程初始化 CPU 寄存器的值）。

Linux 在初始化阶段创建的第一个内核线程为进程 0。当没有其他进程处于 TASK_RUNNING 状态时，进程 0 被调度程序选中执行。进程 0 在开中断的情况下重复执行 hlt 指令，使 CPU 处于暂时停机的状态。

进程 1 创建和监控在操作系统外层执行的所有进程的活动，一直存活到系统关闭。

Linux 也会按需创建很多其他内核线程，例如，内存回收线程、延迟写缓冲区内容到磁盘线程等。

3．进程唤醒

唤醒进程的函数包括基本函数 wake_up 以及进程类型或数目限定的特殊唤醒函数。具有请求状态的所有非互斥进程都将被唤醒。具有请求状态的互斥进程可以选择性地唤醒一个、所有或者给定数目的一部分。

唤醒函数 wake_up 从等待队列队首扫描队列中的每个进程结点，排在链表开始位置的非互斥进程首先被唤醒，排在链表尾部的互斥进程后被唤醒，一旦某个互斥进程被唤醒，等待队列扫描将结束。不过，同时包含互斥进程和非互斥进程的等待队列并不常见。

4．进程切换

进程切换将暂停一个进程在 CPU 上的执行，转而执行另一个曾经被中断的进程或者启动一个新进程。在恢复之前被中断进程的执行之前，必须在每个寄存器中装入进程中断时的值，即处理器现场信息，也称为硬件上下文。硬件上下文是进程可执行上下文的一个子集。在 Linux 中，进程硬件上下文的一部分存放在任务状态段（TSS）中，剩余部分存放在内核态堆栈中。

TSS 是用来存放硬件上下文的特殊段。Linux 虽然没有利用硬件的自动上下文切换功能实现进程切换，但 Linux 会访问硬件保存在 TSS 中的相关信息以实现软件手段的进程切换。

当 CPU 从用户态切换到内核态时，Linux 从 TSS 中获取内核态堆栈的地址。当处理器在用户态执行 in 或 out 指令访问一个 I/O 端口时，将访问存放在 TSS 中的 I/O 许可权位图以检查该指令所属进程是否有权访问端口。

TSS 段 8 个字节的任务状态段描述符（TSSD）说明了 TSS 段的起始地址（Base）以及段类型等信息。由 Linux 创建的 TSSD 存放在全局描述符表（GDT）中，GDT 的基地址存放在 GDTR 寄存器中。TR 寄存器包含 TSSD 选择符。因此通过 TR 寄存器可以直接寻址 TSS，不必访问 GDT。

每个进程描述结构中包含一个类型为 thread_struct 的 thread 字段，当进程被切换出去时，其硬件上下文将被保存在 thread 字段中。

Intel 80x86 提供了进程切换的硬件机制，即使用 far jmp 指令跳转到新进程 TSS 描述符的选择符以执行进程切换。执行这条指令时，CPU 自动保存被中断进程的硬件上下文，装入新进程的硬件上下文。但硬件提供的进程切换机制无法控制装入数据的合法性，因此，Linux 2.6 使用软件执行进程切换。进程切换时可以使用一组 mov 指令逐步执行切换，其中可插入寄存器值检查操作，以发现可能的数据伪造。

在执行进程切换之前，用户态进程使用的所有寄存器内容都已保存在内核态堆栈上，包括 SS 和 ESP 寄存器的内容（其中存放着用户态堆栈指针的地址）。

Linux 进程切换的主要步骤如下。

（1）切换页全局目录，即切换进程地址空间。

（2）切换内核态堆栈和硬件上下文。

5．撤销进程

当进程终止时将被撤销，进程所拥有的资源，如内存、打开文件、信号量等将被释放和回收。进程终止的一般方式是调用 exit() 库函数。程序员可以将 exit() 库函数编写在程序中。C 编译程序总是自动将 exit() 函数插入 main() 函数的最后一条语句之后。

进程终止由 do_exit() 函数处理，该函数从内核数据结构中删除对终止进程的大部分引用，设置进程正在被删除的标志，删除与分页、信号量、文件系统、打开文件描述符、I/O 权限位图等相关的不再被使用和共享的数据结构，更新父子进程之间的亲属关系，使被终止进程的同组进程或 init 进程成为被终止进程的子进程的父进程，由调度函数 schedule() 选择一个新进程进行运行。

6．进程删除

进程终止后，在撤销其描述结构之前，处于僵死状态。当父进程向僵死进程发出 wait() 类系统调用，搜集被终止进程相关信息后，僵死进程描述结构才会被撤销。

如果父进程在子进程结束之前结束，则由 init 进程作为这些孤儿进程的父进程，并由 init 进程调用 wait() 类系统调用检查子进程是否终止，并撤销僵死进程。

对僵死进程有两种处理方式：如果父进程不需要接收来自子进程的信号，就调用 do_exit() 函数；如果已经给父进程发送了一个信号，则调用 wait4() 或 waitpid() 系统调用，并由该函数回收僵死进程描述结构占用的内存空间。在前一种情况下，内存回收由调度程序完成。

撤销僵死进程的过程如下。

（1）递减僵死进程拥有者的进程数目。

（2）删除僵死进程的信号处理函数。

（3）删除僵死进程所在散列表的进程描述结构；从进程链表中移除僵死进程。

（4）向父进程发送进程死亡信号。

（5）调整父进程的时间片。

（6）递减进程描述结构的使用计数器，若计数器变为 0，则终止对进程的引用，释放进程描述结构、thread_info 描述结构和内核态堆栈所占用的内存空间。

2.9.4　Linux 进程调度

进程调度决定何时执行进程切换以及选择哪一个进程运行。Linux 基于分时技术实行进程调度，每个进程被分配一定的时间片，当时间片用完时，进程可能并没有结束，但该进程将暂停运行，处理器切换到下一个进程。分时调度依赖于定时中断。

1．Linux 进程调度策略考虑的因素

进程调度策略考虑多种因素，优先级是其中一种。Linux 进程拥有动态优先级。调度程序跟踪进程，周期性地调整其优先级。较长时间间隔内没有使用 CPU 的进程的优先级将增高。已经在 CPU 上运行较长时间的进程优先级将降低。

进程类型也是进程调度策略考虑的一个重要因素。进程有多种分类标准，根据进程对设备和 CPU 使用的比例，将进程分为 I/O 繁忙型的和 CPU 繁忙型。I/O 繁忙型的进程需要频繁使用 I/O 设备，并花费较多时间等待 I/O 操作完成。CPU 繁忙型的进程需要花费较多时间在 CPU 上执行计算工作。

另一种分类方法与操作系统的基本类型比较一致，即将进程分为交互式进程、批处理进程和实时进程 3 种类型。交互式进程频繁与用户交互，花费很多时间等待用户的键盘或鼠标操作。接收到输入后，进程必须很快被唤醒。Shell 命令处理程序、文本编辑程序以及图形界面应用程序都是典型的交互式程序。批处理进程不必与用户交互，不必很快响应，经常运行在后台。编译程序以及科学计算程序是典型的批处理程序。实时进程对开始运行的截止时间、响应时间有着非常严格的约束，不允许延迟调度。音视频应用程序是常见的实时程序。Linux 基于进程运行的历史行为近似地确认进程为交互式的还是批处理的。

Linux 进程调度是抢占式的，即剥夺式的。当出现优先级高于当前进程的就绪进程时，当前进程被中断，其重新调度标志被设置。当中断事务处理完毕后激活调度程序，将处理器切换为优先级高的进程。当前进程时间片用完时，该进程的重新调度标志也将被设置，当时钟中断处理程序结束时，激活调度程序，实施进程切换。

时间片的长短影响系统的并发性和响应性。时间片过短，进程切换开销比重就很高。时间片过长，进程执行将由并发性趋向于顺序性。

系统中至少有一个进程是可执行的，该进程即 0 号进程，或者叫 swapper 进程。如果没有其他进程可运行，则 0 号进程将被运行。

Linux 进程类型主要有先进先出的实时进程（SCHED_FIFO）、时间片轮转的实时进程（SCHED_RR）和普通的分时进程（SCHED_NORMAL）。

每个普通进程同时具有静态优先级和动态优先级两种。内核采用 100～139 的数表示普通进程的优先级，数值越大优先级越低。新进程继承父进程的静态优先级。用户可以改变自己拥有进程的静态优先级。

静态优先级决定进程的基本时间片，它们之间的关系如下。

若静态优先级<120，则基本时间片=(140-静态优先级)×20

若静态优先级≥120，则基本时间片=(140-静态优先级)×5

即静态优先级越高，基本时间片越长。

动态优先级是调度程序选择进程的依据，动态优先级与静态优先级的关系如下。

动态优先级=max(100,min(静态优先级-bonus+5,139))

bonus 取值范围为 0～10，值小于 5 将降低动态优先级，值大于 5 则增加动态优先级。bonus

的值依据进程的平均睡眠时间确定。平均睡眠时间也是确定进程属于交互式进程还是批处理进程的依据。睡眠时间较长的进程容易被看作交互式进程。如果进程动态优先级≤3×静态优先级/4+28，则该进程被认为是交互式进程。高优先级进程比低优先级进程更容易成为交互式进程。

2．活动进程与过期进程

调度程序在考虑优先级的同时还应避免饥饿。应保证低优先级进程以及交互式进程和批处理进程的公平调度。为此，系统将可运行进程分为两个集合：活动进程集合与过期进程集合。活动进程是没有用完时间片的进程，仍然具有运行机会。过期进程是用完了时间片的进程。过期进程需要等待所有活动进程过期后才能重新运行。用完时间片的批处理进程作为过期进程加入过期进程集合。用完时间片的交互式进程通常仍然作为活动进程加入活动进程集合。但是如果过期进程等待时间很长，或者过期进程优先级高于交互式进程，则用完时间片的交互式进程将被加入过期进程集合。最终，活动进程集合将为空，过期进程将参加新一轮的调度。

Linux 首先将可运行进程分为活动的可运行进程集合和过期的可运行进程集合。两个集合又分为多个子集，如 140 个子集，每个子集对应一个可能的进程优先级，每个子集采用双向链表将进程链接在一起。活动进程与过期进程周期性地互相转换。

在进程控制块中与调度相关的字段如下。

（1）调度标志。

（2）进程当前状态。

（3）进程的动态优先级。

（4）进程的静态优先级。

（5）进程在所属运行队列链表中的前一个和下一个元素。

（6）进程所在运行队列指针。

（7）进程的平均睡眠时间。

（8）进程最近插入运行队列的时间。

（9）最近一次替换本进程的进程切换时间。

（10）进程的调度类型（SCHED_NORMAL，SCHED_RR 或 SCHED_FIFO）。

（11）时间片余量。

（12）进程的实时优先级。

父进程创建子进程时，父进程剩余的时间片由父子进程均分。

3．Linux 进程调度系统

Linux 进程调度系统由调度程序组成，调度程序即调度器负责实施进程切换。调度器的活动有两种触发方式：一种是由进程主动调用触发，另一种是由周期性的中断触发。当进程出现等待事件、发生异常事件或者即将进入睡眠状态，无法继续在处理器上运行时，该进程调用调度器实施进程切换，自行释放处理器。当周期性中断发生时，调度器被激活，判断当前进程的时间片是否用完，以及是否出现了优先级更高的进程，如果是，则设置该进程的调度标志，并在中断返回时调用主调度器实施进程切换。周期性执行的调度器称为周期性调度器，而进程主动调用的调度器称为主调度器。如果没有就绪进程，内核将关闭周期性调度器以节约能耗。

周期性中断发生时，中断处理程序更新全局统计量，更新当前进程内核态和用户态使用的 CPU 时间，启动周期性调度器执行任务调度。

Linux 进程调度系统包含两个调度器：主调度器 schedule 和周期性调度器 schedule_tick。两者合称通用调度器。

每次时钟节拍到来时，scheduler_tick()函数被调用。该函数的主要工作步骤如下。

（1）将时间戳计数器值保存在本地运行队列的"最近一次定时器中断的时间戳"变量 timestamp_last_tick 中。

（2）对进程分 3 种情况处理。

第一种，若当前进程是 swapper 进程，且本地运行队列中存在其他可运行进程，则设置 swapper 进程的重新调度标志 TIF_NEED_RESCHED，以便将处理器切换为其他进程，函数返回。

第二种，如果进程所在运行队列指针没有指向本地运行队列的活动链表，则说明当前进程已经过期，需要进程切换，设置当前进程的重新调度标志 TIF_NEED_RESCHED，以便将处理器切换为另一个进程，函数返回。

第三种，当前进程为活动进程，未过期，则对进程做进一步的分类处理。

① 如果当前进程是先进先出的实时进程，则不需要维护其时间片计数器。因为当前进程不会被优先级等于或低于它的进程所抢占。

② 如果当前进程是基于时间片轮转的实时进程，则递减当前进程的时间片计数器，并检查该进程是否用完其时间片。若用完，则设置该进程的重新调度标志 TIF_NEED_RESCHED，以便将处理器切换为优先级相同或更高的另一个实时进程。用完时间片的进程描述符被移到与当前进程优先级对应的运行队列活动链表末尾，以便在每个同级可运行实时进程获得 CPU 时间片以前，该进程不会再次被选中执行。

③ 如果当前进程是普通进程，则递减其时间片计数器，若时间片用完，则从可运行进程活动队列中删除当前进程，设置其重新调度标志 TIF_NEED_RESCHED；更新当前进程的动态优先级；重填进程时间片。如果过期进程集合为空，则记录当前时钟节拍值作为过期时间值。如果当前进程不是交互式进程，或者运行队列中第一个过期进程的等待时间超过了运行队列中可运行进程数加 1 后再乘 1000 个时钟节拍值，或者当前进程的静态优先级没有大于一个过期进程的静态优先级，则把当前进程插入过期进程集合，否则把当前进程插入活动进程集合。

如果当前进程的时间片没有用完，且剩余时间片过长，则将其时间片再细分为几个片段，将进程插入运行队列末尾，然后重新调度。

2.9.5　抢占内核与非抢占内核

抢占内核即在内核程序执行期间进行进程切换。内核程序通常正在执行中断事务。抢占内核减少紧急进程延迟执行的时间。非抢占内核在内核程序执行结束时才能进行进程切换。

实例 1：

当进程 A 执行系统调用指令时，处理器转为核心态，开始执行系统调用处理程序。在此期间，发生了中断事件。中断处理程序可能立即执行，这属于内核程序嵌套执行；也可能在系统调用处理程序执行结束时才执行。中断处理程序执行时，发现进程 B 的等待事件已结束，进程 B 将被转为就绪态。如果进程 B 优先级高于进程 A，则对于可抢占的内核，应进程 A 请求而执行的系统调用处理程序将暂停，处理器将切换为进程 B。待进程 A 以后再被调度程序选中时，系统调用处理程序再恢复运行。如果内核是非抢占的，则应进程 A 请求而执行的系统调用处理程序结束前不会发生进程切换。

实例 2：

进程执行时出现了错误，引发异常中断，异常处理程序被激活，开始处理错误。在异常处理程序执行期间，进程的时间片可能已用完。对于抢占内核，进程将暂停运行，处理器切换为另一个进程。对于非抢占内核，待异常处理程序执行结束后或者进程自动放弃处理器后才会发生进程切换。

2.9.6　内核同步

一个内核任务（或者函数、程序）可能被另一个内核任务（或者函数、程序）所中断，形成中断嵌套和内核任务的并发执行。并发执行的多个内核程序可能以读或写的方式访问相同的数据结构，必须采取同步措施对共享数据结构的访问进行串行化。

多个可延迟函数的执行总是串行的，一个可延迟函数不会被另一个可延迟函数中断。因而，不会有多个可延迟函数并发访问相同的数据结构，因此，多个可延迟函数并发访问的共享数据结构不需要同步原语。

中断处理程序不是可重入的，且不能被异常中断。中断处理程序不能被挂起，因此，不能调用引起中断处理程序阻塞的函数。

可延迟函数执行时不可能产生异常。异常处理程序可以禁止可延迟函数，而不禁止本地中断。

可延迟函数执行时可能产生中断，中断处理程序与可延迟函数可能并发访问相同的数据结构。可延迟函数可能通过关中断对共享数据结构的访问串行化。如果没有其他中断处理程序访问可延迟函数访问的数据结构，那么中断处理程序就可以随意访问可延迟函数访问的数据结构而不用关中断。

当中断处理程序终止执行时，可延迟函数才能被激活。它们的执行具有自然顺序关系。

2.9.7　Linux 线程管理

Linux 将线程看作与其他进程共享某些资源的进程来实现，进程的数据结构 task_struct 及调度算法继续适用于线程。同属一个进程的多个线程可以共享进程的地址空间、文件系统资源、文件描述符、信号处理程序。这些资源位于用户态共享空间，即进程所拥有的用户态地址空间中的全局量无须请求操作系统即可访问，因而共享效率高。而进程之间的资源共享则需经由操作系统许可才能实施，资源共享效率不及线程。

Linux 进程创建函数与线程创建函数是相同的，其区别在于参数。参数规定父子进程之间可以共享的资源类型。如果新建进程与父进程共享地址空间、文件系统资源、文件描述符以及信号处理程序，则父子进程实为两个线程。而不同进程的地址空间是不同的，但文件系统资源可以选择共享。

习　题　2

2-1　下列指令中哪些只能在核心态运行？

（1）读时钟日期；（2）访管指令；（3）设时钟日期；（4）加载 PSW；（5）启动 I/O 指令；（6）执行中断返回指令；（7）执行过程调用指令。

2-2　如果操作系统中只有一个用户进程在运行，该进程的执行是不是严格连续的，即处理器仅执行该进程的指令，为什么？

2-3　5 个批处理作业 A～E 到达系统的时间、需要运行的时间及各自的优先级如表 2-2 所示，分别采用先来先服务算法、最短作业优先算法、最短剩余时间优先算法、抢占式优先数算法、时间片轮转算法（每个作业获得 2min 长的时间片）、最高响应比优先算法计算作业的平均周转时间和平均带权周转时间（备注：优先数越大，优先级越高）。

表 2-2　时间及优先级

作业	到达时间（min）	需要运行时间（min）	优先级
A	8	10	3
B	3	6	5
C	0	2	2
D	2	4	1
E	6	8	4

2-4　在单 CPU 多道程序系统中，有两台输入设备 I1 和 I2 可供并发进程使用，在输入完成前，进程不可以执行下一个操作。在作业等待执行 I/O 操作时，CPU 被分配给其他就绪作业。系统中现存 3 个作业 J1、J2 和 J3。它们的执行轨迹如下。

J1：I2（30ms）、CPU（10ms）、I1（30ms）、CPU（10ms）、I2（20ms）。

J2：I1（20ms）、CPU（20ms）、I2（40 ms）。

J3：CPU（30ms）、I1（20ms）、CPU（10ms）、I1（10ms）。

分别采用 3 种不同算法调度作业。

算法 A：对 CPU 及各类 I/O 设备资源均按照作业最新等待该资源的先后顺序分配资源。

（1）请计算作业的周转时间、带权周转时间、平均周转时间和平均带权周转时间。带权周转时间=周转时间/作业在 CPU、设备等资源上实际工作的时间。

（2）分别计算作业 J1、J2 第 1 次等待 CPU 到获得 CPU 时的响应比。等待 CPU 的响应比=1+作业本次空闲等待 CPU 的时间/作业本次实际在 CPU 上的运行时间。

（3）分别计算作业 J1、J3 第 2 次等待 CPU 到获得 CPU 时的响应比。

（4）请写出 J1 的进程状态转换序列。

算法 B：采用时间片轮转调度算法按照 J1、J2、J3 的顺序依次为等待 CPU 的作业分配每一轮的时间片，时间片为 10ms，本次未使用完的剩余时间片作废，立即开始一个新的时间片。对设备总是按照非剥夺方式分配。请计算作业的周转时间、带权周转时间、平均周转时间和平均带权周转时间。带权周转时间=周转时间/作业在 CPU、设备等资源上实际工作的时间。

算法 C：如果采用多级反馈队列调度算法调度 3 个作业，建立 2 个就绪队列：队列 Q1 和队列 Q2，Q1 优先级高于 Q2，Q1 中的就绪作业有权抢占 Q2 中尚未用完其时间片的当前运行作业的 CPU。分配给 Q1 的时间片为 10ms，分配给 Q2 的时间片为 20ms，同一个队列中的就绪作业按照等待 CPU 的先后顺序分配 CPU，未用完的时间片作废。请绘制调度时序图，计算作业的周转时间、带权周转时间、平均周转时间和平均带权周转时间。

2-5　4 个作业到达多道程序系统的时间、估计运行的时间如表 2-3 所示。

表 2-3　时间

作业	进入系统时间	估计运行时间（min）
Job1	10:00	30
Job2	10:05	20
Job3	10:10	5
Job4	10:20	10

（1）系统采用 SJF 算法调度进程。不限进程道数，计算作业的平均周转时间和平均带权周转时间。

（2）系统采用 SJF 算法调度作业，采用 SRTF 算法调度进程。限制进程道数不超过 2 道，计算作业的平均周转时间和平均带权周转时间。

2-6 多道程序系统现有内存 100KB, 磁带机 2 台, 打印机 1 台可供用户进程使用。采用可变分区内存管理, 对设备采用静态分配方式, 即在进程运行前获得所有所需设备资源。忽略用户作业 I/O 操作时间。现有作业序列情况如表 2-4 所示。

表 2-4 现有作业序列情况

作业	到达系统时间	估计运行时间（min）	内存需求量（KB）	磁带机需求（台）	打印机需求（台）
Job1	8:00	25	15	1	1
Job2	8:20	10	30	0	1
Job3	8:20	20	60	1	0
Job4	8:30	20	20	1	0
Job5	8:35	15	10	1	1

采用 FCFS 策略调度作业, 即按照作业到达系统的时间顺序启动作业运行。到达时间相同的, 则按获得资源的顺序启动作业运行。假定各个作业的设备是顺序工作的。优先分配内存低地址区, 且内存作业无法移动, 求:

（1）作业调度的先后次序。

（2）各个作业开始和结束的时间。

（3）作业的平均周转时间和平均带权周转时间。

2-7 多道批处理系统配有一台处理器和两台外部设备 I1 和 I2, 用户可用内存空间为 100MB。系统采用抢占式优先数算法调度作业和进程, 高优先数进程可抢占低优先数进程。内存采用可变分区分配策略且作业不可移动, 设备采用动态分配方法, 即在需要时申请和分配。现有 4 个作业先后到达系统, 情况如表 2-5 所示, 求作业平均周转时间。

表 2-5 情况

作业	到达系统时间（min）	优先数	估计运行时间（min）及资源使用顺序	内存需求量（MB）
A	0	7	CPU: 1, I1: 2, I2: 2	50
B	1	3	CPU: 3, I1: 1	10
C	2	9	CPU: 2, I1: 3, CPU: 2	60
D	3	4	CPU: 4, I1: 1	20

2-8 4 个作业到达系统的时间及各自所需 CPU 的时间如表 2-6 所示。

表 2-6 时间

作业名	到达系统时间（s）	所需的 CPU 时间（s）
Job1	0	60
Job2	30	50
Job3	40	30
Job4	50	10

现在采用两级反馈队列调度算法执行调度, 第一级队列为高优先级队列, 该队列中的每个进程分配了 5s 的时间片, 第二级队列为低优先级队列, 该队列中的每个进程分配了 10s 的时间片。两个队列均按照时间片轮转调度方法调度进程。到达系统的进程按照到来的时间顺序首先进入第一级队列执行一个时间片, 如果任务完成则撤离系统, 否则进程进入第二级队列轮转, 直到完成任务撤离系统。系统采用非剥夺式调度, 即新到某个队列的进程不可抢占时间片未用完或未结束进程的 CPU。但是, 新到第一级队列的进程可以优先于第二级队列的就绪进程获得处理器。对同一队列中的多个进程进行调度时, 遵循公

平性原则，即各个进程获得 CPU 的机会均等。如果进程在不足一个时间片内结束，则在进程结束时开始一个新的时间片。请绘制进程工作时间图，计算各个作业的周转时间。

2-9　解释特权指令与非特权指令的概念。

2-10　处理器有哪些状态？这些状态之间转换的条件是什么？处理器状态与特权指令和非特权指令之间有什么关系？

2-11　什么是中断和中断源？中断源如何分类？每类包含哪些中断事件？什么是自愿性中断和强迫性中断？什么是内中断和外中断？系统调用属于哪些类型的中断？

2-12　单处理器支持多道程序并发运行吗？请说明是如何支持的。

2-13　简述操作系统与中断的关系。

2-14　什么是进程？进程有哪些状态？各状态是如何定义的？状态之间的转换关系、转换条件是什么？

2-15　简述进程与程序的区别。

2-16　进程由哪些部分组成？各部分的作用是什么？

2-17　什么是进程映像？

2-18　什么是进程上下文？进程上下文由哪些部分组成？

2-19　进程控制块包含哪些信息？各类信息的作用是什么？

2-20　什么是进程切换？进程切换的时机有哪些？Linux 进程调度的时机有哪些？

2-21　简述进程切换的步骤。

2-22　什么是 CPU 模式切换？模式切换与进程切换有什么关系？

2-23　什么是原语？进程控制原语主要有哪些？

2-24　简述进程的创建过程。

2-25　简述进程阻塞的步骤。

2-26　简述进程唤醒的步骤。

2-27　简述进程撤销的步骤。

2-28　简述进程挂起原语执行过程。

2-29　简述进程激活原语的主要处理过程。

2-30　什么是线程？

2-31　多线程环境中的进程与传统单线程进程的概念一致吗？请回答进程概念，并比较进程与线程的区别。

2-32　线程有哪些实现方法？解释每种方法如何实现线程。Linux 线程与 Linux 进程在实现上有什么区别与联系？

2-33　什么是作业和作业步？批处理作业有哪些部分组成？

2-34　什么是剥夺调度方式？什么是非剥夺调度方式？

2-35　作业或者进程有哪些调度算法？各种调度算法有哪些假设条件？各种调度算法在什么时候执行？

第3章

并发进程的同步、互斥与死锁

第2章讲述了单个进程的结构及控制问题，本章将讲述多个进程之间的关系，包括进程之间的同步、互斥、通信、死锁等交互行为及问题。

3.1 并 发 进 程

3.1.1 程序执行的顺序性

1．程序执行的顺序性含义

程序执行的顺序性包括两个含义：程序内部的顺序性和程序外部的顺序性。

程序内部的顺序性是指一个可独立调度的任务（进程或线程）内部的语句、指令或模块按照程序设计时规定的顺序执行，不因中断、进程切换以及进程调度的顺序而改变。单线程进程执行时呈现程序内部的顺序性。单线程进程内部的活动不是并发的，而是顺序的。

程序外部的顺序性是指多个相关任务（进程或线程）按照事先确定的顺序逐个执行，完成一个作业级的任务。对于多个不相关的进程，其执行顺序是任意的。对于存在流水线关系的多个进程，一个进程的输出是另一个进程的输入，在前一个进程产生输出数据前，后一个进程由于缺乏可用数据而无法先于前一个进程执行，即使在多任务的操作系统环境下，这种存在数据依赖关系的多个进程也只能顺序执行。

程序执行的顺序性是由一个或一组相关程序自身定义的工作流程决定的，与其他程序、操作系统的调度策略以及其他外部因素无关。

传统的程序设计方法是顺序程序设计，即把一个业务（或称为作业）实现为仅含一个执行流的顺序执行的程序模块；或者实现为若干个依次顺序执行的程序。

2．顺序程序设计的特点

（1）程序执行的顺序性：一个程序在处理器上的执行是严格按程序自身定义的语句/指令/模块顺序执行的，不会颠倒顺序，也不会同时执行。

（2）程序环境的封闭性：运行程序独占全部资源，除初始状态外，其所处的环境由程序本身所决定，只有程序本身的动作才能改变其环境。

（3）程序执行结果的确定性：在程序执行过程中允许被中断，但这种中断对程序的最终结果无影响，即程序的执行结果与它的执行速率无关。

（4）计算过程的可再现性：在同一个数据集合上重复执行一个程序会得到相同的结果，因而错误可以重现，便于分析。

3.1.2　程序执行的并发性

1. 进程的并发性含义

程序执行的并发性是指一组程序的执行在时间上是重叠的，即一个程序执行的第一条指令是在另一个程序执行的最后一条指令完成之前开始的。并发执行的一组程序都处于已经开始执行但尚未结束的状态。程序执行的并发性是多任务调度的结果，任何时刻可以存在多个进程/线程交替穿插运行，即并发执行。多个并发程序之间指令的执行顺序是不确定的，但是一个程序内部指令的执行顺序总是确定的。程序内部的顺序性由程序自身的工作流程规定，与调度方式、调度顺序无关。调度顺序决定多个任务使用处理器的顺序，任务内部指令的执行顺序是编制程序时规定好的，是固有的，与外部因素无关。

例如，有两个进程 A 和 B，进程 A 执行操作 a_1、a_2、a_3，进程 B 执行操作 b_1、b_2、b_3。进程 A 和 B 顺序（串行）执行的一种情况如下：在单处理器上，进程 A 执行结束后，进程 B 才开始执行，它们的操作次序为 a_1、a_2、a_3、b_1、b_2、b_3。

进程 A 和 B 并发执行的一种情况如下：在单处理器上，进程 A 和 B 交替（交叉）执行，它们交替执行的操作次序可能为 a_1、b_1、b_2、a_2、a_3、b_3。

从宏观上看，并发运行的几个进程都在同一处理器上处于运行还未结束的状态。从微观上看，任一时刻仅有一个进程在处理器上运行。进程的并发性是系统调度多个进程交替执行的结果。

并发的实质是一个处理器在几个进程之间的多路复用，并发是对有限的物理资源强制行使多用户共享，消除计算机部件之间的等待现象，提高系统资源的利用率。

2. 并发程序设计

并发程序设计：应用程序功能由若干个可同时（并发）执行的相互协作、密不可分的程序单元组成的程序设计方法称为并发程序设计。如果可并发执行的程序单元属于一个进程，在进程内部执行，则称为并发多线程程序设计；若可并发执行的程序单元属于不同进程，则称为并发多进程程序设计。

并发程序在执行时将被创建多个进程或多个线程。而顺序程序在执行时仅创建一个进程。并发程序需要运行在多任务操作系统上。多任务操作系统可以同时运行多个进程。

多道程序设计可以同时启动多台设备操作，充分利用处理器与外围设备、外围设备与外围设备之间的并行工作能力，减少设备间的等待，提高系统资源的利用率和计算机的工作效率。而顺序程序设计则顺序操作设备，设备利用率较低。

例如：

```
P1=while(I<Count)
{
    input (data[I]);
    process (data[I]);
    output (data[I]);
}
```

这段顺序程序对一批数据（Count 组）进行处理。input 过程涉及输入设备的操作，process 过程涉及处理器的计算工作，output 过程涉及输出设备的操作。程序的编制决定了程序执行一次仅能操作一台物理设备，设备之间存在等待现象，循环迭代一次仅能处理一组数据。程序 P1 属于串行/顺序执行的程序。

若对这个计算问题改用 3 个程序来实现（I=J=K=1）：

```
输入程序 PI: while(I<Count) {input(data[I++]), send(PC)}
计算程序 PC: while(J<Count) {receive(PI), out[J]=process(data[J]);
                            J++;send(PO)}
输出程序 PO: while(K<Count) {receive(PC);output (out[K++])}
```

其中，send、receive 为通信控制操作，send 向指定的协作进程发送同步信号，发送完毕之后可继续执行。receive 从指定的协作进程中接收同步信号，在收到同步信号之前阻塞等待，收到之后继续执行。则 3 个程序可以并发运行，使输入设备、处理器和输出设备尽可能并行操作。

输入程序 PI	计算程序 PC	输出程序 PO
input(data[1])		
input(data[2])	process(data[1])	
input(data[3])	process(data[2])	output(data[1])
input(data[4])	process(data[3])	output(data[2])
input(data[5])	process(data[4])	output(data[3])
	process(data[5])	output(data[4])
		output(data[5])

程序执行的顺序性和并发性含义是建立在任务概念基础上的。任务包括进程级任务、线程级任务以及作业级任务。如果任务是不可分解的，则任务内部程序语句的执行是顺序的。任务之间程序语句的执行可以是顺序的，也可以是并发的。并发执行时既有任务间的并发性，又有任务内的顺序性。

3. 并发进程分类

并发进程之间的关系分为两类：无关的和交互的。

无关的并发进程：一组并发进程分别在不同的变量集合上操作，一个进程的执行与其他并发进程的进展无关，即一个并发进程不会改变另一个并发进程的变量值。无关的并发进程之间不存在合作关系，他们在逻辑上不属于同一个应用系统。

交互的并发进程：一组并发进程共享某些变量，一个进程的执行可能影响其他并发进程的执行结果，他们在逻辑上属于同一个应用系统。交互的并发进程之间存在合作关系和制约关系，这种交互必须是有控制的，否则会出现不正确的结果。

并发进程的无关性是进程间的执行顺序任意的一个充分条件，又称为 Bernstein 条件。

Bernstein 条件：设 $R(p_i)=\{a_1,a_2,\cdots,a_n\}$ 是程序 p_i 在执行期间引用（只读）的变量集，$W(p_i)=\{b_1,b_2,\cdots,b_m\}$ 是程序 p_i 在执行期间改变（写）的变量集，若两个程序 p_1、p_2 的引用变量集与改变变量集交集之和为空集，即 $R(p_1)\cap W(p_2) \cup R(p_2)\cap W(p_1) \cup W(p_1)\cap W(p_2)=\{\}$，则并发进程的执行顺序是任意的。

并发可以是程序内部语句之间或模块之间的并发，也可以是程序与程序之间的并发。

并发进程关系判断实例：设一个程序 P_S 有如下 4 条语句。

$$S_1:\ a=x+y;$$

$$S_2:\ b=z+1;$$

$$S_3:\ c=a-b;$$

$$S_4:\ w=c+1;$$

这 4 条语句的书写次序定义了一个顺序程序的执行顺序，也定义了程序的逻辑意义，程序

执行时将按 S_1、S_2、S_3、S_4 的次序进行执行。现在要将该程序 P_S 进行变换，得到一个并发程序 P_C，而且 P_C 与 P_S 等价。

分析：该问题的核心是找出哪些语句能够同时执行，而这些语句同时执行时对变量的访问和修改合乎程序 P_S 的原有逻辑。

（1）求出各条语句的引用变量集与改变变量集。

$R(S_1)=\{x,y\}$，$R(S_2)=\{z\}$，$R(S_3)=\{a,b\}$，$R(S_4)=\{c\}$；$W(S_1)=\{a\}$，$W(S_2)=\{b\}$，$W(S_3)=\{c\}$，$W(S_4)=\{w\}$。

（2）分析语句间的 Bernstein 条件是否满足。

① 考察 S_1 与 S_2 之间的变量引用关系。由于 $R(S_1) \cap W(S_2) \cup W(S_1) \cap R(S_2) \cup W(S_1) \cap W(S_2) = \varphi$，所以 S_1 与 S_2 可以同时执行。可以画出如图 3-1 所示的前驱图。

② 考察 S_3 与 S_1、S_2 之间的变量引用关系。先考察 S_3 与末节点 S_2 的变量引用关系。由于 $R(S_3) \cap W(S_2) \cup W(S_3) \cap R(S_2) \cup W(S_3) \cap W(S_2) = \{b\}$，所以 S_3 与 S_2 只能顺序执行。再考察 S_3 与末节点 S_1 的变量引用关系。由于 $R(S_3) \cap W(S_1) \cup W(S_3) \cap R(S_1) \cup W(S_3) \cap W(S_1) = \{a\}$，所以 S_3 与 S_1 只能顺序执行。可以画出如图 3-2 所示的前驱图。

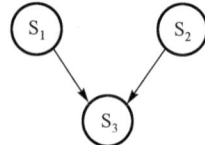

图 3-1　语句 S_1 与 S_2 之间的前驱关系　　图 3-2　语句 S_3 与 S_1、S_2 之间的前驱关系

③ 考察 S_4 与 S_3、S_2、S_1 之间的变量引用关系。先考察 S_4 与末节点 S_3 之间的变量引用关系。由于 $R(S_4) \cap W(S_3) \cup W(S_4) \cap R(S_3) \cup W(S_4) \cap W(S_3) = \{c\}$，所以 S_4 与 S_3 只能顺序执行。根据关系的传递性，这时可不必分析 S_4 与 S_1、S_2 之间的变量引用关系。可以画出如图 3-3 所示的前驱图。

④ 依据 4 条语句之间的前驱关系图，可以得到并发程序 P_C，即

$$S_1: a=x+y; \quad S_2: b=z+1;$$
$$S_3: c=a-b;$$
$$S_4: w=c+1;$$

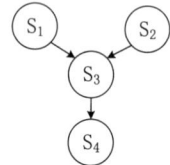

图 3-3　语句 S_4 与 S_3、S_2、S_1 之间的前驱关系

4．并发程序设计的特征

采用并发程序设计技术构造的一组程序模块在执行时具有如下特征。

（1）并发性：进程的执行在时间上可以重叠，在单处理器系统中可以并发执行，在多处理器环境中可以并行执行。

（2）共享性：并发进程通过引用共享变量交换信号，从而使程序运行的环境不再是封闭的。

（3）制约性：进程并发执行或协同完成同一任务时，会产生相互制约的关系，必须对它们并发执行的次序加以协调。

（4）交互性：由于并发进程共享某些变量，因此，一个进程的执行可能影响其他进程的执行结果，程序运行结果可能不确定，计算过程具有不可再现性。所以，这种交互必须是有控制的，否则会出现不正确的结果。

5．并发程序设计的优点

（1）对于单处理器系统，可以使处理器和 I/O 设备、I/O 设备与 I/O 设备同时工作，发挥硬部件的并行工作能力。

（2）对于多处理器系统，可以使各进程在不同处理器上物理地并行运行，加快计算速度。

（3）简化程序设计任务。

3.1.3 与并发执行时间有关的错误

对于一组交互的并发进程，若执行的相对速度无法相互控制，则各种与时序有关的错误就有可能出现。与时序有关的错误有两种表现形式：结果不唯一和永远等待。

1．结果不唯一

多次运行并发进程对共享数据进行同样的修改时，产生的结果不唯一。例如，购买飞机票问题：一个飞机订票系统有两个终端，分别运行订票进程 T_1 和 T_2。该系统的公共数据区 $A_j(j=1, 2\cdots)$ 中存放某月某日某次航班的余票数，X_1、X_2 是 T_1、T_2 的局部变量。

```
process Ti ( i = 1, 2 )
{
    int Xi;
    {按旅客订票要求找到 Aj};
    Xi = Aj;
    if (Xi>=1)
    {
        Xi=Xi-1;
        Aj=Xi;
        {输出一张票};
    }
    else {输出票已售完};
}
```

T_1 和 T_2 并发执行时导致出错的一种可能情况如表 3-1 所示。

表 3-1 售票终端进程 T_1 和 T_2 并发执行轨迹

进程 T_1 执行流	进程 T_2 执行流	变量的即时值
$X_1= A_j$;		$A_j=m$(初始值), $X_1=m$
	$X_2= A_j$;	$A_j=m$, $X_1=m$, $X_2=m$
	$X_2= X_2-1$; $A_j= X_2$; 输出一张票;	$A_j=m-1$, $X_1=m$, $X_2=m-1$
$X_1= X_1-1$; $A_j= X_1$; 输出一张票;		$A_j=m-1$, $X_1=m-1$, $X_2=m-1$

这时出现了把同一张票出售给两个旅客的情况，余票数本应减少 2 张，但实际上余票数只减少了 1 张。

实例概括：两个旅客同时抢购到了同一张机票，违背了一人一票一座的规矩，引起争执，这是一种错误的执行结果。正确的做法是，两个人执行购买操作时，只能一先一后，而不能同时进行。并发进程在关键片段需要保持必要的顺序性。

2．永远等待

当合作进程之间等待、唤醒之类的同步信号发送次序颠倒时，等待进程因错过了唤醒信号而永远等待。例如，内存管理问题：有两个并发进程 borrow 和 return，分别负责申请和归还内存资源。在下面的算法中，x 表示现有空闲内存容量，B 表示申请或归还的内存容量。并发进程的算法及执行描述如下。

```
procedure borrow (int B)
{
    if (B>x)
    {
        {申请进程，进入等待队列等主存资源}
        x:=x-B;
        {修改主存分配表，申请进程获得主存资源}
    }
}
procedure return (int B)
{
    x:=x+B;
    {修改主存分配表}
    {释放等待主存资源的进程}
}
cobegin
    int x;
    while(1)  borrow(M);
    while(1)  return (M);
coend
```

若 borrow 和 return 按表 3-2 所示的次序执行，则 borrow 将无限等待。

表 3-2　内存申请和释放进程并发执行轨迹

时刻	进程 B：borrow（6）执行流	进程 R：return（9）执行流
1	if (6>x)//进程 B 暂停执行且转为就绪态，CPU 切换到进程 R	
2	进程 B 暂停执行但未阻塞	x:=x+9;
3	进程 B 暂停执行但未阻塞	{修改主存分配表}
4	进程 B 暂停执行但未阻塞	{释放等待主存资源的进程}//空操作
5	申请进程 B 进入等待队列，等待主存资源//永远等待，没有其他进程将其唤醒	结束

实例概括：现有可用内存数 x=3，进程 B 要申请 6 个单位的内存，超过当前可用内存数，准备等待，尚未等待，CPU 切换到进程 R，进程 R 归还内存 9 个单位，然后唤醒内存等待者。但此时没有进程等待，于是唤醒信号丢弃。CPU 切换回进程 B，进程 B 执行等待操作。以后没有进程唤醒进程 B，于是进程 B 会永远等待。

3.1.4　进程间的关系

并发进程之间存在两种基本关系：竞争关系和协作关系。

1.　并发进程之间的竞争关系

并发进程之间的竞争关系是由于并发进程共用一套计算机系统资源引起的，一个进程的执行可能影响与其竞争资源的其他进程。操作系统必须协调好各进程对资源的争用。一旦一个进程要使用已分配给另一个进程的资源时，则该进程必须等待。无论进程之间是否具有合作关系，它们之间通常都存在竞争关系，因为它们使用同一套计算机系统资源。

资源竞争会产生如下两个问题。

一个是死锁（Deadlock）问题，即一组已经获得部分资源的进程等待获得其他进程所占用的资源，最终该组进程陷入死锁僵局。

另一个是饥饿（Starvation）问题，是指一个进程由于其他进程总是优先于它而被无限期拖延。

解决饥饿问题的最简单策略是 FCFS 资源分配策略。由于操作系统负责资源分配，资源竞争的控制应由系统来解决，操作系统应该提供各种支持。

进程互斥是解决进程竞争关系（间接制约关系）的手段。进程互斥是指若干进程要使用同一共享资源时，任何时刻最多允许一个进程使用，其他要使用该资源的进程必须等待，直到占有资源的进程释放该资源。进程互斥确保几个进程不能同时访问共享变量，但并不规定它们对共享变量的访问顺序。临界区管理可以解决进程互斥问题。

根据资源是否可被剥夺，互斥分为并发互斥和顺序互斥。并发互斥是指若干个同时存在的任务交替轮流地使用同一个可剥夺的共享资源时，一个任务对共享资源的使用可以被另一个需要使用该共享资源的任务所中断。例如，多个并发进程在同一处理器上交替轮流而非并行地执行即属于并发互斥。顺序互斥是指多个任务使用同一个不可剥夺的共享资源时，一个任务对共享资源的使用以共享资源对前一个任务的服务结束为前提，一个任务对共享资源的使用不能被另一个需要使用该共享资源的任务所中断。例如，一个打印作业只能在前一个打印作业结束后才能开始，同一台打印机不会以交替穿插的方式打印两个作业文件。

无论是可剥夺资源还是不可剥夺资源，很多资源的使用都是互斥的。被所有程序使用的公共资源，如 CPU、设备等，其互斥由操作系统资源管理程序保证，应用程序并不需要自备互斥工具。被一些程序小范围使用的共享资源，如公共变量等软件资源，其互斥操作由这些程序提供，操作系统提供通用的互斥服务工具供应用程序调用。

2．并发进程之间的协作关系

一组不相关的进程或者相关的进程中不相关的部分的执行是异步的，其执行顺序是任意的，与时间无关。当一组进程为完成同一个任务而共享某些资源时，它们之间构成协作关系。协作进程访问共享资源的顺序通常不是任意的，而是需要遵守约定的顺序。并发进程中用来控制进程之间的相对速度，协调某些操作顺序的机制称为**同步机制**。在同步机制中，当协作进程中的一个到达协调点后，在尚未得到其伙伴进程发来的消息或信号之前应阻塞自己，直到其他合作进程发来协调信号或消息后才被唤醒并继续执行。进程同步是解决进程间协作关系（直接制约关系）的手段。

进程间的协作可以是双方不知道对方名称的间接协作，如多个进程通过访问同一个公共缓冲区进行松散式协作；也可以是双方知道对方名称的直接协作，进程间通过通信机制紧密协作。

互斥与同步的区别在于，互斥调整的是竞争进程之间的关系，要求并发程序不能同时执行与共享变量有关的程序段。但互斥并不规定并发程序对共享变量的访问次序。互斥的特征可以概况为"无顺序的不同时"。同步调整的是协作进程之间的关系，规定一类进程中某种操作的执行以另一类进程中某种操作的执行完成为前提，即后一种操作依赖于前一种操作。如果这种依赖不是一对一的，而是一对多或多对多的，则单纯的同步并不保证这些操作的执行是互斥的。因此，在解决同步问题时要一并解决其中包含的互斥问题。

一般，同步和互斥并不是分离的，同步意味着访问共享变量，而访问共享变量通常需要互斥，同步隐含着互斥的需要。在解决同步问题的同时应解决互斥问题。在某些上下文中，"同步"一词意味着需要同时考虑同步和互斥。某些同步问题仅存在互斥，而同步是不存在的。

3．进程互斥与进程同步的区别与联系

进程互斥是进程之间存在的一种非常普遍的关系。进程共享资源就可能引起资源竞争，就需要使用进程互斥对资源使用进行顺序化处理。存在互斥关系的进程使用的是相同的资源，即公共资源。进程不是他们互斥共享资源的提供者或者生产者，他们仅是资源的使用者，使用完应当归还，以便其他进程使用。进程互斥表明，一组并发进程中存在若干个不能同时或者交替执行的程序片段，即互斥段或者临界区，若一个进程已经开始执行其互斥段，则在该进程的互斥段执行结束之前，本组其他进程不可以执行其互斥段中的任何部分。组中各个进程中的互斥段只能顺序执行，但是执行顺序并不固定，可以称之为"无顺序的不同时"。进程执行其互斥段时也可能出现阻塞事件而暂停运行，显然，这种情况仍然属于互斥段尚未执行结束的情形，获得处理器的本组其他进程依然不可以执行其互斥段中的任何部分。

进程同步存在于有合作关系的进程之间，它们共同完成一项任务/作业。合作进程的一方需要另一方提供资源，或者双方彼此需要对方提供资源。拥有资源的进程不受对方约束，可以自由运行。缺乏资源的进程需要暂停运行，等待合作进程向其提供资源后方可恢复运行。合作进程之间通常构成生产者-消费者关系。显然，消费者不能快于生产者。

进程同步中，资源的提供者通常并不是其所提供资源的消耗者。进程互斥访问的资源是公共的，所有进程都不提供公共资源，他们仅使用和归还公共资源。

4．无关的并发进程、交互的并发进程与并发进程之间的竞争关系和协作关系

竞争关系存在于任何进程之间，包括无关的和交互的并发进程之间，他们因为使用同一个处理器、同一个设备等公共资源而产生竞争关系。无关的进程可以各自独立运行。协作关系存在于交互的并发进程之间。协作进程需要协同运行，不可以各自独立运行。

3.2　临界区管理

临界区是并发程序中访问共享资源的程序段，限制同时访问临界区的进程数是防止结果不唯一、永远等待等错误的重要措施。

3.2.1　临界区调度原则

Dijkstra 在 1965 年首先提出了临界区（Critical Section）的概念。

1．"临界区"与"临界资源"

并发程序中与共享变量有关的程序段称为**临界区**，共享变量代表的资源称为**临界资源**（Critical Resource）。通常情况下，临界区应互斥访问，即每次仅允许一个（或者不超过规定数目的）进程执行临界区，访问临界资源。多个并发程序对临界资源的非修改性访问操作，即读操作并不需要互斥。而一个并发程序对临界资源的修改性访问操作，即写操作则需要与其他并发程序对临界资源的任意访问操作互斥。

在飞机票售票系统中，进程 T_1 的临界区为

```
X₁= Aⱼ;
if (X₁>=1) {X₁= X₁-1; Aⱼ= X₁;{输出一张票}}
```

进程 T_2 的临界区为

```
X₂= Aⱼ;
```

```
if (X₂>=1) {X₂= X₂-1; Aⱼ= X₂;{输出一张票}}
```

与同一个变量有关的临界区分散在各进程的程序段中，而各进程的执行速度不可预知。如果能保证进程在临界区执行时，禁止另一个进程进入临界区，即各进程对共享变量的访问是互斥的，则不会造成与时间有关的错误。

2．临界区的调度原则

（1）一旦临界区空闲，应该允许进程进入。

（2）一次至多允许一个（或不超过规定数目的）进程进入临界区内执行。

（3）如果位于临界区的进程数已达最大限定值，则其他试图进入的进程应等待。

（4）进入临界区内的进程应在有限时间内退出，以便等待进程中的一个进入。

临界区调度原则概括为：互斥使用，有空让进，忙则等待，有限等待，择一而入，算法可行。

算法可行是指所选的调度策略不能造成进程饥饿，甚至死锁。

临界区不同于原语。临界区可以被中断，插入执行非临界区程序段，而不能插入执行与其竞争资源的另一个并发程序中的临界区。原语是在核心态执行的不可中断的过程，属于操作系统的功能模块。临界区除了开始的加锁原语和结尾的开锁原语外，中间部分既可运行在用户态，也可运行在核心态。即临界区可以位于用户程序或者操作系统程序中。

3.2.2　实现临界区管理的几种错误算法

在正确有效的临界区管理方法产生之前，人们经历了一些错误的尝试，主要尝试软件方法实现互斥。软件方法是为在具有一个处理器或共享内存的多处理器上执行的并发进程实现的。这种方法假定对内存中同一个单元的同时访问由存储器进行仲裁，使其串行化。图 3-4 所示的程序是采用标志方法实现互斥的一种尝试。

```
bool inside1=false;      //P1 不在其临界区内
bool inside2=false;      //P2 不在其临界区内
cobegin              /*cobegin 和 coend 表示括号中的进程是一组并发进程*/
    process P1( )                              process P2( )
    {                                          {
        while(inside2);//等待                      while(inside1);//等待
        inside1=true;                              inside2=true;
        {临界区};                                   {临界区};
        inside1=false;                             inside2=false;
    }                                          }
Coend
```

图 3-4　实现临界区管理的第 1 种软件尝试

这种方法是错误的，表 3-3 所示为一个表明错误的执行场景。进程 P1、P2 同时进入了临界区，违反了临界区互斥使用原则。

图 3-5 所示为第 2 种软件尝试方法，它会造成永远等待。

上述两个进程按表 3-4 所示轨迹执行将导致进程 P1 和 P2 的永远等待。

表 3-3　临界区管理第 1 种软件尝试分析

全局共享变量： inside1= false,true inside2= false,true	
process P1	process P2
while (inside2);	
	while (inside1);
inside1 = true;	
	inside2 = true;
临界区;	
	临界区;
inside1 = false;	
	inside2 = false;

```
bool inside1=false;   //P1 不在其临界区内
bool inside2=false;   //P2 不在其临界区内
cobegin
process P1( )                      process P2( )
{                                  {
     inside1=true;                      inside2=true;
     while(inside2);//等待             while(inside1);//等待
     {临界区};                         {临界区};
          inside1=false;                    inside2=false;
}                                  }
Coend
```

图 3-5　实现临界区管理的第 2 种软件尝试

表 3-4　临界区管理第 2 种软件尝试分析

全局共享变量： inside1= false,true inside2= false,true	
process P1	process P2
inside1 = true;	
	inside2 = true;
while (inside2);//无限等待	
	while (inside1);//无限等待

3.2.3　实现临界区管理的 Peterson 算法

1981 年，Peterson 提出了一个简单巧妙的算法，解决了进程互斥使用临界区的问题。该算法为每个进程设置了一个标志，当该标志为 true 时，表示此进程要求进入临界区。另外，为每个进程设置了一个指示器 turn，以指示哪个进程可以进入临界区。若 turn=i，则进程可以进入临界区。Peterson 算法如图 3-6 所示。

Peterson 算法能够正确实现两个进程的互斥，符合临界区调度三原则，即两个进程不会同时进入临界区，也不会同时阻塞在临界区外，也就是说，两个进程不会同时在 while 语句处循环等待，也不会同时结束 while 循环而进入临界区。因为两个进程执行到 while 语句时，

inside[0]=true 且 inside[1]=true。若 turn=1，则进程 P0 的 while 条件为真，P0 等待，进程 P1 的 while 条件为假，不等待，P1 可以进入临界区；反之，若 turn=0，则 P1 等待，P0 可进入临界区。

```
bool inside[2];
inside[0]=false;
inside[1]=false;
enum {0,1} turn;
cobegin
process P0( )                          process P1( )
{                                      {
    inside[0]=true;                        inside[1]=true;
    turn=1;                                turn=0;
    while(inside[1]&&turn==1);             while(inside[0]&&turn==0);
    {临界区};                              {临界区};
    inside[0]=false;                       inside[1]=false;
}                                      }
                                       coend
```

图 3-6　Peterson 算法

但 Peterson 算法很难扩展到超过两个进程互斥的问题上。真正实用有效的互斥方法仍需探索。硬件提供的原子操作是软件互斥算法的基础。

3.2.4　实现临界区管理的硬件设施

在单处理器计算机中，并发进程只会交替执行。为了保持互斥，仅需保证一个进程不被中断即可。管理临界区的软件尝试算法中用到了标志，在进入临界区之前需要先测试标志，再设置标志，这两个动作不能分开，否则，两个进程可能同时进入临界区。

用来实现互斥的硬件设施主要有关中断、测试并建立指令、对换指令。

1．关中断

关中断是实现互斥的最简单方法之一。进程在进入临界区之前先关中断，退出临界区时开中断。在关中断期间，进度调度程序失去中断激活的机会，不会切换进程，保证了临界区的互斥执行。

但是，关中断方法存在如下缺点。

（1）关中断时间过长会影响系统效率，限制处理器交叉执行程序的能力。

（2）关中断方法不适用于多 CPU 系统，因为，在一个处理器上关中断时，并不能防止进程在其他处理器上执行相同的临界区代码。

（3）关中断权利赋予用户会很危险，如果用户未开中断，则系统可能因此终止。

关中断保证了临界区执行时不被打断，即临界区像原语一样原子地执行，任何程序段无法插入临界区中执行，实现了临界区的互斥。原子执行能够保证互斥，但临界区的互斥并不必须以原子执行为前提。一个进程或线程中的临界区可以被中断，从而插入执行另一段程序，但插入执行的程序段不应属于临界区，不访问被中断临界区所访问的变量。

2．测试并建立指令

硬件提供的测试并建立指令的过程如下。

```
TS(x)
{
    若 x=true, 则{x=false; return true; }
    否则 return false;
}
```

利用 TS 指令管理临界区时，可把一个临界区与一个布尔变量 s 关联起来，由于变量 s
代表了临界资源的状态，因此可把它看作一把锁。s 的初值为 true，表示没有进程在临界区
内，临界资源可用。

TS 指令的执行流程如下。

```
bool TS(bool &x)
{
    if(x)
    {
        x=false;
        return true;
    }
    else return false;
}
```

利用 TS 指令实现进程互斥的算法如下。

```
bool s=true;
cobegin
    process Pi( )
    { //i=1,2,...,n
        while(!TS(s));   //上锁
        {临界区};
        s=true;          //开锁
    }
coend
```

利用 TS 指令实现两个并发进程 P1、P2 互斥访问临界区的运行场景如表 3-5 所示。由表可
以看出，P1、P2 未能同时访问临界区，证实互斥算法的正确性。

3. 对换指令

对换指令的功能是交换两个字的内容，其处理过程如下。

```
void SWAP(bool &a,bool &b)
{
    bool temp=a;
    a=b;
    b=temp;
}
```

在 Intel 80x86 中，对换指令为 XCHG 指令。

表 3-5　利用 TS 指令实现进程互斥的运行场景分析

并发进程		变量
P1	P2	s=true
while(!TS(s));　//循环结束		s=false
临界区　　　　//进程切换		
	while(!TS(s));//循环等待，进程切换	s=false
s=true;　　//进程切换		s=true
	while(!TS(s));//循环结束	s=false
	临界区	
	s=true;	s=true

用对换指令实现进程互斥的程序如下。

```
bool lock=false;
cobegin
    Process Pi( )
    {//i=1,2,...,n
        bool keyi=true;
        do
        {
            SWAP(keyi,lock);
        }while(keyi);           //上锁
        {临界区};
        SWAP(keyi,lock);        //开锁
    }
coend
```

利用对换指令实现两个并发进程 P1、P2 互斥访问临界区的运行场景如表 3-6 所示。由表可以看出，P1、P2 未能同时访问临界区，证实互斥算法的正确性。

表 3-6　利用 TS 指令实现进程互斥的运行场景分析

并发进程		变量
P1	P2	lock=false，P1.keyi= true，P2.keyi= true
do{SWAP(keyi,lock); } while(keyi);　//循环结束		P1.keyi= false，lock=true
临界区　　//进程切换		
	do{SWAP(keyi,lock); } while(keyi);　//循环等待，进程切换	P2.keyi= true，lock= true
SWAP(keyi,lock);　//进程切换		P1.keyi= true，lock= false
	do{SWAP(keyi,lock); } while(keyi);　//循环结束	P2.keyi= false，lock= true
	临界区	
	SWAP(keyi,lock);	P2.keyi= true，lock= false

还有一些硬件指令是原子的，例如，Intel 处理器的 inc、dec 指令读取内存单元值，修改后，再存回内存单元。加 lock 前缀的指令也是原子的，内存总线一直锁定到指令完成后。加 rep 前缀的指令不是原子的，每次循环执行指令后，硬件都要检查有无中断发生。

Linux 提供了一些原子操作函数，以实现对数值或位的增减操作。

3.3　同　　步

并发进程之间存在竞争或协作关系，并发进程数目并不确定。当多个进程因竞争资源或者等待伙伴进程发来的信号而阻塞时，需要有对进程队列进行有序管理的、完善的同步机制。这些同步机制由操作系统在硬件原子操作指令的基础上封装完善的内核软件提供给用户使用。

3.3.1　同步与同步机制

生产者-消费者问题是计算机操作系统中并发进程内在关系的一种抽象，是典型的进程同步问题。解决好生产者-消费者问题即可解决同一类并发进程的同步问题。在操作系统中，生产者进程是向其他进程输出或者发送数据的进程；消费者进程是从其他进程接收数据的进程。

生产者-消费者问题描述如下：有一环形缓冲池，包含 n 个缓冲区（0～$n-1$）；有两类进

程，即 *m* 个生产者进程和 *n* 个消费者进程，生产者进程向空的缓冲区中投放产品，消费者进程从满的缓冲区中取走产品。采用算法描述生产者进程、消费者进程通过缓冲池交互的行为。

未考虑进程互斥的生产者进程和消费者进程交互算法如下。

```
int k;                                    //缓冲池中缓冲区的个数
typedef anyitem item;                     //产品类型
item buffer[k];                           //缓冲池
int in=0,out=0,counter=0;                 //读写指针和满缓冲区的个数
process producer(void)                    //生产者进程
{
    while (true)
    {                                     //无限循环
        {produce an item in nextp};       //生产一个产品
        if (counter==k) sleep(producer);  //缓冲区满时，生产者睡眠
        buffer[in]=nextp;                 //将一个产品放入缓冲区
        in=(in+1)%k;                      //指针推进
        counter++;                        //缓冲池内产品数加 1
        if(counter==1) wakeup(consumer);  //缓冲池非空后唤醒消费者
    }
}
process consumer(void)                    //消费者进程
{
    while (true)
    {                                     //无限循环
        if (counter==0) sleep(consumer);  //缓冲区空，消费者睡眠
        nextc=buffer[out];                //取一个产品到 nextc 中
        out=(out+1)%k;                    //指针推进
        counter--;                        //取走一个产品，缓冲池内产品数减 1
        if(counter==k-1) wakeup(producer);//缓冲区不满，唤醒生产者
        {consume the item in nextc};      //消耗产品
    }
}
```

算法中的 sleep 与 wakeup 是一对同步操作，实现进程阻塞和唤醒，调整并发进程的速度，达到进程协调运行的目的。但算法中缺少对共享变量操作的互斥措施，进程并发执行时会出现错误。例如，多个生产者进程可能向同一个缓冲区中投入产品；多个消费者进程可能从同一个缓冲区中取走产品。还会出现生产者进程无法唤醒消费者进程的情况，导致缓冲区满，所有进程睡眠。

无论同步还是互斥，都需要在进程间交换信号。进程间的地址空间是相互隔离的，同步/互斥信号的发送和接收需要操作系统的介入，操作系统需要提供同步/互斥机制。操作系统实现进程同步的机制称为同步机制，它通常由同步原语组成。常用的同步机制有信号量与 PV 操作、管程和消息传递。本节主要讲述信号量与 PV 操作。

3.3.2　信号量与 PV 操作

1. 临界区调度尝试算法中存在的问题

（1）对不能进入临界区的进程，采用忙式等待测试法，浪费 CPU 时间。

（2）将测试能否进入临界区的责任推给各个竞争的进程会削弱系统的可靠性，加重用户编程负担。

2. 信号量同步机制的提出

1965 年，荷兰计算机科学家 E. W. Dijkstra 提出了新的同步工具——信号量和 PV 操作。

他将交通管制中使用多种颜色信号灯管理交通的方法引入操作系统，让两个或多个进程通过特殊变量展开交互。一个进程在某一特殊点上被迫停止执行直到接收到一个对应的特殊变量值，这种特殊变量就是信号量。进程可以使用 P、V 两个特殊操作来发送和接收信号。这两个操作分别用来控制关键代码范围的进入和退出。

在操作系统中，信号量是表示共享资源的数据结构，记录可用共享资源的数量，维护等待使用共享资源的阻塞进程队列。因此，信号量实现为记录型数据结构，包含两个分量：一个是信号量的值，另一个是信号量队列的指针，如图 3-7 所示。

图 3-7　信号量的结构

除赋初值外，信号量仅能由同步原语对其进行操作，没有任何其他方法可以检查和操作信号量。

Dijkstra 发明了两个信号量操作原语：P 操作原语和 V 操作原语[荷兰语中“测试（Proberen）”和“增量（Verhogen）”的首字母]。常用的其他符号有：wait 和 signal，up 和 down，sleep 和 wakeup 等。利用信号量和 PV 操作既可以解决并发进程的竞争互斥问题，又可以解决并发进程的协作同步问题。

3．信号量的分类

信号量按其用途分为如下两种。

（1）公用信号量（互斥信号量）：初值常为 1（或者允许的某个最大值），用来实现进程间的互斥。同一进程可对其执行 PV 操作。

（2）私有信号量（同步信号量）：初值常为可用资源数，多用来实现进程同步。拥有该信号量的一类进程可以对其执行 P 操作，而另一类进程可以对其执行 V 操作。即 P 操作和 V 操作的执行者不是同一进程。

也即，信号量依靠初值的不同和信号量操作者是否为同一进程承担同步和互斥两种角色。

信号量按其取值分为如下两种。

（1）二元信号量：仅允许取值为 0 或 1，主要用于解决进程互斥问题。

（2）一般信号量：初值常为可用资源数，可以大于 1，多用来实现进程同步。

4．一般信号量的结构和操作描述

设 s 为一个记录型数据结构，一个分量为整型量 value，另一个为信号量队列 queue，P 和 V 操作原语定义如下。

P(s)：将信号量 s 减去 1，若结果小于 0，则调用 P(s) 的进程被置为等待信号量 s 的状态。

V(s)：将信号量 s 加 1，若结果不大于 0，则释放一个等待信号量 s 的进程。

信号量和 PV 操作可以用如下伪代码描述。

```
typedef struct semaphore
{
    int value;                    //信号量值
    struct pcb *list;             //信号量队列指针
} semaphore;
void P(semaphore &s)
```

```
{
    s.value--;
    if(s.value<0)  W(s.list); /*将 P 操作调用者进程置为阻塞状态并移入 s 信号
                                量队列，转入进程调度*/
}
void V(semaphore &s)
{
    s.value++;
    if(s.value<=0)  R(s.list);
    /*从信号量 s 队列中释放一个等待信号量 s 的进程并转换成就绪态，自己继续执行*/
}
```

说明：P(s)和 V(s)中的 s 为两个过程的共享变量。信号量 s 的初值在初始化时根据其用途进行设置。通常，P 操作意味着请求一个资源，V 操作意味着释放一个资源。W(s.list)和 R(s.list)是操作系统的基本系统调用。进程 A 调用 W(s.list)，则转为等待 s 的状态，A 移入 s 信号量队列，释放 CPU，转向进程调度。进程 A 调用 R(s.list)，则释放一个等待信号量 s 的进程 B，将 B 从 s 信号量队列中移出，B 转换为就绪态并移入就绪队列，A 继续执行或转向进程调度。进程从信号量队列中移出的次序可以依据先进先出的原则实现公平调度。

推论 1：若信号量 s 为正值，则该值等于 s 所代表的实际还可以使用的物理资源数。

推论 2：若信号量 s 为负值，则其绝对值等于信号量 s 队列中等待的进程数。

推论 3：通常，P 操作意味着请求一个资源，V 操作意味着释放一个资源。在一定条件下，P 操作代表挂起进程操作，而 V 操作代表唤醒被挂起进程的操作。

5．二元信号量

设 s 为一个记录型数据结构，一个分量为 value，它仅能取值 0 和 1，另一个分量为信号量队列 queue，把二元信号量上的 PV 操作记为 BP 和 BV，BP 和 BV 操作原语的定义如下。

```
typedef struct binary_semaphore
{
    int value;                  //value 取值 0 或 1
    struct pcb *list;
};
void BP(binary_semaphore &s)
{
    if(s.value==1)  s.value=0;
    else        W(s.list);
}
void BV(binary_semaphore &s)
{
    if(s.list is empty())   s.value=1;
    else                    R(s.list);
}
```

3.3.3　利用信号量实现互斥

1．方法

为临界资源设一个互斥信号量 mutex，初值为 1，将临界区置于 P(mutex)和 V(mutex)之间，P(mutex)和 V(mutex)一定成对出现于同一个进程中。

2．应用模式

应用模式的代码如下。

```
semaphore mutex;
mutex=1;
cobegin
process Pi( )
{ //i=1,…,n
    P(mutex);
    {临界区};
    V(mutex);
}
coend
```

注意：PV 操作只对信号量测试一次，而 TS 指令必须反复测试。

互斥信号量代表公共资源，使用互斥信号量的进程是公共资源的使用者而非提供者，使用完公共资源后需要将其归还给系统。对互斥信号量的 P 操作代表使用公共资源，V 操作代表归还公共资源。

3. 互斥细节分析

分析两个并发进程 P1、P2 异步运行的实例，验证两个进程是否有机会同时处于临界区，即两个进程是否能够实现正确互斥。并发进程运行轨迹如表 3-7 所示。

表 3-7　利用信号量实现并发进程互斥的运行场景分析

并发进程		变量
P1	P2	mutex.value=1 mutex.list=空
P(mutex);		mutex.value=0 mutex.list=空
临界区;//切换		
	P(mutex);//阻塞，切换	mutex.value=-1 mutex.list=P2
V(mutex);//唤醒 P2		mutex.value=0 mutex.list=空
	临界区;	
	V(mutex);	mutex.value=1 mutex.list=空

3.3.4　利用信号量实现进程同步

本小节将分析几个经典的进程同步问题：哲学家进餐问题、生产者-消费者问题、读者-写者问题、睡眠理发师问题。这里的"同步"是广义的，包含狭义的"同步"和"互斥"。

1. 哲学家进餐问题

问题描述：有 5 个哲学家围坐在一张圆桌旁，桌面中央有一盘通心面，每人面前有一只空盘子，每两人之间放一把叉子供两人共用。每个哲学家思考、饥饿、吃面。为了吃面，每个哲学家必须获得两把叉子，且每人只能从自己左边或右边取叉子，如图 3-8 所示。

图 3-8　哲学家进餐问题

实现哲学家进餐问题的数据结构分析：每把叉子都应互斥使用，因此每把叉子都是一个临界资源，都应定义一个信号量 fork[i](i=0,1,2,3,4)，每个信号量的初值为 1。哲学家吃东西之前必须同时拿起左右两边的叉子，因此需要执行两次 P 操作。哲学家进餐问题的伪代码描述如下。

```
semaphore fork[5];
for (int i=0;i<5;i++)
    fork[i]=1;
cobegin
    process philosopher_i( )
    { //i= 0,1,2,3,4
        while(true)
        {
            think( );
            P(fork[i]);
            P(fork[(i+1)%5]);
            eat( );
            V(fork[i]);
            V(fork[(i+1)%5]);
        }
    }
coend
```

算法分析：若每个哲学家都各自拿起其左边的一把叉子，再去拿其右边的叉子时，都会拿不到右边的叉子，他们又都不会放下手中的叉子，大家在相互等待别人放下叉子，系统进入死锁状态。

哲学家进餐死锁问题解决方案如下。

（1）至多允许 4 位哲学家同时去拿左边的叉子，保证至少有一位哲学家能够进餐，（至多可以有两位哲学家能够进餐）。该方法的伪代码描述如下。

```
semaphore fork[5];
semaphore four=4;                        //用于获得拿叉子的资格，最多 4 人有资格
for (int i=0;i<5;i++)
    fork[i]=1;
cobegin
    process philosopher_i( )
    { //i= 0,1,2,3,4
        while(true)
        {
            think( );
            P(four);                     //获得拿叉子的资格，若 four<=0，则阻塞
            P(fork[i]);
            P(fork[(i+1)%5]);
            eat( );
            V(fork[i]);
            V(fork[(i+1)%5]);
            V(four);                     //释放资格
        }
    }
coend
```

（2）规定奇数号哲学家先拿其左边的叉子，再拿其右边的叉子；偶数号哲学家先拿其右边的叉子，再拿其左边的叉子。

（3）仅当哲学家的左右两把叉子均可用时，才允许他拿叉子，否则一把叉子也不取。

在哲学家进餐问题中，各位哲学家的地位是对等的，相邻哲学家对他们之间的一把叉子具有竞争关系，该叉子需要被相邻两位哲学家互斥使用，但叉子的取用顺序是随机的，先到先得。哲学家之间并不存在协作关系，因此不需要实施同步操作。哲学家进餐问题中的互斥是两两互斥。

2．生产者-消费者问题

生产者-消费者：存在数据供给与需求关系的两类进程。实现生产者-消费者问题的数据结构设计如下。

（1）临界资源（即共享资源）：含有 n 个缓冲区的公用缓冲池，用来存放数据。

（2）互斥信号量 mutex：实现诸进程对缓冲池的互斥使用，一次仅允许一个进程读或写公用缓冲池，初值为 1。

（3）同步信号量（资源信号量）empty：记录空缓冲区的个数（即信号量的值），初值为 n。

（4）同步信号量（资源信号量）full：记录满缓冲区的个数（即信号量的值），初值为 0。

操作要求：多个生产者进程之间、多个消费者进程之间、生产者进程与消费者进程之间均能正确同步、互斥。生产者-消费者问题的算法描述如下。

```
item B[k];
semaphore empty;
empty=k;                              //可以使用的空缓冲区个数
semaphore full;
full=0;                              //缓冲区内可以使用的产品个数
semaphore mutex;
mutex=1;                             //互斥信号量
int in=0;                            //写缓冲区指针
int out=0;                           //读缓冲区指针
cobegin
process producer_i ( )//生产者进程      process consumer_j ( )//消费者进程
{                                    {
    while(true)                          while(true)
    {                                    {
        produce( );                          P(full);
        P(empty);                            P(mutex);
        P(mutex);                            take( ) from B[out];
        append to B[in];                     out=(out+1)%k;
        in=(in+1)%k;                         V(mutex);
        V(mutex);                            V(empty);
        V(full);                             consume( );
    }                                    }
}                                    }
coend
```

生产者–消费者问题的运行场景分析：现在假定有一个生产者进程 P1 和一个消费者进程 C1，两个缓冲区，此时 $n=2$，empty 初值为 2。各进程的执行轨迹如表 3-8 所示。

表 3-8　生产者–消费者问题运行场景分析

并发进程		变量
P1	C1	in=0,out=0, buffer(0)=,buffer(1)=,mutex.value=1,mutex.list=空 full.value=0,full.list=空,empty.value=2,empty.list=空
	P(full);//阻塞	in=0,out=0, buffer(0)=,buffer(1)=, mutex.value=1,mutex.list=空 full.value=-1,full.list=C1,empty.value=2,empty.list=空
produce();//产生'A'		
P(empty);		in=0,out=0, buffer(0)=,buffer(1)=, mutex.value=1,mutex.list=空 full.value=-1,full.list=C1,empty.value=1,empty.list=空
P(mutex);		in=0,out=0, buffer(0)=,buffer(1)=, mutex.value=0,mutex.list=空 full.value=-1,full.list=C1,empty.value=1,empty.list=空
B(0)='A';		in=0,out=0, buffer(0)='A',buffer(1)=, mutex.value=0,mutex.list=空 full.value=-1,full.list=C1,empty.value=1,empty.list=空
in=1		in=1,out=0, buffer(0)='A',buffer(1)=, mutex.value=0,mutex.list=空 full.value=-1,full.list=C1,empty.value=1,empty.list=空
V(mutex);		in=1,out=0, buffer(0)='A',buffer(1)=, mutex.value=1,mutex.list=空 full.value=-1,full.list=C1,empty.value=1,empty.list=空
V(full);//唤醒 C1		in=1,out=0, buffer(0)='A',buffer(1)=, mutex.value=1,mutex.list=空 full.value=0,full.list=,empty.value=1,empty.list=空
	P(mutex);	in=1,out=0, buffer(0)='A',buffer(1)=, mutex.value=0,mutex.list=空 full.value=0,full.list=,empty.value=1,empty.list=空
	从 B(0)中取出'A'	in=1,out=0, buffer(0)=,buffer(1)=, mutex.value=0,mutex.list=空 full.value=0,full.list=,empty.value=1,empty.list=空
	out=1	in=1,out=1, buffer(0)=,buffer(1)=, mutex.value=0,mutex.list=空 full.value=0,full.list=,empty.value=1,empty.list=空
	V(mutex);	in=1,out=1, buffer(0)=,buffer(1)=, mutex.value=1,mutex.list=空 full.value=0,full.list=,empty.value=1,empty.list=空
	V(empty);	in=1,out=1, buffer(0)=,buffer(1)=, mutex.value=1,mutex.list=空 full.value=0,full.list=,empty.value=2,empty.list=空
	consume();	

注意：

（1）在每个程序中用于互斥的 P(mutex)和 V(mutex)必须成对出现。

（2）对资源信号量 empty 和 full 的操作也必须成对出现，但它们位于不同类型的程序中。

（3）每个程序中的多个 P 操作顺序不能颠倒，否则容易引起死锁。

每个信号量可以看作一种资源。在生产者–消费者问题中，互斥信号量 mutex 代表公共资源，这种公共资源就是公用缓冲池的访问许可权。mutex 初值为 1 表示缓冲池访问许可权数为 1，一次仅允许一个进程访问公用缓冲池，获得访问许可权者可以访问，请求而未获得者需要等待。无论生产者还是消费者，任何进程对互斥信号量 mutex 的 P 操作都代表申请公用缓冲池的访问许可权，对互斥信号量 mutex 的 V 操作代表归还公用缓冲池的访问许可权。互斥信号量 mutex 所代表的是公共资源的使用者也是归还者。因此，对互斥信号量 mutex 的 P 操作和 V 操作在同一进程中成对出现。对互斥信号量 mutex 的操作反映的是不同进程对公用缓冲池访问许可权的竞争关系，这种竞争关系显然不同于进程之间的供给和消费关系。

　　资源信号量 empty 和 full 属于同步信号量。对同步信号量的 P 操作代表资源消费，对同步信号量的 V 操作代表资源供给。同步体现的是不同进程之间的合作行为。这就决定了资源的供给者和消费者不是同一个进程，而是有合作关系的不同进程。资源的消费者通常不是这种资源的供给者，反之亦然。因此，对同步信号量的 P 操作和 V 操作在同一进程中不是成对出现的。自产自销不是一种合作行为。

　　例如，生产者生产产品，但不消费其生产的产品。因此生产者对 full 仅执行 V 操作，以供给产品，不执行 P 操作。消费者消费产品，并不生产产品。因此，消费者对 full 仅执行 P 操作，以消费产品，不执行 V 操作。对 empty 的解释是类似的。

　　如果不用同步信号量，仅用互斥信号量，则当无空缓冲区资源或满缓冲区资源可用时，互斥段中对资源数量的检查操作将使生产者进程或消费者进程陷入忙等待状态，而不是阻塞在同步信号量上，不能释放处理器。

3．读者-写者问题

　　问题描述：若干读者（Reader）进程和写者（Writer）进程共享一个数据文件，允许多个 Reader 进程同时读一个共享对象，但不允许一个 Writer 进程与其他 Reader 进程或 Writer 进程同时访问共享对象。也就是说，①允许多个读者同时执行读操作；②只允许一个写者执行写操作；③任意一个写者在完成写操作之前不允许其他读者或写者访问共享文件；④写者执行写操作前，应让已有的写者和读者全部退出。

　　数据结构设计如下。

　　（1）互斥信号量 writeblock：用于 Reader 与 Writer、Writer 与 Writer 之间对共享文件访问的互斥，初值为 1。

　　（2）临界资源 readcount：登记正在读的进程数目，初值为 0。

　　（3）互斥信号量 mutex：用于 Reader 与 Reader 互斥访问整型量 readcount，初值为 1。

readcount 情况分析如下。

　　（1）如果读者数目 readcount 为 0，则可能有也可能没有写者在写。

　　（2）如果读者数目 readcount 不为 0，则不会有写者在写，请求读的读者可以进行读操作。

　　（3）如果读者数目 readcount 为 0，又没有写者在写，则请求写的写者才可以进行写操作。

读者-写者问题的算法描述如下。

```
int readcount=0;              //读进程计数
semaphore writeblock,mutex;
writeblock=1;
mutex=1;
cobegin
process reader_i( )        //读者进程        process writer_j( )//写者进程
{                                             {
    P(mutex);                                     P(writeblock);
    readcount++;                                  {写文件};
    if(readcount==1)   P(writeblock);             V(writeblock);
    V(mutex);                                 }
    {读文件};
    P(mutex);
    readcount--;
    if(readcount==0)   V(writeblock);
    V(mutex);
}
coend
```

　　读者-写者问题运行场景分析：假设读者 r_1、读者 r_2、写者 w_1 依次到来，r_1、r_2 读完退出共享数据文件后 w_1 可以写，写完之前读者 r_3、写者 w_2 先后到来。读者进程、写者进程的执行细节分析如图 3-9 所示。

　　场景分析总结：若读者在共享文件区中，则后续的读者可以领先于早到的写者进入共享文件区；若写者在共享文件区中，则后续的读者和写者按照先来后到的顺序依次进入共享文件区。

　　读者-写者问题并未限定读写的先后顺序，既可先读后写，也可先写后读。唯一的要求是读与写操作互斥、写与写操作互斥。读者与读者之间访问共享变量 readcount 的操作也需要互斥。读者-写者问题中，任何并发程序之间不存在协作关系，仅存在竞争互斥关系，因此，没有同步操作。读者-写者问题中既存在读者与读者、写者与写者之间一对一的互斥关系，也存在一批读者与某个写者之间多对一的互斥关系。信号量 writeblock 代表共享文件的访问许可权，该许可权属于公共资源，其数目为 1，表示一次仅允许一个写进程写文件，或者一批读进程读文件，一批读进程可以共享一个文件访问许可权。而每个写进程只能单独使用一个文件访问许可权。

图 3-9　读者-写者问题运行场景分析

图 3-9　读者-写者问题运行场景分析（续）

思考：如果有多个读者相邻排队等候写者释放共享文件，写者退出时能够唤醒多个读者吗？

4．睡眠理发师问题

1968 年，Dijkstra 提出了睡眠理发师问题：理发店有一位理发师、一把理发椅和 n 把椅子供顾客等候理发休息。如果没有顾客，理发师便在理发椅上睡觉。某位顾客到来时，该顾客必须叫醒理发师。如果理发师正在理发时又有顾客到来，那么有空椅子时可以坐下来等待，否则离开。睡眠理发师问题的算法描述如下。

```
int waiting=0;                     //等候理发顾客坐的椅子数
int CHAIRS=N;                      //为顾客准备的椅子数
semaphore customers,barbers,mutex;
customers=0;barbers=0;mutex=1;
cobegin
process barber( )                  //理发师进程
{
```

```
        while(true)
        {
            P(customers);              //有顾客可供消费吗？若无顾客，则理发师睡眠
            P(mutex);                  //若有顾客，则以顾客为产品，取一个顾客消费
            waiting--;                 //等候顾客数少一个
            V(barbers);                //理发师喊一个顾客来准备为其理发
            V(mutex);                  //退出临界区
            cut_hair();                //理发师正在理发（非临界区）
        }
    }
process customer_i( )                  //顾客进程
{
    P(mutex);                          //进入临界区
    if(waiting<CHAIRS)
    {                                  //若有空椅子，则等候顾客数加1，否则顾客离开
        waiting++;
        V(customers);                  //可用顾客数增1
        V(mutex);                      //退出临界区
        P(barbers);                    //理发师忙，顾客坐下等待
        get_haircut();                 //否则顾客坐下理发
    }
    else
        V(mutex);                      //人满了，顾客离开理发店
    }
coend
```

理发师的活动包括两个动作：第一个动作是查看有无顾客，如果没有则睡觉；第二个动作是若有顾客，则请一位顾客来理发。

顾客的活动也包括两个动作：第一个动作是查看有无空闲椅子，如果有则坐下，没有则离开；第二个动作是若有椅子则坐下，然后等候理发师按顺序理发。

如果理发师进程首先获得调度，这时还没有顾客，则理发师进程等待于语句 P(customers)，顾客进程执行到语句 V(customers)时唤醒理发师进程。唤醒理发师进程后，顾客进程执行语句 P(barbers)并再次等待，理发师进程执行语句 V(barbers)，相当于叫号理发。

如果顾客进程首先获得调度，则执行语句 V(customers)表明一个顾客到达，并不唤醒还不存在的理发师进程。然后顾客进程等待理发师叫号理发。理发师进程启动后会执行语句 P(customers)并取下一个顾客。

睡眠理发师问题进程的运行场景分析如图 3-10 所示。

睡眠理发师问题在现实生活中很常见，如在银行或邮局从取号排队等候到业务窗口办理业务的活动就可以抽象为睡眠理发师问题。

在睡眠理发师问题中，信号量 customers 和 barbers 都用来同步理发师和顾客进程，均用来表示等待理发的顾客数。customers 以正值表示等待理发的顾客数，但没有维护顾客等待队列的功能。而 barbers 则以负值表示等待理发的顾客数，且负责维护顾客等待队列。顾客进程通过 V(customers)向理发师进程提供理发对象。理发师进程则通过 P(customers)"消费"理发对象。这里的"消费"指减少等待理发的顾客数。顾客应当有序等待接受服务。而 P(customers) 和 V(customers)操作不会使顾客等待。所以，需要增加使顾客等待的操作。顾客进程中的 P(barbers)使顾客有序等待，从而保证理发师进程执行 V(barbers)时按序唤醒或者呼叫顾客接受服务。

假设现有一位理发师、
一把理发椅、4位顾客
凳子，尚未有顾客到来

变量初值如下：
customers = 0
barbers = 0
mutex = 1
waiting = 0
CHAIRS = 4

（a）初始状态

假设理发师进程首先调度运行，
则理发师进程执行如下操作：
P(customers);
/*理发师想取一位顾客为其理发，
但是现在没有顾客，理发师阻塞等待，
顾客就像理发师要消费的产品*/

执行后变量值为：
customers = 0, −1
barbers = 0
mutex = 1
waiting = 0
CHAIRS = 4

（b）理发师进程首先调度运行

顾客1

顾客1到来，顾客进程执行如下操作：
P(mutex);
if(waiting＜CHAIRS) {
waiting++;
V(customers);//唤醒理发师
V(mutex);
P(barbers); //等待理发师叫号

执行后变量值为：
customers = 0, −1, 0(唤醒理发师)
barbers = 0, −1(顾客1等待)
mutex = 1, 0, 1
waiting = 0, 1
CHAIRS = 4

（c）顾客1到来

顾客1顾客2

顾客2到来，顾客进程执行如下操作：
P(mutex);
if(waiting＜CHAIRS) {
waiting++;
V(customers);
V(mutex);
P(barbers); //等待理发师叫号

执行后变量值为：
customers = 0, −1, 0(唤醒理发师), 1
customers = 0, −1, 0(顾客1等待), −2(顾客2等待)
mutex = 1, 0, 1
waiting = 0, 1, 2
CHAIRS = 4

（d）顾客2到来

图 3-10　睡眠理发师问题的场景分析

理发师进程再次调度运行，
从断点执行：
P(mutex);
waiting--
V(barbers);
唤醒顾客1，呼叫顾客1来理发
V(mutex);
cut_hair();

顾客1被唤醒后执行：
get_haircut();

执行后变量值为：
customers = 0, −1, 0(唤醒理发师), 1
barbers = 0, −1(顾客1等待), −2(顾客2等待), −1(唤醒顾客1)
mutex = 1, 0, 1
waiting = 0, 1, 2, 1
CHAIRS = 4

（e）理发师进程再次调度运行

图 3-10 睡眠理发师问题的场景分析（续）

3.3.5 Linux 系统中的同步互斥功能

1．信号量初始化函数 sem_init

头文件：#include<semaphore.h>。

原型：int sem_init(sem_t *sem, int pshared, unsigned int value);。

说明：sem_init 函数初始化 sem 信号量。value 参数指定信号量的初始值。pshared 参数指明信号量由进程内线程共享，还是由进程之间共享。

2．信号量 P 操作函数 sem_wait

头文件：#include<semaphore.h>。

原型：int sem_wait(sem_t * sem);。

说明：sem_wait 函数减小 sem 信号量的值。如果信号量的值大于 0，则进行减一操作，函数立即返回。如果信号量当前值为 0，则调用会一直阻塞，直到信号量变得可以进行减一操作（如信号量的值大于 0）或者信号处理程序中断调用为止。

3．信号量 V 操作函数 sem_post

头文件：#include<semaphore.h>。

原型：int sem_post(sem_t *sem);。

说明：sem_post 函数使 sem 信号量的值增 1，并唤醒阻塞在这个信号量上的一个进程或线程。

实验 7　使用信号量解决生产者–消费者问题

1．技术原理

采用多线程技术实现生产者–消费者之间的同步互斥操作。生产者和消费者线程均可以有多个。共享环形缓冲区的存储单元个数为 10，即可以放置 10 个产品，各个生产者线程放入的产品是该生产者进程的编号。任意一个消费者线程可取缓冲区当前可取的产品。每个生产者线程最多可以生产 10 个产品，每个消费者线程可以取 10 次产品。

2．实现程序

```
#include <stdio.h>
```

```c
#include <stdlib.h>/
#include <sys/types.h>
#include <pthread.h>
#include <unistd.h>
#include <signal.h>
#include <semaphore.h>
#define Maxbuf 10
#define TimesOfOp 10
#define true 1
#define false 0
//定义循环缓冲队列及其操作
struct Circlebuf                      //循环缓冲队列结构
{
    int read;                        //读指针
    int write;                       //写指针
    int buf[Maxbuf];                 //缓冲区
} circlebuf;
sem_t mutex;
sem_t empty;
sem_t full;
void writeCirclebuf(struct Circlebuf *circlebuf,int *value)
                                     //向缓冲区中写一个值
{
    circlebuf->buf[circlebuf->write]=(*value);
    circlebuf->write=(circlebuf->write+1)%Maxbuf;        //写过后指针+1
}
int readCirclebuf(struct Circlebuf *circlebuf)//从当前指针读一个值，返回value
{
    int value=0;
    value=circlebuf->buf[circlebuf->read];
    circlebuf->buf[circlebuf->read]=0;                   //读过后值置为 0
    circlebuf->read=(circlebuf->read+1)%Maxbuf;          //读过后 read 增 1
    return value;
}
void OutCirclebuf(struct Circlebuf *circlebuf)
{
    int i;
    printf("********************缓冲区各单元的值:");
    for(i=0;i<Maxbuf;i++)
        printf("%d ", circlebuf->buf[i]);
    printf("\n");
}
void sigend(int sig)
{
    exit(0);
}
void * productThread(void *i)                            //生产者线程
{
    int *n=(int *)i;
    int t=TimesOfOp;
```

```
    while(t--)
    {
        sem_wait(&empty);                          //可用缓冲单元数减 1
        sem_wait(&mutex);
        writeCirclebuf(&circlebuf,n);
        printf("+++++生产者%d 写入缓冲区的值=%d.\n",*n,*n);
                                                   //显示 n 所指内存单元的值
        OutCirclebuf(&circlebuf);                  //输出缓冲区的值
        sem_post(&mutex);
        sem_post(&full);                           //可用产品数增 1
    }
}
void * consumerThread(void *i)                     //消费者线程
{
    int *n=(int *)i;
    int value=0;                                   //消费品存放处
    int t=TimesOfOp;
    while(t--)
    {
        sem_wait(&full);
        sem_wait(&mutex);
        value=readCirclebuf(&circlebuf);           //取出产品并放入 value
        printf("---------------消费者 %d 取走的产品值为: %d \n",*n,value);
        OutCirclebuf(&circlebuf);                  //输出缓冲区的值
        sem_post(&mutex);
        sem_post(&empty);
    }
}
int main()
{
    int i;
    int ConsNum=0,ProdNum=0,ret;                   //初始化生产者、消费者的数量
    pthread_t cpid,ppid;                           //线程 ID
    sem_init(&mutex,0,1);                          //初始化线程间互斥信号量 mutex 值为 1
    sem_init(&empty,0,Maxbuf);                     /*初始化线程间同步信号量 empty 值为
                                                     空白缓冲区数 10*/
    sem_init(&full,0,0);                           //初始化线程间同步信号量 full 值为 0
    signal(SIGINT, sigend);                        //收到信号，结束程序
    signal(SIGTERM, sigend);                       //收到信号，结束程序
    //初始化循环缓冲队列
    circlebuf.read=circlebuf.write=0;              //读写指针指向 0 号单元
    for(i=0;i<Maxbuf;i++)
        circlebuf.buf[i]=0;                        //各个缓冲单元清 0
    printf("请输入生产者进程的数目 :");
    scanf("%d",&ProdNum);
    int *pro=(int*)malloc(ProdNum*sizeof(int));
    printf("请输入消费者进程的数目 :");
    scanf("%d",&ConsNum);
    int *con=(int*)malloc(ConsNum*sizeof(int));
    for(i=1;i<=ConsNum;i++)                         //启动消费者线程
```

```
    {
        cpid=i;
        con[i-1]=i;
        ret=pthread_create(&cpid,NULL,consumerThread,(void *)&con[i-1]);
        if(ret!=0)
        {
            printf("Create thread error");
            exit(1);
        }
    }
    for(i=1;i<=ProdNum;i++)          //启动生产者线程
    {
        ppid=i+100;                  //为了和消费者线程 ID 区分，每个线程号都加 100
        pro[i-1]=i;
        ret=pthread_create(&ppid,NULL,productThread,(void *)&pro[i-1]);
        if(ret!=0)
        {
            printf("Create thread error");
            exit(1);
        }
    }
    sleep(1);                        // main 线程延迟停止
    sem_destroy(&mutex);
    sem_destroy(&empty);
    sem_destroy(&full);
    pthread_exit(NULL);
}
```

编译程序 pc.c:

```
administrator@ubuntu:~$ gcc pc.c -o pc -lpthread
```

运行程序 pc:

```
administrator@ubuntu:~$ ./pc
```

库函数说明:

sig_t signal(int signum,sig_t handler): 设置某一信号的对应动作。第一个参数 signum 指明了所要处理的信号类型，第二个参数 handler 描述了与信号关联的动作。

SIGINT: 按 Ctrl+C 组合键会产生 SIGINT。

SIGTERM: 请求中止进程，kill 命令默认发送。

3. 实验训练

利用信号量解决哲学家进餐问题、读者-写者问题与睡眠理发师问题。

3.4　管　　程

3.4.1　管程的概念

信号量和 PV 操作是一种面向过程的共享资源同步工具，管程是面向对象的共享资源同步工具，管程具有封装性。

1. 引入管程的原因

信号量机制的缺点：进程自备同步操作，P(s)和 V(s)操作大量分散于各个进程中，不易管理，易发生死锁。

1974 年和 1977 年，Hoare 和 Hansen 分别提出了管程。管程的特点如下：管程封装了同步操作，对进程隐蔽了同步细节，并简化了同步功能的调用界面，用户编写并发程序如同编写顺序（串行）程序一样，可以忽略其他程序的存在，只需考虑一个程序的工作流程，不需要在进程/线程中考虑同步及互斥问题。

引入管程机制的目的如下。

（1）把分散在各个进程中的临界区集中起来进行管理。

（2）防止进程有意、无意地违法同步操作。

（3）便于用高级语言书写程序和程序正确性验证。

2. 管程的定义

管程是由局部于自己的若干共享变量及其说明和访问公共变量的具有同步及互斥功能的过程组成的共享资源管理软件模块。管程包括如下 3 个组成部分。

（1）局部于管程的共享变量，相当于管程对象的属性。

（2）对共享变量进行同步及互斥访问的一组过程，相当于管程对象的方法。

（3）对局部于管程的共享变量进行初始化的语句，相当于管程对象的构造函数。

管程是管理共享资源的对象，封装内部数据和操作数据的方法，对外发布可供进程/线程等外部过程调用的服务接口，以获得管程提供的对共享资源的服务功能。

3. 管程的属性

（1）共享性：管程可被系统范围内的进程互斥访问，属于共享资源。

（2）安全性：管程的局部变量只能由管程的过程访问，不允许进程或其他管程直接访问，管程也不能访问非局部于它的变量。

（3）互斥性：多个进程对管程的访问是互斥的。任一时刻，管程中只能有一个活跃进程。

（4）封装性：管程内的变量是私有的，只能在管程内使用，管程内的过程也只能使用管程内的变量。进程通过调用管程的过程使用临界资源。

管程可由操作系统作为内核功能提供，也可由程序设计语言系统作为共享库函数/开发包提供。用户也可自行实现管程。

4. 管程的语法形式

管程的语法形式如下。

```
type 管程名=monitor {
    局部变量说明；
    条件变量说明；
    初始化语句；
define 管程内定义的、管程外可调用的过程或函数名列表；
use 管程外定义的、管程内将调用的过程或函数名列表；
过程名/函数名(形式参数表) {
    <过程/函数体>；
```

```
        }
            ......
过程名/函数名(形式参数表) {
        <过程/函数体>;
        }
    }
```

5．管程结构

管程的组成结构如下。

（1）局部数据和条件变量组成管程内的数据结构。

（2）过程/函数 1～过程/函数 k 组成管程内的一组过程，对管程内的数据结构进行操作。

（3）初始化代码对管程内的数据结构进行初始化。

管程的结构如图 3-11 所示。管程涉及多种队列及条件变量。

图 3-11 管程的结构

1）管程入口处的进程等待队列

管程是互斥进入的，当一个进程试图进入一个已被占用的管程时，它应当在管程入口处等待，因而在管程的入口处有一个进程等待队列，称为入口等待队列。

2）管程内的资源等待队列

管程是用于管理资源的，当进入管程的进程因资源被占用等原因不能继续运行而使其等待，即将等待资源的进程加入资源等待队列，该队列由条件变量维护。资源等待队列可以有多个，每种资源一个队列。

3）条件变量

条件变量（如名称为 c）是管程内对共享资源进行同步访问的一种数据类型，且只有在管程中才能被访问，它对管程内的所有过程是全局的，只能通过两个原语操作来控制它。

c.wait()：调用进程阻塞并移入与条件变量 c 相关的队列中，并释放管程，直到另一个进程在该条件变量 c 上执行 signal()，唤醒等待进程并将其移出条件变量 c 队列。

c.signal()：如果存在其他进程由于对条件变量 c 执行 wait() 而被阻塞，则释放之；如果没有进程在等待，则信号被丢弃。

条件变量与 PV 操作中信号量的区别在于：条件变量是一种信号量，但不是 PV 操作中纯粹的计数信号量，没有与条件变量关联的值，不能像信号量那样积累供以后使用，仅仅起到维护等待进程队列的作用。因此，在使用条件变量 x 时，通常需要定义一个与之配套使用的整型变量 x-count，用于记录条件变量 x 所维护等待队列中的进程数。

4）管程内的紧急等待队列

当一个进入管程的进程执行等待操作 wait 时，其他进程应该被允许进入管程；当一个进入管程的进程执行唤醒操作 signal 时（如 P 唤醒 Q），管程中便存在两个可运行进程，由于任一时刻，管程中只能有一个活跃进程，所以处理办法如下。

① P 等待 Q 继续执行，直到 Q 退出或等待。

② Q 等待 P 继续执行，直到 P 等待或退出。

③ 规定唤醒 signal 为管程中最后一个可执行的操作。

如果进程 P 唤醒进程 Q，则 P 等待 Q 继续执行；如果进程 Q 在执行的同时又唤醒进程 R，则 Q 等待 R 继续执行，等等。如此，在管程内部，由于执行唤醒操作，可能会出现多个就绪进程，因而需要有一个就绪等待队列，这个等待队列被称为紧急等待队列。它的优先级高于入口等待队列的优先级。

3.4.2　管程的实现

霍尔方法实现的管程是信号量与 PV 操作的面向对象化版本。霍尔方法采用信号量实现条件变量，采用信号量的 P 和 V 操作实现对管程中过程的互斥调用及进程/线程间的协作，但将共享资源及条件变量封装在管程中，将 P 操作和 V 操作封装在管程的过程中。霍尔方法不要求 signal 操作是过程体的最后一个操作，且 wait 和 signal 操作可被设计为可以中断的过程。

1．Hoare 管程数据结构

1）mutex

（1）信号量 mutex 管理管程的入口等待队列，供管程中过程互斥调用，初值为 1。

（2）进程调用管程中的任何过程时，应执行 P(mutex)；进程退出管程时应执行 V(mutex)开放管程，以便其他调用者进入。

（3）为了使进程在等待资源期间，其他进程能够进入管程，故在 wait 操作中必须执行 V(mutex)，否则会妨碍其他进程进入管程，导致无法释放资源。

执行 wait 操作的进程需要释放信号量 mutex，不在信号量 mutex 上等待，而在其他条件变量（或信号量）上等待。

2）next 和 next-count

（1）信号量 next 管理管程内的紧急等待队列，初值为 0。凡发出 signal 操作的进程应该用 P(next)挂起自己，加入紧急等待队列，直到被释放进程退出管程或产生其他等待条件。

（2）进程在退出管程的过程前，必须检查是否有其他进程在信号量 next（即紧急等待队列）上等待，若有，则用 V(next)唤醒它。next-count 初值为 0，用来记录在 next 上等待的进程数目。

3）x-sem 和 x-count

（1）信号量 x-sem 用来管理资源等待队列，初值为 0。进程申请资源得不到满足时，执行 P(x-sem)挂起，加入 x-sem 代表的资源队列。释放资源时，需要知道是否有其他进程在等待资源，因此用计数器 x-count（初值为 0）记录等待资源（即资源等待队列中）的进程数。

（2）执行 signal 操作时，应使等待资源的某个进程立即恢复运行，而不使其他进程抢先进入管程，这可以用 V(x-sem) 来实现。

每个管程定义如下数据结构。

```
typedef struct InterfaceModule
{                                    //InterfaceModule 是结构体的名称
    semaphore mutex;                 //进程调用管程过程前使用的互斥信号量
    semaphore next;                  //发出 signal 的进程挂起自己的信号量
    int next_count;                  //在 next 上等待的进程数
}InterfaceModule;
mutex=1;next=0;next_count=0;         //初始化语句
void enter(InterfaceModule &IM)
{
    P(IM.mutex);
}
void leave(InterfaceModule &IM)
{
    if(IM.next_count>0) V(IM.next);//优先唤醒管程内紧急等待队列中的等待进程
    else V(IM.mutex);      //当管程内无等待进程时，唤醒管程外入口处的等待进程
}
```

2．Hoare 的 wait 操作

wait 操作过程如下。

```
void wait(semaphore&x_sem, int&x_count, InterfaceModule&IM)
{
    x_count++;//等待资源的进程数增1，等待资源的进程将加入x_sem管理的资源等待队列
    if IM.next_count > 0 V(IM.next);/*等待资源的进程睡眠之前，唤醒管程内
                                     紧急等待队列中的就绪进程*/
    else V(IM.mutex);/*若管程内紧急等待队列空，则唤醒管程入口处等待进入管程
                      队列中的进程*/
    P(x_sem);       /*唤醒其他进程之后，等待资源的进程加入 x_sem 管理的资源等待队列
                     中并睡眠，下面的 x_count--语句会暂停执行，待该进程被唤醒后再执行*/
    x_count--;
}
```

wait 操作过程的一个执行场景如图 3-12 所示。图中进程 P1 在管程内处于运行状态，进程 P2 在紧急等待队列就绪，进程 P3 在管程入口处等待进入管程。现在 P1 调用 wait 操作过程，根据 wait 过程的操作定义，P1 将停止运行，进入资源等待队列。在此之前，P1 必须先唤醒 P2，然后 P1 等待，P2 运行，P3 继续等待。

3．Hoare 的 signal 操作

signal 操作过程如下。

```
void signal(semaphore&x_sem, int&x_count, InterfaceModule&IM)
{
  if x_count > 0
  {//若有等待资源的进程，即 x_sem 资源等待队列中有进程
    IM.next_count++;/*执行 signal 操作的进程将加入紧急等待队列，因此该队列进程
                     数增 1*/
    V(x_sem);       /*执行 signal 操作的进程在阻塞前，先释放一个等待资源的进程*/
```

```
        P(IM.next); /*执行 signal 操作的进程进入管程内紧急等待队列，下面的 IM.next_
                count--语句暂停执行，只有进程被唤醒后才会执行*/
        IM.next_count--;/*紧急等待队列中的进程数减少 1 个*/
    }
}
```

signal 操作过程的一个执行场景如图 3-13 所示。图中进程 P2 在管程内处于运行状态，进程 P1 在资源等待队列中等待，进程 P3 在管程入口处等待进入管程。现在 P2 调用 signal 操作过程，根据 signal 过程的操作定义，P2 将停止运行，进入紧急等待队列就绪。在 P2 等待前，需要先唤醒 P1，P1 进入运行状态，P3 继续等待。

（a）进程P1即将进入x1-sem资源等待队列（紧急等待
队列中有进程P2正在等待，管程入口等待队列有进程P3正在等待）

（b）进程P1唤醒进程P2（P2在管程中活跃，
P1进入x2-sem资源等待队列等待，进程P3继续等待）

图 3-12　霍尔管程的 wait 操作过程

（a）进程P2即将唤醒管程内的进程P1

（b）进程P2唤醒进程P1（P1在管程内活跃，
P2进入紧急等待队列等待，进程P3继续等待）

图 3-13　霍尔管程的 signal 操作过程

3.4.3　管程的应用

在使用管程解决同步/互斥问题时，完整的程序模块由 3 个部分组成：基础管程、派生管程和进程。按照面向对象的观点，基础管程相当于基类，提供与具体同步/互斥问题无关的通用功能。霍尔管程就属于基础管程。派生管程派生自基础管程，使用基础管程定义的通用方法实现面向具体同步/互斥问题的专用方法。进程则使用派生管程提供的专用方法实现具体问题的同步/互斥操作。所有的同步/互斥操作均被封装在基础管程和派生管程中，进程中不再出现显式的同步/互斥操作。

1. 使用管程解决 5 个哲学家吃通心面问题

其代码如下。

```
type dining_philosophers=monitor                              //管程定义
{
    enum {thinking,hungry,eating} state[5];                  //哲学家的状态
    semaphore self[5];                                       //条件变量（信号量）
    int self_count[5];
    InterfaceModule IM;
    IM.mutex=1; IM.next=0; IM.next_count=0;
    for (int i=0;i<5;i++)  state[i]=thinking;               //初始化，i 为进程号
    define pickup,putdown;
    use enter,leave,wait,signal;
    void pickup(int i)
    {//i=0,1,…,4
        enter(IM);
        state[i]=hungry;
        test(i);
        if(state[i]!=eating) wait(self[i],self_count[i],IM);
                                    //若哲学家 i 未吃,则哲学家 i 等待叉子
        leave(IM);
    }
void putdown(int i)
{//i=0,1,2,…,4
        enter(IM);
        state[i]=thinking;
        test((i-1)%5);                     //释放等待叉子的哲学家 i-1
        test((i+1)%5);                     //释放等待叉子的哲学家 i+1
        leave(IM);
}
void test(int k)
{//k=0,1,…,4
        if((state[(k-1)%5]!=eating)&&(state[k]==hungry)&&(state[(k+1)
        %5]!=eating))
        {//哲学家 k 饥饿且左右两侧的哲学家没有使用叉子，则哲学家 k 可以吃
            state[k]=eating;
            signal(self[k],self_count[k],IM);/*释放等待叉子的哲学家 k，执
                                行 signal 进程，进入紧急等待队列*/
        }
    }
}
cobegin
    process philosopher_i()                           //进程定义
    {//i=0,1,…,4
        while(true)
        {
            thinking();
            dining_philosophers.pickup(i);
            eating();
            dining_philosophers.putdown(i);
        }
    }
coend
```

2．使用管程解决生产者–消费者问题

其代码如下。

```
type producer_consumer=monitor               //管程定义
{
    item B[k];                               //缓冲区的个数
    int in,out;                              //存取指针
    int count;                               //缓冲区中的产品数
    semaphore notfull,notempty;              //条件变量
    int notfull_count,notempty_count;
    InterfaceModule IM;
    define append,take;
    use enter,leave,wait,signal;
    in=out=0;
    count=0;
    notfull=0;
    notempty=0;
    notfull_count=notempty_count=0;
    IM.mutex=1; IM.next=0; IM.next_count=0;
    void append(item x)
    {
        enter(IM);
        if(count==k) wait(notfull,notfull_count,IM);
                                //缓冲区已满，在 notfull 队列中等待空白缓冲区
        B[in]=x;
        in=(in+1)%k;
        count++;                        //增加一个产品
        signal(notempty,notempty_count,IM);/*唤醒 notempty 队列中的等待消
                                     费者，自己进入紧急等待队列*/
        leave(IM);
    }
    void take(item &x)
    {
        enter(IM);
        if(count==0)  wait(notempty,notempty_count,IM);
                                    //在 notempty 队列中等待满缓冲区
        x=B[out];
        out=(out+1)%k;
        count--;                        //减少一个产品
        signal(notfull,notfull_count,IM);//唤醒 notfull 队列中的等待生产者
        leave(IM);
    }
}
cobegin
    process producer_i()                //进程定义
    {
        item x;
        produce(x);
        producer_consumer.append(x);
    }
    process consumer_j()
    {
        item x;
        producer_consumer.take(x);
        consume (x);
    }
coend
```

在生产者–消费者管程中，notfull 和 notempty 信号量起着条件变量的作用，它们的值初始化为 0，用来使资源等待者阻塞，不再对可用资源计数。分别与 notfull 和 notempty 配套使用的辅助变量 notfull_count 和 notempty_count 也不用来对可用资源计数，而是分别对 notfull 和 notempty 管理的资源等待队列中的进程计数，它们的值也初始化为 0。

可以设想一个执行场景，在最初尚无生产者进程活动时，可供消费的产品数目为 0。两个消费者进程 C1 和 C2 依次活动起来，消费者进程 C1 调用管程 producer_consumer 的 take 过程取产品，而产品数目 count 为 0，C1 将在执行其中的 wait 操作过程时阻塞，加入 notfull 条件变量管理的资源等待队列。在阻塞之前，紧急等待队列中没有进程，于是 C1 执行 V(IM.mutex)。由于 C2 尚未启动，IM.mutex 值由 0 变为 1。当 C2 启动调用管程 producer_consumer 的 take 过程时，仍可顺利执行其中的 enter(IM)，不会阻塞在 IM 的信号量 mutex 上。产品数目 count 依然为 0，C2 也将在执行 wait 操作过程时阻塞，加入 notfull 条件变量管理的资源等待队列。在阻塞之前，紧急等待队列中没有进程，于是 C2 执行 V(IM.mutex)。IM.mutex 值由 0 变为 1。当某生产者进程 P1 启动调用管程 producer_consumer 的 append 过程时，仍可顺利执行其中的 enter(IM)，不会阻塞在 IM 的信号量 mutex 上。由于最初缓冲区均为空，P1 有空闲缓冲区可投放产品，因此不会执行 wait 操作过程，不会陷入阻塞状态。IM.mutex 信号量将不被释放，其值维持为 0，其他进程无法进入管程（其他进程执行 enter(IM)时将因 IM.mutex 为负值被阻塞）。P1 投放产品后执行 append 过程中的 signal，notfull 资源等待队列中的消费者进程 C1 将被唤醒。生产者进程 P1 将加入紧急等待队列，处理器被释放，而消费者 C1 将获得处理器转为运行状态。待生产者进程 P1 被唤醒，离开紧急等待队列后，执行 append 过程的最后一条语句 leave(IM)，执行 enter(IM)时阻塞在 IM.mutex 上的另一个进程才有可能被唤醒，才被准许进入管程工作，保证管程的互斥访问。

管程与信号量及 PV 操作均属于同步工具，可用来解决同步及互斥问题。两者的区别在于程序结构不同，同步及互斥操作在结构中的位置不同，即所在的代码空间不同。管程在本质上是面向对象的，采用对象或类似机制封装了共享资源及其同步和互斥操作。信号量及 PV 操作则是面向过程的，PV 操作语句分散在进程或线程代码中。在采用管程解决同步及互斥问题时，完整的程序由管程和进程组成，同步及互斥操作位于管程中，进程的编制属于顺序程序设计。在设计访问共享资源的操作时，不考虑其他进程的存在。在采用信号量及 PV 操作解决同步及互斥问题时，完整的程序由进程组成，同步及互斥操作位于进程中，进程的编制属于并发程序设计。在设计访问共享资源的操作时，必须考虑其他进程的存在和相互影响。无论采用哪种同步机制，程序员都需要考虑同步及互斥问题，只是解决方案所在的位置或所在的软件构件不同。或在管程中考虑，或在进程中考虑，二者选其一。

3.5　进 程 通 信

进程通信是进程间交换数据的行为。这意味着多个并发进程需要访问相同的数据存储空间，相同的数据存储空间成为共享资源。而共享资源的访问需要采取同步、互斥的措施。因此，进程同步是进程通信的基础，进程通信是进程同步的目的。进程同步与互斥发送和接收信号，进程通信发送和接收数据。需要交换的数据放在什么地方才能被通信双方进程看到是进程通信需要解决的问题。例如，生产者–消费者问题中生产者进程和消费者进程交换数据用到的缓冲池应该放在什么地方才能被双方进程看到并存取呢？在讨论进程同步与互斥问题时假定并发进程已经看到了缓冲池，暂时忽略真实细节。进程通信就是要说明交换数据用到的共享空间如何创建，如何访问。在进程空间相对封闭的情况下如何访问共享数据就是进程通信重点研究的问题。前面章节主要讨论了操作系统与进程之间的关系，进程通信将要讨论进程与进程之间的关系。

3.5.1　管道通信机制

1．管道的概念

管道是连接读写进程的一个共享文件，允许进程以先进先出的方式写入和读出数据，并对读写操作进行同步。发送进程以字符流的形式把数据发送到管道尾部，接收进程从管道头部接收数据。管道是仅存在于内存的一种共享文件，在外存上不存在其内容。管道空间一般为一页内存容量。管道可借助于文件系统实现，包括（管道）文件的创建、打开、关闭和读写。有别于普通文件，管道还需在文件系统功能基础上增加同步设施。

2．管道读写进程之间的同步

读写进程访问管道需要同步，即：

（1）管道应互斥使用，管道读写不能同时进行。一个进程正在执行管道写入或读出操作时，另一个进程必须等待。读写结束时，唤醒等待进程，自己应阻塞。

（2）读写双方必须能够知道对方是否存在，只有存在才能通信。如果对方已经不存在，则没有必要再发送或接收信息。系统发送 SIGPIPE 信号通知进程对方不存在。

（3）管道空间大小通常是固定的，读写操作时需要考虑写满和读空问题。

3．管道的类型

管道分为匿名管道（无名管道）和命名管道（有名管道）。匿名管道是在外存上没有文件名的管道，仅用于具有共同祖先进程的父子进程或兄弟进程之间的通信。命名管道在外存上具有与之关联的文件名、目录项和访问权限，无亲缘关系的进程可以通过引用命名管道的名称进行通信。

4．Linux 管道的实现

Linux 管道空间是一个固定大小的缓冲区。Linux 借助文件系统的 file 结构和 VFS 的索引节点对管道进行管理。管道读写采用标准的文件读写库函数 read 和 write 实现。管道写操作的条件为：①管道有足够空间容纳要写入的数据；②内存没有被读进程锁定。若满足，则管道写函数先锁定管道内存缓冲区，然后从写进程的地址空间复制数据到管道缓冲区中，再解锁内存。若不满足，则写进程阻塞在 VFS 索引节点等待队列中，直到被读进程唤醒。读进程在没有数据或内存被锁定时阻塞或立即返回错误信息。管道操作完成后，管道的索引节点被丢弃，共享数据页被释放。

实验 8　Linux 管道通信

1．两个进程之间的无名管道通信

建立程序 pipec.c：

```
#include <stdlib.h>
#include <stdio.h>
#include <unistd.h>
```

```c
int wc=1,rc=1;
void writer (const char* message, int count, FILE* stream)
{
    for (; count > 0; --count) {
        printf("写进程第%d 次写入: \n",wc);
        fprintf (stream, "%s:%d\n", message,wc);
        fflush (stream);
        printf("写进程第%d 次阻塞.\n",wc);
        wc++;
        sleep (1);
    }
}
void reader (FILE* stream)
{
    char buffer[1024];
    while (!feof (stream) && !ferror (stream) && fgets (buffer, sizeof
            (buffer), stream) != NULL)
    {
        printf("读进程第%d 次读取: \n",rc);
        rc++;
        fputs (buffer, stdout);
    }
}
int main ()
{
    int fds[2];
    pid_t pid;
    pipe (fds);
    pid = fork ();
    if (pid == (pid_t) 0) {
        FILE* stream;
        close (fds[1]);
        stream = fdopen (fds[0], "r");
        reader (stream);
        close (fds[0]);
    }
    else {
        FILE* stream;
        close (fds[0]);
        stream = fdopen (fds[1], "w");
        writer ("Hello, world.", 5, stream);
        close (fds[1]);
    }
    return 0;
}
```

编译程序 pipec.c：

```
sfs@ubuntu:~$ gcc pipec.c -o pipec
```

运行程序 pipec：

```
sfs@ubuntu:~$ ./pipec
```

系统函数简要说明如下。

（1）int fprintf(FILE *stream, const char *format, ...)：传送格式化输出到一个文件中。

（2）int fflush(FILE *stream)：清除文件缓冲区，文件以写方式打开时将缓冲区内容写入文件。

（3）char *fgets(char *buf, int bufsize, FILE *stream)：从 stream 中读取数据，每次读取一行保存在 buf 数组中，每次最多读取 bufsize-1 个字符（第 bufsize 个字符赋'\0'）。

（4）int fputs(char *str, FILE *fp)：向指定的文件写入一个字符串。

（5）FILE * fdopen(int fildes,const char * mode)：取一个现存的文件描述符，并使一个标准的 I/O 流与该文件描述符结合。

2．两个进程之间的有名管道通信

编写两个分别包含 main()函数的主程序 fifo_write.c 和 fifo_read.c，两个程序之一在当前目录（～）下创建一个有名管道"myfifo"，然后 fifo_write 向管道写入数据，fifo_read 从管道中读出数据，两个进程可以任意顺序运行。

编写程序 fifo_write.c：

```c
//fifo_write.c
#include <stdio.h>
#include <stdlib.h>
#include <string.h>
#include <sys/types.h>
#include <sys/stat.h>
#include <errno.h>
#include <unistd.h>
#include <fcntl.h>
#define FIFO "myfifo"
#define BUFF_SIZE 1024
int main(int argc,char* argv[])
{
    char buff[BUFF_SIZE];
    int real_write;
    int fd;
    int rw=1;
    //测试 FIFO 是否存在，若不存在，mkfifo 一个 FIFO
    if(access(FIFO,F_OK)==-1)
    {
        if((mkfifo(FIFO,0666)<0)&&(errno!=EEXIST))
        {
            printf("Can NOT create fifo file!\n");
            exit(1);
        }
    }
    //调用 open 以只写方式打开 FIFO，返回文件描述符 fd
    if((fd=open(FIFO,O_WRONLY))==-1)
    {
        printf("Open fifo error!\n");
        exit(1);
    }
    //调用 write 将 buff 写到文件描述符 fd 指向的 FIFO 中
    do
    {
        printf("请输入要写入管道的内容: \n");
        gets(buff);
        if ((real_write=write(fd,buff,BUFF_SIZE))>0)
            printf("第%d 次写入管道: '%s'.\n",rw++,buff);
```

```
    }
    while(strlen(buff)!=0);
    close(fd);
    exit(0);
}
```

编译程序 fifo_write.c：

```
administrator@ubuntu:~$ gcc fifo write.c -o fifo write
```

编写程序 fifo_read.c：

```
//fifo_read.c
#include <stdio.h>
#include <stdlib.h>
#include <string.h>
#include <sys/types.h>
#include <sys/stat.h>
#include <errno.h>
#include <unistd.h>
#include <fcntl.h>
#define FIFO "myfifo"
#define BUFF_SIZE 1024
int main() {
    char buff[BUFF_SIZE];
    int real_read;
    int fd;
    int rc=1;
    if(access(FIFO,F_OK)==-1)
    {
        if((mkfifo(FIFO,0666)<0)&&(errno!=EEXIST))
        {
            printf("Can NOT create fifo file!\n");
            exit(1);
        }
    }
    if((fd=open(FIFO,O_RDONLY))==-1)
    {
        printf("Open fifo error!\n");
        exit(1);
    }
    while(1)
    {
        memset(buff,0,BUFF_SIZE);
        if ((real_read=read(fd,buff,BUFF_SIZE))>0)
            printf("第%d次读取管道: '%s'.\n",rc++,buff);
        else break;
    }
    close(fd);
    exit(0);
}
```

编译程序 fifo_read.c：

```
administrator@ubuntu:~$ gcc fifo read.c -o fifo read
```

同时打开两个命令行终端窗口，在一个窗口（窗口 1）中输入 ./fifo_read，在另一个窗口（窗口 2）中输入 ./fifo_write。

3.5.2 共享内存通信机制

1. 共享内存

共享内存是允许两个或多个进程共同访问的物理内存区域，是实现进程通信的一种手段。共享内存需映射到各个进程独立的虚拟地址空间中，成为进程地址空间的组成部分。每个进程都有唯一的虚拟地址空间，各个进程的虚拟地址空间是相互隔离、不能互相访问的，但是共享内存却是通信进程的公共地址空间。

2. 共享内存区到进程虚拟地址空间的映射

共享内存区应映射到进程中未使用的虚拟地址区域，以免与进程映像发生冲突。共享内存的页面在每个共享进程的页表中都有页表项引用，但无须在所有进程的虚拟地址段都有相同的地址。共享内存区属于临界资源，读写共享内存区的代码属于临界区。

3. Linux 共享内存的实现

Linux 内核为每个共享内存段维护一个数据结构 shmid_ds，其中描述了段的大小、操作权限、与该段有关系的进程标识等。共享内存的主要操作如下。

（1）创建共享内存：使用共享内存通信的第一个进程以约定的外部标识符创建共享内存，系统赋予其内部标识号，其他进程则通过创建操作以约定的外部标识符获得共享内存的内部标识号，并据此执行共享内存的读写操作。

（2）共享内存绑定（映射共享内存区到调用进程地址空间）：需要通信的进程将先前创建的共享内存映射到自己的虚拟地址空间，使共享内存成为进程地址空间的一部分，随后可以像访问本地空间一样访问共享内存。

（3）共享内存解除绑定（断开共享内存连接）：不再需要共享内存的进程可以解除共享内存到该进程虚地址空间的映射。

（4）撤销共享内存：当所有进程不再需要共享内存时可删除共享内存。

实验 9 Linux 共享内存通信

1. 共享内存通信的基本原理

共享内存是运行在同一台机器上的进程间通信最快的方式，因为数据不需要在不同的进程间复制。通常由一个进程创建一块共享内存区，其余进程对这块内存区进行读写。共享内存往往与其他通信机制（如信号量）结合使用，以达到进程间的同步及互斥。

2. 实现共享内存通信的主要步骤

（1）由需要通信的任意一方进程创建一个共享内存区，并返回可供通信双方进程访问该共享内存区的一个标识。

（2）共享内存区的非创建进程通过其标识将共享内存区绑定到本进程。

（3）通信双方进程可以读写共享内存区。

（4）通信结束后，双方进程脱离共享内存区。

（5）任意一方通信进程都可删除共享内存区。

3．共享内存通信实例

本实例由两个独立运行的进程构成：一个写进程 shmmutexwrite 和一个读进程 shmmutexread。写进程通过循环不断往共享内存区中写入一些人的姓名和年龄，读进程通过循环不断从共享内存区中读出写进程写入的姓名和年龄。两者通过信号量进行同步和互斥。

写进程 shmmutexwrite：

```
/*shmmutexwrite.c:向共享内存区中写入数据*/
#include <semaphore.h>
#include <stdio.h>
#include <stdlib.h>
#include <sys/types.h>
#include <sys/ipc.h>
#include <sys/sem.h>
#include <sys/shm.h>
#include <sys/stat.h>
#include <fcntl.h>
#include <string.h>
#define BUFFER_SIZE 10
#define sem_name "mysem"
int main()
{
    struct People
    {
        char name[10];
        int age;
    };
    int shmid;
    sem_t*sem;
    int age=10,i=1;
    char buff[BUFFER_SIZE];
    key_t shmkey;
    shmkey=ftok("shmmutexread.c",0);
    /*创建共享内存区和信号量的IPC*/
    sem=sem_open(sem_name,O_CREAT,0644,1);
    if(sem==SEM_FAILED)
    {
        printf("unable to creat semaphore!");
        sem_unlink(sem_name);
        exit(-1);
    }
    shmid=shmget(shmkey,1024,0666|IPC_CREAT);
    if(shmid==-1)
        printf("creat shm is fail\n");
    /*将共享内存映射到当前进程的地址中，之后直接对进程中的地址 addr 的操作就是
      对共享内存的操作*/
```

```
    struct People * addr;
    addr=(struct People*)shmat(shmid,0,0);
    if(addr==(struct People*)-1)
        printf("shm shmat is fail\n");
    /*向共享内存区中写入数据*/
    addr->age=0;              //第 1 个元素作为可供消费的产品数量不存放产品
    printf("写进程映射的共享内存地址=%p\n",addr);
    do
    {
        sem_wait(sem);
        memset(buff, 0, BUFFER_SIZE);
        memset((addr+i)->name, 0, BUFFER_SIZE);
        printf("写进程:输入一些姓名 (不超过 10 个字符) 到共享内存区(输入'quit' 退出):\n");
        if(fgets(buff, BUFFER_SIZE, stdin) == NULL)
        {
            perror("fgets");
            sem_post(sem);
            break;
        }
        strncpy((addr+i)->name, buff, strlen(buff)-1);
        (addr+i)->age=++age;
        addr->age++;
        i++;
        sem_post(sem);
        sleep(1);
    }while(strncmp(buff,"quit",4)!=0);
    /*将共享内存区与当前进程断开*/
    if(shmdt(addr)==-1)
        printf("shmdt is fail\n");
    sem_close(sem);
    sem_unlink(sem_name);
}
```

编译程序 shmmutexwrite.c：

```
administrator@ubuntu:~$ gcc shmmutexwrite.c -o shmmutexwrite -lpthread
```

编写读程序 shmmutexread.c：

```
/*shmmutexread.c:从共享内存区中读出数据*/
#include <semaphore.h>
#include <stdio.h>
#include <stdlib.h>
#include <sys/types.h>
#include <sys/ipc.h>
#include <sys/sem.h>
#include <sys/shm.h>
#include <sys/stat.h>
#include <fcntl.h>
#include <string.h>
#define sem_name "mysem"
```

```
int main()
{
    int shmid;
    sem_t*sem;
    int i=1;
    key_t shmkey;
    shmkey=ftok("shmmutexread.c",0);
    struct People
    {
        char name[10];
        int age;
    };
    /*读取共享内存和信号量的IPC*/
    sem=sem_open(sem_name,0,0644,0);
    if(sem==SEM_FAILED)
    {
        printf("unable to open semaphore!");
        sem_close(sem);
        exit(-1);
    }
    shmid=shmget(shmkey,0,0666);
    if(shmid==-1)
    {
        printf("creat shm is fail\n");
        exit(0);
    }
    /*将共享内存映射到当前进程的地址中，之后直接对进程中的地址 addr 的操作就是
      对共享内存的操作*/
    struct People * addr;
    addr=(struct People*)shmat(shmid,0,0);
    if(addr==(struct People*)-1)
    {
        printf("shm shmat is fail\n");
        exit(0);
    }
    printf("读进程映射的共享内存地址=%p\n",addr);
    /*从共享内存区中读出数据*/
    do
    {
        sem_wait(sem);
        if(addr->age>0)
        {
            printf("\n读进程:绑定到共享内存区 %p:姓名 %d    %s , 年龄%d \n",
                addr, i, (addr+i)->name, (addr+i)->age);
            addr->age--;
            if (strncmp((addr+i)->name, "quit", 4) == 0)  break;
            i++;
        }
        sem_post(sem);
    } while(1);
    sem_close(sem);
    /*将共享内存区与当前进程断开*/
    if(shmdt(addr)==-1)  printf("shmdt is fail\n");
    if(shmctl(shmid,IPC_RMID,NULL)==-1)     printf("shmctl delete error\n");
}
```

编译程序 shmmutexread.c:

```
administrator@ubuntu:~$ gcc shmmutexread.c -o shmmutexread -lpthread
```

通信进程双方的运行方法如下。

（1）打开一个终端窗口（窗口 1）运行进程 shmmutexwrite：

```
administrator@ubuntu:~$ ./shmmutexwrite
```

（2）打开另一个终端窗口（窗口 2）运行进程 shmmutexread：

```
administrator@ubuntu:~$ ./shmmutexread
```

（3）在窗口 1 中依次输入 A1，按 Enter 键，A2，按 Enter 键，…，A9，按 Enter 键，quit，按 Enter 键。观察窗口 2 中进程的表现。

运行情况如图 3-14 所示。

图 3-14 运行情况

4．共享内存通信关键函数

共享内存函数由 shmget()、shmat()、shmdt()、shmctl()共 4 个函数组成。

（1）int shmget(key_t key, int size, int shmflg)：创建或获得一个共享存储标识符。

（2）void *shmat(int shmid, const void *shmaddr, int shmflg)：把共享内存区对象映射到调用进程的地址空间中。

（3）int shmdt(const void *shmaddr)：断开共享内存连接。

（4）int shmctl(int shmid, int cmd, struct shmid_ds *buf)：共享内存管理，用于获得、改变共享内存状态，删除共享内存。

3.5.3 消息传递通信机制

1．消息

消息是格式化的数据，在计算机网络中也称为报文。消息由消息头和消息体组成。

2．消息传递通信机制的组成

消息传递通信机制由信箱、发送原语（send）和接收原语（receive）组成。信箱是存放信件的存储区域，每个信箱可分成信箱头和信箱体两部分。信箱头指出信箱容量、信件格式、信件位置指针等；信箱体用来存放信件，可分成若干个区，每个区容纳一个信件。

发送原语 send（A，信件）：若信箱未满，则把一封信件（消息）发送到信箱 A，同时唤醒信件等待者进程，否则发送者阻塞。

接收原语 receive（A，信件）：若信箱不空，则从信箱 A 中接收一封信件（消息），同时唤醒等待发送者进程，否则接收者阻塞。

发送原语和接收原语封装了同步细节，其中包含阻塞、唤醒机制，程序员使用它们进行程序设计时不用再考虑同步操作。

信箱的所有者可以是操作系统，也可以是进程。如果信箱为进程所有，那么当拥有信箱的进程执行结束时，信箱也随之消失。这时，拥有信箱的进程必须将这一情况通知此信箱的用户。操作系统拥有的信箱在显式删除之前一直存在，可以供通信进程共享。

3. 利用消息传递通信机制解决互斥

消息传递通信机制不仅是一种通信机制，还是一种同步机制，可以用于解决互斥及同步问题。

1）利用消息传递通信机制解决互斥问题

利用消息传递通信机制解决互斥问题时，需要创建一个公共信箱，向公共信箱中发送一条空消息对其初始化，希望进入临界区的进程先试图从公共信箱中接收一条消息，如果信箱为空，则进程阻塞；如果获得消息，则进程进入临界区。退出临界区后将该消息放回公共信箱。利用消息传递通信机制解决互斥问题的算法如下。

```
void P (int i)                    //i=1,2,…,n
{
    message msg;
    while(true)
    {
        receive(box,msg);
        {临界区};
        send(box,msg);
    }
}
void main()
{
    create_mailbox(box);
    send(box,null);
    parbegin (P(1),P(2),…,P(n));
}
```

算法中的 box 为公共信箱，其中的初始消息数决定了有多少个进程可以同时执行临界区。公共信箱及其中的消息纯粹用来限制访问共享资源的进程数，而不用来传递数据。访问公共信箱的进程只关心信箱中有无消息，并不关心消息的内容。

2）利用消息传递通信机制解决生产者-消费者问题

生产者-消费者问题中存在两种资源：一种是消费品，另一种是空闲缓冲区。两种资源各需一个信箱。使用产品信箱 productbox 容纳消费品，使用空闲缓冲区信箱 emptybox 容纳空闲缓冲区。最初，产品信箱 productbox 为空，空闲缓冲区信箱 emptybox 则填充一定数目的空消息。生产者每次从 emptybox 信箱中取出一条空白消息，并将产品填入其中，形成满消息发送到 productbox 信箱中。消费者每次从 productbox 信箱中取出一条满消息进行消费，然后向 emptybox 信箱中发送一条空白消息。两个信箱可以位于不同站点上。利用消息传递通信机制解决生产者-消费者问题的算法如下。

```
int capacity=缓冲大小, i ;
void producer ( )
{
    message pmsg;
    while(true)
    {
        receive(emptybox,pmsg);
        pmsg=produce( );
        send(productbox,pmsg);
    }
}
void consumer ( )
{
    message cmsg;
    while(true)
    {
        receive (productbox,cmsg);
        consume(csmg);
        send(emptybox,null);
    }
}
void main()
{
    creat-mailbox(productbox);
    creat-mailbox(emptybox);
    for(i=0;i<capacity;i++) send(emptybox,null);
    parbegin (producer ,consumer);
}
```

利用消息传递通信机制解决互斥问题时，同一个进程对同一个信箱执行发送和接收操作，体现不同进程对共享资源访问权无差别的竞争关系。解决同步问题时，对一种信箱的发送和接收操作由不同类型的进程执行，体现进程间的协作关系。与管程相似，消息传递通信机制的发送和接收原语将数据交换和所需的同步、互斥操作封装在一起。用于同步的发送或接收操作结束时，数据交换已经完成。因此，同步的发送或接收操作之后通常不需要互斥的发送和接收操作。而信号量与 PV 操作原语仅对信号量操作，并不对共享数据操作。所以，对共享数据操作时，需要分别提供用于同步的信号量及 PV 操作和用于互斥的信号量及 PV 操作。

4．Linux 消息队列通信机制

Linux 消息队列通信机制属于消息传递通信机制。消息队列是内核地址空间中的内部链表，每个消息队列具有唯一的标识符。消息可以顺序地发送到队列中，并以几种不同的方式从队列中获取。对消息队列有写权限的进程可以按照一定的规则添加新消息；对消息队列有读权限的进程则可以从消息队列中读取消息。

消息发送方可以不必等待接收方检查它所收到的消息即可继续工作，而接收方如果没有收到消息则也无须等待。

新的消息总放在队列的末尾，接收时并不总是从头接收，也可以从中间接收。消息队列随内核存在并和进程相关，即使进程退出它也仍然存在。只有在内核重启或者显式删除一个消息队列时，该消息队列才会真正被删除。因此，系统中记录消息队列的数据结构位于内核中，系统中的所有消息队列都可以在结构 msg_ids 中找到访问入口。

Linux 消息队列的主要操作函数如下。

（1）msgget：创建一个消息队列或者返回已存在消息队列的标识号。

（2）msgsnd：向一个消息队列发送一条消息。

（3）msgrcv：从一个消息队列中接收一条消息。

（4）msgctl：在消息队列上执行指定的操作，如执行检索、删除等操作。

实验 10　Linux 消息传递通信

消息队列通信实现：建立一个写消息进程和一个读消息进程，写消息进程不断向消息队列写入消息，读消息进程则不断从消息队列中读取消息。

写消息程序 msgwrite.c：

```c
#include <sys/types.h>
#include <sys/ipc.h>
#include <sys/msg.h>
#include <stdio.h>
#include <stdlib.h>
typedef struct _msg_buf
{
    long type;          //消息类型
    char buf[100];      //消息内容
} msg_buf;
int main()
{
    int key, qid;
    msg_buf buf;
    key = ftok(".", 10);
    qid = msgget(key, IPC_CREAT|0666);
    printf("key: %d\nqid: %d\n", key, qid);
    buf.type = 10;
    printf("请输入一些消息，每条消息以回车结束。如果输入 quit，则程序结束\n");
    while (1)
    {
        fgets(buf.buf, 100, stdin);
        if(strncmp(buf.buf,"quit",4)==0)
        {
            if((msgctl(qid, IPC_RMID, NULL)) < 0)  /*删除指定的消息队列*/
            {
                perror ("msgctl");
                exit (1 );
            }
            else
            {
                printf("successfully removed %d queue/n", qid);
                                                    /*删除队列成功*/
                exit( 0 );
            }
        }
        if (msgsnd(qid, (void *)&buf, 100, 0) < 0)
```

```
        {
            perror("msgsnd");
            exit(-1);
        }
    }
    return 0;
}
```

编译程序 msgwrite.c：

```
administrator@ubuntu:~$ gcc msgwrite.c -o msgwrite
```

读消息程序 msgread.c：

```c
#include <sys/types.h>
#include <sys/ipc.h>
#include <sys/msg.h>
#include <stdio.h>
#include <stdlib.h>
typedef struct _msg_buf
{
    long type;        //消息类型
    char buf[100];    //消息内容
} msg_buf;
int main()
{
    int key, qid;
    msg_buf buf;
    key = ftok(".", 10);
    qid = msgget(key, IPC_CREAT|0666);
    printf("key: %d\nqid: %d\n", key, qid);
    while (1)
    {
        if (msgrcv(qid, (void *)&buf, 100, 0, 0) < 0)
        {
            perror("msgrcv");
            exit(-1);
        }
        printf("type:%ld\nget:%s\n", buf.type, buf.buf);
    }
    return 0;
}
```

编译程序 msgread.c：

```
administrator@ubuntu:~$ gcc msgread.c -o msgread
```

程序运行方法如下。

（1）打开第一个终端窗口（窗口 1）并运行写消息进程：

```
administrator@ubuntu:~$ ./msgwrite
```

输入一些消息，每条消息以回车结束。如果输入 quit，则程序结束。

（2）打开第二个终端窗口（窗口 2），运行读消息进程：

```
administrator@ubuntu:~$ ./msgread
```

（3）在窗口 1 中输入"消息 1"，按 Enter 键，"消息 2"，按 Enter 键，……，"消息 K"，

按 Enter 键，quit，按 Enter 键；观察窗口 2 中读消息进程的表现。

3.5.4　套接字通信机制

套接字（Socket）通信允许互连的、位于不同计算机上的进程实现通信功能。套接字用于标识和定位特定计算机上特定进程的地址，以便数据准确传输给目标进程。套接字包含 3 个参数：通信的目的 IP 地址、使用的传输层协议（TCP 或 UDP）和使用的端口号。IP 地址用于标识目的计算机，端口号用于标识目的计算机上的特定进程。

Socket 是连接应用程序和网络驱动程序的桥梁。Socket 在应用程序中创建，通过绑定与网络驱动建立关系。应用程序向 Socket 发送的数据被提交给网络驱动程序并在网络中发送出去。计算机从网络上收到与该 Socket 绑定 IP 地址和端口号相关的数据后，由网络驱动程序交给 Socket，应用程序便可从该 Socket 中提取接收到的数据。

通过套接字通信的一对进程分为客户端进程和服务器端进程。套接字之间的连接过程分为 3 个步骤：服务器监听、客户端请求、连接确认。

服务器监听是指服务器端套接字处于等待连接的状态，实时监控网络状态。服务器端套接字并不定位具体的客户端套接字。

客户端请求是由客户端的套接字提出连接请求，要连接的目标是服务器端套接字。为此，客户端套接字必须先描述它要连接的服务器端套接字，指出服务器端套接字的地址和端口号，再向服务器端套接字提出连接请求。

连接确认是当服务器端套接字监听到客户端套接字的连接请求时，它响应客户端套接字的请求，建立一个新的线程，把服务器端套接字的信息发送给客户端套接字，客户端套接字确认后连接即可建立。而服务器端套接字继续处于监听状态，继续接收其他客户端套接字的连接请求。

套接字通信有两种基本模式：同步和异步。同步模式的特点是客户端和服务器在接收到对方响应前会处于阻塞状态，一直等到收到对方请求后才继续执行后面的程序。异步模式的特点是客户端或服务器进程在调用发送或接收的方法后直接返回，不会处于阻塞状态，因而可继续执行后面的程序。

实验 11　Linux 套接字通信

1．Linux 套接字通信主要函数

（1）int socket(int domain, int type, int protocol)：创建套接字。

（2）int bind(int socket, const struct sockaddr *address, size_t address_len)：命名（绑定）套接字。

（3）int listen(int socket, int backlog)：创建套接字队列（监听）。

（4）int accept(int socket, struct sockaddr *address, size_t *address_len)：接受连接。

（5）int connect(int socket, const struct sockaddr *address, size_t address_len)：请求连接。

（6）int close(int fd)：关闭 socket，终止服务器端和客户端的套接字连接。

2．使用流式 Socket 通信实例

服务器程序 sockserver.c 先创建套接字，绑定一个端口并监听套接字，然后一直循环检查是否有客户端连接到服务器，如果有，则调用 fork 创建一个子进程来处理请求。服务器程序利用 read 系统调用读取客户端发来的信息，利用 write 系统调用向客户端发送信息。

客户端程序 sockclient.c 同样先创建套接字，再连接到指定 IP 端口服务器。如果连接成功，

则用 write 发送信息给服务器，再用 read 获取服务器处理后的信息，并输出信息。

服务器程序 sockserver.c 如下。

```c
#include <unistd.h>
#include <sys/types.h>
#include <sys/socket.h>
#include <netinet/in.h>
#include <signal.h>
#include <stdio.h>
#include <stdlib.h>
int main()
{
    int server_sockfd = -1;
    int client_sockfd = -1;
    int client_len = 0;
    struct sockaddr_in server_addr;
    struct sockaddr_in client_addr;
    server_sockfd = socket(AF_INET, SOCK_STREAM, 0);
    server_addr.sin_family = AF_INET;    //指定网络套接字
    server_addr.sin_addr.s_addr = htonl(INADDR_ANY);//接受所有 IP 地址的连接
    server_addr.sin_port = htons(9736); //绑定到 9736 端口
    bind(server_sockfd, (struct sockaddr*)&server_addr, sizeof(server_addr));
    listen(server_sockfd, 5);
    signal(SIGCHLD, SIG_IGN);
    while(1)
    {
        char ch = '\0';
        client_len = sizeof(client_addr);
        printf("Server waiting\n");
        client_sockfd = accept(server_sockfd, (struct sockaddr*)&client_addr,
        &client_len);
        if(fork() == 0)
        {
            read(client_sockfd, &ch, 1);
            sleep(5);
            ch++;
            write(client_sockfd, &ch, 1);
            close(client_sockfd);
            exit(0);
        }
        elseclose(client_sockfd);
    }
}
```

客户端程序 sockclient.c 如下。

```c
#include <unistd.h>
#include <sys/types.h>
#include <sys/socket.h>
#include <netinet/in.h>
#include <arpa/inet.h>
```

```
#include <stdio.h>
#include <stdlib.h>
int main()
{
    int sockfd = -1;
    int len = 0;
    struct sockaddr_in address;
    int result;
    char ch = 'A';
    sockfd = socket(AF_INET, SOCK_STREAM, 0);
    address.sin_family = AF_INET;          //使用网络套接字
    address.sin_addr.s_addr = inet_addr("127.0.0.1");//服务器地址
    address.sin_port = htons(9736); //服务器所监听的端口
    len = sizeof(address);
    result = connect(sockfd, (struct sockaddr*)&address, len);
    if(result == -1)
    {
        perror("ops:client\n");
        exit(1);
    }
    write(sockfd, &ch, 1);
    read(sockfd, &ch, 1);
    printf("char form server = %c\n", ch);
    close(sockfd);
    exit(0);
}
```

编译：

```
sfs@ubuntu:~/sfs$ gcc sockserver.c -o sockserver
sfs@ubuntu:~/sfs$ gcc sockclient.c -o sockclient
```

程序运行方法如下。

（1）打开一个终端窗口，运行服务器程序。

```
sfs@ubuntu:~/sfs$ ./sockserver
```

（2）打开另一个终端窗口，运行客户端程序。

```
sfs@ubuntu:~/sfs$ ./sockclient
```

将客户端程序 sockclient.c 中要连接的服务器主机 IP 地址改为相邻计算机的 IP 地址，尝试通信是否成功。IP 地址需要先配置好。

3.5.5　信号通信机制

1. 信号

信号即软中断信号，是对硬件中断机制的软件模拟。利用信号可以实现进程间的通信，一个进程可以向另一个进程发送某一信号，通知该进程某个异常事件的发生。接收信号的进程被中断，对该信号代表的事件进行处理。

2．信号的产生源

用户、内核和进程都能生成信号请求。

（1）用户。用户通过按 Ctrl+C 组合键，或终端驱动程序分配给信号控制字符的其他任何键来请求内核产生信号。

（2）内核。当进程执行出错时，内核检测到事件并给进程发送信号，如非法段存取、浮点数溢出、非法操作码。

（3）进程。进程可以通过系统调用 kill 给另一个进程发送信号。

3．信号应用实例

用户发送信号杀死进程的过程如下。

（1）用户按中断 Ctrl+C 组合键。

（2）终端驱动程序收到输入字符，并调用信号系统。

（3）信号系统发送 SIGINT 信号给 Shell，Shell 再把它发送给进程。

（4）进程收到 SIGINT 信号。

（5）进程撤销。

4．信号响应情况

进程收到信号后可能采用如下响应方式。

（1）执行默认操作。

（2）执行预置的信号处理程序。

（3）忽略此信号。

5．Linux 操作系统信号分类

1）与进程终止相关的信号

SIGCHLD：子进程暂停或终止。

SIGHUP：进程挂起。

SIGKILL：强行杀死进程。

SIGABRT：进程异常终止。

SIGSTOP：被调试器阻塞，进程暂停。

SIGTSTP：来自终端的暂停信号。

2）与进程例外事件相关的信号

SIGBUS：总线超时。

SIGSEGV：段违例。

SIGPWR：电源故障。

SIGFPE：浮点溢出。

SIGSTKFLT：协处理器栈出错。

SIGURG：套接字紧急情况。

SIGXCPU：CPU 限时超出。

SIGXFSZ：文件限制超出。

SIGWINCH：窗口大小变化。

3）与进程执行系统调用相关的信号

SIGPIPE：管道有写者无读者。

SIGILL：非法指令。

SIGIO：与 I/O 操作有关。

4）与进程终端交互相关的信号

SIGINT：键盘中断。

SIGQUIT：输入退出命令。

SIGTTIN：后台进程读终端。

SIGTTOU：后台进程写终端。

6．Linux 信号机制的实现

信号有一个产生、传送、捕获和释放的过程。

1）数据结构

每个进程结构中 signal 域专门用于保存接收到的信号。进程接收到信号时，对应位置 1，相当于"中断请求寄存器"某位置位。task_struct 的 blocked 是信号屏蔽标记，相当于"中断屏蔽寄存器"，进程需要忽略某信号时可将对应位置 1。task_struct 的 sigaction[]数组用于存放信号处理程序入口。信号编号对应数组下标。

2）信号函数

sigaction(signo,act,oldact)：为指定信号预置处理程序，signo 指出接收信号的类型，act 是信号处理函数的地址，oldact 存放最近一次为信号 signo 定义的函数地址。

kill(pid,sig)：向进程 PID（进程标识号）发送信号 sig。

3）信号的检测和响应过程

在中断或异常处理程序末尾，进程从核心态返回用户态之前，或时钟中断结束之前，CPU 即将分配给某个进程时，系统调用内核函数 do_signal()将检查该进程是否接收到信号，若是，则执行 handle_signal()，使进程返回用户态并转入信号处理程序进行执行。信号处理结束后，执行系统调用函数 sigreturn()陷入内核，内核做好善后工作后返回用户态，回到应用程序的断点进行执行。信号处理程序就像中断处理程序一样插入应用程序断点的地方执行，执行完毕，程序流程重新返回应用程序断点之后的指令执行。这与硬件中断的响应处理过程类似。

例如，在图 3-15 中，进程 P1 调用 kill(P2,5)向进程 P2 发送一个信号 5，该信号被系统置于 P2 进程控制块的信号域。P1 继续执行后续指令。由于 P2 并未获得处理器，因此 P2 无法立即对信号 5 做出响应。待中断或系统调用再次发生时，系统接管处理器，执行中断或系统调用处理程序，在末尾执行调度程序。当 P2 获得调度时，先返回用户态执行信号处理程序，再返回核心态执行信号终止处理，最后返回 P2 主程序断点处开始执行。

图 3-15　信号通信

3.6 死　锁

进程并发执行过程中冲突的资源需求将引起死锁。死锁是在资源共享条件下产生的。

3.6.1 死锁的概念和产生的必要条件

1. 死锁的概念

死锁：在一个进程集合中的每个进程都在等待只能由该集合中的其他进程才能引发的事件，而无限期陷入僵持的局面称为**死锁**。也可以通俗地说，在一个进程集合中的每个进程都在请求本集合中其他进程已经占用的资源而全部陷入等待状态，如果没有外力的作用，进程集体的等待状态将无法解除，此时，该进程集合发生了死锁。

例如，有 n 个进程 P_1，P_2，$\cdots$，P_n，P_i 因为申请不到资源 R_j 而处于等待状态，而 R_j 又被 P_{i+1} 占用，P_n 要申请的资源被 P_1 占用，此时，这 n 个进程的等待状态永远不能结束，则称其处于死锁状态。

在信号量与 PV 操作中，P 操作代表申请资源，P 操作的顺序不当容易引起死锁。例如，生产者-消费者问题中颠倒消费者进程的 P 操作的算法如下，分析进程集合是否死锁。

```
item B[k];
semaphore empty;
empty=k;                              //可以使用的空缓冲区数
semaphore full;
full=0;                              //缓冲区内可以使用的产品数
semaphore mutex;
mutex=1;                             //互斥信号量
int in=0;                            //写缓冲区指针
int out=0;                           //读缓冲区指针
cobegin
process producer_i ( )              process consumer_j ( )
{                                   {
    while(true)                         while(true)
    {                                   {
        produce( );                     P(mutex);
        P(empty);                       P(full);
        P(mutex);                       take( ) from B[out];
        append to B[in];                out=(out+1)%k;
        in=(in+1)%k;                    V(mutex);
        V(mutex);                       V(empty);
        V(full);                        consume( );
    }                                   }
}                                   }
coend
```

分析：假设生产者进程 P_1 和消费者进程 C_1 处于活动状态，且消费者 C_1 先获得调度，占用处理器。进程交互顺序如表 3-9 所示。

由表 3-9 可见，在没有产品可供消费的情况下首先调度消费者进程 C_1，C_1 阻塞在信号量

full 上，同时占有互斥信号量 mutex，随后获得调度的生产者进程 P_1 不得不在 mutex 上等待 C_1 释放该信号量。已经阻塞的消费者进程 C_1 无法释放 mutex，从而导致生产者进程 P_1 和消费者进程 C_1 处于死锁状态。可以推断，后续的消费者进程均将阻塞在信号量 mutex 上；后续的生产者进程一部分阻塞在 mutex 上，另一部分阻塞在信号量 empty 上。也就是说，所有的生产者和消费者进程都将陷入等待的死锁状态。当进程需要得到多个资源的组合才能继续工作，而资源组合中的资源被不同进程所占用时，各个占用者进程都将无法工作，从而陷入等待状态。在本实例中，生产者进程需要 empty 与 mutex 两种资源的组合才能工作，消费者进程需要 full 与 mutex 两种资源的组合才能工作。消费者进程得到了 mutex 资源而没有得到 full 资源，生产者进程得到了 empty 资源而没有得到 mutex 资源，两者都没有得到正常工作所需的资源组合，所以，两者都无法正常工作，他们只好等待，陷入死锁状态。

表 3-9　颠倒消费者进程 P 操作后导致死锁的运行实例分析

生产者 P_1	消费者 C_1	变量值
初始	初始	empty=k,full=0,mutex=1
	P(mutex);	empty=k,full=0,mutex=1,0
	P(full);//等待	empty=k,full=0,−1(C_1 阻塞),mutex=1,0
P(empty);		empty=k,k−1,full=0,−1(C_1 阻塞),mutex=1,0
P(mutex);//等待		empty=k,k−1,full=0,−1(C_1 阻塞),mutex=1,0,−1(P_1 阻塞)

死锁的产生与系统拥有的资源数量、资源分配策略、进程对资源的使用要求及并发进程的推进顺序有关。资源数量不足会引起资源需求者等待，操作系统的资源分配策略、进程对资源的使用要求及并发进程的推进顺序会影响资源在不同需求者之间的分布和资源的使用顺序。资源过于平均分配容易造成每个需求者都处于资源不足的状况，较多进程容易陷入阻塞状态，诱发死锁风险。适度集中资源可以逐个满足各个进程的需求，逐步减少资源竞争者，有利于防止死锁发生。资源使用顺序不当可能造成进程循环等待。

2．死锁产生的必要条件

产生死锁的 4 个必要条件如下。

（1）互斥条件：进程互斥使用资源，一旦某个资源被占用，则要使用该资源的进程必须等待。

（2）占有和等待条件（部分分配条件）：进程申请新资源得不到满足而等待时，不释放已占有的资源。

（3）不剥夺条件：进程所占有的资源不能被剥夺，只能由进程自己释放。

（4）循环等待条件（环路条件）：存在一组进程循环等待资源的现象。

前 3 个条件是死锁产生的必要条件，不是充分条件。第 4 个条件是前 3 个条件同时存在时产生的结果，只要破坏这 4 个条件之一，即可防止死锁的发生。

3.6.2　死锁防止

只要破坏产生死锁的 4 个条件之一即可防止死锁的发生。

1．破坏第 1 个条件——互斥条件

破坏互斥条件使资源可同时访问而不是互斥使用。但是互斥条件能否破坏，需要看资源本身的特性和资源的访问类型。许多资源需要互斥使用。如 CPU、打印机等在任何时刻都只能执行一个任务，无法并行执行多个任务。多个任务在一个 CPU 上交替执行仅在宏观上是同时

的，在微观上是顺序的、互斥的。多个任务对打印机的使用无论在宏观上还是微观上都是顺序的、互斥的。资源的非修改性访问不需要互斥，如共享文件的读操作可以由多个读者以非互斥的方式进行，而共享文件的写操作则需要互斥。

2. 破坏第 2 个条件——占有和等待条件

当进程所需多个资源的组合以分步方式请求和分配时，会形成占有和等待条件。静态分配可以破坏占有和等待条件。静态分配是指只有进程所需全部资源都得到满足时，才能将这些资源一次性全部分配给进程，任何资源不能满足时，不对进程分配任何资源。

静态分配降低了资源利用率，因为在每个进程占有的资源中，有些资源在较后的时间里才使用，有些资源在发生例外时才使用，这样就可能造成一个进程占有了一些几乎不用的资源而使其他需要使用这些资源的进程产生等待。静态分配需要在进程执行前预知进程所需要的资源。而一些资源是在进程执行过程中动态提出申请的，这意味着用户需要参与资源的静态分配。

破坏占有和等待条件的另一个措施就是规定进程在申请新的资源得不到满足而等待前，需先释放其已经占有的资源，重新回退到不占有任何资源的状态，进程利用已经获得的资源完成的部分工作也可能失效。所以，这种措施可能不是无损的，只能在能够接受损失的情况下采用。这种措施可以看作静态分配的变种，就是允许先尝试部分资源分配和请求，如果能够顺利得到全部资源，则自然避免了占有和等待条件的出现。如果分配不成功，则释放已经获得的资源，回退到不占有资源的状态，同样避免了占有和等待条件的形成。

哲学家进餐问题的第一个算法版本会产生死锁的原因就在于资源的部分分配形成了占有和等待条件。哲学家所需两把叉子仅一把可用时，哲学家可以获得其中一把叉子，等待另一把叉子。当叉子被均衡分配给每个哲学家时，每个哲学家的叉子资源都处于不足的状态。采用静态分配方案，只有两把叉子都可用时，哲学家才能拿起两把叉子。否则一把叉子也不允许拿起来，这破坏了占有和等待条件。当然，也可以采用另一种方法破坏占有和等待条件。那就是，允许哲学家先拿起一把叉子。当哲学家已经拿起一把叉子，接下来要拿第二把叉子时，需先判断第二把叉子是否可用，如果不可用，则需把第一把叉子放下，然后等待。等被唤醒后，哲学家需要重新依次去拿两把叉子，直到把两把叉子都拿到为止。这个过程可能需要多次循环，但这种循环不是忙等待。

3. 破坏第 3 个条件——不剥夺条件

破坏不剥夺条件即采用剥夺式调度方法。当进程申请的资源不能满足时，需要收回某些进程已经获得的资源，分配给需要该资源的进程。但剥夺式调度方法目前只适用于内存和处理器这些可剥夺资源，不适用于打印机等不可剥夺资源。当进程申请的资源不能满足，或者进程时间片用完，或者出现优先级更高的进程时，操作系统将从尚未执行完毕的进程中收回处理器重新分配。

当进程持有部分资源申请其他所需资源无法满足时，如果进程主动释放其已获得的资源后等待将来重新申请所需资源，这属于破坏占有和等待条件。当进程 A 申请的资源无法满足时，系统从进程 B 收回资源分配给进程 A，这属于破坏不剥夺条件。进程 B 的资源并非主动自愿释放，而是被外力剥夺的。

4. 破坏第 4 个条件——循环等待条件

采用层次分配策略可以破坏循环等待条件。层次分配策略将资源分成多个层次，当进程只有得到某一层的一个资源后，才能申请较高层次的资源。当进程要释放某层次的一个资源时，必须先释放占有的较高层次的资源。当进程得到某一层的一个资源后，若欲申请该层的另一个资源时，必须先释放该层中已占用的资源。如果进程必须同时拥有同一层的多个资源才能工作时，那么只有该层的这些资源都可用时才能全部分配给进程。若该层资源不是全部可用时，那么一个资源也不能分配给进程。同层资源的整体分配是静态分配。

按序分配策略是层次分配策略的变种。按序分配策略对系统的所有资源进行排序，例如，系统若有 n 个进程，m 个资源，用 r_i 表示第 i 个资源，则这 m 个资源是 r_1，r_2，…，r_m。规定进程不得在占用资源 $r_i(1 \leq i \leq m)$ 后再申请 $r_j(j<i)$。不难证明，按这种策略分配资源时系统不会发生死锁。但是按序分配策略依赖于资源的编号技巧，不恰当的编号并不能防止死锁的发生。

在生产者–消费者问题的信号量与 PV 操作同步算法中，每个进程都需要执行两个 P 操作依次申请两种资源，进程很有可能只得到一种资源，等待第二种资源，形成占有和等待条件。但是，两个 P 操作申请资源的顺序遵循了层次分配策略或者按序分配策略，不会造成死锁的发生。一般，同步信号量资源层次低于互斥信号量资源层次。数量多、竞争范围小、容易申请到的资源层次低于数量少、竞争范围大、不易申请到的资源。生产者–消费者问题中的同步信号量 empty 仅在生产者进程范围竞争，而且其数量较多。同步信号量 full 仅在消费者进程范围竞争，其数量也可以变得较多。互斥信号量 mutex 则在所有进程范围内竞争，且数量仅为 1 个，其竞争激烈程度远高于同步信号量 empty 和 full。所有进程按照先易后难的顺序申请资源是符合层次分配策略、破坏循环等待条件的资源分配方案。

而在哲学家进餐问题中，所有叉子的地位都是相同的，不存在层次关系，不能执行层次分配策略，只能执行静态分配方案，将资源完整分配或完全不分配给进程，不能执行部分分配方案。

3.6.3　死锁避免

1．死锁避免的策略

避免死锁的方法允许系统中同时存在 3 个必要条件，即互斥、占有且等待和非剥夺，每当进程提出资源申请时，系统分析满足该资源请求时系统是否会发生死锁，若不会发生则实施分配，否则拒绝分配。银行家算法就是避免死锁的一种典型方法。

2．银行家算法思想

银行家算法是由 Dijkstra 提出的，问题描述如下。

一个银行家拥有资金 M，被 N 个客户共享，银行家对客户提出下列约束条件。

（1）每个客户必须预先说明自己要求的最大资金量。

（2）每个客户每次提出部分资金量申请和获得分配。

（3）如果银行满足了客户对资金的最大需求量，则客户在资金运作后需要快速归还资金。

采用银行家算法思想考虑死锁问题时，操作系统对应银行家，操作系统管理的资源对应周转资金，进程对应要求贷款的客户。

3．银行家算法在死锁问题上的应用

将银行家算法应用于死锁问题时，步骤如下。

（1）初始化。将待考察的存在资源共享关系的 n 个进程加入集合 P，即 P={$P_1,P_2,\cdots,P_n$}；假设 n 个进程需要 k 种资源，系统拥有 k 种资源的数量以向量记为 Available=[$R_1,R_2,\cdots,R_k$]；每个进程声明的需要 k 种资源的最大数量记为矩阵 Claim。每个进程获得的各种资源数记为矩阵 Allocation，Allocation 最初为 0，即

$$\text{Claim} = \begin{bmatrix} C_{11} & C_{12} & \cdots & C_{1k} \\ C_{21} & C_{22} & \cdots & C_{2k} \\ \vdots & \vdots & & \vdots \\ C_{n1} & C_{n2} & \cdots & C_{nk} \end{bmatrix}, \quad \text{Allocation} = \begin{bmatrix} A_{11} & A_{12} & \cdots & A_{1k} \\ A_{21} & A_{22} & \cdots & A_{2k} \\ \vdots & \vdots & & \vdots \\ A_{n1} & A_{n2} & \cdots & A_{nk} \end{bmatrix} = \begin{bmatrix} 0 & 0 & \cdots & 0 \\ 0 & 0 & \cdots & 0 \\ \vdots & \vdots & & \vdots \\ 0 & 0 & \cdots & 0 \end{bmatrix}$$

（2）判断各个进程声明的 k 种资源最大需求量 Claim 是否超过系统拥有量。如果进程 P_i 的声明 $\text{Claim}_i >$ Available，即$[C_{i1},C_{i2},\cdots,C_{ik}]>[R_1,R_2,\cdots,R_k]$，则该进程的资源需求无法满足，系统返回。

（3）如果进程 P_i 提出了部分资源申请 $\text{request}_i=[q_{i1},q_{i2},\cdots,q_{ik}]$，则需判断其需求量是否超过了声明量，即判断 $\text{Allocation}_i+\text{request}_i \leqslant \text{Claim}_i$ 是否满足，若不满足，则拒绝该请求，系统返回。若满足，则使用 Available、Allocation 和集合 P 的副本进行资源试探性分配，即令 AvailableTemp = Available，AllocationTemp = Allocation, PTemp = P，AvailableTemp = AvailableTemp − request_i，$\text{AllocationTemp}_i = \text{AllocationTemp}_i + \text{request}_i$。

（4）分析计算试探性分配后系统的安全性，即收回最大资源需求能被系统当前可用资源 AvailableTemp 满足的进程获得的资源：若存在进程 P_j 满足 AvailableTemp $\geqslant$ Claim_j − AllocationTemp_j，则令 AvailableTemp = AvailableTemp + AllocationTemp_j；将 P_j 从集合 PTemp 中删除，转步骤（4）。

（5）若集合 PTemp 为空，则表明系统处于安全状态，可实施本次分配，即令 $\text{Allocation}_i=$ $\text{Allocation}_i+\text{request}_i$，Available=Available−$\text{request}_i$；否则，表明系统处于不安全状态，本次资源分配暂不实施，使申请进程 P_i 等待。

（6）系统返回。

银行家算法实例 1：有 3 位银行客户 P_1、P_2、P_3 需要向某银行分别借款 10 万元、4 万元、9 万元，该银行共有 12 万元资金可供贷出。在 T_0 时刻，该银行分别向 3 位客户提供贷款 5 万元、2 万元、2 万元，银行尚余资金 3 万元。资金分配情况如表 3-10 所示。

表 3-10　资金分配情况

客户（P）	最大需求（Claim）	已分配（Allocation）	可用（Available）
P_1	10	5	3
P_2	4	2	
P_3	9	2	

判断 T_0 时刻银行能否避免陷入这样一种局面：客户贷不到资金以满足其最大需求，从而归还不了贷款，银行又无款可贷，导致银行破产？

首先，每位客户声明的最大资金量没有超过银行资金总量，每位客户申请的部分资金量没有超过其声明的最大资金量，数据合法，可以采用如表 3-11 所示的银行家算法来分析预测。

表 3-11　银行客户信贷问题的银行家算法分析过程

客户（P）	最大需求（Claim）	T_0 时刻已分配（Allocation）	T_1	T_2	T_3	T_4	T_5	T_6
P_1	10	5	5	5	10	0	0	0
P_2	4	2	4	0	0	0	0	0
P_3	9	2	2	2	2	2	9	0
可用	12	3	1	5	0	10	3	12

最终所有客户都因得到了各自所需的最大贷款数而完成了各自的任务，从而归还了银行贷款，银行避免了破产的局面。

如果系统能够按某种进程顺序（$P_1, P_2, \cdots, P_n$，< $P_1, P_2, \cdots, P_n$ >序列称为安全序列），为每个进程 P_i 分配其所需资源，直至满足每个进程对资源的最大需求，使每个进程都能顺利完成，则称系统处于安全状态。如果找不到这样的安全序列，则称系统处于不安全状态。

并非所有不安全状态都是死锁状态，但当系统进入不安全状态后，便有可能进入死锁状态；只要系统处于安全状态，才可避免进入死锁状态。避免死锁的实质是分配资源时，想办法使系统不进入不安全状态。

在实例 1 中，假如在 T_0 时刻的基础上，客户 P_3 请求贷款 1 万元，银行满足了这个请求，分析这时银行的安全性。分析过程如表 3-12 所示。

表 3-12　银行客户信贷不安全问题的银行家算法分析过程

客户（P）	最大需求（Claim）	T_0 时刻已分配（Allocation）	T_1	T_2	T_3	T_4
P_1	10	5	5	5	5	不安全
P_2	4	2	2	4	0	
P_3	9	2	3	3	3	
可用	12	3	2	0	4	

银行家算法对资源采取部分分配策略。资源在各个需求者之间的分布过于均衡将使得每个需求者都处于资源不足的状态，容易导致系统进入不安全状态。资源适度集中分配或持有有助于避免系统进入不安全状态。

银行家算法实例 2：若系统运行过程中，出现如表 3-13 所示的资源分配情况，则该系统是否安全？如果进程 P_2 此时提出资源申请（1,2,2,2），系统能否将资源分配给它？为什么？

表 3-13　进程多种资源申请分配问题

进程（P）	已分配（Allocation）				剩余需求量（Need）				可用（Available）			
	A	B	C	D	A	B	C	D	A	B	C	D
P_0	0	0	3	2	0	0	1	2	1	6	2	2
P_1	1	0	0	0	1	7	5	0				
P_2	1	3	5	4	2	3	5	6				
P_3	0	3	3	2	0	6	5	2				
P_4	0	0	1	4	0	6	5	6				

利用银行家算法进行分析，如表 3-14 所示。

表 3-14　进程多种资源申请分配问题的银行家算法分析过程

进程	最大需求				T_0 时刻已分配				T_1				T_2				T_3				T_4				T_5			
	A	B	C	D	A	B	C	D	A	B	C	D	A	B	C	D	A	B	C	D	A	B	C	D	A	B	C	D
P_0	0	0	4	4	0	0	3	2	0	0	0	0																
P_1	2	7	5	0	1	0	0	0	1	0	0	0	1	0	0	0	0	0	0	0								
P_2	3	6	10	10	1	3	5	4	1	3	5	4	1	3	5	4	1	3	5	4	0	0	0	0				
P_3	0	9	8	4	0	3	3	2	0	3	3	2	0	0	0	0												
P_4	0	6	6	10	0	0	1	4	0	0	1	4	0	0	1	4	0	0	1	4	0	0	1	4	0	0	0	0
可用	3	12	14	14	1	6	2	2	1	6	5	4	1	9	8	6	2	9	8	6	3	12	13	10	3	12	14	14
备注					P_0 可满足				P_3 可满足				P_1 可满足（P_4 也可满足）				P_2 可满足（P_4 也可满足）				P_4 可满足				所有进程执行完毕			

结果表明，系统处于安全状态，安全序列为 P_0、P_3、P_1、P_2、P_4。

解题过程也可以表示为矩阵运算的步骤。其思路为如下两步。

第 1 步：判断待分配资源集合中各进程已经获得的各类资源数量+系统剩余可用的各类资源数量是否大于或等于各进程对各类资源的最大需求量，即 Allocation + Available（扩展矩阵）≥ Claim？即 Allocation + Available（扩展矩阵）− Claim ≥ 0？

第 2 步：如果存在满足上式的矩阵行，则将该矩阵行对应的进程的资源收回。即令 Available = Allocation + Available，将该进程从待分配资源集合中移入安全序列，转到第 1 步。

第 3 步：如果待分配资源集合为空，则存在安全序列，否则不存在安全序列。

按照上述思路给出实例 2 的解题步骤如下。

解：各进程已获得各类资源量矩阵

$$\text{Allocation} = \begin{bmatrix} A_{01} & A_{02} & A_{03} & A_{04} \\ A_{11} & A_{12} & A_{13} & A_{14} \\ A_{21} & A_{22} & A_{23} & A_{24} \\ A_{31} & A_{32} & A_{33} & A_{34} \\ A_{41} & A_{42} & A_{43} & A_{44} \end{bmatrix} = \begin{bmatrix} 0 & 0 & 3 & 2 \\ 1 & 0 & 0 & 0 \\ 1 & 3 & 5 & 4 \\ 0 & 3 & 3 & 2 \\ 0 & 0 & 1 & 4 \end{bmatrix}$$

各进程对各类资源剩余需求量矩阵

$$\text{Need} = \begin{bmatrix} N_{01} & N_{02} & N_{03} & N_{04} \\ N_{11} & N_{12} & N_{13} & N_{14} \\ N_{21} & N_{22} & N_{23} & N_{24} \\ N_{31} & N_{32} & N_{33} & N_{34} \\ N_{41} & N_{42} & N_{43} & N_{44} \end{bmatrix} = \begin{bmatrix} 0 & 0 & 1 & 2 \\ 1 & 7 & 5 & 0 \\ 2 & 3 & 5 & 6 \\ 0 & 6 & 5 & 2 \\ 0 & 6 & 5 & 6 \end{bmatrix}$$

各进程对各类资源最大需求量矩阵

$$\text{Claim} = \text{Allocation+Need} = \begin{bmatrix} 0 & 0 & 3 & 2 \\ 1 & 0 & 0 & 0 \\ 1 & 3 & 5 & 4 \\ 0 & 3 & 3 & 2 \\ 0 & 0 & 1 & 4 \end{bmatrix} + \begin{bmatrix} 0 & 0 & 1 & 2 \\ 1 & 7 & 5 & 0 \\ 2 & 3 & 5 & 6 \\ 0 & 6 & 5 & 2 \\ 0 & 6 & 5 & 6 \end{bmatrix} = \begin{bmatrix} 0 & 0 & 4 & 4 \\ 2 & 7 & 5 & 0 \\ 3 & 6 & 10 & 10 \\ 0 & 9 & 8 & 4 \\ 0 & 6 & 6 & 10 \end{bmatrix} = \begin{bmatrix} C_{01} & C_{02} & C_{03} & C_{04} \\ C_{11} & C_{12} & C_{13} & C_{14} \\ C_{21} & C_{22} & C_{23} & C_{24} \\ C_{31} & C_{32} & C_{33} & C_{34} \\ C_{41} & C_{42} & C_{43} & C_{44} \end{bmatrix}$$

将系统各类可用资源量扩展为 5 行矩阵（每个进程 1 行）

$$\text{AVAILABLE} = \begin{bmatrix} A_{01} & A_{02} & A_{03} & A_{04} \\ A_{11} & A_{12} & A_{13} & A_{14} \\ A_{21} & A_{22} & A_{23} & A_{24} \\ A_{31} & A_{32} & A_{33} & A_{34} \\ A_{41} & A_{42} & A_{43} & A_{44} \end{bmatrix} = \begin{bmatrix} 1 & 6 & 2 & 2 \\ 1 & 6 & 2 & 2 \\ 1 & 6 & 2 & 2 \\ 1 & 6 & 2 & 2 \\ 1 & 6 & 2 & 2 \end{bmatrix}$$

第 1 步：判断 Allocation + Available（扩展矩阵）≥ Claim。

$$\text{Allocation + AVAILABLE − Claim} = \begin{bmatrix} 0 & 0 & 3 & 2 \\ 1 & 0 & 0 & 0 \\ 1 & 3 & 5 & 4 \\ 0 & 3 & 3 & 2 \\ 0 & 0 & 1 & 4 \end{bmatrix} + \begin{bmatrix} 1 & 6 & 2 & 2 \\ 1 & 6 & 2 & 2 \\ 1 & 6 & 2 & 2 \\ 1 & 6 & 2 & 2 \\ 1 & 6 & 2 & 2 \end{bmatrix} - \begin{bmatrix} 0 & 0 & 4 & 4 \\ 2 & 7 & 5 & 0 \\ 3 & 6 & 10 & 10 \\ 0 & 9 & 8 & 4 \\ 0 & 6 & 6 & 10 \end{bmatrix}$$

$$= \begin{bmatrix} 1 & 6 & 5 & 4 \\ 2 & 6 & 2 & 2 \\ 2 & 9 & 7 & 6 \\ 1 & 9 & 5 & 4 \\ 1 & 6 & 3 & 6 \end{bmatrix} - \begin{bmatrix} 0 & 0 & 4 & 4 \\ 2 & 7 & 5 & 0 \\ 3 & 6 & 10 & 10 \\ 0 & 9 & 8 & 4 \\ 0 & 6 & 6 & 10 \end{bmatrix} = \begin{matrix} P_0 \\ P_1 \\ P_2 \\ P_3 \\ P_4 \end{matrix} \begin{bmatrix} 1 & 6 & 1 & 0 \\ 0 & -1 & -3 & 2 \\ -1 & 3 & -3 & -4 \\ 1 & 0 & -3 & 0 \\ 1 & 0 & -3 & -4 \end{bmatrix}$$

第 2 步：上式第 1 行（对应进程 P_0）大于或等于 0，说明系统可用资源满足进程 P_0 的最

大需求。收回进程 P_0 的资源，即令

Available=Allocation$_0$ + Available=[0　0　3　2]+[1　6　2　2]=[1　6　5　4]

将进程 P_0 加入安全序列 S=< P_0 >。

重返第 1 步，将系统各类可用资源量扩展为 4 行矩阵（剩余未完成的进程为 4 个）

$$AVAILABLE = \begin{bmatrix} 1 & 6 & 5 & 4 \\ 1 & 6 & 5 & 4 \\ 1 & 6 & 5 & 4 \\ 1 & 6 & 5 & 4 \end{bmatrix}$$

判断 Allocation + Available（扩展矩阵）$\geqslant$ Claim。

$$Allocation + AVAILABLE - Claim = \begin{bmatrix} 1 & 0 & 0 & 0 \\ 1 & 3 & 5 & 4 \\ 0 & 3 & 3 & 2 \\ 0 & 0 & 1 & 4 \end{bmatrix} + \begin{bmatrix} 1 & 6 & 5 & 4 \\ 1 & 6 & 5 & 4 \\ 1 & 6 & 5 & 4 \\ 1 & 6 & 5 & 4 \end{bmatrix} - \begin{bmatrix} 2 & 7 & 5 & 0 \\ 3 & 6 & 10 & 10 \\ 0 & 9 & 8 & 4 \\ 0 & 6 & 6 & 10 \end{bmatrix}$$

$$= \begin{bmatrix} 2 & 6 & 5 & 4 \\ 2 & 9 & 10 & 9 \\ 1 & 9 & 8 & 6 \\ 1 & 6 & 6 & 8 \end{bmatrix} - \begin{bmatrix} 2 & 7 & 5 & 0 \\ 3 & 6 & 10 & 10 \\ 0 & 9 & 8 & 4 \\ 0 & 6 & 6 & 10 \end{bmatrix} = \begin{matrix} P_1 \\ P_2 \\ P_3 \\ P_4 \end{matrix} \begin{bmatrix} 0 & -1 & 0 & 4 \\ -1 & 3 & 0 & -1 \\ 1 & 0 & 0 & 2 \\ 1 & 0 & 0 & -2 \end{bmatrix}$$

第 2 步：上式第 3 行（对应进程 P_3）大于或等于 0，说明系统可用资源满足进程 P_3 的最大需求。收回进程 P_3 的资源，即令

Available=Allocation$_3$ + Available=[0　3　3　2]+[1　6　5　4]=[1　9　8　6]

将进程 P_3 加入安全序列 S=< P_0, P_3 >。

重返第 1 步，将系统各类可用资源量扩展为 3 行矩阵（剩余未完成的进程为 3 个）

$$AVAILABLE = \begin{bmatrix} 1 & 9 & 8 & 6 \\ 1 & 9 & 8 & 6 \\ 1 & 9 & 8 & 6 \end{bmatrix}$$

判断 Allocation + Available（扩展矩阵）$\geqslant$ Claim。

$$Allocation + AVAILABLE - Claim = \begin{bmatrix} 1 & 0 & 0 & 0 \\ 1 & 3 & 5 & 4 \\ 0 & 0 & 1 & 4 \end{bmatrix} + \begin{bmatrix} 1 & 9 & 8 & 6 \\ 1 & 9 & 8 & 6 \\ 1 & 9 & 8 & 6 \end{bmatrix} - \begin{bmatrix} 2 & 7 & 5 & 0 \\ 3 & 6 & 10 & 10 \\ 0 & 6 & 6 & 10 \end{bmatrix}$$

$$= \begin{bmatrix} 2 & 9 & 8 & 6 \\ 2 & 12 & 13 & 10 \\ 1 & 9 & 9 & 10 \end{bmatrix} - \begin{bmatrix} 2 & 7 & 5 & 0 \\ 3 & 6 & 10 & 10 \\ 0 & 6 & 6 & 10 \end{bmatrix} = \begin{matrix} P_1 \\ P_2 \\ P_4 \end{matrix} \begin{bmatrix} 0 & 2 & 3 & 6 \\ -1 & 6 & 3 & 0 \\ 1 & 3 & 3 & 0 \end{bmatrix}$$

第 2 步：上式第 1 行（对应进程 P_1）和第 3 行（对应进程 P_4）均大于或等于 0，说明系统可用资源满足进程 P_1 或 P_4 的最大需求。任选一个进程收回其资源，假定收回进程 P_1 的资源，即令

Available=Allocation$_1$ + Available=[1　0　0　0]+[1　9　8　6]=[2　9　8　6]

将进程 P_1 加入安全序列 S=< P_0, P_3, P_1 >。

重返第 1 步，将系统各类可用资源量扩展为 2 行矩阵（剩余未完成的进程为 2 个）

$$AVAILABLE = \begin{bmatrix} 2 & 9 & 8 & 6 \\ 2 & 9 & 8 & 6 \end{bmatrix}$$

判断 Allocation + Available（扩展矩阵）$\geqslant$ Claim。

$$\text{Allocation} + \text{AVAILABLE} - \text{Claim} = \begin{bmatrix} 1 & 3 & 5 & 4 \\ 0 & 0 & 1 & 4 \end{bmatrix} + \begin{bmatrix} 2 & 9 & 8 & 6 \\ 2 & 9 & 8 & 6 \end{bmatrix} - \begin{bmatrix} 3 & 6 & 10 & 10 \\ 0 & 6 & 6 & 10 \end{bmatrix}$$

$$= \begin{bmatrix} 3 & 12 & 13 & 10 \\ 2 & 9 & 9 & 10 \end{bmatrix} - \begin{bmatrix} 3 & 6 & 10 & 10 \\ 0 & 6 & 6 & 10 \end{bmatrix} = \begin{matrix} P_2 \\ P_4 \end{matrix} \begin{bmatrix} 0 & 6 & 3 & 0 \\ 2 & 3 & 3 & 0 \end{bmatrix}$$

第 2 步：上式第 1 行（对应进程 P_2）和第 2 行（对应进程 P_4）均大于或等于 0，说明系统可用资源满足进程 P_2 或 P_4 的最大需求。无须继续推算，系统剩余的资源必然能够满足进程 P_2 或 P_4 的最大需求。将进程 P_2、P_4 依次加入安全序列 $S=< P_0,P_3,P_1,P_2,P_4>$，系统处于安全状态。

进程 P_2 提出资源请求（1,2,2,2）后，系统进行预分配，这时资源分配情况如表 3-15 所示。

表 3-15　进程 P_2 提出资源请求后的资源分配情况

进程	已分配（Allocation）				剩余需求量（Need）				可用（Available）			
	A	B	C	D	A	B	C	D	A	B	C	D
P_0	0	0	3	2	0	0	1	2	0	4	0	0
P_1	1	0	0	0	1	7	5	0				
P_2	2	5	7	6	1	1	3	4				
P_3	0	3	3	2	0	6	5	2				
P_4	0	0	1	4	0	6	5	6				

系统能否分配资源给进程 P_2，同样需要分析计算系统在新的资源预分配情况下是否安全，即是否存在一个安全序列（分析略）。

4．银行家算法的缺点

使用银行家算法时，很难在进程运行前知道其所需的资源最大量，而且算法要求系统中的进程必须是无关的，相互间没有同步要求，进程的个数和分配的资源数目应该是固定的。这些要求事先难以满足，因而银行家算法缺乏实用条件。

3.6.4　死锁检测与解除

1．死锁检测策略

解决死锁问题的一个途径是死锁检测和解除，这种方法对资源的分配不加任何限制，也不采取死锁避免措施，但系统定时运行一个"死锁检测"程序，判断系统内是否已出现死锁状态，如果检测到系统已发生了死锁，则采取措施解除它。

操作系统中每一时刻的系统状态都可以用进程-资源分配图来表示，进程-资源分配图是描述进程和资源间申请与分配关系的一种有向图，可以作为检测系统是否处于死锁状态的出发点。

2．进程-资源分配图的结构

进程-资源分配图由进程节点 P、资源节点 R 和有向边组成。约定从进程指向资源的有向边 $P_i \rightarrow R_j$ 为请求边，表示进程 P_i 申请资源类 R_j 中的一个资源。从资源指向进程的有向边 $R_j \rightarrow P_i$ 为分配边，表示 R_j 类中的一个资源已分配给进程 P_i。进程-资源分配图的实例如图 3-16 和图 3-17 所示。

3．未经化简的进程-资源分配图与死锁之间的某些条件关系

根据原始的未经化简的进程-资源分配图，通常不足以得出进程集合是否发生死锁的确定性结论，只能得出如下有条件的结论。

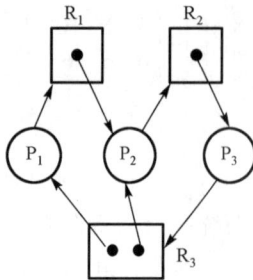

图 3-16　进程-资源分配图（一）　　　　　　图 3-17　进程-资源分配图（二）

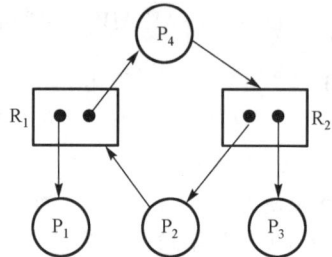

（1）如果进程-资源分配图中无环路，则此时系统没有发生死锁。

（2）如果进程-资源分配图中有环路，且每个资源类中仅有一个资源，则系统中发生了死锁，此时，环路是系统发生死锁的充要条件，环路中的进程即为死锁进程。

（3）如果进程-资源分配图中有环路，且涉及的资源类中有多个资源，则环路的存在只是产生死锁的必要条件而不是充分条件。

如果运用上述结论判断死锁是否发生无效，则需对进程-资源分配图化简后利用死锁定理判定死锁是否发生。而且，对进程-资源分配图的化简判定法总是有效的，正式的，其结论是确定的。而对进程-资源分配图未经化简的判定结论是不确定的，应尽量避免。

4．死锁的检测

进程-资源分配图需要化简后才能做出确定的死锁判断结论。进程-资源分配图的化简方法如下。

从进程-资源分配图中找到一个不阻塞（或者虽阻塞但其资源需求可满足）且非孤立的进程，消除所有与该进程相连的有向边，相当于该进程能够执行完成而释放资源，回收资源使之成为孤立节点；将所回收的资源分配给其他进程，再从进程-资源分配图中找到下一个不阻塞（或者虽阻塞但其资源需求可满足）且非孤立的进程，消除所有与该进程相连的有向边，使之成为孤立节点，等等。不断重复该过程，直到所有进程都成为孤立节点，则称该图是可完全化简的；否则称该图是不可完全化简的。

系统为死锁状态的充分条件：当且仅当该状态的进程-资源分配图是不可完全简化的。该充分条件称为死锁定理。

死锁检测实例 1：对图 3-16 所示的进程-资源分配图进行化简，以确定该进程集合是否发生死锁。

解决思路：按照 P_1、P_2 和 P_3 的顺序逐一考察每个进程，判断其是否孤立和阻塞。

（1）考察 P_1。P_1 不孤立，该进程请求资源 R_1，而 R_1 仅有的一个资源已经分配给 P_2，所以 P_1 等待。

（2）考察 P_2。P_2 不孤立，该进程请求资源 R_2，而 R_2 仅有的一个资源已经分配给 P_3，所以 P_2 等待。

（3）考察 P_3。P_3 不孤立，该进程请求资源 R_3，而 R_3 的两个资源已经分别分配给 P1 和 P_2，所以 P_3 等待。

所有进程都在等待状态，因此该进程集合死锁。

死锁检测实例 2：对图 3-17 所示的进程-资源分配图进行化简，以确定该进程集合是否发生死锁。

（1）考察 P_1。P_1 不孤立，该进程未发出资源请求，因此 P_1 无须等待，消除与 P_1 相连的有向边，相当于 P_1 运行结束，归还资源，结果如图 3-18 所示。

（2）考察 P_2。P_2 不孤立，该进程正在请求资源 R_1，P_1 释放的资源 R_1 可以分配给 P_2，将 P_2 到 R_1 的请求边改画为分配边（图 3-19），P_2 不再请求资源，无须等待（不再阻塞），因此消除与 P_2 相连的有向边，使 P_2 成为孤立节点，相当于 P_2 运行结束，归还资源，结果如图 3-20 所示。

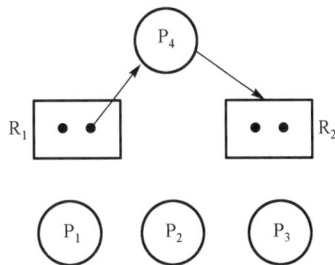

（3）类似对 P_1 的分析，消除与 P_3 相连的有向边，结果如图 3-21 所示。消除与 P_4 相连的有向边（图略）。最终，所有进程都成为孤立节点，相当于所有进程都能运行结束，该进程集合无死锁。

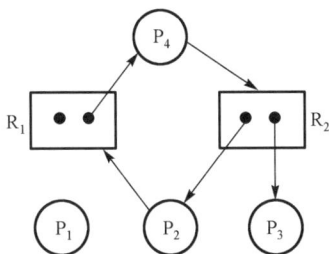

图 3-18　消除与 P_1 相连的有向边　　　　图 3-19　分配资源 R_1 给 P_2

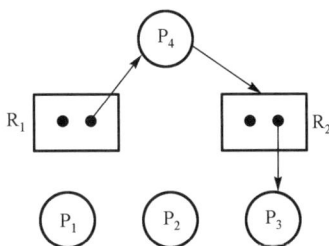

图 3-20　消除与 P_2 相连的有向边　　　　图 3-21　消除与 P_3 相连的有向边

5．死锁检测算法与死锁避免算法比较

死锁检测算法与死锁避免算法都允许部分分配资源。两者都采取逐个满足每个进程需求然后再回收利用的资源分配策略。死锁检测算法在每次迭代中可以为多个进程分配资源；而死锁避免算法在每次迭代中仅为一个进程分配资源。在银行家算法中，进程不需要提出部分资源需求，系统决定将现有资源分配给哪个进程。死锁检测算法处理的进程-资源分配图中可以同时存在多个进程的请求边，死锁检测算法根据进程的资源请求确定是否有空闲资源可以分配给它。

6．死锁的解除方法

死锁的解除方法如下。

（1）立即结束所有进程的执行，并重新启动操作系统。该方法简单，但以前执行的工作全部作废，损失可能会很大。

（2）剥夺陷于死锁的进程所占用的资源，但不撤销它，直至死锁解除。

（3）撤销陷于死锁的所有进程，解除死锁继续运行。

（4）逐个撤销陷于死锁的进程，回收其资源，直至死锁解除。

（5）根据系统保存的检查点，使所有进程回退，直到足以解除死锁。

（6）当检测到死锁时，如果存在某些未卷入死锁的进程，而这些进程随着建立一些新的抑制进程能执行到结束，则它们可能释放足够的资源来解除死锁。

3.7 Linux 内核中的同步和互斥机制

用户程序和操作系统内核程序可能在本地 CPU 上并发或在不同处理器上并行访问共享资源，修改共享资源，造成结果错误。

操作系统的若干内核程序，如中断处理程序、异常处理程序、中断处理的可延迟函数、软中断等，在本地 CPU 或多个 CPU 上并发或并行运行时，若访问共享资源，也需要采用互斥机制，以保证资源操作的完整性和一致性。内核访问的共享资源包括内存描述符、slab 高速缓存链表、索引节点等各类内核数据结构。共享资源的操作包括分配、回收、插入、删除、修改等。为实现对共享资源的排他性访问，Linux 提供了多种基于原子操作的锁机制，主要有原子操作、自旋锁、信号量、读者/写者锁等。

1. 原子操作

原子操作以不被中断的方式完成一系列操作。例如，整数加一、减一操作，位的设置、清零操作等。Linux 提供了专门用于实现此类原子操作的数据类型和一系列原子操作函数。例如，atomic_t 为整数原子运算的数据类型，针对该类型的部分原子操作函数如表 3-16 所示。

表 3-16 整数的原子操作函数

函数	功能
atomic_read(atomic_t *v)	读取原子变量的值
atomic_set(atomic_t *v, int i)	将 v 设置为 i
atomic_add(int i, atomic_t *v)	将 i 加到 v
atomic_sub(int i, atomic_t *v)	从 v 减去 i

2. 自旋锁

自旋锁供资源请求者以非阻塞的方式竞争共享资源的使用权。当被保护资源正被占用时，通过自旋锁访问共享资源的请求者会重复检查锁是否已打开，若未打开，则继续检查锁的状态，请求者不会进入睡眠状态，而是处于忙等待状态，请求者占用处理器不释放，内核抢占失效。自旋锁机制适合访问占用时间较短的共享资源。如果共享资源需要在中断上下文访问，则必须使用自旋锁。如果共享资源需要在进程上下文访问，且资源被占用时等待资源释放的时间较短，则也可以使用自旋锁；若进程等待被占用资源释放所需时间较长，则需要使用信号量。自旋锁只有在内核可抢占或 SMP（多处理器）的情况下才真正被需要。

自旋锁由 spinlock_t 数据结构实现，其加锁和解锁操作函数有多个版本，基本函数如下。

static inline void spin_lock(spinlock_t *lock);

static inline void spin_unlock(spinlock_t *lock);

临界区置于 spin_lock 和 spin_unlock 之间。

3. 信号量

信号量供资源请求者以阻塞的方式竞争共享资源的使用权。当被保护资源正被占用时，通过信号量访问共享资源的请求者将阻塞，直到所请求资源被释放，请求者被唤醒为止。信号量机制适合需要长时间等待共享资源被占用者释放的情况。

Linux 提供了两种信号量，一种是内核信号量，供异常处理程序，如系统调用处理程序之类的内核控制路径使用；一种是 System V IPC 信号量，供用户态进程使用。只有可以睡眠的函数才能获取内核信号量，中断处理程序和可延迟函数都不能使用内核信号量。内核信号量是

struct semaphore 类型的对象，其定义如下。

```
struct semaphore {
    atomic_t count;
    int sleepers;
    wait_queue_head_t wait;
};
```

其中 count 的初值规定可以以非互斥方式同时执行临界区的进程的数目。若 count 初值为 1，则信号量实现互斥功能。count 值大于 0 表示可用资源的数目，count 值小于 0 表示资源不可用，且至少有一个进程等待资源。sleepers 为等待者进程的数目，wait 为进程等待队列。

struct semaphore 的操作函数如下。

（1）信号量初始化函数 static inline void sema_init (struct semaphore *sem, int val)

该函数使用原子操作函数将 sem 的 count 域初始化为 val，等待者 sleepers 设为 0，初始化等待队列。

（2）加锁函数 static inline void down(struct semaphore * sem)

down 函数减少 sem 的 count 值，若 count 值大于或等于 0，则当前进程继续执行，可以访问共享资源；否则当前进程阻塞，加入 sem 的 wait 队列中。减少 count 值及判断 count 值的操作都必须原子执行。

（3）解锁函数 static inline void up(struct semaphore * sem)

up 函数增加 sem 的 count 值，若 count 值大于或等于 0，则空操作；否则唤醒 sem 的 wait 队列中的一个睡眠进程。增加 count 值及判断 count 值的操作都必须原子执行。

函数 down 和 up 访问信号量结构的成员时，需要获得自旋锁，并禁止本地中断，确保信号量及相关队列的插入、删除操作对竞争该信号量及相关队列的本地进程和在其他 CPU 上运行的进程是原子的、互斥的。

4. 读者/写者锁

读者/写者锁对共享资源的读、写操作采取不同的限制措施。对共享资源的读访问可以由多个进程/线程或者多个处理器并发进行，即不加互斥。当共享资源正在以读方式被访问时，其他读访问资源的请求者通过读者/写者锁可以成为共同的读访问者，但是写访问者必须等待。对共享资源的写访问一次仅允许一个进程/线程或者一个处理器进行，即互斥访问。当共享资源正在以写方式被访问时，其他访问者必须等待。

```
struct rw_semaphore 是用于实现读者/写者锁的一种信号量，其结构定义如下。
struct rw_semaphore {
    __s32           activity;      /*信号量值*/
    spinlock_t      wait_lock;     /*等待队列 wait_list 访问锁*/
    struct list_head wait_list;     /*进程等待队列*/
};
```

其操作函数主要有读者加锁函数 down_read、读者解锁函数 up_read、写者加锁函数 down_write、写者解锁函数 up_write。

3.8　Linux 通信机制

进程间的通信属于共享资源访问行为，需要一定的同步互斥机制。Linux 提供的一些通信机制已经封装了同步互斥操作，另一些机制需要用户自行准备同步互斥操作。Linux 通信机制主要有管道、共享内存、消息队列、信号量、套接字。

3.8.1　Linux 管道

　　管道是仅存在于内存中的文件，没有外存空间，只与内核缓冲区关联。两个或多个进程利用管道缓冲区交换数据，实现通信。管道分为匿名管道和有名管道。匿名管道拥有两个文件描述符，第一个描述符用于从管道中读取数据，第二个描述符用于向管道中写入数据。匿名管道通常是半双工的，一个进程只能使用其中一个文件描述符操作。如果需要双向传递数据流，则需要进程创建两个匿名管道，一个用于读，一个用于写。

　　在 shell 命令中，可以使用"|"操作符来创建匿名管道，将前一个进程的输出重定向到匿名管道，第二个进程从匿名管道中读取输入。"|"操作符连接的两个命令由 fork 创建的一对父子进程执行，它们共享"|"创建的匿名管道，可以交换信息。

　　管道作为内存中的一种特殊文件，与其他文件一样拥有统一的 VFS 访问接口 read() 和 write()。创建管道时，需要为其创建一个索引节点对象和两个文件对象。一个文件对象用于读，另一个文件对象用于写。管道采用循环队列来实现。

　　索引节点结构 struct inode 中与匿名管道相关的成员有 struct file_operations *i_fop 和 struct pipe_inode_info *i_pipe，i_fop 为文件操作函数集，i_pipe 为管道索引节点信息结构 struct pipe_inode_info 指针。

　　创建管道索引节点时，i_fop 被赋为 rdwr_pipefifo_fops，其定义如下。

```
const struct file_operations rdwr_pipefifo_fops = {
    .llseek        = no_llseek,
    .read          = do_sync_read,
    .aio_read      = pipe_read,
    .write         = do_sync_write,
    .aio_write     = pipe_write,
    .poll          = pipe_poll,
    .unlocked_ioctl = pipe_ioctl,
    .open          = pipe_rdwr_open,
    .release       = pipe_rdwr_release,
    .fasync        = pipe_rdwr_fasync,
};
struct pipe_inode_info 的定义为:
struct pipe_inode_info {
    wait_queue_head_t wait;              /*进程等待队列*/
    unsigned int nrbufs, curbuf;         /*nrbufs 为包含待读数据的缓冲区数,curbuf
                                         为包含待读数据的第一个缓冲区的索引*/
    struct page *tmp_page;
    unsigned int readers;               /*读进程的标志或编号*/
    unsigned int writers;               /*写进程的标志或编号*/
    unsigned int waiting_writers;       /*在等待队列睡眠的写进程的数目*/
    unsigned int r_counter;
    unsigned int w_counter;
    struct fasync_struct *fasync_readers;
    struct fasync_struct *fasync_writers;
    struct inode *inode;
    struct pipe_buffer bufs[PIPE_BUFFERS];   /*管道的环形缓冲区*/
};
```

其中 bufs 是读和写进程交换数据的环形缓冲区，其结构类型为 struct pipe_buffer:

```
struct pipe_buffer {
    struct page *page;                          /*管道缓冲区页框指针*/
    unsigned int offset, len;                   /*offset 为页框内有效数据的当前位置,
                                                  len 为页框内有效数据的长度*/
    const struct pipe_buf_operations *ops;  /*管道缓冲的操作函数集指针*/
    unsigned int flags;
    unsigned long private;
};
```

管道的互斥访问由索引节点对象中的 i_sem 信号量保证。

管道读操作 pipe_read 的处理步骤如下。

（1）对索引节点的 i_sem 信号量加锁。

（2）若管道缓冲区为空，则读进程等待，被加入管道等待队列，即加入 pipe_inode_info 结构的 wait 队列，解锁 i_sem 信号量，转进程调度。以后进程被唤醒时，重新从步骤（1）开始执行。

（3）从 pipe_inode_info 结构的缓冲区索引字段 curbuf 所指的管道缓冲区复制请求的字节数到用户地址空间。

（4）更新该缓冲区的 offset 和 len 字段；若缓冲区已空，即 len=0，则使缓冲区索引字段 curbuf 指向下一个缓冲区，并减小 nrbufs 字段中非空管道缓冲区计数器的值。

（5）如果所有请求字节复制完毕，则转到步骤（8）。

（6）若管道的大小大于 0（说明还没有把所有请求的字节数复制到用户地址空间），即 nrbufs 字段不是 NULL，则转到步骤（3）。

（7）（管道缓冲区已空）如果管道等待队列 wait 中的写进程正在睡眠，即 waiting_writers 字段大于 0，且读操作是阻塞的，则唤醒所有写进程，转到步骤（2）。

（8）解锁索引节点的 i_sem 信号量。

（9）唤醒管道等待队列 wait 中的所有写进程，返回复制到用户地址空间的字节数。

管道写操作 pipe_write 的处理步骤如下。

（1）对索引节点的 i_sem 信号量加锁。

（2）若管道不存在读进程，则向当前进程（写进程）发送 SIFPIPE 信号，默认终止写进程。解锁索引节点的 i_sem 信号量并返回。

（3）计算待写缓冲区索引字段，即 pipe_inode_info 结构的缓冲区索引字段 curbuf+nrbufs。若该索引所指的管道缓冲区空间足够存放待写字节，则将数据复制到该缓冲区，更新缓冲区对象 pipe_buffer 的 len 字段，转到步骤（7）。

（4）若没有空闲缓冲区，即 pipe_inode_info 结构的 nrbufs 字段值已达最大限定值，则写进程加入管道等待队列 wait，waiting_writers 增 1，解锁索引节点的 i_sem 信号量，转进程调度。待写进程被唤醒时，移出阻塞队列，对索引节点的 i_sem 信号量加锁，waiting_writers 减 1，转到步骤（4）。否则顺序进入步骤（5）的有空闲缓冲区的处理。

（5）计算第一个待写空缓冲区索引字段，即 pipe_inode_info 结构的缓冲区索引字段 curbuf+nrbufs。将数据从用户地址空间复制到该管道缓冲区；更新该缓冲区的 offset 和 len 字段；增加非空管道缓冲区计数器 nrbufs 字段的值。

（6）如果所有请求字节没有写完，则转步骤（4）。

（7）解锁索引节点的 i_sem 信号量，唤醒管道等待队列中的所有读进程。

（8）返回写入管道缓冲区的字节数。

有名管道也称为 FIFO，有名管道的名字出现在文件系统的目录树中，任何进程都可以访问。有名管道的读和写操作与匿名管道类似。

3.8.2 Linux 共享内存

Linux 为共享内存对象创建一个伪文件，通过伪文件的指针 shm_file→f_mapping 访问地址空间对象（struct address_space），创建匿名映射。设置共享内存访问者进程的页表，使得各个进程都能够访问共享内存区域。

对共享内存的读和写操作通过指令进行，不需要通过系统调用。共享内存比管道节约数据复制次数，一个进程将数据传送到共享内存中，另一个进程从共享内存中获取数据。

共享内存使用 shmget() 函数创建。

共享内存被创建后如果未被显式释放，则可独立于创建它的进程而存在于内存中，直到系统关闭。共享内存可被任何进程使用。

系统中所有被创建的共享内存以数组的形式组织在一起，该数组定义为 struct shmid_kernel *shm_segs[SHMMNI]，每个共享内存在数组中占据一个表项，表项元素值为共享内存描述结构 struct shmid_kernel 的地址（指针）。即每个被创建的共享内存采用 struct shmid_kernel 结构描述。

3.8.3 Linux 消息队列

每个消息包含消息正文和一个表示消息类型的编号，接收者可以指定接收一定编号范围内的消息。消息一经读取，即由内核删除。即消息只能被读取一次。同一编号的消息按照先进先出的顺序处理。消息发送者和接收者无须同时运行。消息队列可以独立于它的创建者而存在。若消息队列未删除，则其中的消息仍然存在，且可读取。消息发送者和接收者都可以睡眠。当消息队列达到最大容量后，发送者再次发送消息时将睡眠。如果消息队列为空，则接收者试图接收消息时将睡眠。

Linux 消息队列由 struct msg_queue 结构实现，其定义如下。

```
struct msg_queue {
    struct kern_ipc_perm q_perm;
    time_t q_stime;                          /*最后调用 msgsnd 发送消息的时间*/
    time_t q_rtime;                          /*最后调用 msgrcv 接收消息的时间*/
    time_t q_ctime;                          /*最后修改的时间*/
    unsigned long q_cbytes;                  /*队列中的字节数*/
    unsigned long q_qnum;                    /*队列中的消息数*/
    unsigned long q_qbytes;                  /*队列中的最大字节数*/
    pid_t q_lspid;                           /*最后调用 msgsnd 的 pid */
    pid_t q_lrpid;                           /*最后调用 msgrcv 的 pid */
    struct list_head q_messages;             /*队列中的消息链表*/
    struct list_head q_receivers;            /*接收消息的进程链表*/
    struct list_head q_senders;              /*发送消息的进程链表*/
};
```

其中，q_messages 为消息链表头指针，q_receivers 为消息接收者阻塞链表头指针，q_senders 为消息发送者阻塞链表头指针。当消息队列满时，即当消息队列达到最大消息数，或者队列达到最大字节数时，发送进程阻塞在 q_senders 队列中。当消息队列为空，或者指定类型的消息不存在时，接收进程阻塞在 q_receivers 队列中。q_receivers 队列中的每个节点包含一个指向进程描述符的指针、指向消息结构 struct msg_msg 的指针和所请求的消息类型。消息链表中每条消息的结构如下。

```
struct msg_msg {
    struct list_head m_list;                 /*用于链接下一条消息的指针*/
```

```
        long m_type;                    /*消息类型*/
        int m_ts;                       /*消息正文长度*/
        struct msg_msgseg* next;        /*链接分配给一条消息的下一个内存页*/
        /*在 next 之后是消息正文*/
    };
```

每条消息存放在动态分配的一个或多个内存页中，超过一个内存页时，由一个内存页的 next 指针链接消息的下一个内存页。第 1 页的起始部分存放消息头，消息头是 struct msg_msg 类型的数据结构，其成员为 m_list、m_type、m_ts、next，m_list 用于链接下一条消息，m_type 为消息类型，m_ts 为消息正文的大小，next 指向消息的下一个内存页。消息正文从 next 域开始存放。消息从第 2 页开始的每页开头存放 struct msg_msgseg 类型的数据，其中只包含用来链接消息下一个内存页的指针 next。

阻塞的消息发送者的结构如下。

```
    struct msg_sender {
        struct list_head list;          /*阻塞队列头指针*/
        struct task_struct* tsk;        /*指向进程描述结构的指针*/
    };
```

阻塞的消息接收者的结构如下。

```
    struct msg_receiver {
        struct list_head r_list;        /*阻塞队列头指针*/
        struct task_struct *r_tsk;      /*指向进程描述结构的指针*/
        int r_mode;
        long r_msgtype;                 /*消息类型*/
        long r_maxsize;
        struct msg_msg *volatile r_msg;
    };
```

消息队列结构如图 3-22 所示。

图 3-22　消息队列结构

消息队列被创建后如果未被显式释放，则可独立于创建它的进程而存在于内存中，直到系统关闭。消息队列可被任何进程使用。消息队列使用 msgget()函数创建。

3.8.4 Linux 信号量

信号量被创建后如果未被显式释放，则可独立于创建它的进程而存在于内存中，直到系统关闭。信号量可被任何进程使用。信号量使用 semget() 函数创建。

共享内存、消息队列、信号量也称为 IPC（进程间通信）资源。每个 IPC 资源采用一个 32 位的 IPC 关键字标识。IPC 关键字可由程序员选择。进程引用 IPC 关键字标识符访问 IPC 资源进行通信。IPC 关键字标识符在一定的数值范围内循环使用。

IPC 资源具有与文件类似的访问权限，包括资源属主、所属组和其他人对资源的读、写权限，但没有执行权限。

函数 semctl()、msgctl()、shmctl() 分别用来对信号量、消息队列和共享内存进行控制。IPC_SET 子命令用于改变资源属主的用户标识符和组标识符以及 IPC 资源的访问权限，IPC_STAT 和 IPC_INFO 子命令用于取得 IPC 资源信息，IPC_RMID 子命令用于释放 IPC 资源。semop() 函数用于获得或释放一个 IPC 信号量，msgsnd() 函数用于发送一个 IPC 消息，msgrcv() 函数用于接收一个 IPC 消息，shmat() 函数用于将共享内存附加到进程地址空间，shmdt() 函数用于解除共享内存到进程地址空间的附加。

3.8.5 Linux 套接字

套接字 socket 是异机互联通信的机制。套接字是标识网络上通信端点地址的数据结构，包括定位通信计算机的 IP 地址和定位计算机上通信进程的端口号以及通信协议。

1. 套接字通信函数

socket 有若干函数供服务器或客户端完成重要的通信步骤。其主要函数如下。

（1）创建套接字函数 int socket(int domain, int type, int protocol)

domain 指定地址族协议，取 AF_INET，则使用 IPv4 格式的 IP 地址；取 AF_INET6，则使用 IPv6 格式的 IP 地址。type 指定传输协议类型，取 SOCK_STREAM，则使用流式传输协议；取 SOCK_DGRAM，则使用报文传输协议。protocol 指定与 type 匹配的协议，一般置 0，使用默认的协议。若 type 为 SOCK_STREAM，则 protocol 默认使用 TCP；若 type 为 SOCK_DGRAM，则 protocol 默认使用 UDP。若调用成功，则返回套接字描述符。

（2）套接字绑定函数 int bind(int sockfd, const struct sockaddr *addr, socklen_t addrlen)

bind 将 socket() 函数返回的套接字描述符与本通信端主机 IP 地址和本主机上的通信进程端口号绑定。sockfd 为调用 socket() 函数返回的套接字描述符，用于供本机服务器进程监听客户端向本服务器发出的连接请求。addr 为要与 sockfd 绑定的包含本机 IP 地址和本通信服务器进程端口号的结构体，IP 地址和端口号需分别调用 htonl 和 htons 函数转换为网络字节序。addrlen 存放 addr 指向的内存大小。

（3）套接字监听函数 int listen(int sockfd, int backlog)

listen 监听向 sockfd 发起连接的客户端。sockfd 为调用 socket() 函数返回的套接字描述符。backlog 设置最大连接数，最大值为 128。

（4）接受客户端连接请求函数 int accept(int sockfd, struct sockaddr *addr, socklen_t *addrlen)

accept 以阻塞方式等待客户端发出连接请求，一旦接收到连接请求，则服务器建立一个新的套接字表示双方之间的本连接，并返回该套接字的描述符用于通信。sockfd 是调用 socket 函数返回的用于监听客户端发出连接请求的套接字描述符，不同于 accept 返回的用于表示通信连接的套接字描述符。addr 为服务器获得与其建立了连接的客户端的 IP 地址和端口号（客户端自动随机绑定）。addrlen 存放 addr 指针指向的内存大小。如果函数调用成功，则返回表示连接的套接字描述符。

（5）客户端发起连接函数 int connect(int sockfd, const struct sockaddr *addr, socklen_t addrlen)

客户端调用 connect 向服务器端发起连接请求。sockfd 是服务器端调用 socket 函数返回的用于监听客户端发出连接请求的套接字描述符。addr 存放要连接的服务器端（转换为网络字节序）的 IP 地址和端口号。addrlen 存放 addr 指针指向的内存大小。

（6）套接字读写（收发）函数

套接字发送（或写）函数为 ssize_t write(int fd, const void *buf, size_t len)或 ssize_t send(int fd, const void *buf, size_t len, int flags)，fd 为 accept()函数返回的用于表示连接的套接字描述符，buf 指向要发送的字符串，len 为要发送的字符串的长度，flags 一般不使用，置为 0。若发送成功，则返回实际发送的字节数。

套接字接收（或读）函数为 ssize_t read(int sockfd, void *buf, size_t size)或 ssize_t recv(int sockfd, void *buf, size_t size, int flags)，sockfd 为 accept()函数返回的用于表示连接的套接字描述符，buf 指向要接收的字符串缓冲区，size 为参数 buf 指向的内存缓冲区的容量，flags 一般不使用，置为 0。若接收成功，则返回实际接收的字节数。

（7）套接字关闭函数 int close(int fd)

关闭套接字，终止服务器与客户端之间的套接字连接。fd 为 accept()函数返回的用于表示连接的套接字描述符。

2. 套接字通信的步骤

以 TCP 通信为例，服务器和客户端调用上述函数进行通信的步骤如图 3-23 所示。

图 3-23 服务器与客户端的 TCP 通信步骤

习 题 3

3-1 有 3 个并发协作进程：R 从输入设备读入信息块，M 对信息块进行加工处理产生结果，P 打印信息处理结果。试用信号量和 PV 操作写出 3 个进程的协同操作程序。

3-2　驾校考场有 20 台考车和 7 个考位，每个考生在其中任意一个考位按照规定顺序依次完成 5 个项目的考试。考车循环使用，每当一个考生考完交车后，下一个考生上车考试。考生可前往考生较少的考位考试。在某个考位，只要当前需要进行的考试项目场地空闲，考生即可进入该项目考试。试用信号量和 PV 操作写出考生考试的过程。

3-3　学校阅览室可容纳 100 人同时阅读，有空位置时，读者可登记进入，否则读者离开。读者退出阅览室时注销。试用信号量和 PV 操作写出读者出入阅览室的过程。

3-4　请用信号量和 PV 操作描述甲乙两人轮流下象棋的过程。

3-5　请用信号量和 PV 操作描述公交车司机和售票员的活动，实现两者之间的同步。司机的活动为：启动车辆，正常行车，到站停车。售票员的活动为：关车门，售票，开车门。

3-6　城市道路十字路口的通行规则是"红灯停，绿灯行"，请用信号量和 PV 操作描述交通信号灯和汽车通过十字路口的同步行为。

3-7　某种产品由 A、B、C 3 种零件组装而成。3 种零件分别由 3 个相应的零件车间生产。零件组装则由装配车间完成。装配车间有 3 个分别存放 3 种零件的货架 S_1、S_2 和 S_3，分别最多可存放 m 个 A 种零件、n 个 B 种零件和 k 个 C 种零件。每件产品分别由 A、B、C 3 种零件各一个装配而成。请采用信号量和 PV 操作描述零件生产和零件装配的同步操作算法。

3-8　系统有 A、B、C、D 4 种资源，在某时刻进程 P_0、P_1、P_2、P_3、P_4 已获得和还需求资源情况如表 3-17 所示。

表 3-17　情况

进程	已分配				最大需求				可用			
	A	B	C	D	A	B	C	D	A	B	C	D
P_0	0	0	3	2	0	0	4	4	2	6	4	4
P_1	1	1	0	0	2	6	5	0				
P_2	1	2	4	2	3	7	11	12				
P_3	0	3	3	2	0	7	7	4				
P_4	0	0	1	4	0	6	6	8				

（1）系统此时处于安全状态吗？

（2）若此时进程 P_2 发出请求 request(1,2,2,2)，系统能否分配资源给它，为什么？

3-9　4 个进程 P_1、P_2、P_3、P_4 共享系统中的 3 个 R_1 类资源，4 个 R_2 类资源，4 个进程均按如下顺序使用资源：

申请 R_1，申请 R_2，申请 R_1，释放 R_1，释放 R_2，释放 R_1

该进程集合运行时会死锁吗？为什么？采用进程–资源分配图描述最可能死锁或必然死锁的格局。

3-10　独木桥问题：东西方向汽车过独木桥，一次仅允许一方汽车通过，待该方汽车全部通过后，另一方汽车才能过桥，请用信号量和 PV 操作描述汽车过独木桥的同步操作算法。

3-11　一组生产者进程和一组消费者进程共享 m 个缓冲区，每个缓冲区存放一个数据。生产者进程每次向 3 个缓冲区中写入 3 个数据，消费者进程每次从 1 个缓冲区中取出 1 个数据。请采用信号量和 PV 操作描述生产者进程和消费者进程的同步操作算法。

3-12　顾客到银行办理业务时，首先在取号机取号，然后坐在椅子上等候，当业务员叫号时前往业务窗口办理业务。假设银行有 3 个窗口可办理业务。请采用信号量和 PV 操作描述顾客取号后等候叫号和银行业务员叫号办理业务的同步动作。

3-13　试用进程-资源分配图描述哲学家进餐问题中出现死锁时的格局。

3-14　经典同步问题：吸烟者问题。3 名吸烟者和 1 名原料供应者位于一个房间内。每位吸烟者需要 3 种东西：烟草、纸和火柴，第 1 个吸烟者有自己的烟草，第 2 个吸烟者有自己的纸，第 3 个吸烟者有自己的火柴。供应者随机将两种原料放在桌子上，允许一位吸烟者卷烟和吸烟。吸烟者吸完后唤醒供应者，供应者再将两种原料放在桌子上，唤醒另一位吸烟者。采用信号量和 PV 操作描述吸烟者和供应者同步工作的程序。

3-15　3 个进程对某种资源的请求和分配情况如表 3-18 所示，请使用银行家算法计算安全序列，即进程推进顺序。

表 3-18　情况

进程	最大需求	已分配	可用
P1	9	2	
P2	11	3	3
P3	7	4	

3-16　试用管程分别描述生产者-消费者问题、哲学家进餐问题、读者-写者问题和睡眠理发师问题的同步互斥行为。

3-17　试在 Linux 环境下采用信号量和 PV 操作函数实现生产者-消费者问题、哲学家进餐问题、读者-写者问题和睡眠理发师问题的同步互斥程序。

3-18　试在 Linux 环境下实现进程间的管道通信、共享内存通信、消息队列通信和套接字通信。

3-19　简述程序执行的顺序性和并发性的含义，它们之间有何关系？

3-20　什么是并发程序设计？什么是多道程序设计？

3-21　一个程序是否能够并发运行取决于程序本身还是操作系统？

3-22　一组程序是否能够并发运行取决于程序本身还是操作系统？

3-23　什么是进程互斥？什么是进程同步？两者有什么区别？

3-24　下面关于管程的用法或说法错误的有哪些？

（1）进程可以访问管程中的共享变量。

（2）进程可以访问管程中的条件变量。

（3）进程可以访问管程中的过程。

（4）管程是一个封装了内部数据，仅对外提供过程的一种对象。

3-25　什么是进程通信？它与同步和互斥有何关系？

3-26　下面关于共享内存通信的用法或说法错误的有哪些？

（1）使用共享内存地址与使用进程私有空间的地址并无形式上的区别。

（2）使用共享内存地址时需陷入操作系统内核。使用进程私有空间的地址时不需要陷入操作系统内核。

3-27　请判断下面关于进程-资源分配图的说法正误。

（1）在进程-资源分配图中，由进程指向资源的箭头表明进程请求资源，进程处于等待状态，且这种等待状态不可改变。

（2）在进程-资源分配图中，由进程指向资源的箭头表明进程请求资源，进程处于等待状态，如果存在可用资源，这种等待状态将结束。

（3）在进程-资源分配图中，由资源指向进程的箭头表明进程已经得到所需资源，进程当前未处于等待状态。

第 4 章

存储管理

内存是存放进程实体、实现进程活动的重要场所。当把程序从外存装入内存中创建进程时需要考虑内存是否能够容纳该进程；在多任务环境下，应把程序装入哪一个可用的存储区域？哪些内存区域是空闲的？哪些内存区域是已经占用的？如何记住内存占用情况？如果内存不足以容纳程序怎么办？程序在运行过程中如果要动态申请内存空间或释放内存空间,应如何处理？一个进程如果要访问另一个进程或操作系统的存储区域，应做何处理？阻塞进程被调出到外存去等待，再次装入内存时应做哪些处理？当进程运行结束时，应如何回收内存？这些问题是存储管理应解决的问题。

要解决这些问题，需要存储管理硬件的支持，也需要软件进一步提供更具体、更深入的解决方案。存储管理的主要对象是内存。存储管理的功能包括内存分配和回收、内存抽象和映射、存储隔离和共享、存储扩充。

4.1　存储器层次

目前计算机系统采用层次结构存储系统，如图 4-1 所示。在图 4-1 中，自底向上，存储器访问速度及单位造价依次增加，而存储容量逐渐减小。

下面依次介绍存储器层次中的各级存储器。

1. 寄存器

寄存器位于 CPU 中，访问速度最快，在 32 位 CPU 中为 32×32 位，在 64 位 CPU 中为 64×64 位。寄存器由程序员通过软件自行管理。

2. 高速缓存

图 4-1　多层次存储器系统

高速缓存访问速度快于主存储器，利用它存放内存中一些经常访问的信息可以大幅度提高程序的执行速度。通常，运算的信息存放在内存中，每当使用时，信息都被临时复制到高速缓存中。当CPU 访问一组特定信息时，首先检查信息是否在高速缓存中，如果已存在，则可直接从中取出使用；否则，要从内存中读出信息并复制到高速缓存中。CPU 中的高速缓存有存放指令的，也有存放数据的。高速缓存由硬件控制。

3. 主存储器

主存储器是操作系统存储管理的主要对象。内存是进程活动的重要场所。内存容量大，可以同时容纳多个进程。当用户提出运行程序服务请求时，操作系统需要从外存找到并装入用户程序。这时，需要考虑内存是否能容纳该程序。在多任务环境下，还要考虑把程序装入哪一个可用的存储区域。可执行程序必须保存在计算机主存储器中，与外围设备交换信息一般也依托主存储器地址空间。寄存器、高速缓存、主存储器不能永久保存信息，断电后其中的信息将不存在。

4．磁盘和磁带

磁盘和磁带存储的信息可长期保存，而且容量远大于内存，单位造价远低于内存，被看作内存的后备（后援）存储器或者辅助存储器。在计算机系统中，磁盘和磁带被看作 I/O 设备，属于设备管理的范畴。又由于磁盘和磁带用于存储软件信息，因此文件管理部分也会涉及磁盘及磁带空间的管理。

4.2 地址重定位、存储保护和存储共享

1．逻辑地址与物理地址

逻辑地址是某个指令、数据或语句相对于程序本身某个基准位置（通常是程序的开始处）的偏移量，也称为**相对地址**。相对地址是逻辑地址的一个特例，是相对于程序中已知点（通常是程序的开始处，地址值为 0）的存储单元的位置表示。逻辑地址是编写、分析、处理程序时所用的程序中某个位置的地址。逻辑地址是相对于程序自身某个起点的程序指令或数据的访问地址。在执行对内存的访问之前必须把逻辑地址转换成物理地址。内存物理地址（也称为绝对地址）是程序运行时中央处理器实际访问的内存单元地址。源程序中的符号地址、编译生成的中间代码程序（也称为目标代码程序）及链接生成的可执行程序中的地址均为逻辑地址。使用逻辑地址可以使程序的编制独立于内存物理地址，使程序可以装入内存中任何可用的位置而不影响程序的执行逻辑。在执行程序时，将其中程序和数据的逻辑地址转换为物理地址的过程称为地址重定位或地址变换。目标程序（及可执行程序）的相对地址一般从 0 开始编址。逻辑地址或相对地址也称为**虚拟内存地址或虚拟地址**。每个进程都使用虚拟内存地址定位指令或数据。CPU 包含的存储管理部件 MMU 将虚拟地址转换为物理地址。一个用户作业的目标程序的逻辑地址集合称为该作业的**逻辑地址空间或者虚拟地址空间**。为进程分配的进程能够访问的那部分内存空间的地址范围为该进程的**物理地址空间**。操作系统的内存管理模块和 MMU 将不同进程的虚拟地址映射到不同的物理地址空间，从而实现存储隔离。

各术语定义总结如下。

逻辑地址：逻辑地址是某个指令、数据或语句相对于程序本身某个基准位置（通常是程序的开始处）的偏移量，也称为相对地址。在执行对内存的访问之前必须把逻辑地址转换为物理地址。

物理地址（或绝对地址）：物理地址是程序运行时中央处理器实际访问的内存单元地址。

地址重定位或地址变换：在执行程序时，将其中程序和数据的逻辑地址转换为物理地址的过程。

不仅内存地址有逻辑地址和物理地址之分，其他硬件设备，如输入设备、输出设备、存储设备等也有逻辑名称（逻辑地址）和物理名称（物理地址）之分。使用虚拟地址或者虚拟名称的目的是将程序的设计与其在物理硬件上的运行独立开来，达到与硬件无关性的目的。

图 4-2 给出了源程序、目标代码程序（或可执行程序）中的逻辑地址和进程中的物理地址之间的变换关系。为了便于理解程序编制、编译和运行中的地址变换情况，目标代码及进程中的语句和指令仍然以可阅读的形式表示，而没有以二进制形式表示。

图 4-2　地址变换（以静态重定位为例说明）

2．静态重定位和动态重定位

根据重定位的时机不同，地址重定位可分为静态重定位和动态重定位。

静态重定位：根据程序装入的内存位置由装入程序依据重定位信息一次性将程序中所有的逻辑地址转换为物理地址，然后程序开始执行，这种重定位方式称为静态重定位（可重定位装入方式）。

重定位信息及程序执行入口等控制信息位于可执行文件的特定位置，如文件开头，是可执行程序的组成部分，由链接程序生成。装入程序是操作系统的一个服务例程。

静态重定位无须硬件支持，易于实现。静态重定位不允许程序在内存中移动位置。

动态重定位：地址转换工作穿插在指令执行的过程中，每执行一条指令，CPU 对指令中涉及的逻辑地址进行转换，这种重定位方式称为动态重定位（动态运行时装入方式）。

动态重定位必须借助硬件地址转换机构实现。地址转换及存储保护都必须借助地址寄存器和硬件线路实现。动态重定位允许程序在内存中移动位置。

动态重定位的具体操作：程序装入内存后，其中的逻辑地址（从 0 开始）保持不变，将程序在内存的起始地址装入硬件专用寄存器——重定位寄存器中。地址变换公式为

$$物理地址=逻辑地址+内存始址$$

重定位寄存器可以有多个，分别用于程序段、数据段及堆栈段等的重定位。这意味着程序逻辑地址结构是二维的，需要用两个数字表示一个逻辑地址，逻辑地址包括段号和段内偏移。程序所在的物理内存空间可以是离散的，不必连续。

在 Intel x86 CPU 中，CS、DS、ES、SS、FS、GS 寄存器就起到了重定位寄存器的作用。

重定位寄存器的内容保存在进程控制块中。进程上下文切换时，当前运行进程的重定位寄存器的内容及其他信息保存在进程控制块中，新进程重定位寄存器的内容及其他信息从其进程控制块中恢复，进程从断点开始继续执行。

3．存储保护

存储保护确保操作系统和应用程序的内存空间不受非法访问，包括防止访问地址越界和控制正确存取。每道程序的地址空间限定了自己的合法访问范围。各道程序只能访问自己的内存区而不能跳转到另一个进程中的指令，尤其不能访问操作系统的任何部分。若无特别许可，则一个进程不能访问其他进程的数据区。为此，必须对内存中的程序和数据加以保护，以免受到其他程序有意或无意的破坏。可对进程执行时产生的所有内存访问地址进行检查，确保进程仅访问

自己的内存区，这就是**地址越界保护**。地址越界保护依赖硬件设施，常用的有界地址和存储键。

进程访问分配给自己的内存区时，要对访问权限进行检查，如检查是否允许进行读、写、执行等操作，从而确保数据的安全性和完整性，防止有意或无意的误操作而破坏内存信息，这就是**信息存取保护**。

4．存储共享

当多个进程执行一个程序，或者多个进程合作完成同一个任务需要访问相同的数据结构时，内存管理系统需要提供存储共享机制，以对内存共享区域进行受控访问。共享内存等进程通信机制实现了存储共享功能。

4.3　连续存储管理

连续存储管理对每个进程分配一个连续的存储区域，这种技术在某些过时的操作系统以及任务管理比较简单的面向特定应用的操作系统中被采用。目前的通用操作系统多采用基于分页和分段的虚拟存储管理系统。但是分析连续存储管理技术有助于理解复杂的存储管理方案产生的渊源。连续存储管理分为固定分区存储管理和可变分区存储管理。

4.3.1　固定分区存储管理

1．固定分区存储管理方案

固定分区存储管理是将内存空间划分为若干个位置和大小固定的连续区域，每一个连续区域称为一个分区，各分区大小可以相同，也可以不同。

何时将内存空间划分成分区？具体如何操作？这由系统操作员和操作系统初始化模块协同完成。系统开机启动时，系统操作员根据当天的作业情况把内存空间划分成大小可以不等但位置固定的分区。

固定分区方案适用于任务大小和数量已知的应用场景。如家用电器的程序控制，其中任务固定，任务管理简单，固定分区方案可以节约存储空间，并且地址变换简单，程序运行高效。当然，如果将固定分区方案应用于任务大小和数量灵活多变的场合会存在以下缺点。

（1）分区数目和大小在系统启动阶段已经确定，限制了系统中活动进程的数目，也限制了当前分区方案下可运行的最大进程。当所有分区都满，并且没有进程处于就绪态或运行态时，操作系统需要换出一个进程，释放其分区，然后装入另一个进程，使处理器有事可做。

（2）当分区长度大于其中进程长度时，将造成存储空间浪费。由于进程所在分区大于进程长度而造成的分区内部浪费部分称为内部碎片。

2．固定分区存储管理的数据结构

为了记住哪些分区是空闲分区，哪些分区是已分配分区，固定分区存储管理系统可设置如表 4-1 所示的内存分配表。

表 4-1　固定分区内存分配表

分区号	起始地址	长度	占用标志
1	8KB	8KB	0
2	16KB	16KB	Job1

（续表）

分区号	起始地址	长度	占用标志
3	32KB	16KB	0
4	48KB	16KB	0
5	64KB	32KB	Job2
6	96KB	64KB	0

3．固定分区存储管理的地址转换

固定分区存储管理的地址转换可以采用静态重定位方式，也可采用动态重定位方式。如果采用动态重定位方式，则系统需要设置一对地址寄存器——上限/下限寄存器。当一个进程占有 CPU 时，操作系统从内存分配表中取出其相应的最大地址和最小地址置入上限/下限寄存器。硬件地址转换机构根据下限寄存器中保存的基地址与逻辑地址相加得到绝对地址。该绝对地址与上限/下限寄存器中的地址范围做比较，实现存储保护。固定分区存储的保护机制如图 4-3 所示。

在图 4-3 中，A 为逻辑地址，B 为分区起始地址（最小地址），$B+L_2-1$ 为分区结束地址（最大地址），$B+A$ 为逻辑地址 A 对应的物理地址，该物理地址在 $[B,B+L_2-1]$ 区间内为合法访问地址。

图 4-3　固定分区存储保护机制

4．作业进入固定分区排队策略

对于大小相等的分区策略，只要存在可用分区，进程即可装入分区。对于大小不等的分区策略，有两种方法可以把进程分配到分区中。

（1）将每个进程分配到能够容纳它的最小分区中。此时，每个分区都需要维护一个调度队列，用于保存等待使用该分区的进程及从该分区换出的进程。这种方法把每个固定分区分别看作一种共享资源，要使用该分区的等待进程排成一个队列，每个分区都有一个进程等待队列。其优点是减少了分区内部空间的浪费；缺点是可能造成各个分区使用忙闲不均的现象，一些能够装入进程但并不是最小的分区即使闲置也不能分配给正在等待较小分区的进程，存储器利用率不高。

（2）把各个分区的集合看作一种共享资源，设置一个队列，无空闲分区可用的所有进程排成一个队列。每当需要装入进程到内存中时，选择可以容纳该进程的最小可用分区。如果所有分区均被占据，则进行交换。可以优先换出能容纳新进程的最小分区中的进程，或者优先换出被阻塞的进程，或者优先换出优先级较低的进程。

4.3.2　可变分区存储管理

可变分区存储管理方法按照作业的大小划分分区，划分的时间、大小和位置都是动态的，属于一种动态分区方法。

1．可变分区分配及回收方法

系统启动后用户作业装入内存之前，整个用户区是一个大的空闲分区，随着作业的装入和撤离，内存空间被分成许多大小不一的分区，有的分区正被作业占用，有的分区是空闲的。当一个新的作业要求装入时，必须找到一个足够大的空闲区，如果找到的空闲分区大于作业需要量，且未超过某个阈值时，则把该空闲分区完全分配给作业；否则，将该空闲分区分成两部分，一部分分配给作业，另一部分作为一个空闲分区登记下来以备分配。当一个作业运行结束时，它所归还的分区如果与其他空闲分区相邻，则要进行合并，形成一个大的空闲分区。

随着时间的推移，内存中会产生许多小到难以利用的分区，这种分区称为**外部碎片**。克服外部碎片的技术是压缩：操作系统移动进程，将空闲分区连成一片。但是压缩非常耗时，浪费处理器时间，而且系统需要具备动态重定位的能力。正在供设备执行数据传输操作的分区不能移动位置。

2．内存分配数据结构

内存空闲分区和已分配分区可以采用分区表或分区链进行管理，分区信息包括分区起始地址、分区长度。已分配分区还包括占用进程标识符。

1）分区表

针对空闲分区建立空闲分区表，针对已分配分区建立已分配分区表。表格中的空闲分区按照大小或分区地址有序排列。

装入新作业时内存分配过程为：从空闲分区表中找出足够容纳它的空闲分区，将该分区一分为二，一部分用来装入作业，成为已分配分区，并将其大小和起始地址登记在已分配分区表中；另一部分作为空闲分区，修改空闲分区表中原空闲分区的大小和分区地址。

作业运行完撤离时内存回收过程为：将作业所在分区作为空闲分区登记在空闲分区表中，并考虑该空闲分区与相邻空闲分区的合并问题（图 4-4），同时从已分配分区表中删除该分区对应的表项。

图 4-4　可变分区回收情况

2）分区链

分区链法针对空闲分区建立了空闲分区链，针对已分配分区建立了已分配分区链。空闲分区链开头单元存放本空闲分区长度及下个空闲分区起始地址，把所有空闲分区都链接起来，设置头指针指向第一块空闲分区。链表中的空闲分区按照大小或分区地址有序排列。

3．可变分区分配算法

（1）最先适应分配算法（首次适应算法）：该算法从链首进行顺序查找，找到第一个满足要求的分区即可开始分配。要求空闲分区链以地址递增次序链接。该算法简单高效。

（2）下次适应分配算法（循环首次适应算法）：每次不从链首进行顺序查找，而是从上次找到的空闲分区的下一个空闲分区开始查找。

（3）最优适应分配算法（最佳适应算法）：每次从链首进行顺序查找，直到找到一个能够满足要求的最小分区为止。空闲分区需按其大小顺序进行链接。这种算法的缺点是容易产生小到无法利用的分区，即碎片。

（4）最坏适应分配算法：扫描整个空闲分区表或空闲分区链，总是挑选一个最大的空闲分区分割给作业使用。该算法的优点是分割剩余的空闲分区不至于太小。

（5）快速适应分配算法：为那些经常用到的长度的空闲分区设立单独的空闲分区链表。

4．地址转换与存储保护

可变分区存储分配可以采用静态或动态重定位方法实施地址变换。静态重定位时，由加载程序检查地址是否越界。动态重定位需要硬件支持。硬件设置两个控制寄存器作为重定位寄存器：基址寄存器和限长寄存器。基址寄存器用于存放分配给作业使用的分区的起始地址，限长寄存器用于存放作业占用的连续存储空间的长度。

当作业占有 CPU 运行时，操作系统把作业所占分区的起始地址和长度分别送入基址寄存器和限长寄存器。随着逐条指令的执行和数据访问完成地址转换。进程切换时，重定位寄存器也随之切换。因此，在多道程序系统中，硬件只需设置一对基址寄存器和限长寄存器即可。

地址计算：物理地址（绝对地址）=逻辑地址+基址寄存器的值（分区起始地址）。

存储保护（即越界判定）：若逻辑地址＞限长寄存器的值，则地址越界。

如果允许一个作业占有多个分区，则需要硬件提供多对基址寄存器和限长寄存器，这时也便于实现多个作业对分区的共享。进程共享的例行程序即可放在共享分区中，不同进程中指向共享分区的基址/限长值相同。

4.3.3 伙伴系统

伙伴系统也称为 buddy 算法，是固定分区和可变分区折中的内存管理算法，由 Knuth 在 1973 年提出。伙伴系统采用称为伙伴的可以分割、合并的不同规格的内存块作为分区单位。

1．伙伴的概念

两个大小相等且由同一个尺寸为 2^i 的空闲块分割而来的内存块互为伙伴。在图 4-5 中，块 0、块 1 由同一个尺寸为 2^i 的空闲块分割而来，互为伙伴。块 2、块 3 也由同一个尺寸为 2^i 的空闲块分割而来，互为伙伴。块 1、块 2 尽管大小相等，位置相邻，但不是由同一个尺寸为 2^i 的空闲块分割而来的，因此不是伙伴关系。

图 4-5 伙伴

2．伙伴系统内存分配与回收

运用伙伴系统分配内存空间的过程是一个对空闲内存区不断对半切分，直到切分出的内存块为大于或等于进程大小的最小伙伴为止的过程。回收内存的过程则是不断将相邻空闲伙伴合并为更大伙伴单位，直到伙伴不空闲，无法合并为止的过程。

最初，整个空闲区大小为 2^U，如果请求分配的内存大小 s 满足 $2^{U-1}<s\leq2^U$，则分配整个空间；否则，该块被分成两个大小为 2^{U-1} 的伙伴。若 $2^{U-2}<s\leq2^{U-1}$，则对该请求分配两个伙伴中的任何一个；否则其中一个伙伴再次分成两半。这个过程一直持续到产生大于或等于 s 的最小块为止，并将其分配该伙伴。

伙伴系统为所有大小为 2^i 的伙伴块维护一个列表。一个大小为 2^{i+1} 的伙伴块分割一次后产生大小为 2^i 的伙伴块并加入 2^i 伙伴块列表。

内存回收时要考虑合并空闲伙伴内存块的问题。这种合并与对半切分操作相反，可能需要经历多次合并，将先前合并的内存块再与同等大小的空闲伙伴内存块继续合并为更大的内存块。回收伙伴内存并合并生成的更大的伙伴块加入较大的伙伴块列表。

例如，最初内存空间为 1MB，先后有 4 个进程 A、B、C、D 的内存需求分别为：A 需要 80KB，B 需要 50KB，C 需要 100KB，D 需要 60KB。按照伙伴内存管理方案分配和回收内存，如图 4-6 所示。

128KB	256KB	384KB	512KB	640KB	768KB	896KB	1MB
A	128		256		512		
A	B	64	256		512		
A	B	64	C	128	512		
128	B	64	C	128	512		
128	B	D	C	128	512		
128	64	D	C	128	512		
256		C	128	512			
1024							

图 4-6　伙伴系统例子

伙伴内存管理方法是 Linux 内存管理技术的组成部分。Linux 伙伴内存的大小是页的 2^i 倍。

4.3.4　内存不足的辅助存储管理技术

连续存储管理可以采用移动技术、对换技术、覆盖技术等辅助手段解决内存不足的问题。

1. 移动技术（内存紧凑）

当一个新的作业要求装入，没有一个独立的空闲分区能够满足要求，但所有空闲分区之和能够满足要求时，可以移动内存作业，合并这些小的空闲分区，使之满足新装入的作业。作业移动后，要及时修改它们的基址/限长值。这种方法开销大，且由于执行设备输入/输出操作等原因被锁定的内存区不能移动。现代操作系统已经采用离散内存分配技术，作业可就地分配到若干离散内存区中，无须移动作业以合并空闲内存区。

2. 对换技术

为平衡系统负载，通过选择一个进程，把其暂时移到磁盘中，腾出空间给其他进程使用，同时把磁盘中的某个进程再换入内存，使其投入运行，这种互换称为对换。对换时，把时间片耗尽或优先级较低的进程换出，因为短时间内它们不会投入运行。采用虚拟存储管理技术的现代操作系统可以在内存、外存之间对换进程的全部或部分内容，平衡系统负载或者从逻辑上扩充内存空间。

3. 覆盖技术

覆盖技术是指一个程序的若干个程序段，或几个程序的某些部分分时共享某一个存储空间。覆盖技术打破了需要将一个程序的全部信息装入内存后才能运行的限制。它利用相互独立的程序段之间在内存空间的相互覆盖，逻辑上扩充了内存空间，从而在某种程度上实现了在小容量内存上运行较大程序的功能。

覆盖技术要求程序员必须把一个程序划分成不同的程序段，并规定好它们的执行和覆盖顺序，操作系统根据程序员提供的覆盖结构来完成程序段之间的覆盖。覆盖技术无疑增加了程序员管理内存分配的负担。

4.4　分页存储管理

现代操作系统广泛使用分页和分段存储管理方案。分页和分段存储管理属于离散存储空间管理，允许每个进程占用多个位置不相邻的物理内存区。而固定分区和可变分区存储管理属于连续存储空间管理。连续存储空间管理要求作业必须分配到一个或少数几个分区中，容易产生分区内碎片，找不到足够大的分区时需要合并分区，影响内存利用率和系统效率。离散存储空间管理允许作业分成多个部分并就地装入多个离散的内存物理块，避免了内存块的合并和内存作业的移动。

4.4.1　分页存储管理方案

1．页框和页

分页存储管理将全部内存划分为长度相等的若干份，每一份称为一个物理块或页框。作业也自动被系统划分为与每个物理块相等的若干等份，每一份称为一页或一个页面。Intel x86 CPU 可用页大小为 4KB、2MB 和 4MB（2MB 和 4MB 只能在 Pentium 和 Pentium Pro 处理器中使用）。一个作业中的任意一页可以装入内存的任意一个空闲物理块中，并不要求逻辑上相邻的页所在内存物理块也相邻，如图 4-7 所示。这样就避免了分区合并，只有作业的最后一页才有可能产生页内碎片。

2．分页存储管理的地址结构

分页存储管理的逻辑地址结构由页号和页内位移组成，物理地址结构由物理块号和块内位移组成，如图 4-8 所示。

图 4-7　进程的分页离散存储　　　　图 4-8　分页存储管理的逻辑地址和物理地址

页号和页内地址算例：若页面大小设置为 4KB，地址总线宽度为 32 位，则页内位移位数为 12 位，因为 $4KB=4\times1024=2^2\times2^{10}=2^{12}$，页号位数=32-12=20 位，逻辑（虚拟）地址空间最大页数为 2^{20}。

3．分页存储管理的地址变换

每个作业/进程都在内存中占有离散的物理块，系统如何知道哪个物理块属于哪个作业/进程呢？为解决此问题，操作系统需为每个作业建立一张页表，该表登记该作业的页号-物理块号对应信息，系统通过页表可以准确访问内存中属于一个作业的所有页面，所以页表实际上用于完成地址变换。页表记载了逻辑地址到物理地址的对应关系，如图 4-9 所示。地址重定位的过程是查找页表的过程。由于页内地址与物理块内地址编号空间相同，所以页表只需登记页号到物理块号的对应关系，地址变换的过程实际上是根据页号获得物理块号的过程。

4. 分页地址变换的硬件支持

分页存储管理采用动态重定位技术，如果为每个页面设立一个重定位寄存器，把整个页表装入重定位寄存器组中，则造价很高，所以一般不采用硬件重定位寄存器组存放页表，而是把页表存放在内存中，系统另设一个页表始址寄存器和长度控制寄存器，用来存放当前运行作业的页表始址和页表长。当前占有处理器的进程是页表寄存器的使用者，一旦进程被收回处理器，则页表寄存器将被一并收回。分页存储管理系统还需要具有将逻辑地址转变为内存物理地址的存储管理部件，该部件称为 MMU（内存管理部件）。MMU 将逻辑地址分解为页号和页内位移，根据页号查找内存页表，获得页号对应的物理块号，将物理块号与页内位移拼接形成内存单元的物理地址。查找页表实现地址变换的过程如图 4-10 所示。

图 4-9　页表

图 4-10　分页存储管理的地址变换

分页地址变换实例：若页面大小设置为 4KB，地址总线宽度为 32 位，则页内位移位数为 12 位，页号位数=32−12=20，逻辑地址 60000 在第几页？页内位移是多少？若该页被装入物理块 1280 中，则物理地址是多少？

解：60000=$(EA60)_{16}$，页内位移=$(A60)_{16}$，1280=$(500)_{16}$，物理地址=$(500A60)_{16}$。结果如图 4-11 所示。

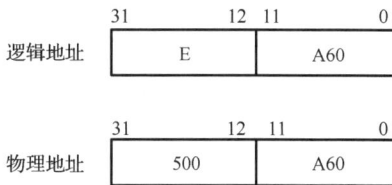

图 4-11　分页地址变换实例

4.4.2 快表

1. 引入快表的原因

页表放在内存中降低了程序执行的速度，CPU 每存取一个指令/数据，就需要访问两次内存，第一次访问页表取得物理块号以形成物理地址，第二次根据物理地址存取指令/数据，速度降低了一半。为了减少速度的下降，在存储管理部件中增设一个高速缓冲存储器，用来存放最近访问过的部分页表项，这种高速缓冲存储器称为快表或联想存储器。Intel 80486 的快表为 32 个单元。

2．快表的使用

有了快表，根据页号查找对应的物理块号时，由硬件并行查找快表和内存页表。若在快表中找到所需表项，则将物理块号和页内地址（也是块内地址）拼接形成物理地址，根据该物理地址访问相应的内存单元，内存页表的查找将中止。若在快表中未找到物理块号，则内存页表的查找将完整执行，最终获取物理块号，一方面形成物理地址，另一方面将该表项复制到快表中，以备再次访问该页面时从快表中获得物理块号。快表和页表的并行查找机构如图 4-12 所示。

图 4-12　具有快表的分页地址变换机构

3．快表性能分析

假定访问内存时间为 100 毫微秒，访问快表时间为 20 毫微秒，快表为 32 个单元时，快表命中率可达 90%，则按逻辑地址存取的平均时间如下：

(访问快表的时间+访问内存数据的时间)× 90%+[访问内存页表的时间(同时包含访问快表的时间)+访问内存数据的时间]× (1−90%)=(20+100) × 90%+(100+100) × (1−90%)=128 毫微秒，比两次访问内存的时间（100 毫微秒 ×2=200 毫微秒）下降了 36%。若快表命中，则内存访问减少 1 次。连续存储管理方案中的内存物理地址不需要访问内存形成，因而不会损失进程的执行速度。

4.4.3　分页存储空间的分配和释放

分页系统需要记录每个物理块的忙闲情况及当前可用的空闲块总数。位示图是管理分页内存物理块的一种高效数据结构。位示图由一些二进制位组成，每一位对应一个内存物理块，位值表示所对应的物理块是否已被分配出去。分配和回收物理块时只需修改相应位值即可。

内存分配链表是另一种分页内存物理块的管理结构，表中结点信息包括物理块忙闲标志、物理块起始地址、连续空闲块数、指向下一结点的指针。结点数目是影响内存分配链表使用效率的重要因素。当多数空闲区由少数位置连续的空闲物理块组成，多数进程分得的物理块也较为连续时，主存分配链表中的结点数目较少，链表使用效率较高。相反，当多数空闲物理块及进程分得的物理块不连续时，链表中的结点数目较多，链表较长，链表本身消耗较多的内存空间，导致使用效率不高。

4.4.4 分页存储空间页面共享与保护

1．存储共享

分页存储管理在实现存储共享时，必须区分数据共享和程序共享。实现数据共享时，允许不同的作业对共享的数据页使用不同的页号，只要令各自页表中的有关表目指向共享的数据信息块即可。实现程序共享时，被共享的程序段中的逻辑地址在不同的进程空间中必须是相同的，所以程序运行前它们的页号就确定了。对共享的程序必须规定一个统一的页号。当共享程序的作业数增多时，要规定一个统一的页号是很困难的。

图 4-13 说明了两个进程 A 和 B 共享位于物理块 W 中的程序时未对共享程序页分配相同页号，产生了进程 A、B 需要使用不同逻辑地址访问共享程序页面所在内存中的同一单元（即 scanf 中的变量）时的矛盾情形。

图 4-13 共享程序页

共享程序页在内存中只有一个副本。分页存储管理采用动态重定位，共享程序页面中的地址为逻辑地址。指令或数据的逻辑地址值与该指令或数据在进程中的位置有关。位置不同，则其逻辑地址值不同。如果共享程序页在进程 A 中位于页 10 中，则共享程序页中变量 a 在进程 A 中的逻辑地址为 10004，scanf 语句中变量 a 的逻辑地址需为 10004。如果共享程序页在进程 B 中位于页 3 中，则共享程序页中变量 a 在进程 B 中的逻辑地址为 3004，scanf 语句中变量 a 的逻辑地址需为 3004。scanf 语句及变量 a 所在的共享程序页在内存中只有一个副本，scanf 语句中变量 a 的逻辑地址值只能是一个数值，不可能既是 10004，又是 3004。如果该值为 10004，则进程 A 将从其页表项 10 中获得共享程序页的正确物理块号 W，而进程 B 将从其页表项 10 中获得错误的物理块号 W_2。如果该值为 3004，则进程 A 将从其页表项 3 中获得错误的物理块号 W_1，而进程 B 将从其页表项 3 中获得共享程序页的正确物理块号 W。分配不同页号将导致共享程序页中虚拟地址不重合，无法共享程序页。

当共享程序页面内的指令中包含虚拟地址时，访问该共享程序页的所有进程必须使用相同的页号，否则，访问该共享程序页的各个进程可以使用不相同的页号。例如，图 4-13 中，scanf 语句在进程 A 中的虚拟地址为 10008，在进程 B 中的虚拟地址为 3008，通过不同的页表，两个不同的虚拟地址均转换为同一个物理块 W 中的相同物理地址，即 W×1000+8。在程序执行前分析程序指令中是否包含虚拟地址会带来额外的负担，分析判断也很困难，可能会出错，甚至不可行，实际上也无必要。因此，无论共享的指令中是否包含虚拟地址，都对共享页规定统一的页号。

不同进程访问共享数据页时可以使用不同的页号，访问共享程序页时必须使用相同的页号的根本原因在于共享数据页中的内容不会被解释为地址，因此，共享数据页所在内存单元没有存储地址类的内容。而共享程序页中的内容会被解释为地址。当解释为地址时，地址值与该页面所在进程的虚拟地址空间中的位置有关。将同一个共享程序页映射到不同进程的地址空间中不同的偏移位置，页面中的每个指令或数据将会拥有多个不一样的逻辑地址。根据不同的逻辑地址值产生的物理地址是不同的，而共享程序页中的每个指令或数据只有一处物理存储，因而只有一个物理地址。不同进程使用不同逻辑地址产生的不同物理地址显然不会访问到相同的内存单元。不同进程访问共享数据页时虽然使用不同的页号，但这些页号对应的物理块号是相同的。

2．信息保护

实现信息保护的办法是在页表中增加一些标志位，用来指出该页的信息可读/写、只读、只可执行、不可访问等。

4.4.5　多级页表

1．多级页表的思想

如果页表很大，页表占用的内存物理块也允许是离散的，而且页表可以按需装入内存，这样就需要建立页表的页表，即页目录，这就是二级页表机制，如图 4-14 所示。若有需要，还可建立更多级的页表。系统为每个进程建立一张页目录表，它的每个表项对应一个页表页，而页表页的每个表项给出了进程页面和页框的对应关系，页目录表是一级（顶级）页表，页表页是二级（次级）页表。

图 4-14　两级页表

2．两级页表的地址结构

两级页表的逻辑地址结构包括 3 个部分：页目录、页表页和位移。

3．两级页表的地址转换

CPU 送出的逻辑地址被分解为 3 个部分：页目录号、页表页号和页内位移，如图 4-15 所示。根据页目录号查找页目录表中相应表项，获得页表页所在物理块号；在该物理块中查找页表页号，获得该页所在内存物理块号，该物理块号与页内位移拼接即可形成要访问数据的内存物理地址。

页目录号	页表页号	页内位移

图 4-15　两级页表的逻辑地址结构

4.4.6　反置页表

1．原理

页表是从虚拟地址到物理地址的映射表。反置页表是从物理地址到虚拟地址的映射表。反置页表记录内存中每个物理块存放着哪个进程的哪一页，即其内容是页号及其隶属进程的标识符。系统为每个物理块设置一个页表项并按物理块号排序。

2．逻辑地址结构

反置页表的逻辑地址结构如图 4-16 所示。

进程标识符	页号	页内位移

图 4-16　反置页表的逻辑地址结构

3．地址变换

首先将逻辑地址分解为进程标识符、页号和页内位移；其次利用进程标识符和页号检索反置页表，获得该页所在物理块号。若检索完整个页表都未找到与之匹配的页表项，则表明此页尚未调入内存，对具有请求调页功能的存储器系统应产生请求调页中断，若无此功能，则表示地址出错。如果检索到与之匹配的表项，则该表项的序号 i 便是该页所在的物理块号，将该物理块号与页内地址共同构成物理地址。反置页表地址变换原理如图 4-17 所示。

图 4-17　反置页表地址变换原理图

4.5　分段存储管理

1．分段存储管理的引入

分页和分区存储管理机制强调系统（硬件）如何管理和分配内存，提高内存利用率，对人不透明。用户考虑程序的逻辑意义和组成结构，就像作文分段一样，一个程序由若干段组成，每个段都从 0 开始编号。因此，段是一种二维地址结构，页是一维地址结构。用户希望以段（模块）而不是以页为单位进行存储分配、共享和保护。系统必须有效记住一个段占用了哪些存储空间，某个段属于哪个作业/进程，为此引入了分段存储管理机制。程序分段结构示意如图 4-18 所示。

图 4-18　程序分段结构

2．分段存储管理的逻辑地址结构

分段存储管理的逻辑地址是二维的，包括段号和段内位移，如图 4-19 所示。该地址结构对使用汇编语言编程的用户是可见的，汇编语言编程的用户知道逻辑地址如何划分为段号和

| 段号 | 段内位移 |

图 4-19　分段系统的逻辑地址结构

段内位移。每个段的最大长度受地址结构的限制，每一个程序中允许的最多段数也会受到限制。

3．分段存储管理的地址转换机构

分段存储管理以段为单位进行存储分配，作业的每一段被分配一个连续的内存空间，各段的存储空间之间不一定连续，各段大小不一。操作系统需为每个作业建立一张段表，用以登记每个段的段号、该段所在内存起始地址和段长度，如图 4-20 所示。段表属于进程的现场信息，通常放在内存中。段表的表目起到了基址/限长寄存器的作用。分段存储器需设置一个段表控制寄存器来存放当前占用处理器的作业的段表起始地址和长度。

图 4-20　段表

分段存储管理方案的地址变换机构如图 4-21 所示。CPU 给出的逻辑地址包括段号 s 和段内位移 d。以段号 s 为索引查找段表，若段号未越界，则在段表 s 项中获得该段所在内存起始地址 b，将 b 和段内位移 d 相加即得所要访问内存单元的物理地址。

注意，分段与分页地址变换存在如下区别。

（1）段起始地址不同于物理块号，地址形成方式不同。段起始地址即某一特定内存单元的物理地址，物理块号不代表内存单元的地址，物理块号是它所代表的内存物理块中所有内存单元物理地址的高位部分。也就是说，物理块号和页内位移拼接形成分页系统的物理地址，即分页系统的物理地址=物理块号×2^m+页内位移，m 为页内位移所占的二进制位数。而分段系统的物理地址=段起始地址+段内位移。

（2）段起始地址和物理块起始地址的边界不同。段起始地址可以从任何内存单元开始，而物理块起始地址必须从 2^m 处，即页大小的整数倍位置处开始。

图 4-21 分段系统的地址变换

4．段的共享

段的共享是通过不同作业段表中的项指向同一个段基址来实现的。与页的共享类似，共享数据段在不同作业进程的段表中可以有不同的段号，共享程序段在不同作业进程的段表中必须有相同的段号。段的共享示例如图 4-22 所示。

图 4-22 段的共享

5．分段和分页的比较

（1）分段是信息的逻辑单位，由源程序的逻辑结构决定，用户可见；分页是信息的物理单位，与源程序的逻辑结构无关，用户不可见。

（2）段长由用户编写的段的内容长度自然确定，段起始地址可从任何内存地址开始；页长由系统确定，页面只能以页大小的整数倍地址开始。

（3）分段方式中，源程序经链接装配后地址仍保持二维结构，存储分配和访问也遵循二维地址结构。分段的程序的地址空间由若干个从 0 开始的线性地址子空间构成。执行程序时，CPU 用于访问指令或数据的段式逻辑地址是以程序中的某个段的起始位置作为基准计算的地址值，而不是从整个程序地址空间的开头计算的地址值。分页方式中，存储分配和访问的地址结构为一维线性结构，该结构与程序的逻辑结构无关。分页的程序的地址空间仅由一个从 0 开始的线性地址空间构成。执行程序时，CPU 用于访问指令或数据的页式逻辑地址总是相对于整个程序地址空间的开头计算的地址值。

4.6 虚拟存储管理

4.6.1 虚拟存储器原理

1．虚拟存储器的定义

利用外存模拟内存，采用部分装入和部分对换功能，在内外存之间自动传输完整信息的一部分，从逻辑上扩充内存容量，为用户提供一个比其实际拥有的内存要大的"内存储器"称为**虚拟存储器**。虚拟存储器的最大容量取决于计算机的地址结构。虚拟存储器允许进程部分装入即可运行，运行过程中的进程部分可以在内外存之间对换，从逻辑上扩充了内存容量，使得程序员的编程空间大于内存容量。这就是虚拟存储管理的主要思想。

虚拟存储器的好处在于对于同样大小的内存空间，虚拟存储器可以比实际存储器（实存）运行更多的进程，虚拟存储器还可以运行超过内存空间大小及当前可用内存空间的大进程，内存利用率高、内存配置可以更经济。前面介绍的各种存储管理方式都要求作业全部装入内存方可运行，如果内存空间不足以容纳作业，则该作业不能运行。要求进程完整装入内存方可运行的存储管理方案称为实存管理方案。实存管理方案包括前述的连续存储管理方案（包括固定分区和可变分区存储管理）和离散存储管理方案（包括分页存储管理和分段存储管理）。

2．实现虚拟存储器的基础

实现虚拟存储器的基础是程序执行的局部性原理。程序执行的局部性是指在一段时间内，程序访问的存储空间仅限于某个区域（称为空间局部性），或者最近访问过的程序代码和数据很快会再次被访问（称为时间局部性）。在较小的一段时间内，整个作业空间中只有某一个局部模块的指令和数据会被执行和访问到，作业的其他部分暂时不会被访问到。这就允许暂时不用的作业部分不必占用内存空间，可以先留在外存上，待以后需要访问时再装入内存。内存中一些暂时不用的部分还可以临时调到外存上，这样可将内存空间优先分配给当前急需使用的作业进程，从而提高内存利用率。

与局部性相关的事实有如下几种。

（1）程序中只有少量分支和过程调用，大部分都是顺序执行的指令。

（2）程序含有若干循环结构，由少量代码组成，而被多次执行。

（3）过程调用的深度限制在小范围内，因而，指令引用通常被局限在少量过程中。

（4）对数组、记录之类的数据结构的连续引用是对位置相邻的数据项的操作。

（5）程序中有些部分彼此互斥，不是每次运行时都会用到。

3．实现虚拟存储器需要解决的问题

（1）内存、外存统一管理的问题。

（2）逻辑地址到物理地址的转换问题。

（3）部分装入和部分对换的问题。

虚拟存储器的实现技术主要有请求分页式虚拟存储管理、请求分段式虚拟存储管理、请求段页式虚拟存储管理。

下面仅重点介绍请求分页式虚拟存储管理技术。

4.6.2　请求分页式虚拟存储管理

1．请求分页式虚拟存储系统的基本原理

在进程开始运行之前，仅装入进程全部页面中的一个或几个页面，当进程运行过程中，访问的页面不在内存时，再装入所需页面；若内存空间已满，而又需要装入新的页面，则根据某种算法淘汰某个页面，以便装入新的页面。因此，请求分页式虚拟存储系统的页表机制需要记住页面是否在内存中，若不在内存中，则需记住页面位于外存的位置。

2．请求分页式虚拟存储系统的页表结构

请求分页式虚拟存储系统的页表分为内存页表和外页表。

（1）内存页表在实存页表的基础上增加了调页、淘汰页等有关标志位，内存页表如下所示。

页号	物理块号	驻留标志位	引用位	修改位	访问权限位

驻留标志位：又称中断位、状态位，指示页面是否在内存中。

引用位：指示页面最近是否被访问过，帮助页面淘汰。

修改位：指示页面最近是否被修改过，决定页面调出内存时是否写回外存。

访问权限位：规定页面的访问权限。

（2）外页表是页面与磁盘物理地址的对应表，由操作系统管理，进程启动运行前，系统为其建立外页表，表项按进程页号顺序排列，每个表项记录进程程序页面在外存的位置。为节省内存，外页表可存放在磁盘中，当发生缺页中断需要查用时才被调入内存。外页表结构如下所示。

页号	外存地址

3．请求分页式虚拟存储系统的硬件支撑

请求分页式虚拟存储系统需要具有支持缺页中断功能的内存管理部件（MMU）。MMU 通常由一个或一组芯片组成，它接收虚拟地址（逻辑地址）作为输入，输出物理地址。MMU 的功能如下。

① 管理硬件页表寄存器，装入将要占用处理器的进程页表的地址和长度。

② 分解逻辑地址为页号和页内地址。

③ 管理快表：查找快表、装入表目和清除表目。

④ 访问页表。

⑤ 当要访问的页面不在内存时发出缺页中断，页面访问越界时发出越界中断。

⑥ 设置和检查页表中的引用位、修改位和访问权限位等各个特征位。

缺页中断与普通中断的差异之处主要如下。

（1）普通中断在两条指令之间才会响应；缺页中断涉及的指令在执行期间（如开头，甚至取不到指令或数据）就需要响应缺页中断。例如，图 4-23 所示为取不到指令引起缺页中断发生的情况：将要顺序执行的下一条指令位于不在内存的页 1 上，指令计数器 PC 指向的指令地址超过了页 0 的范围（该地址位于页 1 上），引起缺页中断。

（2）当指令本身或者指令所处理的数据跨页时，在执行一条指令的过程中可能发生多次缺页中断。例如，图 4-24 所示为取不到数据引发缺页中断的情况：指令 ADD AX, 1:DAT A2 访问了不在内存的页 1 中的数据，发生缺页中断，调入页面后，该条指令需要重新执行。

图 4-23　取不到指令引起的缺页中断

图 4-24　取不到数据引起的缺页中断

图 4-25 所示为指令跨页和取不到数据引起缺页中断的情况：指令 ADD AX, 2:DAT A2 跨越了页 0 和页 1，页 1 不在内存中，发生缺页中断，调入页 1 后，该条指令需要重新执行。数据 DAT A2 不在内存中，再次引发缺页中断，调入页 2，该条指令重新执行。

图 4-25　指令跨页和取不到数据引起的缺页中断

4．请求分页式虚拟存储的地址变换过程

当进程被调度到 CPU 上运行时，操作系统自动把该进程 PCB 中的页表始址装入硬件页表基址寄存器中，此后，进程开始执行并访问某个虚拟地址，MMU 开始工作。

（1）MMU 接收 CPU 传送过来的虚拟地址并分解为两部分：页号和页内地址。

（2）以页号为索引并行搜索快表和内存页表。

（3）如果命中快表，则立即送出物理块号（页框号），并与页内地址拼接形成物理地址，然后访问相应内存单元。

（4）如果未命中快表，则以页号为索引搜索内存页表的过程完整执行，页表的基址由硬件页表寄存器指出。

（5）在页表中查找相应表项，如果其驻留状态位指示该页已在内存中，则送出物理块号与页内地址拼接形成物理地址访问相应内存单元，同时将该表项装入快表。

（6）如果在页表中找到了相应表项，但其驻留状态位指示该页不在内存中，则发出缺页中断，请求操作系统处理。

（7）存储管理软件将所缺页面调入内存，修改页表。

5．缺页中断处理过程

（1）挂起请求缺页的进程。

（2）根据页号查找外页表，找到该页存放的磁盘物理地址。

（3）查看内存是否有空闲物理块，如有则分配一个给缺页进程，修改内存管理表和进程相应页表项内容，转到步骤（6）。

（4）如内存中无空闲物理块，则按替换算法选择淘汰页面，检查它是否被写过或修改过。

若是，则转到步骤（5）；若否，则转到步骤（6）。

（5）若该淘汰页面被写过或修改过，则把它的内容写回磁盘原先位置。

（6）进行调页，把页面装入内存所分配的物理块中，同时修改进程页表项。

（7）返回进程断点，重新启动被中断的指令。

上述过程示意如图 4-26 所示。

图 4-26　请求分页缺页中断处理

概括：

（1）查看内存是否有空闲物理块，如有则装入页面到空闲物理块中，同时修改页表相应项及内存分配表。

（2）如果内存中没有空闲物理块，则按替换算法选择一个页面淘汰。若该页面被写过或修改过，则写回外存，否则只简单淘汰该页面。淘汰页面之后要修改页表相应项，然后调入页面到淘汰页面释放的物理块中。

6．页面装入策略和清除策略

页面装入策略决定何时把一个页面装入内存，主要有两种调入方式：请页式调入和预调式调入。

（1）请页式调入在需要访问程序和数据时，才把所需页面装入内存。其缺点是处理缺页中断和调页的系统开销较大，每次仅调一页，磁盘 I/O 启动次数较多。

（2）预调式调入由系统预测进程将要使用的页面，使用前预先调入内存，每次调入若干页面，而不是仅调入一页。一次调入多页能减少磁盘 I/O 启动次数，节省寻道和搜索时间。

清除策略考虑何时把一个修改过的页面写回外存，常用的方法有请页式清除和预约式清除。

（1）请页式清除是仅当一页选中被替换，且之前它被修改过时，才把这个页面写回外存。

（2）预约式清除对所有更改过的页面，在需要之前将它们都写回外存。

7．物理块分配策略

物理块分配策略决定系统为每个进程分配多少个物理块，以用于装载页面。在分配物理块时应考虑如下因素。

（1）分配给各个进程的内存越少，可以驻留内存的进程数越多，系统找到就绪进程的可能性就越大，减少了进程交换消耗的处理器时间。

（2）分配给进程的内存越少，进程缺页率就越高，频繁置换页面会降低系统效率。

（3）分配给进程的内存超过一定大小后，该进程的缺页率没有明显变化。

物理块分配策略主要有两种：固定分配和可变分配。

固定分配使进程在生命周期中保持固定数目的物理块（即物页框）。进程创建时，根据进程类型和程序员的要求决定物理块数。固定分配时，每个进程物理块的分配方式主要有平均分配、比例分配、优先权分配。

若进程分得的物理块数可变，则称可变分配。进程执行的某阶段缺页率较高，说明目前局部性较差，系统可多分一些物理块给进程以降低缺页率；反之，则说明进程目前的局部性较好，可减少分给进程的物理块数。

经验表明：对每个程序，要使其有效工作，它在内存中的页面数不应低于其总页面数的一半。

8．页面替换策略

页面替换策略是为装入待访问的外存页面而选择某一内存页面用以置换的策略，主要有两种：局部替换和全局替换。局部替换在进程发生缺页时仅从该进程的物理块中淘汰页面，以调入所缺页面；全局替换则在进程发生缺页时从系统中任一进程的物理块中淘汰页面。

9．物理块分配和替换组合策略

物理块分配和替换的常用组合策略有 3 种：固定分配局部置换、可变分配全局置换和可变分配局部置换。这里主要介绍后两种策略。

1）可变分配全局置换

可变分配全局置换先为每个进程分配一定数目的物理块，操作系统保留若干空闲物理块。当进程发生缺页中断时，从系统空闲物理块中选一个分配给进程，这时产生缺页中断进程的内存空间会逐渐增大，有助于减少其缺页中断次数。系统拥有的空闲物理块耗尽时，会从内存中选择一页淘汰，该页可以是内存中任一进程的页面，这样又会使该进程的物理块数减少，缺页中断率上升。

2）可变分配局部置换

可变分配局部置换实现要点如下。

（1）新进程装入内存时，根据应用类型、程序要求，分配一定数目的物理块，可用请页式或预调式调入完成分配。

（2）产生缺页中断时，从该进程驻留页面选一个页面替换。

（3）不时重新评价进程的缺页率，增加或减少分配给进程的物理块以改善系统性能。

10．缺页中断率

1）缺页中断率

对于进程 P 的一个长度为 A 的页面访问序列，如果进程 P 在运行中发生缺页中断的次数为 F，则 $f = F/A$ 称为缺页中断率。

影响缺页中断率的因素如下。

（1）进程分得的内存物理块数：物理块数多则缺页中断率低，物理块数少则缺页中断率高。

（2）页面大小：页面大则缺页中断率低，页面小则缺页中断率高。

（3）页面替换算法的优劣决定了缺页率。

（4）程序特性：程序局部性好，则缺页中断率低；否则缺页中断率高。

2）抖动

在请求分页式虚拟存储管理系统中，刚被淘汰的页面又要立即访问，而调入不久即被淘汰，淘汰不久再被调入，如此反复，使得系统的页面调度非常频繁，以致大部分时间消耗在页面调度上，而不是执行计算任务，这种现象称为"抖动"（或称颠簸）。在请求分段式虚拟存储系统中，如果段被频繁置换，同样属于抖动。

如果一个进程在换页上用的时间多于执行时间，则这个进程就在抖动。一些高频访问的页面如果没有常驻内存，则程序执行时容易发生抖动。所以，为进程分配的物理块数应该不小于高频访问的页面序列长度。如果进程发生了频繁的缺页中断，可以为其追加分配内存物理块，直至缺页中断次数下降。如果没有可用的空闲物理块，则需将一些进程对换到外存，释放出空闲物理块，并减少新建进程数，以减少内存竞争。

11．固定分配局部页面替换算法

常见的固定分配局部页面替换算法有：最佳页面淘汰（OPT）算法、先进先出页面淘汰（FIFO）算法、最近最久未使用页面淘汰（LRU）算法、第二次机会页面替换算法和时钟页面替换算法。

1）最佳页面淘汰算法

最佳页面淘汰算法在调入一页而必须淘汰一个旧页时，所淘汰的页面是以后不再访问的页面或距现在最长时间后再访问的页面。该算法可作为衡量具体算法的标准。

【例 1】 某程序在内存中被分配 3 个物理块，初始为空，页面走向为 4，3，2，1，4，3，5，4，3，2，1，5。用最佳页面淘汰算法分析页面置换过程。

按照最佳页面淘汰算法对该页面访问序列进行置换，共发生 7 次缺页中断。分析过程如图 4-27 所示。

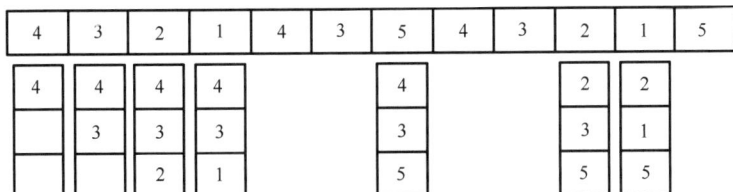

图 4-27 最佳页面淘汰算法

2）先进先出页面淘汰算法

先进先出页面淘汰算法总是淘汰最先调入内存的那一页，或者说淘汰在内存中驻留时间最长的那一页（常驻的页面除外）。

【例 2】 某程序在内存中被分配 3 个物理块，初始为空，页面走向为 4，3，2，1，4，3，5，4，3，2，1，5。用先进先出页面淘汰算法分析页面置换过程。

按照先进先出页面淘汰算法对该页面访问序列进行置换，共发生 9 次缺页中断。分析过程如图 4-28 所示。

图 4-28 先进先出页面淘汰算法

页缓冲技术是对 FIFO 算法的一种改进，策略如下：淘汰了的页面进入两个队列，即修改页面队列和非修改页面队列。修改页面队列中的页不时地成批写出并加入非修改页面队列中；非修改页面队列中的页面被再次引用时回收，或者淘汰以做替换。

3）最近最久未使用页面淘汰算法

最近最久未使用页面淘汰算法淘汰的页面是在最近一段时间里较长时间未被访问的那一页。

【例 3】 某程序在内存中被分配 3 个物理块，初始为空，页面走向为 4，3，2，1，4，3，5，4，3，2，1，5。用最近最久未使用页面淘汰算法分析页面置换过程。

按照最近最久未使用页面淘汰算法对该页面访问序列进行置换，共发生 10 次缺页中断。分析过程如图 4-29 所示。

4	3	2	1	4	3	5	4	3	2	1	5
4	4	4	1	1	1	5			2	2	2
	3	3	3	4	4	4			4	1	1
		2	2	2	3	3			3	3	5

图 4-29　最近最久未使用页面淘汰算法

最近最久未使用页面淘汰算法的几种实现方法如下。

（1）引用位法：引用位法为每页设置一个引用标志位 R，访问某页时，由硬件将引用标志位 R 置 1，隔一定时间 t 时将所有页的引用标志位 R 清 0。发生缺页中断时，从引用标志位 R 为 0 的页中挑选一页淘汰。挑选到要淘汰的页后，也将所有页的引用标志位 R 清 0。时间 t 需要恰当设置，若 t 太大，则缺页中断时，所有引用标志位均为 1；若 t 太小，则缺页中断时，所有引用标志位均为 0。

（2）计数器法：计数器法为每个页面设置一个计数器，又称最不常用页面替换算法。每当访问一页时，使它对应的计数器加 1。当发生缺页中断时，可选择计数器值最小的对应页面淘汰，并将所有计数器全部清 0。计数器法淘汰访问频率最低的页面。

上述几种方法均只是最近最久未使用页面淘汰算法的近似实现，这些方法在某一页访问频率较高时，很难精确地记住其他页面最近访问的情况。

（3）计时器法：计时器法为每个页面设置一个计时器，每当页面被访问时，系统的绝对时间记入计时器。置换页面时，比较各页面的计时器值，选最小值的未使用的页面淘汰，因为，它是最"老"的未使用的页面。

4）第二次机会页面替换算法

第二次机会页面替换算法改进了 FIFO 算法，把 FIFO 算法与页表中的"引用位"结合起来使用。

（1）检查 FIFO 中的队首页面（最早进入内存的页面），如果其"引用位"是 0，则这个页面既旧又没有用，选择该页面淘汰。

（2）如果"引用位"是 1，则说明它进入内存较早，但最近仍在使用。把它的"引用位"清 0，并把这个页面移到队尾，把它看作一个新调入的页。

算法含义：最先进入内存的页面，如果最近还在使用，则仍然有机会作为一个新调入页面留在内存中。

5）时钟页面替换算法

其算法实现要点如下。

（1）一个页面首次装入内存，其"引用位"置 1 。

（2）内存中的任何页面被访问时，其"引用位"置 1。

（3）淘汰页面时，从指针当前指向的页面开始扫描循环队列，把遇到的"引用位"是 1 的页面的"引用位"清 0，跳过这个页面；把遇到的"引用位"是 0 的页面淘汰，指针推进一步。

（4）扫描循环队列时，如果遇到的所有页面的"引用位"均为 1，则指针会绕整个循环队列一圈，把碰到的所有页面的"引用位"清 0；指针停在起始位置，并淘汰这一页，指针推进一步。

注意：在扫描循环队列时，缺页进程处于挂起状态，不可能再访问页面，因此进程不会使页面的访问状态发生改变，只有扫描页面访问状态的系统内核才会改变页面访问状态。因此，页面引用位不会被并发访问。

时钟页面替换算法的改进算法：把"引用位" r 和"修改位" m 结合起来使用，组合成如下 4 种情况。

① 最近没有被引用，没有被修改（$r=0$，$m=0$）。

② 最近被引用，没有被修改（$r=1$，$m=0$）。

③ 最近没有被引用，但被修改（$r=0$，$m=1$）。

④ 最近被引用过，也被修改过（$r=1$，$m=1$）。

（1）选择最佳淘汰页面，从指针当前位置开始，扫描循环队列。扫描过程中不改变"引用位"，把找到的第一个 $r=0$、$m=0$ 的页面作为淘汰页面。

（2）如果步骤（1）失败，再次从原位置开始，查找 $r=0$ 且 $m=1$ 的页面，把找到的第一个这样的页面作为淘汰页面，而在扫描过程中把指针扫过的页面的"引用位" r 置 0。

（3）如果步骤（2）失败，指针再次回到起始位置，由于此时所有页面的"引用位" r 均已为 0，因此转向步骤（1）操作，必要时再做步骤（2）的操作，此时一定可以挑出一个可淘汰的页面。

12．局部页面替换算法的工作集模型

1）工作集的概念

抖动表明进程反复使用的页面未常驻内存。如果为进程分配足够容纳其近期反复使用页面的物理块数，则再次访问的页面可常驻内存，免于置换。一旦进程在近期经常访问的页面集合全部驻留在内存中，缺页中断将不再发生。进程在某一段（短）时间内访问的页面集合称为进程在该段时间内的**工作集**。工作集是对进程局部特征的度量。工作集包含的具体页面及其数目随观察进程访问页面轨迹的时间区间的不同而不同。因此，分配给进程的物理块数不是固定的，而是随着进程在各个时刻工作集的不同而动态调整的，确保特定时刻的工作集完全驻留在内存中，而不是无条件地被置换出内存，进程缺页率有望控制在较低水平。所以，基于工作集模型的页面置换算法属于可变分配局部替换算法。

工作集包含两个参数：虚拟时刻 t 和虚拟时间区间 Δ。虚拟时刻 t 用于确定工作集的参考时间点，即当前时刻，该时间点由特定页面的访问顺序号决定，与访问页面的物理时钟无关。虚拟时间区间 Δ 也称为工作集窗口或滑动窗口，即历史页面访问序列的长度减 1，是为考察进程局部性而设置的、长度固定的页面序列关注时间尺度，是整个页面访问序列中任意片段的长度。工作集窗口尺寸 Δ 限制了为进程分配的最大物理块数。

从过去的时刻 $t-\Delta$ 到现在的时刻 t 之间作业所访问的页面的集合即为工作集，用 $W(t,\Delta)$ 表示。$W(t,\Delta)$ 就是作业在时刻 t 的工作集，表示在时刻 t 之前的最近 Δ 个时间单位内进程所引用过的页面的集合。工作集中的页面数目（即工作集尺寸）用 $|W(t,\Delta)|$ 表示。

如果系统能随 $|W(t,\Delta)|$ 的大小分配物理块，则既能有效利用内存，又可使缺页中断尽量少地发生，或者说若程序要有效运行，则其工作集必须在内存中。

工作集 W 是 t 的函数，随时间不同，工作集也不同。不同时间的工作集包含的页面数及页面内容都可能不同。

工作集 W 又是工作集窗口尺寸 Δ 的函数，工作集尺寸 $|W(t,\Delta)|$ 是工作集窗口尺寸 Δ 的非递减函数。

2）工作集窗口尺寸 Δ 的选择

工作集窗口尺寸 Δ 的选择会影响工作集的精度。如果 Δ 过小，为进程分配的最大物理块数不足以容纳进程的工作集，就会引起频繁的缺页中断，降低系统效率。如果 Δ 过大，为进程分配的最大物理块数可能容纳多个工作集，内存中能够容纳的并发进程数会减少，进程并发度降低，CPU 空闲时间可能增加。当 Δ 大到包含整个作业地址空间时，请求分页式虚拟存储管理就退化成了实存管理。

实例：工作集窗口尺寸 $\Delta=3$，这意味着分配给进程的物理块数最多为 4 块。

在时刻 $t=-2$，页面 P_5 被引用；

在时刻 $t=-1$，页面 P_4 被引用；

在时刻 $t=0$，页面 P_1 被引用，初始工作集为（P_1，P_4，P_5）。

基于工作集的页面置换情况如表 4-2 所示。

表 4-2　基于工作集的页面置换情况

时刻 t	2	1	0	1	2	3	4	5	6	7	8	9	10
引用串	P_5	P_4	P_1	P_3	P_3	P_4	P_2	P_3	P_5	P_3	P_5	P_1	P_4
P_1	—	—	√	√	√	√	—	—	—	—	—	√	√
P_2	—	—	—	—	—	—	√	√	√	√	—	—	—
P_3	—	—	—	√	√	√	√	√	√	√	√	√	√
P_4	—	√	√	√	√	√	√	√	√	—	—	—	√
P_5	√	√	√	√	—	—	—	—	√	√	√	√	√
装入	P_5	P_4	P_1	P_3			P_2		P_5			P_1	P_4
淘汰					P_5		P_1			P_4	P_2		

工作集模型是基于可变分配局部替换的最近最久未使用页面淘汰算法。被替换的页面总是内存中离当前时间最远的历史页面。如果该页面包含在当前时刻的工作集中，则该页面不被替换，否则该页面被替换。

工作集是进程运行的动态结果，在进程运行前是不存在的。首先，当一个进程开始执行时，它在访问新页的同时逐渐建立起一个工作集。其次，进程访问范围暂时稳定在由该工作集决定的地址空间内。最后，进程访问范围会转移到一个新的工作集所决定的地址空间中。在工作集转移期间，上一个工作集的页面暂时保留在窗口中，新的工作集页面加入窗口 Δ 中，工作集大小激增，进程所需物理块数急剧增多。当窗口滑向新的工作集时，上一工作集中的部分页面被淘汰，工作集变小，进程所需物理块数变小。

3）工作集的应用实践

工作集策略非常吸引人，该策略可以用于指导请求分页式虚拟存储系统的页面置换策略，显著改善其页面置换性能。但是，工作集策略在实现上存在以下困难。

（1）对进程尚未执行的工作集页面进行预测很难保证其有效性。工作集的大小和成员都会随时间而变化。比较实际的工作集确定方法是根据过去一段时间内的页面访问历史确定当前时刻的工作集。

（2）工作集难以精确测量。

（3）工作集窗口 Δ 的最优值是未知的、动态的。

许多操作系统试图采用近似工作集的策略。其中一种方法是监视进程缺页率，动态调整分配给进程的物理块数。缺页率高于系统设定的最大阈值时，增加该进程的物理块数。缺页率低于系统设定的最小阈值时，减少分配给该进程的物理块数。

另一种方法是监视最近最久未使用页面，跟踪页面最近访问时间，将最近最久未使用页面从工作集中删除。实现时，为内存中的每个页面设置一个最近访问时间域 T 和一个访问位 R，并初始化一个近期未访问页面最长生存期 τ。每当访问一个页面时，硬件自动将访问位 R 置 1。定期运行的时钟中断处理程序将 R 清零。每当缺页中断发生时，系统依次扫描每个页面的 R 位。如果 $R=1$，则以当前时间更新最近访问时间域 T，以记录该页面最近被访问的时间。如果 $R=0$，则计算它的生存时间 s，即以当前实际运行时间减去上次使用时间。若 $s>\tau$，则表明该页面近期未访问的时间已经超过规定值，该页应该从当前工作集中删除。如果所有 R 为 0 的页面生存期均小于 τ，则挑选生存期最长的近期未访问页面淘汰。如果所有页面访问位 R 均为 1，则意味着这些页面可能都属于当前工作集，应增加该进程的物理块数。

13．请求分段和请求段页式虚拟存储管理

请求分段式虚拟存储系统把作业的所有分段的副本都存放在外存储器中，当作业被调度投入运行时，先把当前需要的一段或几段装入内存，在执行过程中访问到不在内存中的段时再把它们装入。

请求段页式虚拟存储管理的基本原理如下。

（1）虚地址空间以程序的逻辑结构划分成段（请求段页式存储管理的段式特征）。

（2）实地址空间划分成位置固定、大小相等的物理块（请求段页式存储管理的页式特征）。

（3）将每一段的线性地址空间划分成与物理块大小相等的页面，形成了请求段页式存储管理的特征。

请求段页式存储管理的数据结构如下。

（1）作业表：登记进入系统中的所有作业及该作业段表的起始地址。

（2）段表：至少包含这个段是否在内存中，以及该段页表的起始地址。

（3）页表：包含该页是否在内存（中断位）中及对应的物理块号。

请求段页式存储管理的动态地址转换过程：从逻辑地址出发，先以段号 s 和页号 p 作为索引查找快表，如果找到，则立即获得页 p 的物理块号 p'，并与段内位移 d 一起拼装得到访问内存的物理地址，从而完成地址转换。若查找快表失败，则访问段表和页表，用段号 s 作为索引，找到相应表目，由此得到 s 段的页表初始地址 s'，再以 p 作为索引得到 s 段 p 页对应的表目，得到物理块号 p'。这时，一方面把 s 段 p 页和物理块号 p' 置换入快表，另一方面用 p' 和 d 生成内存物理地址，从而完成地址转换。若查找段表时，发现 s 段不在内存，则产生"缺段中断"，系统查找 s 段在外存的位置，将该段页表调入内存；若查找页表时，发现 s 段的 p 页不在内存，则产生"缺页中断"，系统查找 s 段 p 页在外存的位置，并将该页调入内存。当内存中已无空闲物理块时，淘汰一个页面。

4.7　Intel x86 存储机构

Intel 处理器具有实模式和保护模式两种基本运行模式。实模式缺乏存储隔离、任务保护、

资源访问权限控制功能，操作系统以及其他用户进程容易受到非法访问和攻击。保护模式可以在硬件上赋予操作系统管理整个系统资源、控制用户进程，确保存储隔离、任务保护、限制用户进程访问各类资源的能力，保证操作系统和各个用户进程不受非法访问和攻击。早期的 8086/8088 处理器仅支持实模式。80286、80386 之后的处理器在兼容实模式的基础上支持保护模式，为支持多任务运行的、安全可靠的操作系统实现提供完善的硬件机制。一般将 80386、80486、Pentium 等由低到高向下兼容的 Intel 系列处理器统称为 Intel x86 处理器或 Intel 80x86 处理器。它们的基本结构相同或相似，在运算能力上有所扩展。Intel x86 提供了以分段为基础、分页可选的基于保护模式的存储管理硬件机制，支持多任务存储空间的隔离、存储共享以及虚拟地址到物理地址的转换等功能。

4.7.1　Intel x86 段机制

分段是对程序地址空间的划分方式。在分段方式下，程序实体被看作由若干个段构成。段的起止位置对程序员的可见性取决于源程序的编程语言。对于汇编源程序，程序段的数量及位置由程序员定义，程序段的划分对程序员可见。对于高级语言源程序，程序由函数、类等模块构成，函数、类等模块与段并不一一对应。高级语言源程序被编译为汇编语言或中间代码程序时，各个模块到段的划分对程序员并不可见。在保护模式下，每个段具有段基地址（段的位置）、段界限（段大小）、段属性等完善的管理信息，段管理信息称为段描述符。段基地址和段界限规定了段的地址范围。段属性主要包括如下属性字段。

（1）存在位 P。P 位表示该描述符描述的段是否在内存中。访问不在内存的段将引起缺段异常。

（2）特权级位 DPL。DPL 规定了所描述段的特权级，以限定允许访问该段的代码所应具备的特权级。Intel x86 的特权级分为 4 个层级，层级编号依次为 0、1、2、3，级别由高到低。分层的特权级实现软件的隔离保护和软件之间单向访问的层次关系。

（3）描述符类型位 S。S 说明段属于存储段、系统段还是门。存储段包括代码段和数据段。

（4）描述符子类型位 TYPE。在 S 位的基础上，TYPE 的若干位进一步指示本段的子类型、本段是否已被访问、本段为数据段还是代码段、数据段是否可写、数据段扩展方向、代码段是否可读、代码段是否为一致代码段。代码段是可执行的，数据段可读但不可执行。代码段的一致性规定代码的访问者与被访问者之间的特权级关系及切换关系，为实现段的访问控制、段的共享提供基础。

（5）段界限粒度位 G。G 指示段界限粒度单位为字节还是 4K 字节。但是段基址总是以字节为单位。

每个段都有一个描述符。各个段的描述符被组织在一个线性表中，称为描述符表。Intel x86 有 3 种描述符表：全局描述符表 GDT、局部描述符表 LDT 和中断描述符表 IDT。全局描述符表 GDT 和中断描述符表 IDT 在系统中是全局的，各有一张。每一个任务可以有一张局部描述符表 LDT。每个描述符表本身构成一个数据段。

每个任务的局部描述符表 LDT 包含有该任务的代码段、数据段和堆栈段的描述符，以及该任务所使用的门描述符，如任务门、调用门描述符。局部描述符表 LDT 将随着任务的切换而切换，因此，一个任务无法访问另一个任务的局部描述符表 LDT，实现了任务隔离、保护。

全局描述符表 GDT 包含操作系统所使用的代码段、数据段和堆栈段的描述符、各个任务局部描述符表 LDT 的描述符和多个任务访问的共享段的描述符。全局描述符表 GDT 不随任务的切换而切换，实现了操作系统对各任务的服务和管理以及任务间的信息共享与协作。

　　Intel x86 的局部段表始址寄存器 LDTR 存放局部描述符表 LDT 在内存中的起始位置及其大小。Intel x86 的全局段表始址寄存器 GDTR 存放全局描述符表 GDT 在内存中的起始位置及其大小。

　　在用虚拟地址定位分段程序中的某条指令或数据时，其地址格式为"段选择子:段内位移"，该地址称为段式虚拟地址。段式虚拟地址由两个部分组成，因而是二维的。二维的虚拟地址必须转换为一维的物理地址或线性地址。一维的线性地址再由分页机制转变为物理地址。段选择子是即将装入段寄存器的索引项数值，用来选择全局描述符表 GDT 或局部描述符表 LDT 中的某个描述符，而描述符中又包含段的基地址、段界限、段属性。段选择子包含描述符在全局或局部描述符表中的索引（序号）、GDT/LDT 描述符表指示位 TI 和请求特权级 RPL。段选择子能否成功装入段寄存器，取决于装入时段选择子中的 RPL 是否能够通过特权检查。装入段寄存器中的段选择子的 RPL 将成为当前特权级（CPL）。CPL 是正在处理器上执行的程序/任务及其所使用的堆栈段所具有的特权级。CPL 存放在代码段段寄存器 CS 和堆栈段寄存器 SS 的低两位。当处理器转向一个特权级不同的程序或者任务时，CPL 通常将发生改变。DPL 是静态的，定义了段的特权级。而 RPL 和 CPL 是动态的，是资源申请者即将使用、执行者正在使用的特权级。

　　特权级结合段的一致性标志规定了段的访问控制规则。

　　一致代码段的访问规则为：低特权级程序可以访问不低于自身特权级的段，且访问时 CPU 保持访问者程序的特权级。高特权级程序不允许访问低特权级段。该规则可以用来实现操作系统中的资源共享功能。操作系统中供用户程序及其他低特权级系统程序访问的共享资源可以存放在一致代码段中，供位于低特权级的外层软件对位于高特权级的内层软件单向访问，保持不同特权级软件之间的层次依赖关系。

　　非一致代码段只允许特权级相同的程序访问。特权级不同的程序禁止互访。该规则可以用来实现操作系统的存储保护功能。操作系统中的内核态程序与用户态程序特权级不同，将不能被外层程序访问的内核态程序存放在非一致代码段中，可以禁止内核态程序与用户态程序互访，防止内核态程序被修改，破坏系统功能和系统安全性。

　　数据段总是非一致的，只能被特权级等于或高于自身特权级的代码所访问。

　　对于不同的被访段，其 DPL 对访问此段的程序特权级规定不同。若被访问段为数据段、调用门或 TSS，则其 DPL 规定了可以访问此段的程序的最低特权级，即 CPL≤DPL。若被访问段为非一致代码段，且不使用调用门访问该段，则其 DPL 规定了访问此段的程序的特权级，即 CPL=DPL。若被访问段为一致代码段，则其 DPL 规定了可以访问此段的程序的最高特权级，即 CPL≥DPL。

　　不同代码段之间跳转时将检查调用者的 CPL 及被调用者选择符中的 RPL 与被调用者的 DPL 之间是否满足代码跳转的规则。若满足规则，则跳转或调用成功，CPL 将按既定规则更新。否则，将引起异常。代码段之间跳转时，跳转的目标代码段的地址可以直接位于 JMP 或 CALL 指令后，这种跳转称为直接跳转或者普通跳转。直接跳转不改变 CPL，即跳转前后的 CPL 相同。若直接跳转的目标段为一致代码段，则需满足 CPL≥DPL，RPL 不做检查。在操作系统中，可以利用该规则使特权级较低的程序访问特权级较高的共享程序。若直接跳转的目标段为非一致代码段，则需满足 CPL=DPL，且 RPL≤DPL。

　　跳转的目标代码段的地址也可以放在调用门中，而调用门的地址放在 JMP 或 CALL 指令后。此时的跳转需要经过两个阶段的特权级检查，阶段一检查调用者是否有权访问调用门。调用门被当作数据段来访问，访问者代码段需满足 CPL≤调用门的 DPL，且 RPL≤调用门的 DPL。上述条件满足后，CPU 从调用门中取出目标代码段的地址及 RPL，并将 RPL 置 0，这使得 RPL 总能满足阶段二的要求，即忽略 RPL 的作用。然后进入阶段二，检查调用者是否有权访问目标代码段。该检查过程与直接跳转时的检查过程部分相同。即若目标段为一致代码段，则需满足 CPL≥目标代码段的 DPL，RPL 不做检查。跳转前后，CPL 保持不变，即 CPL＝DPL。若目标段为非一致代码段，则通过 JMP 指令和 CALL 指令实现的跳转略有不同。通过 JMP 指令实现的跳转需满足 CPL≥目标代码段的 DPL，RPL 不做检查。跳转前后，CPL 保持不变，即 CPL＝DPL。通过 CALL 指令实现的跳转需满足 CPL≥目标代码段的 DPL，RPL 不做检查。跳转后，CPL＝目标代码段的 DPL。若跳转前 CPL＝DPL，则跳转后 CPL＝DPL，即特权级不变。若跳转前 CPL＞DPL，则跳转后 CPL＝DPL，即特权级上升。

在保护模式下，当首次访问某段时，该段的选择子需要装入段寄存器中。Intel x86 的段寄存器有 CS、DS、ES、SS、FS 和 GS，均为 16 位。不同段寄存器分别用来指向代码段、数据段、堆栈段等内容不同的段。在访问段式虚拟地址对应的内存单元地址时，需要根据段寄存器中的段选择子获取该段所在内存的起始地址，将起始地址和段内位移相加即得该内存单元的地址，其中存放着所要访问的指令或数据。段起始地址与段内位移是同宽的，但段选择子宽度目前小于段起始地址及段内位移的宽度。

将代码段的段选择子装入代码段寄存器 CS 后，段选择子中的请求特权级 RPL 就成为 CPU 的当前特权级（CPL），即 CPU 当前执行的代码段所具有的特权级。当 CPL 为 0 时代表最高优先级，当 CPL 为 3 时代表最低优先级。Linux 只用 0 级和 3 级，分别对应内核态和用户态。当中断发生，处理器由用户态转变为内核态时，CS 中的特权级将同步变化，CS 将指向内核态代码段，DS 将指向内核态数据段，SS 将指向内核态堆栈段。当处理器由内核态转变为用户态时，CS、DS、SS 将分别指向用户态代码段、用户态数据段、用户态堆栈段。正在 CPU 上执行的程序代码是 CS 寄存器的使用者，CS 中的特权级代表了程序代码及其执行者所具有的权限级别。

在实模式下，段寄存器 CS、DS、ES 和 SS 存放段在内存中的起始地址，而非段选择子。实模式下并不存在段表。在保护模式下，与段选择子对应的段起始地址、段界限和段属性存放在内存中的表格即段表中，段寄存器存放段选择子，其中包含该段在内存段表中的索引号。

局部段表始址寄存器 LDTR 和全局段表始址寄存器 GDTR 与段内位移的宽度相同，并分别指向局部段表和全局段表的起始位置。而段表项选择器则可遍历段表中的各个表项。段表项选择器既可指向局部段表中的某一项，也可指向全局段表中的某一项。显然，需要一个标志来区分段表项选择器当前指向的是局部段表中的某一项还是全局段表中的某一项。这个标志位就是 TI。

局部段表属于特定进程的组成部分。全局段表则是系统范围内的数据结构，其中记载了各个进程的信息。操作系统从全局段表中的某个表项出发，能够访问到某个进程的局部段表，对进程实施管理操作。全局段表和局部段表均由操作系统创建和管理，用户进程无权访问。因此，访问全局段表寄存器 GDTR 和局部段表寄存器 LDTR 的指令，如 GDTR/LDTR 的装入指令 LGDT/LLDT 和存储指令 SGDT/SLDT 均为特权指令。

段表项选择器包含 3 个数据项，其中高 13 位用来指向段表中的某一项，位 2 为全局段表/局部段表选择开关，位 0～位 1 为段表请求者访问权限级别 RPL。

$$段表项的地址＝GDTR 值或 LDTR 值（由段表项选择器的 TI 位决定）＋$$
$$段表项选择器高 13 位值×8$$

每个段表项的大小是 8 个字节，包含段在内存中的起始地址（即基地址占 32 位）、段大小（占 20 位）、访问本段所需最低权限级别（占 2 位）、本段访问操作类型（如可否读或写，占 2 位）、本段是否被访问过（占 1 位）、本段是否位于内存中（占 1 位）、本段为系统段还是代码段或数据段（占 2 位）等。段表项的逻辑（非物理写真）组成结构（包含的信息项）如图 4-30

所示。段表项描述了段的属性信息，也称为段描述符。

段基地址32位	段大小20位	访问本段所需最低权限级别2位	本段访问操作类型2位	本段是否被访问过1位	本段是否位于内存中1位	本段为系统段还是代码段或数据段2位	其他占4位

图 4-30 段表项的逻辑组成结构

根据段表项地址访问段表项，将其中的段基地址与段式虚拟地址中的段内位移相加即得内存单元的物理地址。

全局段表始址寄存器 GDTR、局部段表始址寄存器 LDTR、段表项选择器与进程实体的关系如图 4-31 所示。

图 4-31 全局段表始址寄存器 GDTR、局部段表始址寄存器 LDTR、段表项选择器与进程实体的关系

为了避免每次都从内存访问全局段表或局部段表，Intel 工程师在处理器中设计了影子寄存器，用来保存当前选中的段表项号及段表项内容，其数量与段表项选择器的数量相同。如果段表项选择器的值没有重装，则对应的影子寄存器的值保持不变。否则，影子寄存器的值将更新为段表项选择器重装后的新值所指向的段表项内容。

Intel 处理器的段寄存器 CS、DS、ES、SS 等用来存放段号，段寄存器位宽 16 位，其中仅 13 位用作段号，其余 3 位中的两位用于指示 4 个特权级的某一特权级，剩余 1 位指示段号所隶属的段表为全局段表还是局部段表。段在内存的起始地址则存放在全局段表寄存器 GDTR 或局部段表寄存器 LDTR 中。段起始地址为 32 位。所以段号和段起始地址共占 48 位。

4.7.2 Intel x86 分页机制

Intel x86 在段式存储管理的基础上提供了可选的页式存储管理机制。即 Intel x86 提供段式存储管理机制和段页式存储管理机制。如果要实现比较纯粹的页式存储管理机制，可以将整个进程看作仅有一个段构成，将该段划分为若干个页面，每个页面分别装入一个同等大小的内存物理块中。相邻页面所在的内存物理块并不需要相邻。系统需要为每个进程建立一张页表以记录进程各个页面到内存物理块的对应关系，以实现虚拟地址到物理地址的变换。操作系统并不需要为每个进程分别建立一张局部段表，仅需在系统范围内建立一张全局段表，每个表项分别登记一个进程的页表所在内存位置即可访问和控制进程。

Intel x86 提供的页式存储管理机制包含两级页表，顶级的页目录表和次级的页表。页目录表项指向页表，页表项再指向进程页面。页表也可以离散存储。页目录则由 Intel x86 的页表始址寄存器 CR3 来指向。页目录共包含 $2^{10}=1024$ 个目录项，每个目录项指向一个页表。页表也包含 $2^{10}=1024$ 个表项，每个表项指向进程的一个页面。页式虚拟地址因此包含 3 个部分，即顶级的页目录表、次级的页表和页内位移。各部分所占位宽如图 4-32 所示。

31	22	21	12	11	0
页目录号 d		页表号 p		页内位移 o	

图 4-32　各部分所占位宽

Intel x86 的两级页表机制如图 4-33 所示。

图 4-33　两级页表机制

CR3 寄存器指向当前运行进程的页目录，CPU 存取指令或数据的虚拟地址被自动分解为页目录号 d、页表号 p 和页内位移 o。CR3 中的页目录内存基址与页目录号 d 相加即得页表始址 B_d 所在页目录表项地址，取出 B_d 与页表号 p 相加即得页表项 p 的内存地址，该地址单元中存放着页面 p 所在的内存物理块号 B_p。取出 B_p 与页内位移 o 相加即得虚拟地址对应的内存物理地址，该地址即为当前指令或数据的物理访问地址。

一个页目录可以寻址的存储单元数能够达到 $2^{10} \times 2^{10} \times 2^{12}=2^{32}$ 个，即 4GB 个存储单元，恰好等于 32 位地址宽度所能寻址的最大地址空间。每个进程最多需要一张页目录即可完整映射该进程所有页表，进而映射该进程整个地址空间。这也意味着从一张页目录出发能够遍历一个进程的所有页表，实现虚拟地址到物理地址的变换。在内存资源紧张的情况下，进程页目录可以常驻内存，页表可以按需装入，无须全部驻留内存。

请求分页式存储管理机制的开关项位于寄存器 CR0 的最高位。

每个目录项或页表项的大小为 4 个字节。Intel x86 的一页大小为 4K 个字节，即页内位移占 12 位。目录、页表或进程页面所在物理块的块号仅需 32 位地址中的剩余 20 位即可描述。每个目录项或页表项中的剩余 12 位用于描述对应目录、页表或进程页面的访问控制属性，其中部分项如下。

（1）P 位即存在位，说明该页是否在内存中（占 1 位），如果一个虚拟地址所属的页面不在内存中，则该地址被分页机构存放在控制寄存器 CR2 中，并产生缺页异常，操作系统随后可以将所缺页面装入内存,这是请求分页式虚拟存储系统实现的硬件基础。

(2)A 位即访问位,说明该页是否被访问过(占 1 位),该位用于实现请求分页式虚拟存储系统的页面替换算法。

(3)RW 位即存取权限位,说明该页只读还是可读写(占 1 位)。若 RW=0,则相应的页表或页面是只读的,否则是可读写的。该位是实现存储保护的硬件基础。

(4)US 位即访问权限位,说明访问该页所需的权限为系统权限还是用户权限(占 1 位)。US=0 对应系统权限,此时运行在 CPL<3 的程序可以访问该页面。US=1 对应用户权限,此时该页面总可访问。该位是赋予操作系统资源控制能力的硬件基础。

(5)对于页表项,还包括 D 位即脏位,说明相应内存页面即物理块是否被写过(占 1 位)。该位同样用来辅助实现页面替换算法。

Pentium 以后的处理器提供 4M 个字节的页面。在地址总线宽度不变的情况下,较大的页面尺寸意味着页表项的减少,页表级数也可适当减少。

Pentium Pro 及更新的处理器地址总线宽度从 32 位增加到 36 位,寻址空间可达 2^{36}=64GB。

进程地址空间通常小于地址总线宽度决定的最大虚拟地址空间,进程页目录或页表中的实际项数小于最大项数,其余为空白表项,空白表项值以 0 填充,其存在标志自然被置为 0,表示页面不存在。

如果进程被看作由多个段构成,每个段再被分别划分为若干个页面,则这时的存储管理机制显然是段页式的。这时,操作系统不仅需要在系统范围内建立一张全局段表,还需要为每个进程分别建立一张局部段表,每个全局段表项分别登记一个进程的局部段表所在的内存位置,局部段表中的每个表项再分别登记该段的页表所在的内存位置。从全局段表出发,访问到局部段表,再访问到进程某个段的页表,最后访问到进程某个页面所在内存物理块,从中存取指令或数据。当然,段页式存储管理机制中的页表根据需要可以采用多级页表。多级页表的好处是可以对非顶级页表离散存储,按需装入,节约内存空间。

4.7.3　Intel x86 快表机制

Intel x86 处理器的转换后援缓冲器即 TLB 高速缓存支持快表的功能。当使用某个线性地址时,若该线性地址所属页面为第一次访问,则访问内存中的页表,取得该页面对应的物理块号,将页号、物理块号及相关信息存放在 TLB 表项中。当再次使用该页面中的线性地址时,地址转换所需物理块号即可从 TLB 中取得。当 CR3 控制寄存器重装时,进程或者任务发生切换,新进程或者新任务的页表被启用,TLB 中的所有项自动失效。

4.8　Linux 存储管理

4.8.1　虚拟地址空间布局(虚拟地址空间的划分)

程序运行在一定的地址空间内,即程序具有最小和最大访问地址限定的寻址范围。程序能够寻址的最大地址范围称为虚拟地址空间。在虚拟地址空间活动着两类因权限不同而需要隔离的程序:用户程序和操作系统。虚拟地址空间被分为两个部分:一部分供操作系统使用,该部分地址空间称为内核空间;另一部分供所有用户程序使用,该部分地址空间称为用户空间。用户程序和操作系统在虚拟地址空间的不同区域活动。用户程序所能访问的最大地址空间就是用户空间。用户空间可以同时容纳多个用户程序,正在处理器上运行的程序才有机会访问用户空间。而任意时刻，仅有一个用户程序在处理器上运行，所以，用户空间不会被多于一个的用户程序同时（并行）访问。

各个用户进程可以使用相同的虚拟地址，从而拥有相同或者重叠的虚拟地址空间，但相同虚拟地址空间对应的物理地址空间不同，即各个进程的地址映射函数不同，从而实现了存储隔离。这也意味着进程切换时，地址映射函数及其地址空间随之切换。

一个用户进程可以自由访问自己的用户空间的虚拟地址，不能访问其他进程的地址空间。用户进程若要访问内核空间，则需要通过系统调用。操作系统工作于内核空间，为所有进程服务，管理各种系统事务。用户空间和内核空间具有不完全相同的地址映射机构。每个进程拥有各自不同的页表将各自的虚拟地址映射为物理地址。内核空间采用内核独立的页表以及线性映射机构将内核使用的虚拟地址映射为物理地址。当进程切换时，其用户空间随之切换，但内核空间独立于进程且服务于所有进程，其地址映射是固定的，并不随着进程一起切换。

Linux 虚拟地址空间布局结构如图 4-34 所示。

32 位地址总线可以寻址 4GB 地址空间，内核空间占用其中的 1GB，用户空间占用剩余的 3GB。用户空间的地址范围为 0 到 3GB-1（0xBFFFFFFF），内核空间的地址范围为 3GB（0xC0000000）到 4GB-1（0xFFFFFFFF）。每个用户进程都具有独立的 3GB 用户地址空间。内核是唯一的，使用 1GB 内核空间。对于支持更大虚拟地址空间的系统，一部分地址空间将被用作内核空间与用户空间之间的隔离带，内核空间和用户空间同等大小。

图 4-34　划分为用户空间和内核空间的虚拟地址空间

4.8.2　进程映像的逻辑结构

进程所执行的程序文件在内存的镜像一般包括代码段、数据段、BSS 段、堆和栈。其中，代码段包含可执行程序指令，该部分内容是只读的。数据段包含程序文件中已初始化的全局变量，即静态分配的变量（加 static 声明）和全局变量。BSS 段包含程序中未初始化的全局变量，内存中的 BSS 段全部置零。堆是进程运行中的动态分配内存区，其大小不固定，可动态增减。

堆存储生存期与函数调用无关的数据。进程调用 malloc 函数获得分配的内存就来自堆。调用 free 函数将内存归还到堆中。栈是存放局部变量的内存区域。栈用来保存/恢复函数调用现场，是寄存、交换临时数据的内存区。调用函数时，函数形式参数变量、函数内部定义的变量（未加 static）以及函数的返回值被压入发起调用的进程栈中。堆和栈共享一个内存区域，分配内存时，堆和栈分别从内存区域的一端向另一端相向扩展，但一般不会在中间相遇。现有堆或栈空间不足时，可以在一定范围内扩展。数据段、BSS 段、堆在内存中通常紧邻存放。

进程实体包括进程控制块、程序块、数据块、核心栈。程序块的主要成分是代码段，数据块的成分包括数据段、BSS 段、堆和栈等。进程在内存的镜像结构如图 4-35 所示。

图 4-35　进程在内存的镜像结构

4.8.3 进程虚拟地址空间的组织结构

进程的虚拟地址空间被划分为由若干页组成的序列，这些页序列又被分组为若干个虚拟地址区域（VMA）。即进程的虚拟地址空间由若干个虚拟地址区域组成。进程的虚拟地址空间的每个虚拟地址区域分别由一个 struct vm_area_struct 结构描述其属性和操作。每个虚拟地址区域包含若干个页面。进程的虚拟地址空间由 struct mm_struct 结构描述。进程描述结构 struct task_struct 中包含一个指向 struct mm_struct 结构的指针。

1. struct mm_struct 的主要成员

（1）struct vm_area_struct *mmap：虚拟内存区域链表指针，进程的虚拟地址空间由若干个虚拟地址区域（VMA）构成，每个区域由一个结构体 struct vm_area_struct 描述，这些描述结构链接在一起，形成链表。

（2）struct rb_root mm_rb：以虚拟地址区域描述结构为结点的红黑树的根。组成进程虚拟地址空间的各个虚拟地址区域同时位于 mmap 所指向的链表中和以 mm_rb 为根的红黑树中。红黑树结构用于加速虚拟地址区域的查找过程。

（3）struct vm_area_struct *mmap_cache：指向最近找到的虚拟地址区域的描述结构。

（4）unsigned long(*get_unmapped_area) (struct file *filp,unsigned long addr, unsigned long len,unsigned long pgoff, unsigned long flags)：在进程的虚拟地址空间中搜索未映射虚拟地址区域的函数。

（5）void(*unmap_area)(struct mm_struct *mm, unsigned long addr)：解除虚拟地址区域映射的函数。

（6）unsigned long mmap_base：虚拟地址区域映射基地址。

（7）unsigned long free_area_cache：在进程的虚拟地址空间中搜索空闲区域的起始地址。

（8）pgd_t *pgd：指向进程页全局目录的指针。

（9）atomic_t mm_users：存取该 mm_struct 用户空间的进程数，存取的内容包括页表、文件映像等。

（10）atomic_t mm_count：访问 mm_struct 的匿名用户计数值。

（11）int map_count：正在使用中的虚拟地址区域（VMA）的数目。

（12）struct rw_semaphore mmap_sem：虚拟地址区域（VMA）的读/写信号量。

（13）spinlock_t page_table_lock：虚拟地址区域（VMA）及页表自旋锁。

（14）struct list_head mmlist：将所有 mm_struct 链接起来的指针。

（15）unsigned long hiwater_rss：进程所拥有的最大物理块数。

（16）unsigned long hiwater_vm：进程的虚拟地址空间所占页数。

（17）unsigned long total_vm, locked_vm, shared_vm, exec_vm：total_vm 为进程的虚拟地址空间的大小（页数），locked_vm 为锁定于内存中而不能换出的页数，shared_vm 为共享文件内存映射中的页数。

（18）unsigned long stack_vm, reserved_vm, def_flags, nr_ptes：stack_vm 为用户堆栈所占页数，reserved_vm 为保留区所占页数，def_flags 为进程的虚拟地址空间默认的访问标志，nr_ptes 为进程的页表数。

（19）unsigned long start_code, end_code, start_data, end_data：start_code 和 end_code 分别为可执行代码（代码段）的起始地址和结束地址，start_data 和 end_data 分别为已初始化数

据（数据段）的起始地址和结束地址。

（20）unsigned long start_brk，brk，start_stack：start_brk 和 brk 分别为堆的起始地址和当前的结束地址。start_stack 为用户栈的起始地址。

（21）unsigned long arg_start，arg_end，env_start，env_end：arg_start 和 arg_end 分别为命令行参数的起始地址和结束地址。env_start 和 env_end 分别为环境变量区域的起始地址和结束地址。

（22）cpumask_t cpu_vm_mask：SMP 系统中所有 CPU 的掩码值，影响 TLB 的刷新。

（23）mm_context_t context：与体系结构相关的 MMU 上下文。

进程的虚拟地址空间描述结构 struct mm_struct 主要成员与进程内存镜像结构间的关系如图 4-36 所示。

图 4-36　进程的虚拟地址空间描述结构 struct mm_struct 与进程内存镜像结构关系

2．struct mm_struct 的操作函数

struct mm_struct 主要有以下操作函数。

（1）mm_init()：初始化一个 mm_struct 结构体实例，设置其中每个成员值。

（2）allocate_mm()：从 slab 分配区中分配一个 mm_struct 结构体空间。

（3）exit_mmap()：遍历 mm_struct 结构，解除所有与其关联的 VMA 映射。

（4）copy_mm()：使用 fork 创建子进程时，为子进程复制一个 mm_struct 结构副本。

（5）free_mm()：将 mm_struct 结构归还到 slab 分配区。

系统中第一个 mm_struct 结构由 mm_init()初始化为预设值，后继的子进程的 mm_struct 结构内容复制自父进程的 mm_struct 结构内容，copy_mm()函数完成复制操作，初始化与特定进程相关的字段。

3．进程的虚拟地址空间中的虚拟地址区域（VMA）的描述结构

一个进程的虚拟地址空间由若干个虚拟地址区域组成，这些区域以链表和红黑树的形式组织在一起，每个区域的大小为物理块的整数倍，每个区域具有相同的访问属性。每个区域采用 struct vm_area_struct 结构体描述，该结构体及其描述的区域简称 VMA。struct vm_area_struct 的主要成员如下。

（1）struct mm_struct *vm_mm：指向这个 VMA 所属的 struct mm_struct 描述结构，说明该地址区域所属地址空间。

（2）struct vm_area_struct *vm_next, *vm_prev：分别为地址空间区域链表的前驱结点和后继结点指针。

（3）struct rb_node vm_rb：这个 VMA 在红黑树中的结点信息。

（4）unsigned long vm_start 和 unsigned long vm_end：分别为所描述的虚拟地址区域在所属地址空间的首地址和末地址（以字节为单位）。

（5）pgprot_t vm_page_prot：VMA 访问权限，被设置在页目录、页表项中。

（6）unsigned long vm_flags：VMA 的保护标志位和属性标志位。保护标志位及其意义如下。

VM_READ：页面可读。

VM_WRITE：页面可写。

VM_EXEC：页面可执行。

VM_SHARED：页面可被共享。

VM_DONTCOPY：执行 fork 创建子进程时，VMA 不能被复制。

与内存映射 mmap 相关的标志如下。

VM_MAYREAD：允许设置 VM_READ 标志位。

VM_MAYWRITE：允许设置 VM_WRITE 标志位。

VM_MAYEXEC：允许设置 VM_EXEC 标志位。

VM_MAYSHARE：允许设置 VM_SHARE 标志位。

VM_MAYGROWSDOWN：该区间可以向低地址扩展。

VM_MAYGROWSUP：该区间可以向高地址扩展。

VM_SHM：页面映射到共享内存，用于 IPC 通信。

页面的加锁标志如下。

VM_LOCKED：页面被锁定不能被交换出去。

VM_IO：页面映射到一个设备的 I/O 地址空间，用于设备输入/输出。

（7）const struct vm_operations_struct *vm_ops：VMA 操作函数合集，主要包含内存映射文件操作函数指针，实现内存与磁盘文件的同步操作。

（8）unsigned long vm_pgoff：以页面为单位指定文件映射的偏移量。

（9）struct file *vm_file：指向被映射的文件。

（10）void* vm_private_data：存放设备驱动私有数据。

4．struct vm_area_struct 结构的操作函数

struct vm_area_struct 结构的操作函数包含在 struct vm_operations_struct 中，主要有以下操作函数。

（1）void (*open)(struct vm_area_struct *area)：在创建虚拟地址区域时调用 open 方法，通常不使用，设置为空指针。

（2）void (*close)(struct vm_area_struct *area)：在删除虚拟地址区域时调用 close 方法，通

常不使用，设置为空指针。

只有一小部分设备，如文件系统和 system V 的共享区域，使用 open 和 close 函数执行 VMA 共享段计数等额外操作。

（3）struct page * (*nopage)(struct vm_area_struct *area, unsigned long address, int unused)：缺页异常处理函数，当访问的页面不在内存时，调用该函数装入所缺页面。

（4）int (*fault)(struct vm_area_struct *vma, struct vm_fault *vmf)：访问文件映射的虚拟内存页面时，如果发生缺页异常，则由异常处理程序调用 fault 方法从外存将文件的数据读到页缓存中。

（5）void (*map_pages)(struct vm_area_struct *vma, struct vm_fault *vmf)：读文件映射的虚拟内存页面时，如果发生缺页异常，则异常处理程序不仅读入当前需访问的文件页，还会预读后续的文件页。

（6）int (*page_mkwrite)(struct vm_area_struct *vma, struct vm_fault *vmf)：第一次对文件映射区执行写操作时，将发生缺页异常，异常处理时执行写时复制，文件系统检查是否允许写。

4.8.4 Linux 分页机制

Linux 设计了一种针对不同体系结构兼容二级、三级和四级页表的通用分页机制，即四级页表机制。四级页表自上而下分别为页全局目录（PGD）、页上级目录（PUD）、页中间目录（PMD）和页表（PT）。页上级目录包含直接下级目录的地址。页表（PT）中的每项指向一个物理块。进程地址空间描述结构 mm_struct 的成员 pgd_t *pgd 存放进程页全局目录（PGD）的地址。内核页全局目录的基地址保存在 swapper_pg_dir 全局变量中。当进程被调度或内核工作时，其页全局目录的基地址被装入 CPU 的页目录寄存器 CR3 中。

根据硬件条件，四级页表中的中间两级页表被有选择地启用。i386 仅启用二级页表，页上级目录（PUD）和页中间目录（PMD）的长度为 0。32 位虚拟地址分为 3 个部分，位 31～22 为页全局目录（PGD）的索引项，占 10 位。位 21～12 为页表（PT）的索引项，占 10 位。位 11～0 为页内位移，占 12 位。页大小为 4KB。

启用物理地址扩展（PAE）的 i386 具有 36 位地址总线，支持三级页表，页上级目录（PUD）的长度为 0。位 21～0 为页内位移，占 22 位。页大小为 4MB。

64 位体系结构支持三级或四级页表。在 64 位线性地址中，只有低 48 位是有效的，可寻址的最大地址空间为 2^{48}B，即 256TB。48 位线性地址中的高 9 位（即 39～47 位）为页全局目录（PGD）的索引项，次高 9 位（即 30～38 位）为页上级目录（PUD）的索引项，第三部分的 9 位（即 21～29 位）为页中间目录（PMD）的索引项，第四部分的 12 位（即 0～11 位）为页内位移。

4.8.5 存储空间管理单元与组织

虚拟地址空间被划分为以页为单位的较小管理单元。物理内存空间被划分为与页同等大小的若干个物理块。每个页面装入同等大小的物理块中。若干个物理位置相邻且符合伙伴概念的物理块构成不同大小规格的内存分配单元。对于需求不足一页（一个物理块）的内存空间，在分配到的整数个物理块范围内，以 slab 方式为各个数据对象分配块内内存。进程的虚拟地址空间由若干个虚拟地址区域组成。每个虚拟地址区域包含若干个页面。进程的虚拟地址空间由 struct mm_struct 结构描述。进程描述结构 struct task_struct 中包含一个指向 struct mm_struct 结构的指针。进程的虚拟地址空间的每个虚拟地址区域分别由一个 struct vm_area_struct 结构描述其属性和操作。物理内存以包含若干个地址相邻的物理块组成的伙伴为分配和回收单位。

Linux 采用三级页表管理虚拟地址空间。每个内存物理块分别采用一个 struct page 描述其信息。struct page 的主要成员及意义如下。

（1）unsigned long flags：记载物理块所在 NUMA 节点号、内存域 zone 等内存架构信息以及使用状态标志信息。主要标志及含义如下。

　　PG_referenced：表示物理块刚被访问过，用以选择回收的页面。

　　PG_dirty：表示物理块内容发生改变，且与后备存储器尚未同步。

　　PG_uptodate：表示物理块内容已经与后备存储器同步。

　　PG_writeback：表示物理块内容正在写回后备存储器。

　　PG_lru：表示物理块被加入了 LRU 活跃页面链表。

　　PG_active：表示物理块处于 inactive LRU 非活跃页面链表。

　　PG_reclaim：表示该物理块即将被回收。

　　PG_swapbacked：表示该物理块的后备存储器是 swap 分区。

　　PG_mappedtodisk：表示该物理块中的数据来自后备存储器。

　　PG_slab：表示该物理块属于 slab 分配器。

　　PG_reserved：设置该标志以防止该物理块被交换到 swap。

　　PG_unevictable：表示该物理块不可回收。

　　PG_mlocked：表示该物理块对应的 VMA 处于 locked 状态。

　　PG_locked：表示该物理块被上锁，当前仅供上锁者访问。

　　PG_error：表示该物理块的 I/O 操作发生错误。

（2）atomic_t count：物理块引用计数器，每当操作该物理块时，count 增 1，操作完毕，count 减 1。当 count 值为 0 时，可以回收该物理块。

（3）struct address_space *mapping：mapping 的不同值表明不同的映射来源，mapping=0 表明该物理块属于交换缓存，其内容来源于交换区。mapping!=0 且其位 0 值为 0，则说明该物理块属于页缓存或文件映射，mapping 指向文件的 inode 地址空间 address_space。mapping!=0 且其位 0 值不为 0，则说明该物理块为匿名映射，mapping 指向 struct anon_vma 对象。

（4）unsigned long index：虚拟区间文件映射区的区内偏移。

（5）struct list_head lru：物理块链表头。当物理块处于伙伴系统中时，lru 用于链接相同阶的伙伴（只使用伙伴中的第一个物理块的 lru）。当物理块属于 slab 时，page→lru.next 指向物理块驻留的缓存的管理结构，page→lru.prec 指向保存该物理块的 slab 的管理结构。当物理块被用户态使用或被当作页缓存使用时，使用 lru 将该物理块连入 zone 中相应的 lru 链表，供内存回收时使用。

各个物理块的 struct page 描述结构组织在线性表 struct page mem_map[]中。

4.8.6 Linux 内核空间布局及其映射机制

Linux 内核虚拟地址空间分为 3 个区。

ZONE_DMA 区：范围为内核空间起点开始的 16MB，即 3GB～3GB+16MB，该虚拟地址区映射到物理内存区从最低地址开始的 16MB，即 0～16MB 区间，供设备与内存之间执行 DMA 操作使用。

ZONE_NORMAL 区：范围为 ZONE_DMA 区结尾开始的 880MB，即 3GB+16MB～3GB+896MB，称为线性映射域，该域的虚拟地址与物理地址相差一个常量，即物理地址=逻辑地址−0xC0000000。线性映射域映射到物理内存区 ZONE_DMA 结尾的内存区，即 16MB～896MB 区间。

ZONE_HIGHMEM 区：范围为 ZONE_NORMAL 区结尾到内核空间结束的 128MB，即 3GB+896MB～4GB，称为非线性映射域，该域的虚拟地址通过页表映射到物理地址大于 896MB 的高地址内存区。

位于内核空间低于 896MB 的 ZONE_DMA 区和 ZONE_NORMAL 区均为线性映射区，对应物理内存空间低于 896MB 的存储区域，线性映射区的物理地址=逻辑地址−内核空间起始地址。内核空间高于 896MB 的 ZONE_HIGHMEM 区为非线性映射区，对应物理内存空间高于 896MB 的内存区域，采用内核页表将 ZONE_HIGHMEM 区虚拟地址映射为物理内存地址。对于地址总线更宽、虚拟地址空间足够大的系统，内核所寻址的物理内存空间总有同样大的虚拟地址空间对其线性映射。Linux 内核地址空间布局结构及地址映射关系如图 4-37 所示。

图 4-37　Linux 内核地址空间布局结构及地址映射关系

Linux 对内存采用以物理块为基础的伙伴算法和 slab 算法，满足对多页内存和不满一页内存的分配需求，减少外部碎片以及内部碎片。每个 ZONE 区的页面以伙伴算法进行管理，其实现结构为 free_area 数组，下标为 k 的元素管理大小为 2^k 的伙伴链表。伙伴链表有 11 个，分别管理大小为 $2^0, 2^1, 2^2, \cdots, 2^{10}$ 个物理位置连续的物理块组成的伙伴内存块。

为了减少外部碎片的产生，将内存页面分为以下 3 类。

（1）不可移动页面：页面不能在内存中移动位置。核心内核所占页面多属此类。

（2）可回收页面：页面不能移动，但可回收，内存中的页面可以重建。如映射文件的数据一般占据此类内存页面。kswapd 会周期性地回收这类页面。

（3）可移动页面：页面可在内存中移动位置。应用程序所占页面多属此类页面。这类页面通过页表映射，移动内存页面后，只需要更新使用该页面的进程页表项即可。

防止外部碎片产生的方法就是避免不同类型的页面占用相邻的内存区。

Linux 采用 slab 分配器解决内部碎片问题。内核中的很多数据对象小于一页的大小，slab 分配器可以将多个数据对象分配到一个页面中，从而减少内部碎片。

习 题 4

4-1 在请求分页式虚拟存储系统中，某个程序依次访问如下页面：

1, 0, 2, 2, 1, 7, 6, 7, 0, 1, 2, 0, 3, 0, 4, 5, 1, 5, 2, 4, 5, 6, 7, 6, 7, 2, 4, 2, 7, 3, 3, 2, 3

在分给程序 3 个物理块的情况下，分别采用 OPT、FIFO 和 LRU 页面替换算法时的缺页中断率是多少？如果在分给程序 4 个物理块、5 个物理块两种情况下，3 种页面替换算法的缺页中断率又分别是多少？

4-2 在分页存储管理系统中，1 页大小为 1KB，某进程页表如表 4-3 所示。

表 4-3 某进程页表

虚页号	物理块号
0	334
1	597
2	9341
3	289
4	7516
5	760

请计算下列虚拟地址的物理地址，并以十六进制数表示：

（1）1342； （2）2301； （3）4183； （4）5396。

4-3 在分页存储管理系统中，假设页面大小为 8KB，页表项大小为 8B。要映射 48 位的地址空间，且要求顶级页表只占一页内存空间，则需要多少级页表？各级页表最大页数分别是多少？说明其逻辑地址结构。

4-4 设一个进程的页访问串的长度为 P，包含 N 个不同的页号，工作集为 M 个物理块，使用任何一种页面替换算法，求缺页中断次数的下限和上限分别是多少？

4-5 设在段页式系统中，一个进程包含 4 个大小相等的段，系统为每个段建立一个有 8 项的页表，每页大小为 2KB，试求：（1）每段的最大尺寸是多少？（2）该进程的逻辑地址空间最大为多少？（3）为物理单元 00021ABC 产生的逻辑地址格式是什么？该系统的物理地址空间最大为多少？

4-6 一个分页式存储管理系统的逻辑地址空间由 32 个 2KB 的页组成，将它映射到一个 1MB 的物理内存空间。求：（1）该处理器的逻辑地址格式是什么？（2）页表的长度和宽度是多少？

4-7 在分段存储管理系统中，某进程段表如表 4-4 所示。

表 4-4 某进程段表

段号	段起始地址	段长
0	3121	228
1	4986	689
2	5124	532
3	6018	320
4	6540	809

请计算下列虚拟地址的物理地址，请注意地址是否越界：

（1）<0,145>； （2）<1,712>； （3）<2,438>； （4）<3,289>； （5）<4,653>。

4-8 存储管理的功能有哪些？

4-9 计算机系统为什么采用多级存储系统？进程实体存在于哪些存储器中？简述进程与各级存储系统的关系。

4-10 什么是地址重定位？什么是逻辑地址、相对地址、物理地址、逻辑地址空间、物理地址空间？逻辑地址有哪些具体形式？

4-11 什么是静态重定位和动态重定位？

4-12 什么是连续存储管理？它有哪些方案？各采用什么数据结构记录存储分配情况？各自如何为进程分配存储空间？

4-13 什么是伙伴？伙伴系统如何分配和回收内存空间？

4-14 什么是页框和页？

4-15 分页存储管理的物理地址结构与逻辑地址结构分别是什么？这些地址是两维的还是一维的？分页存储管理如何进行地址变换？

4-16 什么是快表？如何使用快表？

4-17 分页存储空间采用哪些数据结构进行管理？

4-18 分页存储管理的页面共享与保护方法是什么？

4-19 多级页表的地址结构是什么？

4-20 什么是反置页表？其逻辑地址结构是什么？利用反置页表如何进行地址变换？反置页表的查找与页表的查找有什么不同？

4-21 说明分段存储管理的逻辑地址结构，内存物理地址结构与其一致吗？

4-22 说明分段存储管理的地址转换方法。

4-23 什么是虚拟存储器？

4-24 实现虚拟存储器的基础是什么？

4-25 实现虚拟存储器需要解决哪些问题？

4-26 虚拟存储器的实现技术主要有哪些？

4-27 说明请求分页系统的页表结构。

4-28 简述请求分页式虚拟存储系统的工作原理。

4-29 简述请求分页式虚拟存储系统内存管理部件的功能。

4-30 简述请求分页的地址变换过程。

4-31 简述缺页中断的处理过程。

4-32 页面装入策略和清除策略分别有哪些？

4-33 物理块分配策略有哪些？

4-34 页面替换策略有哪些？

4-35 物理块分配和替换组合策略有哪些？

4-36 什么是缺页中断率？

4-37 影响缺页中断率的因素有哪些？

4-38 什么是抖动？其解决方法是什么？

4-39 分别简述最佳页面淘汰（OPT）算法、先进先出页面淘汰（FIFO）算法和最近最久未使用页面淘汰（LRU）算法的思想。

4-40 最近最久未使用页面淘汰算法有哪些实现方法？

4-41 什么是工作集？工作集由哪些参数决定？

4-42 工作集窗口尺寸的选择有哪些注意事项？

4-43 简述请求分段和请求段页式虚拟存储管理。

4-44 在请求分页式存储系统中，进程 A 和进程 B 共享某个程序页面，该共享页面在内存物理块 1820 中存放，该页面被映射到进程 A 的页 6 中，其中的变量 x 的虚拟地址（逻辑地址、相对地址）为 39812。假定页面大小为 4KB，地址宽度为 32 位。（1）对于进程 A，变量 x 的物理地址是多少？（2）如果该共享页面被映射到进程 B 的页 14 中，则对于进程 A，变量 x 的物理地址是多少？

4-45 在请求分页式存储系统中，进程 A 的某个程序页面被映射到其地址空间的页 6 中，其中的变量 x 的虚拟地址（逻辑地址、相对地址）为 39812。假定页面大小为 4KB，地址宽度为 32 位。如果将该程序页面移动到页 14 中，则变量 x 的虚拟地址变为多少？

4-46 当处理器访问内存单元指令或数据时，给出的虚拟地址是一维的还是两维的是由什么决定的？如果程序是分段的，则处理器给出的虚拟地址必然是两维的吗？

第5章

设备管理

前面章节介绍的处理器和内存是计算机内部重要的计算类资源，计算机系统还包含各种各样的用于在计算机内部和外部之间进行数据输入/输出的资源，这就是设备，即输入/输出设备（I/O 设备）。对输入/输出设备进行管理是操作系统的重要功能之一。设备向软件提供了编程接口，操作系统的设备管理模块通过设备编程接口实现对设备的控制，并设计为多层软件结构。

5.1 I/O 硬件系统

5.1.1 I/O 设备

计算机系统中的设备数量多，工作特征千差万别，系统需要对其分类构造管理程序。

1. 设备类别

从数据交换单位来分，I/O 设备大致可分为 3 类：块设备、字符设备和网络设备。块设备为存储型设备，其中存储的信息可以永久存在，反复读取。块设备是以物理块为存储和传输单位的设备。块设备将信息存储在固定大小的存储块中，并且每个存储块都有地址，因此可独立寻址。存储块的大小通常为 512～32768 个字节。所有传输以一个或多个完整的（连续的）存储块为单位进行。所以，如果请求的数据量小于一个存储块，系统仍然会传输一个完整的存储块。块设备访问需要大容量缓存，以便存放从块设备读取的数据，或者将缓存中的数据写入块设备。缓存中的内容可以看作设备存储块的副本或者映像，如果两者一致，则无须访问块设备，访问缓存即可满足设备访问请求。硬盘、CD-ROM 和 USB 闪存盘是最常见的块设备。字符设备是以字节为传输单位的设备，且不可寻址。字符设备属于非存储型设备，对字符设备的每次访问请求都必须与设备交互才能完成。打印机、鼠标以及大多数与磁盘不同的设备都可以看作字符设备。网络设备是面向报文而不是面向流的数据传输设备，报文具有一定的协议格式和大小，不同于字符设备上传输的字节流，也不同于块设备上以存储块的整数倍为单位传输的标准规格的数据块。因此，网络设备被看作第三种设备类型。块设备和字符设备都通过文件系统接口来调用其驱动程序对其访问，因此被看作特殊文件。网络设备却通过套接字的操作函数来访问，套接字中包含了通信主机的协议类型、IP 地址以及通信进程的端口号等标识信息，网络设备未被看作文件。设备类型不同，其驱动程序层次架构就不同。

从设备访问方式来分，设备可分为顺序设备和随机设备。顺序设备是只能按照访问请求的顺序或者物理编址顺序进行响应的设备。键盘、打印机、磁带机等都属于顺序设备。在键盘上先敲击的字符先被键盘接收，先向打印机提交的文字先被打印机接收。随机设备是通过指定数据存储位置对其任意部分进行访问的设备。磁盘是典型的随机设备。随机设备上的存储位置不限制访问的先后顺序，访问随机设备上不同存储位置的一系列访问请求的顺序可以调整。一组有顺序的数据可以存放在随机设备上任意若干个物理位置不一定相邻的存储块中，物理位置的编号顺序与其中存放的数据块的逻辑顺序并不一致，按内容的逻辑顺序访问的各个物理块的编号序列并不与其编号顺序一致。而磁带只能从一端向另一端访问，不能跳跃性地访问。磁带不同位置之间有先后关系，访问后面位置的内容意味着必须先访问前面位置的内容。

2．设备硬件组成

I/O 设备一般由机械部件和电子部件两部分组成，两者以模块化生产和装配。机械部件即设备本身，由金属/非金属部件和动作装置/执行机构组成。电子部件由电子元器件和线路组成，也称为设备控制器或适配器。在个人计算机上，设备控制器可以加工为芯片，以作为主板元器件，或者加工为可以插入主板扩展槽中的印制电路板的形式。机械部件执行控制器发出的电信号命令，产生机械动作。控制器发出的电信号远快于机械部件的动作速度，在机械部件完成控制器发出的命令之前，控制器可以向另一台设备发送操作命令。因此一个控制器可以操作 2个、4 个甚至 8 个相同的设备。每个设备都拥有自己的控制器。例如，控制 IDE 硬盘的 IDE控制器，控制 SCSI 硬盘的 SCSI 控制器。常用硬盘一面的电路板就是硬盘控制器，其中包含的微码和处理器可以完成坏簇映射、缓冲和高速缓存等任务。控制器是设备的直接控制者，操作系统通过控制器控制设备。

3．设备控制器

操作系统如何与控制器通信以控制设备操作呢？控制器中具有一些用来与处理器通信的数据和控制信号寄存器。通过对某些寄存器执行写操作，操作系统实现向设备发送命令（开启及关闭设备）、发送数据等操作。通过对某些寄存器执行读操作，操作系统可以获得设备状态、设备是否准备好接收一条新的命令以及接收数据等。

除了控制器寄存器外，许多设备还有一个操作系统可以读写的数据缓冲区，如显示器的视频 RAM 就是一个数据缓冲区，操作系统或程序向其中写入数据以生成屏幕图像。

为了访问控制器中特定的寄存器，控制器中每个寄存器需要分配一个访问地址编号，即 I/O端口号。I/O 端口号的集合构成 I/O 地址空间。在 IBM PC 中，I/O 地址空间与内存地址空间并未统一编址，I/O 地址空间与内存地址空间的一部分重叠。为了将内存单元的访问同 I/O 端口的访问区分开来，处理器需要使用不同的指令。对端口的访问使用专用的 I/O 指令，例如，IN REG,PORT 表示将设备控制器寄存器 PORT 中的内容读取到 CPU 寄存器 REG 中。又如，OUT PORT,REG 表示将 CPU 寄存器 REG 中的内容写入设备控制器寄存器 PORT 中。

在其他计算机中，I/O 地址空间与内存地址空间统一编址，对控制器寄存器的访问和对内存单元的访问是通过地址所属范围来区分的，这称为内存映射 I/O。PDP-11 小型机就采用了这种处理方案。

对于设备编址和内存编址，奔腾处理器采用了混合方案，其中数据缓冲区采用内存映射 I/O编址方式，控制器则采用独立于内存的编址空间，即 I/O 端口地址空间。例如，显示控制器既有 I/O 端口以完成基本控制操作，又有一个较大的内存映射区域以支持屏幕内容。表 5-1 显示了常用的个人计算机的部分 I/O 端口地址。

表 5-1　个人计算机的部分 I/O 端口地址

I/O 地址范围（十六进制数）	设备
000～00F	DMA 控制器
020～021	中断控制器
040～043	定时器
200～20F	游戏控制器
2F8～2FF	串行端口（辅助）
320～32F	硬盘控制器
378～37F	并行端口
3D0～3DF	图形控制器
3F0～3F7	磁盘驱动控制器
3F8～3FF	串行端口（主要）

控制器中通常有 4 种寄存器，即状态、控制、数据输入和数据输出寄存器。

（1）状态寄存器包含 CPU 可读取的设备状态信息。状态信息指示当前任务是否完成，数据输入寄存器中的数据是否可以读取，是否会出现设备故障等。

（2）控制寄存器用来向设备发送命令或改变设备状态。

（3）数据输入寄存器存放设备从外界获取的数据并供 CPU 读取。

（4）数据输出寄存器存放供设备向外界输出的数据。

数据寄存器通常为 1～4 个字节。

控制器主要功能如下。

（1）接收和识别 CPU 或通道发来的命令。

（2）实现数据交换，包括设备和控制器间的数据传输。

（3）发现和记录设备及自身的状态信息，供 CPU 处理使用。

（4）设备地址识别。

4．总线

计算机系统中的设备及处理器、内存等硬件资源通过总线通信。图 5-1 所示为个人计算机中各类设备通过控制器连接在总线上的情况，同样连接在该总线上的 CPU 和内存通过总线可以与外部设备相互通信，实现数据的输入和输出。

图 5-1　CPU、内存、控制器和 I/O 设备的连接模型

5.1.2　I/O 控制方式

在硬件底层，主机通过控制器对设备输入、输出进行控制的方式由低级到高级有 4 种：轮

询、中断、直接存储器访问（DMA）和通道控制方式。

1．轮询控制

轮询控制也称忙等待或者程序查询，在 CPU 通过控制器命令寄存器向设备下达操作命令后，设备操作完成状态由 CPU 不断查询控制器状态寄存器来获得。在这种控制方式下，CPU 与设备的工作完全是串行（顺序）的，而不是并发的。轮询方式使得 CPU 将大量时间消耗在设备状态的查询上，而无法用于执行其他计算任务。轮询控制过程如图 5-2 所示。

备注：以从设备输入数据，即读数据到内存为例说明轮询控制方式。

在轮询控制方式下，CPU 发送命令到控制器命令寄存器并置状态，控制器控制设备开始 I/O 操作，同时 CPU 不断查询状态寄存器，以判断 I/O 操作是否完成，完成后，控制器将状态信息填入状态寄存器，CPU 发现成功状态，则取走数据。

图 5-2　轮询控制方式

2．中断控制

中断控制是设备主动向 CPU 报告任务完成状态、无须 CPU 循环检测设备操作状态的设备控制方式。在中断控制方式下，CPU 向设备发出读写命令后，不再查询设备执行状态，转而执行其他计算任务。设备控制器完成读写操作后，会以中断的方式向 CPU 报告完成情况。CPU 响应中断并执行一个中断处理程序，将设备从外界获得的数据取走并放到内存中或者相反。CPU 对设备的控制和干预仅在启动和设备操作结束时进行。中断控制过程如图 5-3 所示。

备注：以从设备输入数据，即读数据到内存为例说明中断控制方式。

在中断控制方式下，CPU 发送命令到控制器命令寄存器后即执行其他计算任务，控制器控制设备完成数据传输任务后，将完成状态信息填入状态寄存器，并向 CPU 发中断信号报告 I/O 操作完成情况。CPU 查询状态，若成功，则取走数据。

图 5-3　中断控制方式

中断控制方式省去了 CPU 忙式查询 I/O 设备准备情况的时间消耗，CPU 和 I/O 设备可实现部分并行。但是每传送一个字符或字，都要发生一次中断，每一次中断都要执行一段中断处理程序，仍然消耗大量 CPU 时间。

3. 直接存储器访问控制

直接存储器访问（DMA）控制方式允许 I/O 设备与内存之间直接交换一个连续的信息块，在传输期间无须 CPU 的干预，而是由专用处理器——DMA 控制器完成具体传输控制操作。DMA 控制器是个人计算机的标准部件，采用总线控制 I/O 的主板通常拥有自己的高速 DMA 硬件芯片。DMA 芯片可以控制内存和某些控制器之间的位流，而无须持续的 CPU 干预。在开始 DMA 传输时，CPU 对 DMA 芯片进行设置，说明需要传送的字节数、有关的设备、内存地址及操作方向，再启动 DMA。当 DMA 芯片完成设备 I/O 时，引发一个中断，其处理方式如前所述。

DMA 控制器和 CPU 都可以访问内存，但不能同时访问内存，CPU 的内存仲裁器对两者的内存访问竞争做出仲裁。在控制设备传输期间，DMA 挪用指令周期，控制总线，CPU 暂时不能访问内存，但可以访问一级或二级高速缓存中的数据项。周期挪用会减少 CPU 计算时间，但是与轮询控制方式中的循环检测和中断控制方式中的中断处理程序执行开销相比，DMA 对 CPU 时间的占用要少很多。DMA 将设备 I/O 中断 CPU 的频率由字节中断降低为块中断，即每传送一个连续的信息块才中断 CPU 一次。DMA 总线控制器与计算机系统其他部件的连接关系如图 5-4 所示。

图 5-4 DMA 总线控制器与计算机系统的连接结构

DMA 控制方式的特点总结如下。

（1）DMA 数据传输的基本单位是一个连续的数据块。轮询和中断的传输单位是字或字节。

（2）内存与设备之间直接传送数据，不需要 CPU 的干预。轮询和中断每传输一个字或字节，都需要 CPU 干预一次。

（3）仅在传送数据块的开始和结束时，才需 CPU 干预，整块数据的传送是在 DMA 的控制下完成的。

因此，DMA 控制方式进一步减少了 CPU 对 I/O 设备控制的干预。

4. 通道方式控制

什么是通道？通道也称输入输出处理器，是独立于 CPU 而专门负责数据输入/输出传输工作的处理机，能执行自己的指令程序，代替 CPU 完成复杂的输入/输出操作，完成内存和外围设备间多个离散物理块的传送，与 CPU 并行操作。大、中型计算机系统中普遍配置了通道。通道技术解决了 I/O 操作的独立性和各部件工作的并行性问题。由通道管理和控制 I/O 操作，减少了外围设备和 CPU 的逻辑联系，把 CPU 从琐碎的 I/O 操作中解放了出来。

I/O 通道与 CPU 的主要区别在于：通道指令类型单一，主要局限于与 I/O 操作有关的指令。通道所执行的通道程序是放在主机内存中的，因此，通道与 CPU 共享内存。通道与 CPU 对内存的使用是分时的。

在通道控制方式下，当进程需要执行 I/O 操作时，CPU 只需启动通道，即可返回并执行其他进程，通道则执行通道程序，对 I/O 操作进行控制。

主机、通道、控制器、设备之间的连接关系为：一个 CPU 可以连接若干通道，一个通道可以连接若干控制器，一个控制器可以连接若干设备，其连接关系如图 5-5 所示。同一个控制器与多个通道连接，同一个设备与多个控制器连接，这种冗余连接形式可以提高系统的可靠性，其中的某些部件发生故障时，只要存在无故障连接通路，系统仍可维持正常工作。一台机器配置多个相同的部件、多个工作通路常见于服务器计算机。服务器计算机必须具备持续正常服务众多用户的能力，否则将失去用户。多路配置提高服务器计算机的可靠性和并行高效服务多个用户的能力。外围设备和 CPU 能实现并行操作；通道和通道之间能实现并行操作；各通道上的外围设备也能实现并行操作，达到提高整个系统效率的根本目的。

图 5-5 主机、通道、控制器、设备之间的连接关系

通道具有比 DMA 更强的 I/O 操作控制能力。通道控制方式可以在传送若干离散的数据块后才需要 CPU 干预一次，进一步降低 I/O 操作对 CPU 的中断频率。

设备 I/O 的 4 种控制方式包含不同的控制层级，越高级的控制方式包含的控制层级越多。高级控制方式包含低级控制方式的层级。轮询、中断、DMA 与通道 4 种控制方式包含的控制层级如图 5-6 所示。

图 5-6 轮询、中断、DMA 与通道 4 种控制方式包含的控制层级

5.2 I/O 软件系统

5.2.1 I/O 软件设计目标

1. I/O 软件总体设计目标

相对于 CPU，设备具有运行速度慢及多样性的特征。针对这两个特征，I/O 软件总体设计目标如下。

（1）高效率：确保 I/O 设备和 CPU 并行执行，减少 CPU 等待设备的时间，提高资源利用率。

（2）通用性：提供简单抽象、清晰统一的接口，采用统一标准的方法管理所有的设备和 I/O 操作。

2. 达到目标的方法

对硬件设备进行分层抽象，将 I/O 软件组织成层次结构，低层软件屏蔽硬件细节，高层软件提供简洁、友好的界面。

3. I/O 软件总体设计要考虑的问题

（1）设备无关性：设备无关性也称设备独立性，是指构建于特定设备上的应用程序独立于该设备，不加修改地可以在其他不同设备上工作。这样，用户无须针对不同设备分别编写设备应用程序，只需针对其中一台设备构造应用程序，这样的程序在多台不同设备上通用。因此，设备无关性的含义是应用程序与特定设备无关。实现设备无关性的方法是构建设备无关软件，屏蔽设备的具体细节，向高层提供抽象的逻辑设备，并完成逻辑设备到具体物理设备的映射。

（2）出错处理：尽可能在接近硬件的层面处理错误。低层软件能够处理的硬件 I/O 错误不要让高层软件感知。

（3）同步（阻塞）/异步（中断驱动）传输：如果进程在启动设备执行 I/O 操作后可继续执行其他工作，直至中断到达，则称为异步传输；如果进程在启动设备后便被挂起，直到设备操作完成则称为同步传输。在设备输出时，进程不是数据的需要者，不需要等待数据输出完毕即可继续运行，此时可以采用异步传输方式；在设备输入时，进程是数据的需求者，需要等待数据输入完毕才能恢复运行，此时需要采用同步传输方式。

（4）缓冲技术：设备输入/输出的速度远低于 CPU 接收或发送数据的速度，造成 CPU 等待设备。为此，建立数据缓冲区使数据的到达率和离去率相匹配，减少 CPU 等待设备的时间。

4. I/O 软件的 4 个层次

I/O 软件具有 4 个层次，自底向上依次为：设备中断处理程序、设备驱动程序、设备无关 I/O 软件、用户空间的 I/O 软件。

5.2.2 设备中断处理程序

当用户进程请求设备 I/O 时，设备驱动程序启动设备后阻塞自己，用户进程也一并阻塞。设备 I/O 操作完成后，设备控制器向 CPU 发送中断信号，设备中断处理程序开始工作，设备驱动程序由设备中断处理程序解除阻塞。

设备中断处理程序的主要任务为：检查设备状态寄存器内容，分析中断原因，若为数据传输出错，则向上层软件报告设备出错信息，实施重执行；若正常结束，则将数据从设备控制器复制到设备驱动程序的缓冲区中，如果数据可用，则将数据递交到用户缓冲区，并唤醒等待 I/O 操作的进程，使其转为就绪态；若有等待传输的 I/O 指令，则启动下一个 I/O 请求。

5.2.3　设备驱动程序

1. 设备驱动程序的概念

专门与控制器对话，发出命令并接收响应的软件称为**设备驱动程序**。每类设备控制器都是不同的，需要不同的设备驱动程序进行控制。因此，设备驱动程序与硬件密切相关。

每个连接到计算机上的 I/O 设备都需要某些设备特定的代码来对其进行控制。这样的代码称为设备驱动程序，它一般由设备制造商编写并随同设备一起交付。每个操作系统都需要自己的驱动程序，所以设备制造商通常需要为若干流行的操作系统提供驱动程序。设备的启动需要驱动程序向设备下达命令。设备完成命令后，需要设备中断处理程序以及设备驱动程序访问设备控制器对设备操作结束进行处理。因此，设备中断处理程序和设备驱动程序都与硬件密切相关，两者都需要设备制造商提供。也可以认为设备驱动程序包含设备中断处理程序，但设备中断处理程序依靠中断激活执行，而不是依靠设备驱动程序或者其他指令调用执行。

每个设备驱动程序通常处理一种类型的设备或者一类紧密相关的设备。例如，SCSI 磁盘、鼠标、游戏操纵杆等设备分别需要不同的设备驱动程序。

操作系统通常将设备驱动程序归类于少数的类别之一。最为通用的类别是块设备和字符设备。块设备（如磁盘）包含多个可以独立寻址的存储块，字符设备（如键盘和打印机）则生成或接收字符流，且不能对数据寻址。

设备驱动程序由若干个函数或接口组成。每个函数或接口完成设备的一种控制动作。大多数操作系统定义了一类所有块设备驱动程序都必须支持的标准接口和一类所有字符设备驱动程序都必须支持的标准接口。每类接口由许多过程组成，操作系统的其余部分可以调用它们使设备驱动程序工作，如读一个数据块的过程或者写一个字符的过程等。

由于设备供多个进程共享，进程对设备的访问（即对设备控制器寄存器的访问）必须由操作系统仲裁，因此，设备驱动程序通常必须是操作系统内核的一部分。如果添加了一个新设备，则该设备驱动程序必须安装到操作系统内核中。目前的操作系统支持设备驱动程序动态地装载到系统中。

设备驱动程序与内核及硬件的逻辑关系如图 5-7 所示。当用户程序需要使用设备时，用户程序向操作系统发出使用设备的请求，操作系统将请求发送给设备驱动程序，设备驱动程序将请求发送给设备控制器，设备便开始执行控制器中的请求命令。

2. 设备驱动程序与操作系统的结合方式

设备是共享资源，需由操作系统在设备请求者之间调度设备。因此，对设备进行控制的设备驱动程序需要装入操作系统，运行在核心

图 5-7　设备驱动程序与内核及硬件的逻辑关系

态。将设备驱动程序装入操作系统的途径主要有以下 3 种。

（1）将内核与设备驱动程序重新链接，再重启系统，如许多 UNIX 系统。

（2）在一个操作系统文件中设置一个入口，并通知该文件需要一个设备驱动程序，再重新启动系统。系统启动时，操作系统寻找所需的设备驱动程序并装载，如 Windows。

（3）操作系统能够在运行时接收新的设备驱动程序并且立即将其安装好，无须重启系统。热插拔设备（如 USB 和 IEEE 1394）都需要动态可装载的设备驱动程序。

3．设备驱动程序与设备控制器之间的通信

每个设备控制器都有少量的用于通信的寄存器。例如，磁盘控制器有用于指定磁盘地址、内存地址、扇区计数和方向（读或写）的寄存器。设备驱动程序从操作系统中获得一条命令，然后翻译成对应的值，写进设备寄存器中，设备即开始执行其中的设备控制命令。所有设备寄存器的集合构成 I/O 端口空间。

在有些计算机中，设备寄存器被映射到操作系统的地址空间（操作系统可使用的地址），这样，它们就可以像普通存储器一样读出和写入。在这种计算机中，不需要专门的 I/O 指令，用户程序可以被硬件阻挡在外，防止其接触这些存储器地址。在其他计算机中，设备寄存器被放入一个专门的 I/O 端口空间，每个寄存器都有一个端口地址。在这些机器中，提供在内核态中可使用的专门指令 IN 和 OUT，供设备驱动程序读写这些寄存器。前者不需要专门的 I/O 指令，但是占用一些地址空间；后者不占用地址空间，但是需要专门的指令。

在设备驱动程序层，实现输入和输出的方式有如下 3 种。

（1）轮询控制。用户程序发出一个系统调用，内核将其翻译为一个对应设备驱动程序的过程调用。设备驱动程序启动 I/O 并在一个连续不断的循环中检查该设备，查看该设备是否完成了工作（一般有一些二进制位用来指示设备仍在忙碌中）。当 I/O 结束后，设备驱动程序把数据送到指定的地方并返回，操作系统再将控制返回给调用者。这种方式称为忙等待，CPU 一直轮询设备直到对应的 I/O 操作完成，消耗了 CPU 大量时间。

（2）中断控制。设备驱动程序启动设备，并使设备以中断模式工作。设备开始操作，设备驱动程序返回。操作系统根据需要阻塞 I/O 操作请求进程（如进程 A），再调度其他进程（如进程 B）占有处理器运行。当设备操作完成后，向 CPU 发送中断信号。CPU 暂停当前进程 B 的执行，转而执行设备中断处理程序（设备驱动程序的一部分）。由于设备驱动程序是操作系统的一部分，因此，执行设备中断处理程序时，CPU 处于核心态。设备中断处理程序执行结束时，操作系统会执行调度程序，以决定哪个进程最有资格获得处理器，最近被中断的进程 B 以及 I/O 请求者进程 A 未必最有资格获得处理器，因此操作系统未必将处理器返还给进程 B 或进程 A。

（3）直接存储器访问控制。DMA 在内存和设备之间传输一个连续的数据块后才中断 CPU 一次。

中断会在一个中断程序正在运行时发生，新的中断可能不允许立即响应。这时需要关闭中断，稍后再开启中断。在中断关闭时，任何已经发出中断的设备，可以继续保持其中断信号，但是 CPU 不会被中断，直到中断再次启用为止。如果在中断关闭时，已有多个设备发出了中断，则中断控制器将决定先处理哪个中断，通常这取决于事先赋予每个设备的静态优先级，最高优先级的设备赢得竞争。

4．设备驱动程序的主要工作过程

设备驱动程序位于设备控制器之上、操作系统其他部分之下，因此，其功能是接收来自上方与设备无关软件所发出的抽象读写请求，并监视请求的执行，以及设备初始化、对电源需求

和日志事件进行管理。

典型的设备驱动程序启动时要检查输入参数是否有效，若无效则返回错误信息，否则将抽象请求中的抽象参数转换为物理参数。例如，对于磁盘驱动程序来说，需将线性的磁盘块号转换成磁盘几何布局的磁头号、柱面号和扇区号。

设备驱动程序检查设备当前是否正在使用。如果正在使用，则请求被加入等待队列，否则启动设备开始处理请求。设备驱动程序依次将所需命令写入设备控制器寄存器，依次执行。某些控制器可以自行读取和执行事先保存在内存中的命令序列，无须操作系统帮助。

设备控制命令发出后，设备在控制器控制下执行命令，设备驱动程序的动作有两种情况：一种是阻塞等待，直到设备操作完成，控制器发出中断信号解除阻塞；另一种是设备驱动程序无须阻塞，因为操作可以无延迟地完成。例如，只需写少许字节到控制器寄存器中的屏幕输出操作几乎可以立即完成，设备驱动程序无须阻塞等待。

无论哪种情况，操作完成后，设备驱动程序都必须检查错误。若无错，则设备驱动程序将数据传送给设备无关软件。最后，向调用者返回用于错误报告的状态信息。如果请求队列非空，则选择一个执行；否则，设备驱动程序阻塞，等待下一个请求的到来。

从用户进程发出设备 I/O 请求到 I/O 请求完成，控制器向 CPU 发中断信号，激活中断处理程序，再解除设备驱动程序以及用户进程阻塞状态的各程序及硬件之间的并发执行时序关系如表 5-2 所示。

表 5-2　从设备请求到设备完成的并发时序

进程 A	操作系统	设备与控制器	进程 B
发出 I/O 请求的系统调用指令即访管指令，阻塞			
	系统调用处理程序调用设备驱动程序，向设备控制器写入 I/O 指令，设备驱动程序可能转入等待状态，等待 I/O 指令完成		
		执行 I/O 指令	处理器切换为进程 B
		I/O 任务完成，向 CPU 发中断信号	
			进程 B 被中断，转为就绪态
	设备中断处理程序开始执行，访问设备控制器寄存器状态信息，查看中断原因，若出错，则执行出错处理，否则取走数据，将数据交给进程 A，或者本次输出结束。进程 A 阻塞解除，转为就绪态。中断返回，处理器重新分配，可能分配给进程 A、进程 B 或者其他进程		

上面描述了设备驱动程序从启动到结束的主要处理功能。I/O 任务本身的并发性会使设备驱动程序的设计和运行更为复杂。为处理 I/O 请求进程 A 而运行的设备驱动程序 D 可能会被响应已经完成的 I/O 请求进程 B 的设备中断处理程序而中断，该中断随后将唤醒的设备驱动程

序可能恰好是服务于请求进程 B 的设备驱动程序 D，即在设备驱动程序结束之前会被再次调用。例如，当网络驱动程序在处理完先前到来的数据包之前，另一个数据包到来了，这样，同一个设备驱动程序就存在多个执行活动，构成多个并发任务。因此，设备驱动程序必须是可重入的。

当向系统添加或移除热插拔设备时，设备驱动程序需要及时发现这一点，及时配置资源或者撤销无法完成的 I/O 请求。

设备驱动程序的主要功能包括设备初始化；控制设备运行或退出服务；控制设备与内核之间交换数据；设备出错检测和处理。

5.2.4　设备无关 I/O 软件

设备驱动程序和设备中断处理程序都是与设备硬件密切相关的软件，其接口因设备而异。设备无关 I/O 软件构建在设备驱动程序和设备中断处理程序之上，以屏蔽其差异，向用户层软件提供一个统一的、标准的接口，执行所有设备公共的 I/O 功能。其具体功能包括以下几个方面。

1. 设备管理功能

设备无关 I/O 软件为设备驱动程序提供统一接口，实现设备名到驱动程序的映射和设备保护功能。

在设备管理方面，操作系统的主要目标是屏蔽 I/O 设备的细节差异，抽象设备共性特征，对不同设备提供尽可能一致的使用接口。实现该目标的方法是从各种设备中抽象出一些通用类型，对于每一种通用类型，操作系统分别定义设备驱动程序必须支持的一组标准函数（即接口）。对于磁盘设备，这组函数包括读、写、开启和关闭电源、格式化及其他与磁盘有关的事情。设备驱动程序通常包含一张表格，用以记录这些函数指向的设备驱动程序中的实现模块。当设备驱动程序装载时，操作系统记录下这张函数指针表的地址，当需要调用一个函数时，操作系统通过这张表发出间接调用。这张函数指针表定义了设备驱动程序与操作系统其余部分之间的接口。给定类型（磁盘、打印机等）的所有设备都必须遵守该接口的规范。

设备无关 I/O 软件还要负责把符号化的设备名映射到适当的设备驱动程序上。Linux 操作系统部分设备的名称如表 5-3 所示。

表 5-3　Linux 操作系统部分设备的名称

设备名	类型	主设备号	从号	说明
/dev/fd0	块设备	2	0	软盘
/dev/hda	块设备	3	0	第 1 个 IDE 磁盘
/dev/hda2	块设备	3	2	第 1 个 IDE 磁盘上的第 2 个主分区
/dev/hdb	块设备	3	64	第 2 个 IDE 磁盘
/dev/hdb3	块设备	3	67	第 2 个 IDE 磁盘上的第 3 个主分区
/dev/ttyp0	字符设备	3	0	终端
/dev/console	字符设备	5	1	控制台
/dev/lp1	字符设备	6	1	并口打印机
/dev/ttyS0	字符设备	4	64	第 1 个串口
/dev/rtc	字符设备	10	135	实时时钟
/dev/null	字符设备	1	3	空设备

设备名唯一确定了一个特殊文件的索引节点，该索引节点包含了主设备号和次设备号（或从设备号）。主设备号用于定位相应的设备驱动程序，从设备号用来确定读写的具体设备对象。所有设备都有主设备号和从设备号，并且所有设备驱动程序都通过使用主设备号来选择设备驱动程序而得到访问。

由于设备被看作文件，因此常规的文件保护规则也适用于设备文件，可以为每个设备设置适当的访问权限。

2．缓冲管理

引入缓冲功能的主要原因如下。

① 缓和 CPU 与 I/O 设备间速度不匹配的矛盾。

② 减少对 CPU 的中断频率，放宽对 CPU 中断响应时间的限制。

③ 提高 CPU 和 I/O 设备之间的并行性。

块设备和字符设备都需要缓冲功能，缓冲使得数据传输成批进行，而不是按字或按字节进行，节约了操作时间。通过缓冲区可以减少数据到达率和离去率不匹配时进程或设备的等待时间。

缓冲区有系统缓冲区和用户缓冲区，系统缓冲区建立在操作系统内核空间，系统缓冲区在用户缓冲区和设备之间对数据进行中转传输。下面通过例子来说明无缓冲、单缓冲、双缓冲和循环缓冲情况下传输操作的过程，由此理解引入缓冲功能的必要性。

1）无缓冲

如果没有缓冲区，设备和进程的操作就需要紧密同步。例如，某进程需从字符设备调制解调器上读入一批数据，且未设缓冲区。进程发出读请求后就阻塞等待，直到字符到来后，设备发出中断信号唤醒进程，进程将字符取走后再次发出读请求以获取下一个字符，进程再次等待。图 5-8 描绘了无缓冲设备 I/O 的过程，其中，①、②、③是命令及参数下达的过程，④、⑤、⑥是字符向上递交的过程。每输入一个字符，进程都要被阻塞和唤醒一次，效率很低。

图 5-8　无缓冲字符设备 I/O

2）单缓冲

单缓冲可以在连续输入或输出多个数据后才中断进程一次。图 5-9 所示为单缓冲输入字符的过程。在该图中，缓冲区设在用户进程空间。设备中断处理程序把字符放入缓冲区后并不立即唤醒用户进程，而是执行下一个 I/O 操作，输入下一个字符，直到全部字符输入完毕后才唤醒进程。

还可以在内核空间和用户空间分别设置一个缓冲区，形成系统缓冲区和用户缓冲区，如图 5-10 所示。数据从一个缓冲区移动到另一个缓冲区后，空闲的缓冲区可以接收下一批数据，与此同时，拥有数据的缓冲区可以得到计算或 I/O 处理，CPU 与设备的并行操作机会增多。

3）双缓冲

双缓冲使得 I/O 操作在两个缓冲区之间轮流进行，进一步提高了 CPU 和外部设备操作的并行性。图 5-11 所示为设置两个系统缓冲区的双缓冲方案。当一个系统缓冲区正在被复制到用户缓冲区时，另一个系统缓冲区可以从设备接收新的输入。

4）循环缓冲

循环缓冲区是以循环队列形式组织的内存区域，输入设备和输出设备共用循环缓冲区。分别为输入设备和输出设备设立一个指向循环缓冲区的指针，即输入指针和输出指针。输入指针指向下一个空闲的存储单元，将设备输入的数据添加到该单元中；输出指针指向即将取走进行输出的缓冲区的第一个数据单元。当然还可以设立供输入设备、输出设备和进程访问输入缓冲区和输出缓冲区的更为复杂和完整的缓冲池。

图 5-9　仅设置用户缓冲区的字符设备 I/O

图 5-10　设置用户缓冲和系统缓冲区的字符设备 I/O　　图 5-11　设置双系统缓冲区的字符设备 I/O

缓冲不仅提高了 CPU 与设备并行工作的机会，而且简化了同步操作，由此简化了编程。当然，缓冲技术也有不利的方面，若数据缓冲次数过多，则会降低数据传输效率。

Linux 以页或者物理块为单位设立环形缓冲区链表，以 LRU 原则调整缓冲区在链表中的位置，每个缓冲区都有完善的管理结构，以说明缓冲区内容来源设备以及设备位置、访问计数、缓冲区内数据访问指针等信息（参见 5.5.8 节）。

3．错误报告

I/O 错误很常见。许多错误是设备特定的，必须由适当的设备驱动程序来处理，设备无关 I/O 软件提供错误处理框架。常见的错误类型如下。

1）编程错误

编程错误通常是进程请求某些不可能的事情。例如，对输入设备（键盘、扫描仪、鼠标等）执行写操作，或者对输出设备（打印机、绘图仪等）执行读操作，以及参数无效（缓冲区地址无效及其他参数无效）、设备无效（设备不存在）等。对于此类错误，系统会返回一个错误代码给调用者。

2）I/O 错误

I/O 错误包括写坏的磁盘块，读已经关机的设备。此类错误首先由设备驱动程序处理，如果无法处理，则将错误上传给设备无关 I/O 软件，软件与用户进行交互，给出一些处理选项供用户选择，如重试、忽略错误或者终止进程、终止系统等。

4．分配与释放设备

在分配设备时，要考虑设备的共享方式。某些设备必须顺序使用，如 CD-ROM 刻录机。申请使用该类已经被占用的设备的进程可能会被拒绝或者排队等候。某些设备可以交替穿插使用，如磁盘。申请磁盘访问的 I/O 请求可以适当方式排队并进行调度。

5．提供与设备无关的块尺寸

不同磁盘的扇区大小可能不同，设备无关 I/O 软件隐藏这一事实并向高层软件提供一个统一的块大小。例如，将若干物理位置相邻的扇区当作一个逻辑块（也称为簇）。这样，高层软件就只需处理抽象的设备，这些抽象设备使用相同大小的逻辑块，无须考虑物理扇区是否与逻辑块大小一致。

5.2.5　用户空间的 I/O 软件

大部分 I/O 软件属于操作系统的组成部分，但是仍然有一小部分位于用户空间，如与用户程序链接在一起的库例程（库函数），以及运行于内核之外的系统 I/O 程序。在高级语言中，与设备 I/O 相关的系统调用通常封装在库函数中，库函数将系统调用时所用的参数放在可供系统调用使用的合适位置，并调用系统调用。I/O 数据的格式处理通常由库函数实现。库函数与用户程序链接在一起，但是系统调用处理程序仍然位于操作系统中。

运行于内核之外的典型系统 I/O 软件是假脱机系统。假脱机是在多道程序设计系统中优化顺序共享型 I/O 设备使用方式的一种方法。该方法利用其中一道程序模拟脱机输入时的外围控制机的功能，把低速 I/O 设备上的数据传送到高速磁盘上；再利用另一道程序模拟脱机输出时外围控制机的功能，把数据从磁盘传送到低速输出设备上。此时，外围操作与 CPU 对数据的处理同时进行。这种在联机的情况下实现的同时外围操作称为 SPOOLing。打印机是典型的假脱机设备。对打印机进行假脱机改造的方法是创建一个特殊进程（称为守护进程），以及一个特殊目录（称为假脱机目录）。用户进程需要打印文件时，并不直接申请打印机，而是将打印文件提交到假脱机目录下，用户进程即可返回并执行其他任务。守护进程获得调度时开始逐一打印假脱机目录下各个进程的文件。守护进程是允许使用打印机的唯一进程。这样，其他进程就没有机会空占打印机，保证打印机的高效使用。

假脱机技术也可用于网络传输文件，这时要创建一个网络守护进程和一个网络假脱机目录。用户需要通过网络将发往目的地的文件提交到网络假脱机目录下。网络守护进程逐一取出文件并发送出去。

图 5-12 总结了 I/O 系统层次及各层功能。自底向上，各层依次是硬件、设备中断处理程序、设备驱动程序、设备无关 I/O 软件和用户进程。其中，设备中断处理程序、设备驱动程序与设备无关 I/O 软件是操作系统的组成部分，用户进程通过这些软件层获得操作系统提供的设备 I/O 服务。图中箭头表示控制流。下面以用户进程执行磁盘块读操作为例来说明 I/O 系统各层的协调活动。

当用户进程需从磁盘文件读取一个数据块时，该进程向操作系统发出磁盘读请求。设备无关 I/O 软件查看缓冲区高速缓存是否存在所需数据块。如果存在，则直接传送到用户进程，磁盘读操作结束；否则，调用设备驱动程序，向硬件发出读请求，磁盘控制器响应该请求，用户进程阻塞，直到磁盘读操作完成。磁盘读操作完成后，设备控制器向 CPU 发出中断信号，设备中断处理程序激活运行，查明中断缘由，获取设备状态，唤醒用户进程。

图 5-12　I/O 系统的层次及功能

5.3　磁 盘 管 理

磁盘是计算机系统中重要的外部存储设备。磁盘容量大，访问速度快，是计算机系统中软件资源的重要保存场所，操作系统自身也保存在磁盘上。操作系统的发展和完善与大容量磁盘的问世密不可分。磁盘是一种典型的块设备，拥有复杂的设备驱动程序及直达文件系统的软件层级。磁盘有机械磁盘和电子磁盘，机械磁盘有磁头、电机等机械装置，电子磁盘则没有。电子磁盘与内存相似，由集成电路组成，通过电子信号选中磁盘存储单元。下面主要说明机械磁盘的结构及调度。

5.3.1　磁盘结构

磁盘由若干个涂有磁性介质的圆形盘面构成，经过低级格式化，每个盘面（包括正反两面）被划分成一系列同心圆，每个同心圆称为一个磁道，每个磁道再划分为若干等份，称为扇区（物理块、存储块），数据以扇区为存储单位保存在磁盘上。每个扇区的容量通常为 512B。扇区是磁盘访问的基本单位，访问扇区的某些字节意味着访问整个扇区。所有盘面上同等大小的磁道构成柱面。磁盘结构如图 5-13 所示。

图 5-13　磁盘结构示意图

磁盘工作时，一方面，整个盘片沿着主轴旋转，磁头下方磁道上的各个扇区依次通过磁头，其中的数据可以依次被磁头读取，或者将数据依次写入磁头下方经过的扇区；另一方面，磁臂沿径向移动，磁头能够到达目标磁道位置，对该磁道进行读写访问。

访问磁盘上的数据时需要给出物理块（扇区）的物理存储地址，该地址是三维的，采用（柱面号，磁头号，扇区号）表示。磁盘物理块（扇区）的逻辑地址是一维线性的，称为逻辑块号（扇区号）。所有扇区依次排列，从 0 开始连续编号。扇区编排顺序是自外向里对各个柱面内的扇区进行排序的，同一柱面内的各个扇区先按磁道顺序、再按磁道内扇区顺序排列，扇区 0 是最外面柱面的第一个磁道的第一个扇区。访问扇区时，可以给出逻辑块号，系统自动将逻辑块号转换为（柱面号，磁头号，扇区号）构成的三维物理存储地址。

在老式磁盘上，各个磁道上的扇区数都是相同的。因此，外侧磁道上的存储密度小于内侧磁道。现代磁盘使外侧磁道拥有比内侧磁道更多的扇区数，磁道扇区划分的这种物理细节称为磁盘物理几何规格，该规格对操作系统及其他软件一般是隐藏的，因为磁盘控制器会将磁盘物理几何规格映射为各个磁道扇区数看似相同的虚拟几何规格，该规格被公开给操作系统。

在连续访问相邻的两个磁道上的扇区时，磁盘的旋转动作和磁头寻道动作是同时进行的，磁头的相对移动方向是倾斜的，既沿径向移动，又做圆周运动。当磁头从一个磁道移动到下一个磁道时，磁头所在扇区位置与访问过的上一个磁道的最后一个扇区位置、第 0 扇区位置已经相错若干扇区。为了能够连续读取相邻两个磁道上的扇区，相邻两个磁道的第 0 扇区并不沿盘面半径方向相邻，而是偏移若干扇区，这称为柱面斜进。偏移的具体扇区数取决于磁头移动一个磁道需要花费的时间和读取一个扇区需要花费的时间之比。

例如，一个 10000rpm 的驱动器每 6ms 旋转一周，如果一个磁道包含 300 个扇区，则每 20μs 就有一个扇区通过磁头。如果磁头从一个磁道移动到相邻磁道的时间（即寻道时间）是 800μs，则在寻道期间将有 40 个扇区通过磁头。如果希望移动到相邻磁道的磁头立即读取该磁道的第 0 扇区，则相邻两个磁道的第 0 扇区位置应该沿盘面半径方向偏移 40 个扇区位置。图 5-14 所示为偏移量为 2 的柱面斜进。

扇区的编号方式还需考虑数据在磁盘控制器与内存之间传输的时间对扇区访问连续性的影响。当扇区从磁头下方通过时，扇区中的数据需要连续地读出来并暂存在磁盘控制器缓冲区中，然后传送到内存中。在传送期间，与上一个扇区相邻的另一个扇区开始从磁头下方通过。由于缓冲区中的数据尚未传输完毕，立即读取该扇区中的数据将无处缓存，控制器只得等待磁盘旋转一周，等第 2 个扇区再次回来。为了解决这一问题，对磁道扇区交错编号，编号相邻的两个扇区中间间隔若干个扇区，使下个访问扇区适当延迟到来。扇区交错编号如图 5-15 所示。

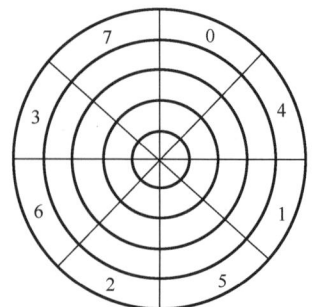

图 5-14　柱面斜进　　　　　　　　　　　　　　图 5-15　扇区交错编号

许多现代磁盘控制器可以对整个磁道进行缓存，磁盘扇区因此不再需要交错编号。

在存放数据之前，一般需要对磁盘进行分区，每个分区在逻辑上视为一个独立的磁盘。在多数计算机上，0 扇区包含引导代码和分区表。分区表给出每个分区的起始扇区和大小。对分区执行高级格式化，设置引导块、空闲盘块信息表、根目录和空文件系统，并安装操作系统到磁盘分区上。

启动计算机时，主板芯片上的 ROM-BIOS 程序首先运行，经过一些自检工作后，读入并执行磁盘 0 扇区的引导程序，该程序再从磁盘读入和执行一个引导程序加载器，操作系统内核就由引导程序加载器加载到内存中并执行，完成操作系统的启动过程。

5.3.2　磁盘调度算法

读写一个磁盘块时，影响其访问的时间因素主要有如下 3 个方面。

（1）寻道时间：磁头移动到指定磁道所需的时间。

（2）旋转延迟时间：等待指定扇区到达磁头下的旋转时间。

（3）数据传输时间：数据在磁盘与内存之间的传输时间。

其中，寻道时间占主导地位，且受寻道策略影响较大，所以减少平均寻道时间是改善系统性能的重要途径。

调整多个磁盘 I/O 请求的处理顺序，以获得高效、公平的磁盘访问性能，该事务称为**磁盘调度**或**移臂调度**。合理的磁盘调度算法可以减少寻道时间，使 I/O 服务高效、公平。目前，常见的磁盘调度算法有如下几种。

1. 先来先服务算法

先来先服务（FCFS）算法根据磁盘访问请求到来的先后顺序完成请求。该算法简单、公平，但是很难优化寻道时间。

先来先服务调度算例：假如系统先后到来对柱面 12，80，5，60，95，20，86，35，72，55 的访问请求，按照先来先服务算法处理该请求序列的磁盘调度路线如图 5-16 所示。

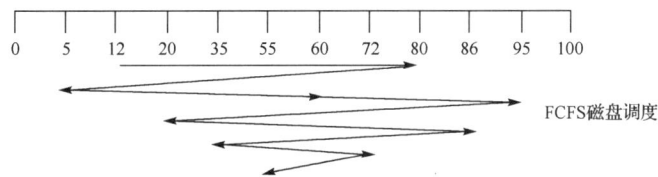

图 5-16　先来先服务磁盘调度示例

FCFS 磁头移动总计有 80–12+80–5+95–5+95–20+86–20+86–35+72–35+72–55=479 个柱面距离。

2. 最短寻道时间优先算法

在将磁头移到远处以处理其他请求之前，先处理距离当前磁头位置较近的请求可能更为合理。基于此，最短寻道时间优先（SSTF）算法总是优先满足距离当前磁头位置最近的访问请求。

SSTF 调度算例：柱面访问请求顺序仍如 FCFS 调度中的算例数据，假定磁头当前位置在 60 号柱面，按 SSTF 算法进行调度的磁盘调度路线如图 5-17 所示。

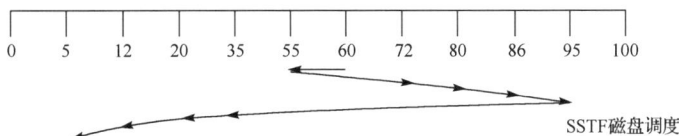

图 5-17　最短寻道时间优先磁盘调度示例

SSTF 磁头移动总计有 60–55+95–55+95-5=135 个柱面距离。

SSTF 算法可能牺牲公平性。当新的请求总是靠近当前磁头位置时，先前已经到达的远离当前磁头位置的请求将无限期地被延迟。

3. 电梯调度算法

电梯调度算法也被称为扫描算法（SCAN），对于先后到达的磁盘访问请求，电梯调度算法先选择移臂方向，磁臂在该方向上移动的过程中依次处理途经的各个访问请求，直到该方向上再无请求时，改变移臂方向，依次处理相反方向上遇到的各个请求。如果同一柱面上有多个请求，则需进行旋转优化。

电梯调度算例：算例数据如上。假定磁头正从 60 号柱面开始，向柱面号增加方向移动，则按电梯调度算法进行调度的磁盘调度路线如图 5-18 所示。

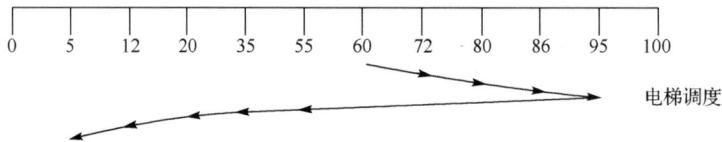

图 5-18　电梯调度示例

电梯调度磁头移动总计有 95–60+95-5=125 个柱面距离。

电梯调度算法可能造成几乎同时到达的不同请求需要等待的时间相差很大。例如，当新的请求出现在磁臂移动方向相反的较远位置时，该请求需要等待较长的时间。因为磁臂首先要远离该请求所在柱面，然后从较远位置返回。而在磁臂移动方向上出现的新请求只需等待较短的时间即可得到处理。

4. 循环扫描算法

循环扫描算法希望各个请求的等待时间更为均匀。在该算法中，磁头仅在一个移动方向上提供访问服务。磁臂从磁盘开始端柱面至结束端柱面移动的过程中依次处理途经请求，再直接返回开始端柱面重复进行，归途中并不响应请求。开始端与结束端柱面构成了一个循环。

循环扫描调度算例：算例数据如上。规定磁头向柱面号增加的方向移动时才访问磁道。柱面编号为 0～100。假定磁头已经从开始端移动到 60 号柱面，并继续向柱面号增加方向移动，则按循环扫描算法进行调度的磁盘调度路线如图 5-19 所示。

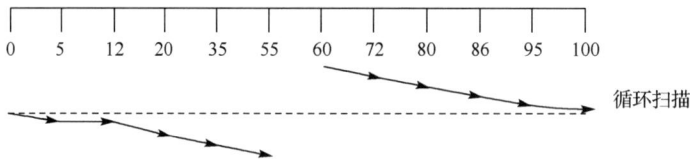

图 5-19　循环扫描调度示例

循环扫描调度磁头移动总计有 100–60+55-0=95 个柱面距离。

循环扫描算法中磁头的移动路线是固定的、单向的，不随磁盘请求的出现顺序和数量而改变。

5. N 步扫描算法

N 步扫描算法将磁盘请求队列分成若干个长度为 N 的子队列，磁盘调度按先来先服务算法依次处理这些队列。当正在处理某子队列时，如果又出现新的磁盘 I/O 请求，则将新请求放入其他队列。

N 步扫描算例：按照 *N* 步扫描算法对进程提出的柱面访问请求进行调度，设立两个子队列，每个子队列的长度为 5，则对先后到来的磁盘访问请求进行调度的一个实例如图 5-20 所示。

图 5-20　*N* 步扫描调度示例

6．Linux 磁盘调度算法

Linux 采用了改进的电梯调度算法对磁盘访问请求进行排序调度。其改进算法主要如下。

1）电梯调度算法

（1）如果新请求与队列中等待请求的数据处于同一磁盘扇区或者直接相邻的扇区，则现有请求和新请求合并成一个请求。

（2）如果队列中的请求已经存在很长时间，则新请求将被插到队列尾部。

（3）如果存在合适的位置，则新请求将按顺序插入队列中；如果没有合适的位置，则新的请求将被插到队列尾部。

2）时限调度算法

在电梯调度算法的基础上考虑请求为读还是写，异步还是同步，请求等待的时间长短，根据这些因素修正 I/O 请求的调度次序，避免饥饿现象的发生。

3）预期调度算法

预期调度算法是对时限调度算法的补充，它预测已经发出读请求的进程很可能会在将来不久再次发出访问上次所读磁道附近的请求，于是不急于执行下一个请求，而是延迟若干毫秒，在延期内若有符合预测的新请求则满足之，否则执行下一个请求。

在 Linux 中，磁盘调度算法位于块设备驱动软件层次架构中的 I/O 调度器层。

5.4　虚 拟 设 备

5.4.1　虚拟设备原理

键盘、打印机等用于输入输出而非存储的设备工作速度慢，且只能顺序服务多个作业，不能像 CPU 那样分时复用。当多个作业向一个顺序访问型设备提交时，设备只能逐个接收、逐个处理，在一个作业处理完毕之前，不能接收下一个作业，造成作业及其用户长时间排队等待，不能及时得到系统的服务。由用户直接向设备提交作业的设备使用方式属于设备的联机处理。设备联机处理时，用户等待作业被接收所付出的空闲等待时间比作业在设备上的处理时间可能长很多。作业在设备上的处理时间是作业用户必须承受的，但是作业被处理之前所牺牲的用户空闲等待时间是可以减少的，其办法就是设立一个类似课代表那样的作业接收进程，负责集中收取用户提交的作业并暂存在磁盘缓冲区中排队，用户仅在提交作业之前短时排队，提交作业后就无须排队。让作业排队而不是用户排队就减少了对用户的束缚，使用户在作业排队及处理期间有机会从事其他事务。暂存在磁盘缓冲区中排队的作业由作业接收者进程逐个向设备提交处理。用户不直接向设备提交作业，而由设备专门进程集中接收作业，并代替用户向设备逐个提交作业的设备使用方式属于设备的批处理。暂存每个作业的磁盘缓冲区模拟了设备的作用，扩充了设备的数量，可以被看成一台虚拟设备。用户作业一旦被接收到磁盘缓冲区中，就视为在逻辑上完成了设备输入/输出。在物理设备上真正的输入/输出延期完成。利用磁盘缓冲区模拟设备的技术即虚拟设备技术，属于资源管理技术中的资源虚化。

磁盘属于大容量存储型设备，可以空分复用，交替、穿插访问。键盘、打印机等属于输入/输出型的非存储设备，不能空分复用，也不能交替、穿插访问，只能顺序访问。虚拟设备技术就是利用能够空分复用的资源—磁盘模拟不能空分复用的资源，如键盘、打印机等，扩充资源的数量，使得每个作业都能拥有一台逻辑设备，减轻物理设备对用户的束缚。

在计算机系统中，几乎每种软、硬件资源都可以被操作系统虚拟。虚拟可以从逻辑上扩充资源数量或容量，优化资源使用效率，改善资源响应服务的及时性、友好性。资源特性不同，虚拟的方法和目标也不相同。资源速度及其可中断性是影响资源虚拟方法的重要因素。CPU属于快速资源，具有短时间内同时服务多个任务（进程）的能力。CPU又可以被中断，其处理器现场为电子数据，可以被保存和恢复，程序的运行结果不受中断的影响。因此，对 CPU可以采用剥夺分配方式。即在一个任务结束前，可以收回 CPU 将其分配给另一个任务。一般通过分时复用方法使 CPU 在多个尚未完成的任务之间快速切换，虚拟出多个逻辑 CPU，每个任务拥有一台逻辑 CPU，在宏观上形成多个任务（多道程序）同时运行的假象。虚拟 CPU 达到了 CPU 资源在多个任务之间公平分配的目标。每个任务在短时间内都有机会获得 CPU 时间份额。

键盘、打印机等输入/输出（I/O）型设备属于慢速资源，没有短时并发服务能力，在较长的时间段内只能服务于一个设备请求者，这意味着其他请求者需要等待较长时间。输入/输出型设备又属于非剥夺分配型资源，在一项 I/O 任务执行期间，设备被剥夺将导致 I/O 任务半途而废，前功尽弃，因为设备现场不可保存和恢复，所以，输入/输出型设备只能以单道方式依次处理每个 I/O 任务。在前一个 I/O 任务结束前，下一个 I/O 任务不能开始。这也意味着其他请求者需要等待较长时间。输入/输出型设备又属于非存储型设备，请求输出数据的程序或用户需要在数据等待设备空闲后才能使用设备。请求输入数据的程序或用户需要等待设备空闲后才能使用设备接收数据。程序或用户的时间大量消耗在设备等待上。

设备与 CPU 功能的重要区别在于 CPU 用于执行程序指令，完成计算任务，而设备用于输入/输出数据。因此，当设备繁忙时，需要等待设备的是数据，而非程序，也非用户。程序或用户等待设备的原因在于其持有需要提交给设备输出的数据或者等待从设备接收数据。设备请求者自身等待获得设备以及获得设备后与设备交互，等待数据输入/输出完成的设备操作方式称为联机操作方式。在联机操作方式下，从设备请求发出到设备输入/输出任务完成，设备请求者需要保持较长时间的等待状态。

设备的联机操作类似于在命令行上执行联机操作命令，进程或者用户直接与系统或者设备交互，逐个提交和运行每个作业。每个设备请求者的输入/输出任务类似于一条联机操作命令。每条联机操作命令需要由用户逐个提交给操作系统，一些命令执行期间，还需用户与系统进行交互。每个输入/输出任务需要由每个设备请求者逐个提交给设备。

联机操作一次仅向系统或者设备提交一个作业。以联机方式运行的作业称为联机作业。在支持批处理的操作系统或者设备管理系统中，作业也可以成批提交，成批运行。成批提交，成批运行的作业称为批处理作业。向设备提交的批处理作业通常利用磁盘缓冲区暂存来自输入设备的数据或者将要传送到输出设备的数据。每个作业占用的磁盘缓冲区被看作一台虚拟设备，它是对输入/输出设备的模拟，从逻辑上扩充输入/输出设备的数量。待输入/输出的数据一旦被存放在磁盘缓冲区中，就视为其输入/输出任务已经在逻辑上完成，设备请求者无须等待物理设备的分配和数据在物理设备上的输入/输出过程。与物理设备的交互由专门的输入/输出进程承担。接收设备请求者的输入/输出任务，代替请求者向设备递交输入/输出任务，监控任务完成的系统（程序或进程）称为假脱机输入/输出系统（程序或进程）。之所以称为假脱机系统，是因为设备输入/输出过程仍然是在主机中央处理器（CPU）的控制下完成的，没有脱离主机控制。

假脱机输入/输出系统（SPOOLing, Simultaneous Peripheral Operation On Line, 同时外围操作）是对物理上真实的脱机输入/输出系统的模拟。脱机输入/输出系统如图 5-21 所示。

脱机输入/输出系统由脱机输入子系统、中央主机系统和脱机输出子系统构成，分别完成数据输入、数据加工计算和结果数据输出的任务，这些任务之间形成顺序作业步关系和数据供需关系。脱机输入子系统由外围机控制将数据（字符）从输入设备传输到磁盘上保存起来，该工作称为**数据预输入**。预输入的数据是计算程序所需要的。中央主机系统上运行的计算程序从磁盘上获取脱机输入子系统预先从输入设备输入、保存的数据，而将需要在输出设备上输出的数据暂存在磁盘中。脱机输出子系统则由另一个外围机控制将计算程序暂存在磁盘中的数据（字符）取出送到输出设备输出，该工作称为**缓输出**。缓输出的数据是计算程序产生的没有立即输出的数据。脱机输入/输出子系

图 5-21　脱机输入/输出系统

统的工作不需要中央主机的干预，故称为脱机。

假脱机输入/输出系统使用软件模拟外围机的功能，使用磁盘缓冲区模拟独立磁盘。假脱机输入系统在计算程序运行之前，将其所需数据预先从输入设备输入和保存到称为输入井的磁盘缓冲区中，完成数据预输入。假脱机输入系统（以及脱机输入系统）也称为预输入系统（或程序/进程）。计算程序从输入井中获取需要计算的数据，并将欲在输出设备输出的数据暂存在称为输出井的磁盘缓冲区中。假脱机输出系统从输出井中将数据取出送到输出设备输出，完成数据缓输出。假脱机输出系统（以及脱机输出系统）也称为缓输出系统（或程序/进程）。

假脱机输入/输出系统是代理用户/进程向设备提交作业的软件，减少用户/进程空闲等待设备的时间。假脱机输入/输出系统（以及脱机输入/输出系统）具有成批接收输入/输出作业、缓存作业的能力，将作业提交者从漫长的设备等待中解放出来，作业提交者不必因设备不能立即执行作业而长时间等待。接收的作业在磁盘缓冲区中排队，其中的作业数据或者来自输入设备，等待计算程序取走；或者来自计算程序，等待送到输出设备输出。

键盘是计算机中最流行的字符型输入设备，输入过程较为耗时。对于需要大量地、频繁地输入数据的应用，输入操作的耗时将以小时、天记。如果在计算程序运行期间从键盘获取数据，则不方便对数据进行复制、粘贴、删除等利于节约时间以及纠错的编辑性操作。如果程序每次运行所需数据是相同的，而每次都从键盘输入数据，则重复输入相同数据是对人力和时间的浪费。假脱机输入策略在计算程序运行之前，将其所需外部数据通过编辑软件从键盘预输入磁盘保存起来，计算程序工作时从磁盘获取数据。计算程序在运行期间不需要停下来等待键盘输入

数据，程序运行时间缩短。从键盘一次输入磁盘中的数据可以反复读取，不必反复输入。假脱机输入策略改变了计算程序的数据来源设备，将设备由键盘更改为磁盘。变更计算程序数据来源设备的操作称为**输入重定向**。输入重定向操作符为"<"。利用操作系统提供的输入重定向操作符 "<"，原本从键盘获取输入数据的计算程序可改从磁盘文件中获取，而计算程序中的键盘输入语句并不需要修改为磁盘访问语句。当数据来源或去向设备发生改变时，与数据读写相关的计算程序并不需要修改的特性称为设备无关性。即程序独立于设备的特性。

打印机是计算机中最常见的纸质信息输出设备。从打印请求发出到完成打印需要一定的时间延迟。当打印作业量较大时，打印时间将显著增长。如果在一个打印任务结束前，拒绝接收新的打印请求，则打印机工作期间，系统没有为打印请求者提供任何及时、友好的服务，请求者的时间和系统的时间都被浪费了。假脱机输出策略将立即接收用户/进程的打印请求，将待输出的作业数据暂存在磁盘缓冲区中排队。以后从磁盘缓冲区而不是打印请求者那里向打印机传输需要打印的作业数据。假脱机输出策略改变了数据输出的目的设备，将输出设备由打印机改变为磁盘。变更数据输出目的设备的操作称为**输出重定向**。输出重定向操作符为">"。利用操作系统提供的输出重定向操作符">"，计算程序原本向打印机输出的数据可变更为向磁盘输出数据，即将数据保存在磁盘中，而计算程序中的打印输出语句并不需要修改为磁盘访问语句。这是设备无关性的又一个应用实例。

假脱机输入/输出系统是一种设备虚拟方法，是虚拟设备的典型方法。假脱机输入/输出系统包括虚拟设备（即磁盘缓冲区）、物理设备和将虚拟设备映射为物理设备的软件（即预输入程序和缓输出程序）。假脱机输入/输出系统将接收设备服务的方式由联机方式改造为脱机批处理方式。

假脱机输入/输出系统在设备请求者与设备之间增加了磁盘这样一种存储容量大、访问速度快的中介作为缓冲，设备请求者与设备之间不再直接耦合，缓和了作业流到来的速度与处理速度不匹配的矛盾。

假脱机输入/输出策略完成了设备排队主体的转变。将设备请求者的排队转变为请求者数据的排队。改善了设备服务的及时性、友好性。银行取号排队办理业务的流程与此类似。储户到银行办理业务之前，首先在取号机上取业务顺序号，然后可以坐下等候叫号办理业务。储户自身不需要排队。

虚拟设备技术将慢速设备的联机工作方式改造成为脱机工作方式，避免申请设备的作业等待。图 5-22 所示为多个进程联机使用打印机和脱机使用打印机的情形。在联机方式下，当打印机正在打印一个作业时，其他打印请求必须等待。而在脱机方式下，进程的打印请求可以源源不断地接收和缓存在磁盘缓冲区中。打印请求的作业文件一旦提交到磁盘缓冲区中保存起来，即可视为打印已经完成，进程即可返回执行其他计算任务。真正的打印动作待打印机空闲时，由专门的打印进程取出各个作业并逐个打印。

（a）进程联机打印

图 5-22　进程联机打印与脱机打印

（b）进程脱机打印

图 5-22 进程联机打印与脱机打印（续）

5.4.2 SPOOLing 系统结构

SPOOLing 系统结构如图 5-23 所示。

图 5-23 SPOOLing 系统结构

1. 信息存储数据结构

1）输入井和输出井

井是用于存放从输入设备输入的信息及作业执行的结果，而在磁盘上开辟的较大的缓冲存储空间，包括输入井和输出井。输入井模拟脱机输入时的磁盘设备，用于暂存 I/O 设备输入的数据。输出井模拟脱机输出时的磁盘设备，用于暂存用户程序的输出数据。采用井技术能够调节供求之间的矛盾，消除人工干预带来的损失。

2）输入缓冲区和输出缓冲区

为了缓和 CPU 和设备之间速度不匹配的矛盾，在内存中开辟了两个缓冲区：输入缓冲区和输出缓冲区。输入缓冲区用于暂存由输入设备送来的数据，以后再传送到输入井中。输出缓冲区用于暂存从输出井送来的数据，以后再传送给输出设备。

2．作业控制管理数据结构

（1）作业表：登记进入系统的所有作业的作业名、状态、预输入表位置、缓输出表位置等。

（2）预输入表：每个用户作业有一张预输入表，用来登记该作业所需输入数据所在的各个文件的情况，包括设备类、文件名、信息长度及存放位置等。

（3）缓输出表：每个用户作业拥有一张缓输出表，用来登记该作业所需输出数据所在的各个文件的情况，包括作业名、作业状态、文件名、设备类、数据起始位置、数据当前位置等。

3．程序

（1）预输入程序：模拟脱机输入时的外围控制机，将用户需要的数据从输入机送到输入井，当 CPU 需要输入数据时，从输入井读入内存，并填写预输入表，以便在作业执行过程中要求输入信息时，可以随时找到其存放位置。

（2）缓输出程序：模拟脱机输出时的外围控制机，将用户要求输出的数据送到输出井，待输出设备空闲时，再将输出井中的数据送到输出设备上。

（3）井管理程序：负责从相应输入井读取信息或将信息送至输出井内。

SPOOLing 技术可以将打印机这种非剥夺型的数量稀少的慢速资源扩充为每个用户可以分别拥有一台的速度较快的虚拟打印机，用户向各自的虚拟打印机提交输出数据，避免了用户直接向物理打印机提交输出数据而过长时间地排队等待。其工作原理如下。

当用户进程请求打印输出时，SPOOLing（缓输出系统）同意为它打印输出，但并不真正立即把打印机分配给它，只是做如下两件事。

（1）输出进程在输出井中为该进程申请一个空闲磁盘块区，将要打印的数据送入其中。

（2）输出进程再为用户进程申请一张空白的用户请求打印表，将用户的打印要求填入其中，再将该表挂到请求打印队列上。若还有进程请求打印，则系统仍接收该请求，并做上述两件事。

打印机空闲时，缓输出进程从请求打印队列队首取出一张请求打印表，根据其中的要求将要打印的数据，从输出井传送给打印机打印。打印完成后，缓输出进程再取出下一张请求打印表，打印下一组数据，直到请求打印队列为空时，缓输出进程阻塞；当有新的打印请求到来时被唤醒。

改造打印机的 SPOOLing（缓输出系统）具体实现为一个打印机的守护进程，它是唯一有资格使用打印机的进程。所有要打印的文件都暂存在 spool 目录下，当打印机空闲时，该进程控制打印机依次打印 spool 目录下的文件。网络通信 SPOOLing 守护进程可以择机发送暂存在网络 spool 目录下的文件到网络中。

5.5　Linux 设备管理

5.5.1　设备硬件管理接口

I/O 设备与 CPU 通过 I/O 总线传输数据。80x86 处理器使用 16 位地址总线寻找 I/O 设备，使用 8 位、16 位或 32 位数据总线传输数据。

5.5.2　Linux 设备分类与 I/O 软件层次

不同设备工作方式不同，所需 I/O 软件的结构和策略不同。Linux 将设备分为字符设备、块设备以及网络设备。字符设备以字节为单位顺序传输数据，不可寻址，不可随机访问。键盘、鼠标、打印机等属于字符设备。块设备以物理块为单位传输数据，每个物理块可寻址，可随机访问。磁盘是最常见的块设备。扇区是磁盘的物理传输单位。每个扇区的容量为 512 个字节，有些磁盘扇区容量达到 1024 个字节或者 2048 个字节。设备无关软件或者文件系统则以逻辑块为传输单位，一个逻辑块由若干个连续扇区构成，逻辑块的大小为扇区的整数倍，但不超过一页大小。网络设备以数据包（报文）为单位传输数据，内核调用数据包传输函数而非字符设备或块设备的读写函数与网络设备通信。字符设备和块设备都被看作文件，具有文件名、索引节点、设备号等。网络设备只有设备名，没有设备号和索引节点，数据包的传输函数也有别于字符设备或块设备的 read 和 write。

字符设备主要用于数据在计算机内外的传输，没有存储功能，除了直接与字符设备交互完成数据存取，没有可以重复利用数据的缓冲区。字符设备的访问请求按照请求顺序执行。块设备主要用于存储数据，传输数据是为了保存或利用数据。为了重复利用即将存入或从块设备读取的数据，减少对块设备的访问频次，块设备的数据传输依托缓冲区进行。块设备因缓冲区的引入而比字符设备有更多软件层级。不同块设备在寻址存储块时又存在着机械寻址和电子寻址的差别。机械寻址的块设备需要 I/O 调度层对 I/O 请求顺序进行优化排序，以节约块设备访问频次，提高访问效率。电子寻址的块设备则不需要 I/O 调度层。网络传输的数据包不同于字符设备传输的数据流，也不同于块设备可寻址的数据块，数据包没有固定的存储地址，也没有请求缓冲区，数据包大小不固定，数据包不可随机访问。I/O 软件层级的多少因设备类型、设备构造和运行特征而异。

用户依次通过应用程序、设备文件名、虚拟文件系统 VFS、设备驱动程序自顶向下的软件层级访问设备。设备驱动程序的上下文层级关系如图 5-24 所示。

图 5-24　设备驱动程序上下文层级关系

Linux 设备驱动程序以模块形式与操作系统内核结合在一起，可在需要时静态或动态地加入内核，工作完毕可将模块卸载。操作系统启动时装载模块的方式称为静态装载。在操作系统运行期间装载模块的方式称为动态装载。静态装载的驱动程序模块在操作系统源程序编译阶段作为操作系统的整体组成部分一起编译生成。

既然设备被看作文件，则设备具有像文件一样的唯一标识，文件的唯一标识就是其索引节点号，设备的唯一标识就是设备号。每个字符设备或块设备由主设备号和次设备号标识。主设

备号对应使用相同设备驱动程序的一类设备，从而对应该类设备使用这个特定的驱动程序。次
设备号表示使用相同设备驱动程序的一类设备中的某个特定的设备。

设备号有静态分配（人工指定）方式和动态分配（系统自动确定）方式两种。静态分配的设
备号由人工指定。人工分配的设备号可能与现存设备号冲突。动态分配的设备号由系统自动分配
未被占用的设备号，避免设备号冲突。为每类设备分配的设备号被记录在一个设备号文件中。

设备硬件连接到计算机中后，还需要安装软件，即设备驱动程序，设备才能被内核所感知，
才能被使用。安装设备驱动程序也称为注册设备，安装、注册工作包括为设备申请一个主设备
号和若干个次设备号，指定次设备号起始编号、次设备号数量和设备名称，创建设备描述结构，
记录设备标识和设备操作函数，将填写好属性信息的设备描述结构插入设备链表中，等候访问
和调用。使用设备时，根据其设备号查询设备链表中所需使用的设备描述结构，调用相应的设
备驱动函数，完成设备操作。字符设备、块设备以及网络设备属于 3 种不同类型的设备，其描
述结构、设备处理软件架构各不相同，需要分别阐述。

5.5.3 字符设备驱动的内核数据和服务接口

Linux 将字符设备看作对象，设备驱动程序以及设备号等相关属性是设备对象的成员。设
备号是设备的内部标识，设备驱动程序由若干函数组成，包括字符设备初始化函数即入口函数、
退出函数即出口函数以及读写等因设备而异的函数集合。Linux 提供了编写设备驱动程序的函
数框架，编写者需在函数框架中编写具体的程序代码，调用操作系统提供的设备驱动内核函数。
设备作为共享资源，需由操作系统对其进行管理。操作系统需要感知设备的存在才能提供设备
管理服务。这就需要注册以及将设备安装到内核，使设备成为设备表的成员。新设备需要加入
两种内核表格中：设备注册表 chrdevs 和设备实体表 probes。

1. 设备注册表 chrdevs

设备注册表 chrdevs 中登记了每种设备的主、次设备号以及设备名。设备实体表存放着每
种设备的对象实体。设备注册表 chrdevs 定义如下。

```
static struct char_device_struct {
    struct char_device_struct *next;    //指向散列冲突链表中的下一个元素的指针
    unsigned int major;                 //主设备号
    unsigned int baseminor;             //起始次设备号
    int minorct;                        //设备编号的范围
    char name[64];                      //处理该设备编号范围内的设备驱动程序
                                          的名称
    struct file_operations *fops;       //高版本未设置该项（设备驱动函数集指针）
    struct cdev *cdev;                  //高版本未设置该项（指向表示字符设备的
                                          描述结构指针）
} *chrdevs[CHRDEV_MAJOR_HASH_SIZE];
```

设备注册表 chrdevs 包含 255 个索引项，每个索引项分别管理着主设备号%255 相同的一
组设备的注册实体 struct char_device_struct 形成的链表，链表头指针存放在 chrdevs 数组的一
个元素中。

Linux 向设备驱动开发者提供的设备注册表 chrdevs 操作函数如下。

（1）设备注册函数 int register_chrdev_region(dev_t from, unsigned count, const char *name)
和 int alloc_chrdev_region(dev_t *dev, unsigned baseminor, unsigned count,const char *name)

register_chrdev_region 将设备号和设备名添加到设备注册表 chrdevs 中。

register_chrdev_region 为静态申请函数，将调用者指定的设备号、次设备号范围和设备名添加到设备注册表 chrdevs 中。from 为调用者给出的设备号，包含主设备号和次设备起始编号，count 为请求注册的连续设备编号的数目，name 是字符设备的名字，它将出现在/proc/devices 和 sysfs 中。

alloc_chrdev_region 为动态申请函数，根据调用者给出的起始次设备号和连续设备号的数目，自动分配和返回主设备号。dev 指向函数返回的分配成功的主设备号，baseminor 指定首个次设备号，count 指定连续设备号的数目，name 为设备的名字。使用宏 MAJOR(dev_t dev) 可以解析出分配成功的主设备号，使用宏 MINOR(dev_t dev)可以解析出次设备号。

（2）设备注销函数 void unregister_chrdev_region(dev_t from, unsigned count)

unregister_chrdev_region 函数注销指定范围内的字符设备号。from 为起始设备号，count 为设备号的数量。当不再使用字符设备时，调用注销函数将设备号从设备注册表中删除。

2. 设备实体表 probes

设备实体表 probes 是存放被注册设备的对象实体的空间。字符设备对象采用 struct cdev 表示。struct cdev 的定义如下。

```
struct cdev {
    struct kobject kobj;                      //内嵌的 kobject 对象
    struct module* owner;                     //所属模块
    const struct file_operations* ops;        //指向字符设备驱动函数集
    struct list_head list;                    //已注册字符设备链表链接指针
    dev_t dev;                                //起始设备编号，包含主、次设备号
    unsigned int count;                       //注册的连续次设备号的数目
};
```

struct cdev 存放的重要内容是设备号和设备驱动函数的地址。设备号是定位设备对象位置进而确定所需调用设备驱动函数的搜寻关键字。Linux 向设备驱动开发者提供的 struct cdev 的操作函数如下。

（1）字符设备对象空间分配函数 struct cdev *cdev_alloc(void)

cdev_alloc 动态分配一个 struct cdev 空间，准备用来存放设备对象的设备号、驱动函数地址等信息。

（2）初始化函数 void cdev_init(struct cdev *cdev, const struct file_operations *fops)

cdev_init 将设备驱动函数的地址赋给设备对象。fops 为要赋给设备对象 cdev 的成员 ops 的驱动函数地址。

（3）字符设备加入设备表函数 int cdev_add(struct cdev *p, dev_t dev, unsigned count)

cdev_init 并未初始化 struct cdev 的所有成员，cdev_add 继续初始化 struct cdev 的设备号成员、连续次设备号成员后，将填好设备信息的设备对象 struct cdev 添加到设备实体表 probes 中。

设备实体表 probes 是嵌在 struct kobj_map 中的表格，其定义如下。

```
struct kobj_map {
    struct probe {
        struct probe *next;
        dev_t dev;
        unsigned long range;
        struct module *owner;
        kobj_probe_t *get;
```

```
        int (*lock)(dev_t, void *);
        void *data;
    } *probes[255];
    struct mutex *lock;
};
```

probes[255]数组的每个元素分别管理着主设备号%255 相同的一组设备，这组设备的各个 struct probe 按照次设备号的值由小到大的顺序形成一个链表，链表头指针存放在 probes[255] 数组的一个元素中。其中的 dev 成员存放主设备号，range 成员存放次设备号范围，data 成员指向设备对象 struct cdev。设备号是搜索定位设备对象进而调用驱动函数的关键字。设备对象一旦被加入 cdev_map 指向的容器 probes[255]，就可以调用其中登记的设备操作函数驱动设备工作了。

（4）从设备表中删除设备函数 void cdev_del(struct cdev *p)

cdev_del 将字符设备从设备实体表 probes 中删除，并释放设备对象 struct cdev 的内存空间。

设备驱动程序开发者在设备初始化函数即入口函数中依次调用函数 register_ chrdev_region 或者 alloc_chrdev_region、cdev_alloc、cdev_init、cdev_add，将设备信息加入设备注册表 chrdevs 和设备实体表 probes 中，完成设备驱动程序的注册和安装，使系统感知到设备的存在，使设备具备工作的条件。

设备驱动程序开发者在设备退出函数即出口函数中依次调用函数 unregister_ chrdev_region、cdev_del，将设备信息从设备注册表 chrdevs 和设备实体表 probes 中删除，完成设备驱动程序的注销和卸载，使设备脱离系统。

5.5.4　字符设备驱动程序的开发、安装和使用

1．字符设备驱动程序的编写框架

开发者按照如下模板编写字符设备驱动程序源程序文件。

```
//头文件
#include<linux/init.h>
#include<linux/module.h>
//模块加载入口函数实现
static int __init (入口函数名)(void)
{
        调用Linux内核服务接口函数register_chrdev_region或者alloc_chrdev_region、
        cdev_alloc、cdev_init、cdev_add注册、安装设备；
        return 0;
}
设备其他操作函数的定义，如设备打开（open）、读/写（read/write）、控制、关闭（close）等；
//模块卸载入口函数实现
static void __exit (出口函数名)(void)
{
        调用 Linux 内核服务接口函数 unregister_chrdev_region、cdev_del注销、释放
        设备驱动软件空间；
}
//模块入口声明
//装载声明(内核加载的入口指定)
module_init(入口函数名); //只要加载就执行其中声明的函数
//卸载声明(内核卸载的入口指定)
module_exit(出口函数名);
```

```
//GPL 开源声明
MODULE_LICENSE("GPL");
```

编译上述文件，产生.ko 目标代码文件。

2．字符设备驱动程序的安装与卸载

使用安装命令 insmod 安装编译生成的.ko 文件，其中的入口函数将自动运行，完成设备的注册和安装。内核就感知到了字符设备的存在，字符设备也就做好了工作的准备。insmod 命令的用法如下。

```
insmod 模块路径/模块名
```

例如：insmod /lib/modules/mycdev.ko

使用命令 lsmod 或者 cat /proc/devices 可以查看已经安装的设备的主设备号和设备名。

不再使用设备时，可以使用命令 rmmod 卸载设备。该命令执行时，.ko 文件中的出口函数自动运行，将设备从设备注册表和设备实体表中删除，释放设备驱动软件的空间。rmmod 命令的用法如下。

```
rmmod 模块路径/模块名
```

3．字符设备驱动程序的使用

（1）建立字符设备文件名

在字符设备驱动程序安装好使用前，需要建立设备文件名。设备文件名是字符设备驱动程序与其使用者——应用程序之间的联系方式和媒介。应用程序通过设备文件名访问设备驱动程序。设备文件名是设备/设备驱动程序的外部标识。而设备号则是设备/设备驱动程序的内部标识。用户需要创建一个与设备号关联的设备文件，系统在创建过程中为设备文件分配一个索引节点 inode，将设备号、设备驱动默认函数的地址等属性存放在索引节点 inode 中。设备文件与普通的磁盘文件一样拥有一个索引节点 inode。索引节点 inode 中的文件类型字段将区分字符设备文件、块设备文件、普通的磁盘文件、管道文件等不同类型的文件。仅列出与设备相关的成员项的索引节点 inode 结构如下。

```
struct inode {
    ……
    dev_t i_rdev;
    ……
    const struct file_operations* i_fop;
    ……
    union {
        struct pipe_inode_info* i_pipe;
        struct block_device* i_bdev;
        struct cdev* i_cdev;
    };
    ……
};
```

上述结构中 i_mode 成员存储文件类型（块设备文件或者字符设备文件），i_rdev 成员存放主、次设备号。如果 i_mode 成员存储的文件类型为字符设备文件，则联合体成员 i_cdev 指向字符设备对象 struct cdev。如果 i_mode 成员存储的文件类型为块设备文件，则联合体成员 i_bdev 指向块设备对象 struct block_device。i_fop 被初始化为默认字符设备驱动函数表 def_chr_fops 的地址。def_chr_fops（fs/char_dev.c）的定义如下。

```
struct file_operations def_chr_fops = {
    .open = chrdev_open,
};
```

设备文件创建命令为 mknod。其用法如下。

```
sudo mknod /dev/设备文件名 c 或 b 主设备号 次设备号
```

c 表示创建字符设备文件名，b 表示创建块设备文件名。

（2）字符设备驱动程序的调用

应用程序使用字符设备时，首先打开设备文件，与设备文件名对应的索引节点 inode 被找到。inode 中的设备文件操作函数集地址 i_fop 被赋给用户打开文件表 struct file 的 f_op。然后调用 f_op 中的 open 指针指向的默认打开函数 chrdev_open。chrdev_open 以索引节点 inode 中存放的设备号为索引查询设备实体表 probes，获得设备驱动程序的地址 file_operation，并将其赋给用户打开文件表 struct file 的 f_op，然后调用 f_op 中的字符设备驱动程序中的打开函数打开设备，获得设备描述符，再以设备描述符调用其他所需设备驱动函数。

5.5.5 块设备驱动相关的软件层次架构

与字符设备驱动软件层次相比，块设备驱动上下文环境中的软件层次较多，辅助块设备工作的软件层从底层的块设备驱动程序逐级向上抽象，直达文件系统层，块设备响应服务请求的处理流程很长。从应用程序发出系统调用表示请求块设备服务到物理设备执行服务请求指令经历的各级软件层如图 5-25 所示。

图 5-25 块设备驱动程序上下文软件层

块设备驱动程序软件层与文件系统软件层紧密衔接，形成不可分割的整体。块设备硬件之上的通用块层、I/O 调度器与块设备驱动程序直接定义硬件的属性特征和驱动操作，属于块设备驱动软件层。

5.5.6 块设备驱动的内核数据和服务接口

在使用块设备之前，需要将表示块设备的数据结构和操作函数注册进操作系统内核，使操作系统感知块设备在内核中的存在，以便操作系统能够调用设备操作函数以响应应用用户进程的设备请求。与字符设备注册类似，块设备在系统中存在的标志就是其注册信息被添加到块设备注册表 major_names 中，块设备驱动程序以及块设备属性的描述结构 struct gendisk 被添加到内嵌在结构体 bdev_map 中的块设备实体表 probes 中。块设备注册表 major_names 和块设备实体表 probes 的长度均为 255，即可登记/存放 255 项设备注册/安装对象的指针。

1. 块设备注册表 major_names

块设备注册表 major_names 中登记了每个块设备的主设备号以及设备名。块设备注册表是如下定义的结构体指针数组。

```
static struct blk_major_name {
    struct blk_major_name *next;
    int major;
    char name[16];
} *major_names[BLKDEV_MAJOR_HASH_SIZE];
```

其中 major 用来存放主设备号，name 用来存放设备名称。注册表的每一项存放了一个链表的指针，主设备号%255 相同的块设备注册信息位于同一个链表中。

Linux 向设备驱动程序开发者提供的块设备注册表 major_names 操作函数如下。

（1）块设备注册函数 int register_blkdev(unsigned int major, const char *name)

块设备注册任务由内核函数 register_blkdev 完成，该函数将填写好设备号和设备名的结构体 struct blk_major_name 的地址添加到块设备注册表 major_names 中。其中 major 为用户提供的主设备号（1~255），name 为用户提供的设备名称。如果 major 为 0，则由系统自动分配主设备号。

（2）块设备注销函数 void unregister_blkdev(unsigned int major, const char *name)

块设备卸载时，其注册信息将从块设备注册表中删除，即注销。块设备注销任务由内核函数 unregister_blkdev 完成。其中 major 为用户提供的主设备号，name 为用户提供的设备名称。

2. 块设备实体表 probes

块设备实体表 probes 是存放被注册块设备的对象实体的空间。块设备对象采用 struct gendisk 表示。struct gendisk 的定义如下。

```
struct gendisk {
    int major;               //主设备号
    int first_minor;         /*磁盘的第一个次设备号，一般设置为0。次设备号0表示整
                               个磁盘*/
    int minors;              /*磁盘的次设备号数量，即分区数量。minors 最小值为1，表示
                               磁盘不分区，大于1表示磁盘分区数量为minors-1。分区的主
                               设备号一样，次设备号不同*/
    char disk_name[32];      /*磁盘名，磁盘注册成功后，在/dev下可以看到磁盘名*/
    struct hd_struct **part;                     //指向磁盘分区表
    const struct block_device_operations *fops;//指向块设备操作函数集
    struct request_queue *queue;                 //指向磁盘请求队列
    sector_t capacity;                           //以扇区数为单位的块设备容量
    void *private_data;      //私有数据，用于提供给用户驱动程序使用
    ……
};
```

其中 queue 所指向的有 I/O 调度的磁盘请求队列由函数 struct request_queue *blk_init_queue(request_fn_proc *rfn, spinlock_t *lock)创建，rfn 指向了由块设备驱动程序开发者定义的请求队列处理函数。对于可随机访问的非机械设备，queue 指向由函数 struct request_queue *blk_alloc_queue(gfp_t gfp_mask)创建的无 I/O 调度的磁盘请求队列。

fops 指 向 struct block_device_operations 类 型 的 块 设 备 操 作 函 数 指 针 集， struct block_device_operations 中预定义了块设备的一些操作函数指针，其类型定义如下。

```
struct block_device_operations {
    int (*open) (struct inode *, struct file *);
    int (*release) (struct inode *, struct file *);
    int (*ioctl) (struct inode *, struct file *, unsigned, unsigned long);
    long (*unlocked_ioctl) (struct file *, unsigned, unsigned long);
    long (*compat_ioctl) (struct file *, unsigned, unsigned long);
    int (*direct_access) (struct block_device *, sector_t,void **, unsigned
long *);
    int (*media_changed) (struct gendisk *);
    int (*revalidate_disk) (struct gendisk *);
    int (*getgeo)(struct block_device *, struct hd_geometry *);
    struct module *owner;
};
```

块设备驱动程序开发者可以根据实际需要实现上述结构中的部分驱动函数，然后定义一个
struct block_device_operations 类型的变量，将自己所实现的驱动函数的名字一一对应赋给类型
中相应的函数指针作为成员变量的值。

Linux 向块设备驱动程序开发者提供的 struct gendisk 操作函数如下。

（1）块设备对象空间分配函数 struct gendisk *alloc_disk(int minors)

alloc_disk 为块设备分配一个 struct gendisk 类型的内存空间用来存放其属性。minors 是块
设备使用的次设备号的数量，即磁盘分区的数量，调用完成后 minors 不能被修改。

（2）块设备容量设置函数 void set_capacity(struct gendisk *disk, sector_t size)

set_capacity 以扇区数为单位设置块设备容量，即将扇区数 size 赋给块设备对象 struct
gendisk 的成员 capacity。

（3）块设备添加函数 void add_disk(struct gendisk *gd)

add_disk 将初始化好属性成员的块设备对象 struct gendisk 添加到块设备实体表 probes 中。
probes 内嵌在如下定义的结构 struct kobj_map 中。

```
struct kobj_map {
    struct probe {
        struct probe *next;
        dev_t dev;                    //设备号
        unsigned long range;
        struct module *owner;
        kobj_probe_t *get;
        int (*lock)(dev_t, void *);
        void *data;                   //指向 struct gendisk 结构体
    } *probes[255];
    struct mutex *lock;
};
```

其中 data 指向 struct gendisk 结构体，设备号 dev 用来从 probes 表中检索所需块设备的对
象实体 struct gendisk。

（4）释放块设备对象函数 void del_gendisk(struct gendisk *gd)

当卸载块设备时，调用函数 del_gendisk 将块设备对象 struct gendisk 删除。

（5）void put_disk(struct gendisk *disk)

调用函数 del_gendisk 后，再调用函数 put_disk 减少 gendisk 的引用计数。

5.5.7　块设备驱动程序的开发、安装和使用

1. 块设备驱动程序的编写框架

开发者按照如下模板编写块设备驱动程序源程序文件。

```
//头文件
#include<linux/init.h>
#include<linux/module.h>
#include <linux/blkdev.h>
……
定义 static struct gendisk *类型的块设备对象指针变量;
定义 static struct request_queue*类型的块设备请求队列指针变量;
定义 struct block_device_operations 类型中需要实现的驱动函数;
定义 static struct block_device_operations 类型的驱动函数集变量,并将自己实现的
驱动函数名字一一对应赋给类型中相应的函数指针;
//模块加载入口函数实现
static int __init (入口函数名)(void)
{
        调用 Linux 内核函数 register_blkdev 注册设备;
        调用内核函数 blk_init_queue 或 blk_alloc_queue 创建块设备请求队列;
        调用函数 alloc_disk 为块设备分配 struct gendisk 对象空间;
        初始化 struct gendisk 对象的主次设备号、设备名、驱动函数指针值、块设备请求队列
        变量值;
        调用函数 set_capacity 设置块设备的容量(扇区数);
        调用函数 add_disk 将填写好成员值的块设备 struct gendisk 对象添加到块设备实体表
        probes 中;
        return 0;
}
//模块卸载入口函数实现
static void __exit (出口函数名)(void)
{
        调用函数 del_gendisk 删除 struct gendisk;
        调用函数 put_disk 减少 struct gendisk 的引用计数;
        调用函数 blk_cleanup_queue 清除块设备请求队列;
        调用 Linux 内核函数 unregister_blkdev 注销块设备注册信息,将其注册信息从块设备
        注册表 major_names 中删除;
}
//模块入口声明
//装载声明(内核加载的入口指定)
module_init(入口函数名); //只要加载就执行其中声明的函数
//卸载声明(内核卸载的入口指定)
module_exit(出口函数名);
//GPL 开源声明
MODULE_LICENSE("GPL");
```

编译上述文件,产生.ko 目标代码文件。

2. 块设备驱动程序的安装与卸载

使用安装命令 insmod 安装编译生成的.ko 文件,其中的入口函数将自动运行,完成块设备的注册和安装。内核就感知到了块设备的存在,块设备也就做好了工作的准备。insmod 命令的用法如下。

```
insmod 模块路径/模块名
```

例如：insmod /lib/modules/mycdev.ko

使用命令 lsmod 或者 cat /proc/devices 可以查看已经安装的设备的主设备号和设备名。

3．块设备驱动程序的使用

在应用程序中调用字符设备驱动程序中的驱动函数是字符设备的使用方式。块设备则不同，人们可以不用直接与块设备驱动程序打交道，而是在块设备驱动程序之上安装、挂载文件系统，通过文件系统接口访问块设备。

例如，首先，执行命令 sudo mkfs.ext3 /dev/myblkdev 在块设备 myblkdev 上安装 ext3 文件系统。其次，挂载块设备到某个目录下。例如，执行命令 sudo mount /dev/myblkdev /mnt/temp1/将块设备/dev/myblkdev 挂载到目录/mnt/temp1/下。最后，就可以以文件操作命令访问块设备。例如，执行命令 sudo cp ~/f*.txt /mnt/temp1 将文件复制到/mnt/temp1 所对应的块设备 myblkdev 上。

不再使用设备时，要依次卸载块设备上的文件系统和块设备驱动模块。块设备文件系统卸载命令为 umount，其用法如下。

```
umount 文件系统挂载的目录路径
```

例如，执行命令 sudo umount /mnt/temp1，可以卸载块设备 myblkdev 上安装的 ext3 文件系统。然后使用命令 rmmod 卸载块设备驱动模块，其用法如下。

```
rmmod 模块路径/模块名
```

例如，执行命令 sudo rmmod myblkdev，可以卸载块设备 myblkdev 的驱动模块。

rmmod 命令执行时，驱动模块文件.ko 中的出口函数自动运行，将块设备注册信息及对象信息从内核删除，释放块设备对象空间。

5.5.8　Linux 设备缓冲管理

1．缓存结构

缓冲和缓存利用一部分物理内存存放从块设备读取的数据或者即将写入块设备的数据，提高缓存数据的利用率，减少对块设备的访问次数和时间消耗，缓解块设备对 CPU 工作速度的牵制。一部分内存用作缓冲区意味着进程可用内存的减少。系统崩溃或者停电时，没有写回到块设备的缓存数据将丢失。

块设备的缓存方案有两种：页缓存和块缓存。页缓存以内存页为单位设置缓存空间。块缓存以设备存储块为单位设置缓存空间。

块缓存由如下两个部分组成。

（1）缓冲头：缓冲区管理结构，包括块号、块长度、访问计数器等管理数据。

（2）缓冲区：数据存储区。

缓冲头与缓冲区分开存放在不同的内存区域。缓冲头中设立缓冲区指针，指向缓冲区。各个缓冲头结构存放在一个数组中，并按 LRU 方式调整缓冲头在数组中的位置。刚被访问过的数组项中的缓冲头会被调整到数组的开头，其他各项后移。数组长度是固定的，一旦某个数组项被移出数组，其管理的缓冲区将被释放。

块缓存由 struct buffer_head 结构描述，其主要成员及意义如下。

（1）unsigned long b_state：缓冲区状态位图。缓冲区可以同时具有多种状态，表明缓冲区当前数据与后备存储器是否一致，缓冲区是否被锁定，缓冲区内容到二级存储设备的映射是否存在，缓冲区是否为新建。

（2）atomic_t b_count：缓冲区访问计数器，以防释放使用中的缓冲头。

（3）struct page *b_page：如果块缓存基于页缓存实现，则 b_page 指向相关的 page 结构；如果块缓存独立于页缓存，则 b_page 为 NULL。

（4）struct buffer_head *b_this_page：指向缓冲头环形链表。隶属于一页的各个缓冲区缓冲头的 b_this_page 指针将各个缓冲头链接成环形链表。

（5）sector_t b_blocknr：缓冲区映射的块设备存储块号。

（6）size_t b_size：块长度。

（7）struct block_device *b_bdev：指向块设备的 block_device 结构的指针，该设备是缓冲区数据的来源。

（8）char *b_data：指向缓冲区内数据的指针。

（9）bh_end_io_t *b_end_io：当缓冲区的一个 I/O 操作完成时，内核自动调用 b_end_io 指向的例程。

2．地址空间结构

地址空间用来建立缓冲数据与其来源之间的关联。地址空间的描述结构为 address_space，其成员及意义如下。

（1）struct inode *host：缓冲区数据的后备存储器。后备存储器是与地址空间相关的外部设备，用作地址空间中信息的来源。块设备通常称为物理内存的后备存储器。

（2）struct radix_tree_root page_tree：地址空间中的物理缓存页的树形组织结构的根。

（3）unsigned long nrpages：缓存页的总数。

（4）struct address_space_operations *a_ops：地址空间操作函数集合指针。

（5）struct prio_tree_root i_mmap：与 inode 相关的缓存页树形组织结构的树根。

（6）unsigned int i_mmap_writable：可供几个用户同时共享的内存映射区的数目。

（7）struct backing_dev_info *backing_dev_info：指向与地址空间相关的数据源后备存储器信息结构。struct backing_dev_info 结构的主要成员如下。

ra_pages：指定预读页的最大数目。

state：保存后备存储器的状态。

capabilities：保存后备存储器的信息，如缓存页是否可以回写（对块设备可以回写，对基于内存的设备如 RAM 磁盘则不能回写），存储的数据是否可以直接执行（对于基于 ROM 的文件系统）。

（8）struct list_head private_list：将包含文件系统元数据（一般为间接块）的 buffer_head 结构链接起来。

struct address_space_operations 为地址空间操作函数集，其中包含的主要函数如下。

（1）writepage 和 writepages：将地址空间中的一页或多页写回到块设备。

（2）readpage 和 readpages：从后备存储器将一页或多个连续的页读入缓存区。

（3）sync_page：将缓冲区中的待写数据即时回写到后备存储器。

（4）prepare_write 和 commit_write：执行由 write 系统调用触发的写操作。prepare_write 将事务数据存储到日志，commit_write 通过将缓存页标记为脏发出写操作意向，真正的写操作由周期性激活的内核守护进程执行。

（5）bmap：将地址空间内的逻辑块偏移量映射为物理块号。

（6）direct_IO：绕开缓冲机制，直接与块设备交换数据。

（7）get_xip_page：用于就地执行可执行代码，而无须将其先加载到页缓存。用于基于内存的文件系统如 RAM 磁盘或 ROM 区域包含的文件系统等。

3．数据换入与换出

数据内容在缓存与外存之间的换入、换出称为交换。对于动态产生的页，系统交换区充当后备存储器。对映射自文件的页，其交换区就是外存文件系统中与页对应的部分。

4．同步

同步操作使物理内存中的数据与后备存储器中的数据一致。Linux 根据同步事务的多少动态创建或撤销 pdflush 线程完成同步操作。pdflush 线程的数目并不固定，但有上限和下限，一般介于 2 和 8 之间，随系统负载而变化。系统创建或销毁 pdflush 线程的策略为：如果 1s 内没有空闲线程可用，则内核创建一个新的 pdflush 线程。如果某个 pdflush 线程的空闲时间已经超过 1s，则将被销毁。每个 pdflush 线程采用 struct pdflush_work 结构描述其属性，主要结构成员如下。

（1）struct task_struct *who：指向内核线程即 pdflush 线程的 task_struct 结构。

（2）void (*fn)(unsigned long)：pdflush 线程实际执行的工作函数。

（3）unsigned long arg0：传递给 pdflush 线程工作函数的参数。

（4）struct list_head list：各个 pdflush 线程的结构 struct pdflush_work 通过 list 链接在一起。

（5）unsigned long when_i_went_to_sleep：存储 pdflush 线程本次进入睡眠的时间，根据该值删除多余的 pdflush 线程。

pdflush 线程创建以后处于睡眠状态，直到内核为线程指派任务。pdflush 线程的过程为一个无限循环，反复执行以下操作。

（1）将线程的 pdflush_work 结构添加到全局链表 pdflush_list 中。

（2）将 pdflush_work 结构的 when_i_went_to_sleep 成员设置为当前系统时间，单位为 jiffies，以记录线程开始睡眠的时间。

（3）将线程设置为睡眠状态，调用 schedule 调度其他进程或线程。如果内核需要一个工作线程，则设置全局链表 pdflush_list 中的某个 pdflush_work 结构的工作函数，并唤醒对应的线程，该线程在 schedule 之后立即执行。

（4）工作函数结束时，内核检查工作线程是否过多或不足。如果已经有 1s 多的时间没有空闲的工作线程，则创建一个新线程。如果睡眠时间最长的线程已经睡眠超过 1s，则删除当前线程，退出无限循环，pdflush 线程数减 1。如果 pdflush 线程数变为 0，则记录当前系统时间作为没有空闲线程的起始时间。在线程结束时，如果超过 1s 没有空闲线程，则创建一个新线程。

需要保存到外存的数据先在缓冲区收集起来，然后再写入外存，使内外存数据保持一致，即实现数据同步。写入块设备的操作可以优化，以减少定位时间、减少设备启动次数。

内核同时提供了以下几种同步方案。

（1）在后台运行几个守护线程 pdflush，它们被周期性地激活，激活以后扫描缓存页，将超出一定时间未回写的页写回到块设备。

（2）当缓冲区中待回写数据项短期内显著增加时，激活 pdflush 线程执行回写操作。

（3）由用户或应用程序调用内核提供的系统调用（如 sync）或命令回写所有未同步的数据。

缓冲内存与后备存储器之间的同步操作可以通过参数进行微调。主要参数如下。

（1）脏页百分比。当脏页比例超出阈值时，pdflush 线程在后台开始周期性地回写缓存数据到后备存储器。脏页百分比默认值为 10。

（2）回写周期间隔。定义周期性回写例程两次调用之间的间隔。间隔的单位是百分之一秒。

默认值是 500，即两次调用的间隔为 5s。根据写操作的数量增减该值。

（3）脏页存在的最长时间。其默认值为 3000，单位为百分之一秒，即 30s。

在执行同步操作时，如果超级块是脏的，则首先同步超级块数据，确保文件系统的完整性和一致性。接下来回写普通的缓存页数据。算法获取脏页的数目，分批次回写脏页，每次以非阻塞方式回写一批缓存页，直到脏页回写完毕。

系统提供了在用户空间启用内核同步机制，以确保内存和块设备之间完全或部分数据完整性的各种系统调用。这些系统调用如下。

（1）sync：用于回写整个缓存内容，比较耗时。

（2）fsync：用于回写特定进程的文件内容，并将与文件的 inode 相关的元数据回写到块设备。

（3）fdatasync：仅回写文件内容数据，忽略元数据。

（4）msync：用于同步内存映射，将进程的用户地址空间中一个内存映射区域中的内容回写到块设备。

文件的 file_operations 结构中包含了同步系统调用的接口函数 fsync，通过设置参数开关可以调用 fdatasync，只回写文件内容的缓存数据；或者调用 fsync，将文件内容的缓存数据和元数据一并回写。

习 题 5

5-1　对于一个 10000rpm（即每分钟 10000 转）的磁盘驱动器，请计算：

（1）每旋转一周耗时多少μs？

（2）如果每个磁道包含 600 个扇区，则磁头读出一个扇区耗时多少μs？

（3）如果磁头从一个磁道移动到相邻磁道的时间（即寻道时间）是 800μs，希望移动到相邻磁道的磁头立即读取该磁道的第 0 扇区，则相邻两个磁道的第 0 扇区位置应该沿盘面半径方向偏移多少个扇区位置？

5-2　若磁头的当前位置在 100 柱面，磁头正向磁道号减小方向移动。现有一磁盘读写请求队列，柱面号依次为：190，10，160，80，90，125，30，20，29，140，25。试求分别采用如下算法时的移臂路线图及移臂距离：

（1）先来先服务（FCFS）算法；

（2）最短寻道时间优先（SSTF）算法；

（3）电梯调度算法；

（4）循环扫描（C-SCAN）算法（假定最小磁道号为 1，最大磁道号为 200，磁头由小号磁道向大号磁道移动时访问数据，返回时不访问数据）。

5-3　一个单处理器系统以单道方式处理作业流，目前作业流中有两道作业，作业资源需求情况如表 5-4 所示。

表 5-4　需求情况

作业号	所需 CPU 时间（min）	输入卡片数（张）	打印输出行数（行）
1	3	100	2000
2	2	200	600

卡片输入机运转速度是 1000 张/min，打印机打印速度是 1000 行/min，试求：

（1）不采用 SPOOLing 技术，计算两道作业的总周转时间；

（2）采用 SPOOLing 技术，计算两道作业的总周转时间。

5-4   请分别以不同大小的缓冲区完成文件的读取、编辑、保存功能，在程序中记录每种大小缓冲区情况下完成该任务的时间。

5-5   分别开发一个具有输入、计算、输出功能的单线程应用程序、多线程应用程序、多进程应用程序，在程序中分别统计和比较输入时间、计算时间、输出时间以及总的运行时间。

5-6   设备可以分为哪些类别？各类设备有什么特征？

5-7   设备控制器的作用或者功能是什么？设备控制器中包含哪些寄存器？各有什么作用？

5-8   I/O 控制方式有哪些？各种控制方式是如何工作的？

5-9   I/O 软件设计目标是什么？如何达到目标？

5-10   I/O 软件总体设计要考虑的问题有哪些？

5-11   I/O 软件有哪 4 个层次？各层软件的职责或功能是什么？各层软件是如何协同工作的？

5-12   什么是设备驱动程序？

5-13   简述设备驱动程序的主要工作过程。

5-14   磁盘存储空间的物理地址结构和逻辑地址结构分别是什么？

5-15   什么是柱面斜进？

5-16   为什么要对磁道扇区交错编号？

5-17   影响磁盘读写的时间因素有哪些？主导因素是什么？

5-18   磁盘调度算法有哪些？各算法是如何工作的？

5-19   Linux 采用的磁盘调度算法是什么？算法考虑了哪些因素？

5-20   什么是虚拟设备？

5-21   假脱机技术的思想是什么？它由哪些部分组成？各部分的功能或职责是什么？

5-22   请说明基于假脱机技术的打印机和网络是如何工作的？

第6章

文 件 管 理

　　计算机可以看作数据加工机构。原始数据经计算机加工产生结果数据。结果数据正是人们使用计算机的目标所在。数据往往比作为其加工机构的计算机更有价值。因此,数据需要妥善保管。文件是数据的容器。操作系统中专门对文件进行管理的部分为文件管理系统。数据加工机构包括硬件和程序。硬件主要包括处理器、内存储器、输入/输出设备。这些硬件的管理已经在相应章节进行了阐述。程序的运行涉及进程的创建、调度、结束控制以及进程之间同步、互斥、通信、死锁关系的处理。这些内容在处理器管理以及并发进程章节进行了阐述。文件管理专门讲述数据的管理。

6.1 文　　件

　　文件是计算机软件资源的重要组织和存在形式。计算机运行的结果基本上是以文件形式保存下来的。文件通常保存在磁盘、光盘等外存上。磁盘、光盘具有存储容量大、独立于进程及非易失性保存数据的特点。操作系统中处理文件的部分称为文件系统。文件系统是操作系统中专门对软件资源进行管理的软件子系统。对绝大多数用户而言,文件系统是操作系统中最为可见的部分,它提供了访问操作系统和所有用户程序与数据的机制,用户通过文件系统得以存储程序及数据文件,查找和运行以文件形式存在的程序,对以文件形式存在的数据进行访问、处理。文件系统包含两个重要组成部分:文件和目录。文件是存储数据的实体,目录是查找文件的实体。文件是进程创建的信息逻辑单元。进程可以创建及读取文件。文件独立于进程、用户甚至创建它的系统而存在。即使进程终止或者系统关机,文件依然存在。这样,进程每次运行时,都可以从文件中获得需要运行的程序和需要加工处理的数据。多个进程可以并发地访问外存上的文件,共享文件内容。一个用户或进程创建的文件可以被其他用户或进程访问。因此,文件可作为一种共享资源使用。文件只有在明确删除时才会消失。文件的构造、命名、存取、保护等都是操作系统文件管理子系统设计的主要内容。

6.1.1　文件的概念

　　文件是记录在外存上具有名称的相关信息的集合。用户通过文件名即可存取文件中的内容。文件相当于信息的容器。文件名相当于容器的标签。至于文件内容位于外存上的哪些物理块中、如何表示物理块之间的先后顺序、如何执行具体的访问操作等物理细节对用户而言都是无须了解的,而是在设计操作系统的文件系统时需要考虑的。因此,文件是对存储设备的抽象,它将以存储介质物理块为单位的信息存储单元抽象为以文件为单位的逻辑存储单元。从信息逻辑单元到信息物理存储单元的映射由操作系统的文件系统完成,从而向用户提供一个简单的外存信息访问接口。需要保存在外存的信息以文件为单位组织在一起。

创建或访问文件时需要给出文件名。文件名由字母、数字及一些特殊字符组成，文件名的长度因系统而异，早期操作系统规定文件名的长度为 1～8 个字符，现代操作系统支持长达 255 个字符的文件名。UNIX 区分字母大小写，MS-DOS 及 Windows 不区分字母大小写。文件名一般还包含扩展名，用于表明文件的类型。例如，prog.c 的扩展名.c 表示这是一个 C 源程序文件；prog.exe 的扩展名.exe 则表示这是一个 DOS 或 Windows 下的可执行文件。扩展名是可选的。DOS 限制扩展名为 1～3 个字符，Windows 则允许扩展名很长。在 UNIX 中，扩展名的长度由用户决定。一个文件可以包含两个或更多的扩展名。例如，home.html.zip 表示由.html 文件构成的压缩文件。文件内容可以是字符的、二进制的，等等。从结构上看，文件由位、字节、行或者记录等组成，其具体意义由文件创建者和使用者定义。一些常用的文件扩展名及其意义如表 6-1 所示。

表 6-1　一些常用的文件扩展名及其意义

文件类型	扩展名	意义
可执行文件	.exe，.com，bin	可执行机器语言程序
目的文件	.obj，.o	已编译机器语言，尚未链接
源文件	.c，.cc，.java，.asm	各种语言源程序
批处理文件	.bat，.sh	发送给命令解释器的可编辑命令文件
文本文件	.txt	文本文件
字处理文件	.doc，.rtf，.tex，.wps	各种字处理文件格式
库文件	.lib，.dll	静态库及动态库文件
打印或视图文件	.ps，.pdf，.jpg	用户打印或显示的 ASCII 码或二进制格式文件
档案文件	.arc，.zip，.tar	多个文件压缩在一起的文件
多媒体文件	.mpeg，.mov，.rm，.mp3	音频、视频文件

扩展名方便用户识别文件类型，但是操作系统并不强制扩展名与文件类型一致，有些程序（如 C 编译器）则要求它编译的 C 源程序文件必须以.c 作为扩展名，否则拒绝编译。

扩展名可以与相应的处理程序建立关联，当用户指定打开具有特定扩展名的文件时，系统自动运行相应的处理程序并打开该文件。

操作系统使用有限的扩展名表示其感兴趣的文件类型。应用程序可以使用专属于自己的扩展名表示其感兴趣的文件类型。例如，MS-DOS 及 Windows 使用扩展名.exe、.bat、.com 表示可执行文件，Word 使用.doc 或.docx 表示它能够处理的文档。

6.1.2　文件的类型和属性

1．文件的类型

文件可按各种方法进行分类。

（1）文件按用途可分成系统文件、库文件和用户文件。

（2）文件按保护级别可分成只读文件、读写文件和不保护文件。

（3）文件按信息流向可分成输入文件、输出文件和输入输出文件。

（4）文件按存放时限可分成临时文件、永久文件、档案文件。

（5）文件按设备类型可分成磁盘文件、磁带文件、软盘文件。

（6）根据文件内容是否用于阅读理解、编辑，文件可分为 ASCII 码文件和二进制文件。ASCII 码文件可以采用文本编辑器打开阅读和编辑，二进制文件采用文本编辑器打开以后显示无法理解的乱码。可执行文件及库文件为常见的二进制文件。二进制文件具有一定的内部结构。图 6-1 显示了某版本 UNIX 下可执行文件的结构。其中，魔数表明该文件是一个可执行文件，符号表用于调试程序。

文件还可按文件的逻辑结构或物理结构分类。

UNIX 操作系统支持的常见文件类型如下。

（1）普通文件：如源程序、数据、目标代码、操作系统、库、实用程序文件。

（2）目录文件：由文件目录项组成的系统文件。

（3）块设备文件：指磁盘、光盘等块设备，操作系统将设备看作文件。

（4）字符设备文件：指终端、打印机等字符设备。

（5）FIFO 命名管道文件和套接字文件。

2．文件属性

文件属性是文件特征的说明性信息，用于文件的管理控制和安全保护。文件属性包括如下几种。

图 6-1　UNIX 下可执行文件的结构

（1）文件基本属性：包括文件名和扩展名、标识符、文件所属组 ID 等。其中，文件名及扩展名是文件的外部符号名称，供用户引用；标识符是系统内部使用的唯一标识每个文件的数字形式的标签，对用户不可读。

（2）文件类型属性：表明文件类型，如普通文件、目录文件、系统文件、隐式文件、设备文件、pipe 文件、ASCII 码文件、二进制文件等。

（3）文件控制属性：包括文件的位置信息、逻辑记录长、文件当前长、文件最大长、关键字位置、关键字长度、文件打开次数等。其中，文件的位置信息指明文件所在设备和所在物理块位置；逻辑记录长、关键字位置、关键字长度等属性只能出现在用关键字查找记录的文件里。

（4）文件管理属性：包括文件创建时间、最后访问时间、最后修改时间等，用于保护、安全和使用跟踪。

（5）文件保护属性：包括用户对文件允许执行的访问操作，如可读、可写、可执行、可更新、可删除等，上锁标志和解锁标志，口令，许可访问者等。

特定操作系统中的文件通常不具有上述所有属性。

文件的属性信息保存在目录中，目录条目包括文件名及其唯一标识符，标识符又定位了其他属性信息。目录本身以文件的形式保存在外存上，并在需要时分若干次调入内存。

6.1.3 文件存取方法

1．文件存储单位

磁盘等文件存储设备属于典型的块设备，块设备 I/O 是以物理块为单位执行的，文件内容是以物理块（物理记录）为单位存取的。磁盘系统的扇区大小定义了块大小。不同块设备的物理块大小可能并不相同。为了隐藏这一差异，文件系统定义了独立于任何物理块的尺寸统一的逻辑块（逻辑记录）。用户及设备无关软件以逻辑块为单位存取文件，硬件相关软件则将逻辑块转换为特定块设备的物理块。显然，物理块大小与逻辑块大小通常并不一致，逻辑块（逻辑记录）大小通常设定为物理块尺寸的整数倍，即一个逻辑块占用若干个物理位置相邻的物理块。读写一个逻辑块意味着访问若干个物理位置相邻的物理块。如果逻辑块小于物理块，则访问一个逻辑块需要读写整个物理块。执行读操作时，需要从物理块中分离出所需的逻辑块。执行写操作时，需要定位逻辑块写入物理块中的位置。

2．文件访问方式

1）顺序访问

顺序访问从文件开头或者当前位置向文件尾部顺序读取文件的内容，不能跳过某一些内容，文件后面的内容不能先于文件前面的内容读取出来。后面的访问起点依赖于前面访问后确定的文件指针位置。写入与此类似。缺乏索引的文件通常只能顺序访问。对存储介质上的信息不提供定位参数（物理地址）的存储设备也只能顺序访问。例如，磁带上的文件适合顺序访问，磁盘上的链接文件也适合顺序访问。链接文件内容所在物理块位置通常并不连续，各块内容的逻辑顺序依靠各物理块内的指针来指示。在读取前一个物理块之前，下一块的指针无从获取，物理块的这种组织结构限定了链接文件的顺序访问属性。如果文件存储块指针不存放在文件内容的存储块中，而是集中存放在索引表中，则离散存储的文件也可以随机访问。

读操作后，文件指针自动前移，以跟踪 I/O 位置。写操作向文件末尾增加内容，写操作后，文件指针前移到新增数据之后的位置（即新文件末尾）。文件指针也可重新设置到文件开头或其他位置。

2）随机访问

随机访问（直接访问）能够以任意次序读取文件中的字节或记录，可以按关键字而不是位置来存取记录。这种能够以任意次序读取其中字节或记录的文件称为随机存取文件或直接访问文件。许多应用程序需要访问随机存取文件。例如，航班订票程序必须能够直接存取乘客预订的航班记录，而不必先读出其他航班的成千上万个记录。数据库系统使用的文件往往属于随机存取文件。

随机访问确定文件读写位置的方法有两种：一种是每次读写之后，系统自动移动文件指针到下一个读写位置；另一种是利用移动文件指针操作 seek 设置文件指针到需要读写的新位置。

磁盘文件可以直接访问，因为磁盘访问可以指定物理块地址，给定逻辑块号或关键字也可以定位到需要访问的文件内容块。文件内容以物理块为单位存储在磁盘上。但是，对于特定结构的磁盘文件而言，其物理块之间的链接次序对用户不可见，因而不能直接指定物理块对特定的文件内容部分进行访问，只能顺序访问。但是用户可以指定逻辑块，系统将逻辑块定位到对应的物理块，从而在设备无关层实现直接访问，而在物理层仍需执行顺序访问。对于直接访问文件，读写顺序没有限制。

直接访问文件可以立即访问需要的信息，而不必涉及不需要的信息部分。数据库通常使用这种类型的文件。例如，航班订票系统往往对订票文件建立航班号到存储块号的索引表，以航班号作为关键字可以快速定位到需要查找的外存物理块。对于人员信息表这样的文件，可以通过哈希函数建立人员名称到其信息所在物理块的映射关系，从而根据人名直接找到存储其信息的物理块地址。

由用户向操作系统提供的块号通常为相对块号。相对块号是相对于文件开始的索引。因此，文件的第一块的号码是 0，下一块是 1，以此类推。而第一块的绝对磁盘地址可能为 13652，下一块为 5196 等。使用相对块号可以使用户不必了解文件各个部分所在的实际物理块位置而正确存取文件，并防止用户误访目的文件外的内容。

直接访问文件可以很容易地模拟顺序访问，而顺序访问模拟直接访问较为低效。

3）索引访问

索引访问建立在直接访问方式的基础上。索引访问需要为文件创建索引，这样的文件称为索引文件。索引类似于文件内容的目录，包含指向各内容块的指针。查找索引文件时，首先查找索引块，获得目标内容块的指针，再从目标内容块中找到所需记录。

对于大文件，索引本身很大，不能完全放在内存中。为此，需要对索引块再建立一级索引，二级索引（外层索引）包含一级索引（内层索引）块的指针，一级索引包括指向数据项的指针。

例如，索引顺序访问方法（ISAM）使用小的主索引文件指向一级索引（内层索引）的磁盘块。一级索引块再指向实际文件块，文件内容按关键字排序。查找特定记录项时，先对主索引进行二分查找，获得一级索引的块号，读入该块；再通过二分查找获得包含所需记录的块，最后顺序查找该块。

6.1.4 文件操作

文件属于抽象数据类型。操作系统提供的文件操作系统调用主要有以下几个。

1．创建文件（create）

创建不包含任何数据的文件。在目录中为新文件创建目录条目，设置文件属性信息，如文件名等。

2．打开文件（open）

在使用文件之前，必须先打开文件。open 调用将文件属性和磁盘地址表装入内存，便于后续操作访问。

3．写文件（write）

write 调用针对已经打开的文件执行写操作。一般从当前位置开始写入信息。如果当前位置是文件末尾，则文件长度增加。如果当前位置在文件中间，则现有数据被覆盖。

4．读文件（read）

read 调用针对已经打开的文件执行读操作。读出的数据一般来自文件当前位置。调用者需要指定读取的数据量和数据存放的缓冲区。

5．调整读写指针（seek）

seek 调用用于调整读写指针的位置。

6．关闭文件（close）

文件访问结束时，关闭文件以释放文件属性及磁盘地址等不再需要的管理数据所占内存空间，同时写入文件的最后一块。

7．删除文件（delete）

删除不需要的文件，释放其所占外存空间。

以上的多数文件操作需要搜索文件的目录条目。为了避免重复搜索，使用文件前首先执行系统调用 open 打开文件，文件目录条目信息登记在操作系统维护的打开文件表中，以后的文件操作通过该表的索引指定文件，避免重复访问外存目录。当文件不再使用时，关闭该文件，操作系统从打开文件表中删除该文件的条目。

有些系统在首次使用文件时，会隐式打开它。当打开文件的作业或程序终止时，系统会自动关闭文件。但是绝大多数操作系统要求程序员在使用文件之前显式打开它。打开操作根据文件名搜索目录，将该文件的目录项复制到打开文件表中。open 也接收访问模式参数：创建、只读、读写、添加等。open 返回指向打开文件表中一个条目的指针（或索引）。通过该指针（或索引）而不是文件名进行所有的 I/O 操作。

UNIX 及 Linux 支持多用户同时打开一个文件，系统设置了两级打开文件表：每个进程分别拥有的局部于该进程的用户打开文件表和系统拥有的一张全局的系统打开文件表。用户打开文件表跟踪单个进程打开的所有文件。该进程使用的每个文件的读写位置指针、访问权限和记账信息等保存在用户打开的文件表中。

系统打开文件表保存各个用户进程打开文件的与进程无关的信息，如文件在磁盘上的位置、访问日期和文件大小。单个进程的用户打开文件表的每个表目指向系统打开文件表中的表目。当一个进程对一个已经被其他进程打开的文件再次执行打开操作时，该进程打开文件表中将增加一个条目，并指向系统打开文件表中的相应条目，同时共享该文件的进程计数器值增 1。关闭文件的操作则减少打开文件表中相应条目，并减少共享文件的进程计数器值。

实验 12　Linux 文件操作

1．Linux 文件操作函数

（1）FILE * fopen(const char * path,const char * mode)：打开/创建文本或二进制文件 path。

（2）size_t fread (void *buffer, size_t size, size_t count, FILE *stream)：从文件 stream 中读取 count 个长度为 size 的字节到内存 buffer 中。

（3）size_t fwrite(const void* buffer, size_t size, size_t count, FILE* stream)：将内存 buffer 中 count 个长度为 size 的字节写入文件 stream 中。

（4）int fseek(FILE *stream, long offset, int fromwhere)：以 fromwhere 为基准，以 offset 为偏移，设置文件 stream 读写指针的位置。

（5）int fclose(FILE *fp)：关闭文件 fp。

2．文件操作实例

建立一个二进制文件 file1.bin，向其中写入一些整型数，然后将该文件内容复制到另一个文件 file2.bin 中。程序如下。

```c
#include <stdio.h>
#include <stdlib.h>
#include <sys/types.h>
#include <sys/stat.h>
#include <unistd.h>
#include <fcntl.h>
#include <string.h>
#define Num 1024                    //每次读写缓存大小，影响运行效率
#define file1 "file1.bin"           //源文件名
#define file2 "file2.bin"           //目的文件名
#define OFFSET 0                    //文件指针偏移量
int main()
{
    FILE* sf,*df;
    int rnum = 0;
```

```
        int data[Num];
        int digit=0;
        int i=0,j=10;
        //创建源文件
        sf=fopen(file1,"wb+");
        if(sf<0)
        {
            printf("open file error!!!\n");
            exit(1);
        }
        //向源文件中写数据
        for(;j>0;j--)
        {
            for(i=0;i<Num;i++) data[i]=digit;
            digit++;
            rnum=fwrite(data,sizeof(int),Num,sf);
        }
        //创建目的文件
        df=fopen(file2,"wb+");
        if(df<0)
        {
            printf("open file error!!!\n");
            exit(1);
        }
        fseek(sf,OFFSET,SEEK_SET);          //将源文件的读写指针移到起始位置
        printf("file1:\n");
        while((rnum=fread(data,sizeof(int),Num,sf))>0)
        {
            for(i=0;i<rnum;i++) printf("%d ",data[i]);
            printf("\n");
            fwrite(data,sizeof(int),rnum,df);
        }
        fseek(df,OFFSET,SEEK_SET);          //将目的文件的读写指针移到起始位置
        printf("file2:\n");
        while((rnum=fread(data,sizeof(int),Num,df))>0)//读取目的文件的内容
        {
            for(i=0;i<rnum;i++) printf("%d ",data[i]);
            printf("\n");
        }
        fclose(sf);
        fclose(df);
        return 0;
}
```

编译程序:

```
gcc rwbfile.c -o rwbfile
```

运行程序:

```
./rwbfile
```

6.2　目　　录

磁盘上可以存放大量的文件，为了方便查找和存取文件，建立目录非常必要。文件目录是文件系统实现"按名存取"文件的重要手段。目录本身也以文件的形式保存在外存上，需要查找文件时调入内存。每个存储设备都需要建立文件目录，以对该设备上的文件进行管理。当设备容量较大时，将设备空间划分为若干个分区，每个分区分别建立目录以便对文件进行分组管理，系统维护时，可以将影响限制在某个分区内。

6.2.1　目录项信息和结构

1. 目录项信息

目录提供了访问文件的入口，每个文件在目录表中都有一个目录项，目录项用于记载文件的属性信息，如名称、位置、大小和类型等，目录项也称为文件控制块（File Control Block，FCB）。FCB 包括以下几种信息。

（1）文件标识和控制信息：如文件名、用户名、文件主存取权限、授权者存取权限、文件口令、文件类型等。

（2）文件的逻辑结构信息：如记录类型、记录个数、记录长度等。

（3）文件的物理结构信息：如文件所在设备名、文件物理结构类型、记录在外存的盘块号或文件信息首块盘块号、文件索引的位置等。

（4）文件使用信息：如共享文件的进程数、文件被修改情况、文件最大长度和当前大小等。

（5）文件管理信息：如文件建立日期、最近修改日期、最近访问日期、文件保留期限、记账信息等。

查找文件时先从文件目录中找到该文件的 FCB，从中获得文件在磁盘上的位置即可存取文件内容。全部目录项也可构成文件，称为目录文件。目录文件非空，至少包含当前目录项和父目录项。文件目录的作用类似于页表等地址变换机构，将逻辑名转换为物理名，即将文件名转换为文件的磁盘物理块地址。

2. 目录项结构与索引节点

1）索引节点型目录项结构

目录是经常访问的一种数据结构。目录保存在外存物理块中，访问时需要启动磁盘 I/O，将目录从外存加载到内存缓冲区中，然后从中检索所需文件的目录项。目录项结构影响磁盘 I/O 数据量及缓冲内存消耗量，从而影响目录访问效率。最简单的目录项结构是直接将文件属性值放在每个目录条目中。但是这样的目录体积会很大，访问目录时需要传送大量的目录字节，同时需要在内存中开辟较大的目录缓冲区，时空开销都很大。事实上，在检索到指定文件之前，目录中除文件名之外的属性信息是不需要加载到内存的，只有在找到指定文件后，其属性信息才需要访问。因此，目录中的文件名和其余属性信息有必要分开存放，以便分开加载。UNIX/Linux 正是基于这种思想构造了文件名和其余属性相分离的目录项结构。其中，文件名以外的属性信息存放在称为索引节点的数据结构中。索引节点与文件一一对应，每个索引节点都有唯一的编号，称为索引节点号。索引节点号是文件的内部标识，相当于文件的身份证号，具有唯一性。在目录项中存放文件名和索引节点号，而非索引节点内容。根据索引节点号可以检索对应索引节点中的文件属性信息。由文件名和索引节点号构成的目录项称为基本目录项，其结构如下。

文件名	索引节点号

基本目录项就是文件的名片，类似于居民身份证，记录姓名和身份证号。

索引节点集中存放在磁盘上的索引节点区中。文件名和文件属性分开存放的策略可以节约目录检索时访问的磁盘物理块数。检索目录项时，先访问基本目录项表，找到需要的文件的索引节点号，然后从外存装入该索引节点的文件属性内容到内存中，即可存取文件内容，可避免访问不需要的文件属性信息。

目录项组成的目录文件和普通文件一样，均存放在文件存储器中。文件存储设备上的每个文件，都有一个外存索引节点与之对应。外存索引节点部分内容如下。

（1）di-mode：文件属性，如文件类型（普通、目录、特别、管道文件）、存取权限。

（2）di-nlink：链接该索引节点的目录项数（共享数）。

（3）di-uid：文件主标识。

（4）di-gid：文件同组用户标识。

（5）di-size：文件长度（以字节计数）。

（6）di-addr[15]：存放文件数据或基本目录项所在的磁盘块号的索引表，即多级混合索引表。

（7）di-atime：文件最近被访问的时间。

（8）di-mtime：文件最近被修改的时间。

（9）di-ctime：文件最近创建的时间。

Linux 索引节点型目录结构如图 6-2 所示。

图 6-2　索引节点型目录结构

2）系统内存活动索引节点表

访问文件时，该文件的外存索引节点的内容需要加载到内存中，在关闭文件之前该内容都有效。一段时间内访问多个文件时，这些文件的外存索引节点的内容都需要加载到内存中并保持到文件关闭为止。因此，需要在内存中建立一定数量的内存索引节点存储区，以保留文件属性信息，这就是索引节点缓冲区。使用某文件的信息时，申请一个内存 inode，把外存 inode 内容复制到内存 inode 中。关闭文件后，将内存 inode 内容复制到对应的磁盘 inode 中，然后释放内存 inode 以供其他应用。UNIX/Linux 在内存中开辟的一个容纳 100 个索引节点信息的表称为活动索引节点表。每个表项称为一个活动索引节点，即活动 inode。

3）磁盘 inode 与活动 inode 的区别

相对于外存 inode，内存活动 inode 增加了与文件动态特性相关的项目，例如，文件活动标志 i_flag（占用/修改/安装点/上锁位）、共享索引节点数 i_count、索引节点所在设备名称 i_dev、索引节点号 i_number、文件链接数 i_nlink、文件属性 i_mode、空闲链和占用链哈希表指针。

6.2.2　目录层次

1. 一级目录

一级目录在一个目录中包含所有的文件，该目录称为根目录。早期计算机曾经使用一级目录存储各个用户的文件。简单的嵌入式应用系统，如早期的手机、相机、音乐播放器等使用一级目录。但是一级目录不方便按用户、文件类别来管理文件，文件重名问题无法解决。一级目录的一个实例如图 6-3 所示。

2. 层次目录系统

随着存储设备技术的不断进步，外存容量不断增加，外存上的各类文件也迅速增多，将所有文件保存在一级目录下查找很耗时。对文件分组存放、分组查询可以缩小查找范围，并可方便地控制文件访问权限。层次目录系统允许用户创建多级目录，各级目录形成树形结构，也称为目录树。层次目录的一个实例如图 6-4 所示。文件可以分门别类地存放在各级目录下。不同目录下的文件可以拥有相同的文件名。这时，文件名不能唯一确定要访问的文件。而从根目录到文件的路径可以唯一确定存储设备上的任意文件。访问文件时给出文件路径名以明确指定要访问的文件。

路径名是表示文件或目录位置的以斜线隔开的各级子目录名及文件名。由各级目录名组成的路径串称为目录路径名。目录路径名的末端为目录名。目录路径名和文件名组成文件路径名。从根目录到文件的路径串称为绝对路径名。例如，图 6-4 中的 /usr/bin/a2p 就是一个绝对路径名。

图 6-3　一级目录

备注：矩形表示目录，圆圈表示文件。

图 6-4　层次目录

不以根开始的路径串称为相对路径名。当前正在其中工作的目录称为当前目录或工作目录。相对路径名就是相对于当前目录的路径，其中省略了从根目录到当前目录的路径描述。相对路径在当前目录下必须确实存在。解析图 6-4，假设用户已经设置/usr 为当前目录，则使用相对路径名 bin/a2p 可以唯一指定绝对路径名为/usr/bin/a2p 的文件 a2p。

每个目录创建时都会自动包含两个特殊目录项，"."项指当前目录，指出目录自身的 inode 入口；".."项指其父目录，指出其父目录的 inode 入口。根目录自身和其父目录都指向同一个 inode。

6.2.3 目录操作

目录的操作包括插入目录项（创建目录）、打开目录、移动目录、删除目录项、搜索目录项、重命名目录项、链接和删除链接目录、列出目录项、关闭目录等。

（1）创建目录：创建目录产生一个包含目录项"."和".."的空目录。

（2）删除目录项：删除空目录。

（3）打开目录：在读取目录中的文件名之前，先打开目录。该操作类似于读文件前先打开文件。

（4）关闭目录：读目录结束后，关闭目录以释放目录表所占内存资源。

（5）链接目录：建立已存在文件到一个路径名的链接，使多个目录中出现同一个文件。目录链接增加被链接文件的索引节点计数器的值，以记录含有该文件的目录项数目，该操作称为硬链接。

（6）删除链接目录：链接目录的反操作，指定文件的索引节点计数器的值减 1，若为 0，则删除该文件；否则，只删除指定路径名的链接。

6.3 文 件 结 构

6.3.1 文件的逻辑结构

文件的逻辑结构是从用户角度看到的反映一定逻辑意义的文件内容组成单位及各部分之间的关系。文件的逻辑结构分为两种：流式文件和记录式文件。

1．流式文件

流式文件（无结构文件）将文件内容看作字节流，即整个文件由一个字节序列组成。这种看法忽略了可能存在的文件内在的逻辑结构，实际上将文件看作无结构。大多数现代操作系统对用户仅仅提供流式文件访问功能。

2．记录式文件

记录式文件（有结构文件）是一种有结构的文件，包含若干逻辑记录，逻辑记录是文件中的信息按逻辑上的独立的含义划分的信息单位。例如，单位职工工资文件、学生信息文件、储户信息文件等都是有结构的文件，属于记录式文件。记录式文件是数据库管理系统支持的基本文件类型。数据库管理系统能够根据用户要求显式存储文件的逻辑结构信息，辅助用户创建记录式文件。

6.3.2 文件的物理结构

文件的物理结构是指文件内容及其各部分之间的逻辑关系在物理存储空间中的存储和实

现方法。这时将文件看作物理记录（即相关物理块）的集合。

构造文件物理结构的实质是建立逻辑记录与其物理存储位置之间的对应关系。构造文件物理结构的方法有如下几种。

1．计算法

利用哈希函数等设计映射算法，建立逻辑记录到物理记录地址之间的映射关系，以记录键的计算结果作为对应的物理块地址。直接寻址文件、计算寻址文件、顺序文件均采用计算法构造。

2．指针法

指针法（链表法）在存储各个逻辑记录的同时存储各记录所在物理块的地址，以链表形式反映各记录的物理地址及各记录之间的逻辑顺序关系。例如，索引文件、索引顺序文件、链接文件等均采用指针法构造。

常见的物理文件如下。

1．顺序文件

顺序文件（连续文件）是逻辑记录顺序和物理记录顺序完全一致的文件，通常，记录按出现的次序被读出或修改。FCB 中保存文件第一个物理块的地址和文件信息块的总块数。一切存放于磁带上的文件都是顺序文件，卡片机、打印机、纸带机上的文件也属于顺序文件。存储在磁盘上的文件也可以组织成顺序文件。

顺序文件在顺序存取记录时速度较快。但是，顺序文件在建立前需要预知文件长度，修改、插入和增加文件记录往往需要大量地移动记录。对直接存储器做连续分配容易造成空闲块的浪费。

2．链接文件

当文件存储的物理记录顺序与逻辑记录顺序不一致时，采用链接字（即指针）表示文件中各个物理记录之间的顺序关系，形成链表结构的文件即为链接文件（串联文件）。第一块文件信息的物理地址存放在文件目录中。每一块的链接字指出文件下一个物理块的位置。

链接文件不要求文件物理块连续，便于增、删、改，但是仅适用于顺序存取，不便于随机存取。

3．直接文件

直接文件（哈希文件）是以记录关键字换算其存储地址，实现内容存取的文件。直接文件在记录关键字与其存储地址之间利用散列法或杂凑法以关键字为自变量，以物理地址为因变量构造映射函数（哈希函数）。在构造直接文件时，不同的关键字可能映射到同样的物理地址中，容易引起冲突。解决冲突的方法有顺序探查法、两次散列法、拉链法、独立溢出区。

4．索引文件

索引文件是实现非连续存储的另一种方法，适用于数据记录保存在随机存取存储设备上的文件。索引文件在存储逻辑记录的同时，将记录关键字与其存储地址的对应关系表（即索引表）一并存储起来，形成索引文件。FCB 存放索引表或其地址，访问索引表即可存取文件。

6.4　文件系统功能及实现

6.4.1　磁盘信息分区

文件系统的实现涉及存储设备的部分物理细节。磁盘是最重要的文件存储设备。磁盘可划分为若干个分区，每个分区中有一个独立的文件系统。磁盘的 0 扇区称为主引导记录（MBR），用来引导计算机。MBR 的结尾是分区表。该表给出了每个分区的起始和结束地址。表中的一个分区标记为活动分区。启动时，主板上的 ROM-BIOS 程序读入并执行 MBR。MBR 读入活动分区的第一个块（引导块）并执行。引导块中的程序加载该分区中的操作系统。每个分区都从一个引导块开始，即使它不含有一个可启动的操作系统。

磁盘分区的布局因文件系统而异。文件系统经常包含如图 6-5 所示的项目。

图 6-5　包含项目

（1）引导块。引导块是操作系统的引导程序。

（2）超级块。超级块包含文件系统的结构和管理信息，如记录 inode 表所占的盘块数、文件数据所占的盘块数、内存中登记的空闲块的物理块号、内存中登记的空闲 inode 数、内存中登记的空闲 inode 编号等。在计算机启动时，或者首次使用文件系统时，将超级块读入内存。

（3）空闲块信息表。该表以位示图或指针列表的形式登记可用磁盘空闲块。

（4）索引节点区。索引节点区用于存放每个文件的 inode，所有 inode 大小相同。inode 存放文件的属性信息。

（5）根目录。根目录是存放文件顶级目录项的文件，是查找各级子目录和文件的出发点。

（6）目录和文件数据区。目录和文件数据区用于存储文件目录和文件内容。文件内容块和目录块可能交替存放。

6.4.2　文件操作系统调用功能实现

1. 文件系统调用种类

文件系统提供给用户程序的一组系统调用包括建立、打开、读、写、控制、关闭、撤销，通过这些系统调用，用户能获得文件系统的各种服务。

2. 打开文件表

为了避免重复访问外存查找文件，系统把常用和正在使用的文件目录项复制到内存中建立的打开文件表（也称为活动文件表）中，把文件属性信息复制到内存中建立的活动索引节点表中。打开文件时，把该文件的目录项复制到打开文件表中。如果首次打开，则把文件属性信息复制到活动索引节点表中。当不再使用该文件时，使用"关闭"操作切断用户进程与该文件目录项的联系。同时，若该目录项或者活动索引节点已被修改过，则应更新外存中对应的文件目录项以及索引节点内容。

UNIX/Linux 设置了两种打开文件表的方法：用户打开文件表和系统打开文件表。

1）用户打开文件表

PCB 中保留了一个 files_struct，称为用户打开文件表或文件描述符表。表项的序号是文件描述符 fd，每项登记了系统打开文件表的入口指针 fp。通过此系统打开文件表项链接到打开文件的活动索引节点。

2）系统打开文件表

为跟踪多个用户进程共享文件、父子进程共享文件的情况，系统设置系统打开文件表，其数据结构为 file_struct，内存中开辟了最多可登记 256 项的系统打开文件表区域。打开文件时，通过此表项把用户打开文件表的表项与文件活动索引节点链接起来，实现数据访问和信息共享。

3. 部分重要的文件操作系统调用实现

1）创建文件

创建文件调用方式如下。

```
int fd, mode;
char *filename;
fd = creat (filename, mode);
```

功能：以 mode 规定的方式建立文件 filename，若成功，则返回文件描述符 fd。

参数：

filename：文件名路径字符串指针。

mode：对文件规定的存取权限。创建成功后，存取权限记录在相应索引节点的 i_mode 中。

fd：文件描述符，即用户打开文件表中相应文件表项的序号。

例如：

```
fd = creat ("/home/sfs/myfile",0775);
```

建立系统调用的主要工作如下。

（1）为新文件分配磁盘索引节点和活动索引节点，并把索引节点编号与文件名组成新目录项，记录到基本目录表中。

（2）在新文件对应的活动索引节点中置初值，如保存存取权限到 i_mode 中，将链接计数 i_nlink 置为 1 等。

（3）为新文件分配用户打开文件表的表项和系统打开文件表的表项，置表项初值，如 f_flag 置写标志，读写位移 f_offset 清 "0"。

（4）把用户打开文件表的表项、系统打开文件表的表项及文件对应的活动索引节点用指针链接起来，把文件描述符 fd 返回给调用者。

2）打开文件

打开文件调用方式如下。

```
int fd, mode;
char * filename;
fd = open (filename, mode);
```

功能：以 mode 规定的方式打开文件 filename。

参数：

filename：文件名路径字符串指针。

mode：调用者的请求打开方式，即读（0）、写（1）或读写（2）。对已存在文件的请求打开方式应符合文件创建时规定的访问方式。

fd：文件描述符。

打开过程如下。

（1）若该文件未被打开，则执行以下步骤。

① 检索目录，将其外存索引节点复制到内存活动索引节点表中。

② 根据参数 mode 中的请求打开方式核对文件索引节点 i_mode 字段中存储的访问权限，如果非法，则本次打开失败。

③ 若"打开"合法，则为文件分配用户打开文件表的表项和系统打开文件表的表项，并为表项设置初值，如在系统打开文件表的表项中设置读写指针值、访问权限等。通过指针建立这些表项与活动索引节点间的联系，设置活动索引节点访问计数值。把文件描述符，即用户打开文件表中相应文件表项的序号返回给调用者。

（2）若该文件已经被其他进程（非父进程）打开，则不执行上述的步骤①，仅把活动节点中的计数器值 i_count 增 1 即可。i_count 反映了文件被重复打开的次数。执行文件关闭操作时，共享该文件的进程数减 1，即 i_count 减 1。若 i_count=0，则表明所有进程不再使用该文件，可释放该文件的活动节点表项。

3）文件的读/写

读文件操作将文件内容加载到用户数据区。写文件操作将用户数据区的信息写入文件。文件的读写位置由系统打开文件表中的 f_offset 决定。

（1）读文件系统调用方式如下。

```
int nr, fd, count;
char buf [ ];
nr = read (fd, buf, count);
```

功能：从文件 fd 中读取 count 个字节到内存 buf 中。

参数：

fd：文件描述符。

buf：读出信息应送达的内存地址。

count：要读出的字节数。

nr：实际读出的字节数，可能小于要读出的字节数 count。

读过程的步骤如下。

① 系统根据 f_flag 中的信息，检查读操作的合法性。

② 根据当前位移量 f_offset 的值、要求读出的字节数 count 及活动索引节点中 i_addr 指出的文件物理块存放地址，把相应的物理块读到块设备缓冲区中。

③ 将数据送到用户内存 buf 中。

（2）写文件系统调用方式如下。

```
nw = write (fd, buf, count);
```

功能：将用户内存 buf 中的 count 个字节信息写入文件 fd，返回实际写入的字节数 nw。

写过程是读过程的逆向操作，过程类似，数据传输方向不同。

4）改变文件读写位置

系统调用形式如下。

```
long offset;
int whence, fd;
fd=open(filename,mode);//或者 fd=creat(filename,mode);
lseek (fd, offset, whence);
```

功能：将文件 fd 的读写位置指针 f_offset 移动到 offset 和 whence 规定的位移处。

whence 为文件读写指针调整的基准，其取值可为 SEEK_SET（0）、SEEK_CUR（1）或 SEEK_END（2）。

SEEK_SET：将读写指针移到距离文件开头 offset（为非负值）个字节的位置。

SEEK_CUR：将读写指针移到距离当前读写位置偏离 offset（可取负值）个字节的位置。

SEEK_END：将读写指针移到距离文件末尾 offset 个字节的位置。

5）删除文件

删除文件调用方式如下。

```
unlink (filename)
```

功能：删除文件 filename 的目录项，并使其链接数减 1，如果链接数变为 0，则删除该文件。

6）关闭文件

关闭文件的调用方式如下。

```
int fd;
close (fd);
```

功能：关闭文件 fd，不再操作。

参数：

fd：文件描述符。

关闭文件的过程如下。

（1）根据 fd 访问用户打开文件表的表项和系统打开文件表的表项，释放用户打开文件表的表项。

（2）使 fd 指向的系统打开文件表的表项中的文件打开数 f_count 减 1。

① 若 f_count 变为 0，则释放该系统打开文件表的表项，释放前将该表项指向的活动索引节点中的文件打开数 i_count 减 1，若 i_count 变为 0，则把该活动索引节点中的内容复制到外存相应磁盘索引节点中，释放该活动索引节点；否则返回。

② 若 f_count 不为 0 则返回。

f_count 和 i_count 分别反映了进程动态共享一个文件的两种方式：f_count 反映了不同进程使用相同的读写位移指针 f_offset 共享一个文件的情况，i_count 反映了文件被重复打开的次数。

6.4.3　文件共享

文件共享指不同用户（进程）静态或动态地共同使用同一个文件。不同进程为完成共同任务，可通过文件共享实现信息动态交换、协作处理。文件共享也有利于节省外存空间，减少文件复制，减少 I/O 操作次数，避免多副本造成数据不一致。文件共享的形式有静态共享、动态共享、符号链接共享。

1．静态共享

静态共享也称为文件链接，允许多个文件拥有相同的索引节点号，这些文件的目录项指向同一个索引节点，即同一个文件。实际上静态共享就是一个文件拥有多个别名或路径。静态共享允许一个文件同时属于多个目录，或者一个文件有多个名字，它们互为别名，但实际上文件仅有一处物理存储。表示静态共享的链接关系独立于进程而存在，因此称为静态共享。

静态共享的实现方法：将不同目录项的索引节点号指定为同一个文件的索引节点。链接的实质就是多个目录或文件共享已存在文件的索引节点。

文件链接的系统调用方式如下。

```
char * file1, * file2;
link (file1, file2);
```

其功能是为文件 file2 建立一个目录项，其索引节点值与 file1 的相同，并使索引节点的链接计数 i_nlink 增 1。

解除文件链接的调用方式如下。

```
unlink (file)
```

其功能是将文件 file 的索引节点的链接数 i_nlink 减 1，并删除文件 file 的目录项。若 i_nlink 的值变为 0，则删除该文件。因此，解除链接包含文件删除功能，两者执行同一系统调用代码。

2．动态共享

动态共享指系统中不同进程并发访问同一文件。动态共享的关系随着进程的存在而存在，一旦进程消亡，其动态共享关系自动消失。

文件动态共享时，不同进程可能会读写文件的同一位置或不同位置，这就涉及读/写指针的保存位置问题。

不同进程共用相同读/写指针共享文件的情况：当多个进程共享同一个文件且共用读/写指针时，这些进程的用户打开文件表指向系统打开文件表中的同一个表项。这时，系统打开文件表表项的访问计数器 f_count 的值等于共用一个读/写指针访问一个文件的进程数，即共用一个系统打开文件表表项的进程数。同一用户父、子进程协同完成任务，使用同一读/写位移指针，同步地对文件进行操作。

UNIX/Linux 操作系统同一个用户的父进程使用 fork 创建子进程前，若父进程已经打开某文件 A，则文件 A 在系统打开文件表中存在一个表项，使用 fork 创建子进程时，父进程的 PCB 被复制到子进程的 PCB 中，文件 A 在父进程用户打开文件表中的表项也一并复制到子进程的用户打开文件表中，导致两个进程共用相同的系统打开文件表的表项，使用相同的读写指针。图 6-6 表明了两个进程以相同读/写位移打开同一个文件时，打开文件表中相关表项的链接情况。

备注：两个进程通过相同的系统打开文件表的表项访问一个文件，即文件1。

图 6-6　两个进程以相同读/写位移指针打开同一个文件

不同进程使用不同读/写指针共享文件的情况：当多个进程共享同一个文件但读/写指针不同时，这些进程各自的用户打开文件表指向系统打开文件表中的不同表项，而这些表项又指向内存活动节点表中的同一个表项。两个及以上用户共享文件时，每个用户都希望独立地读/写文件，此时不能只设置一个读/写位移指针，须为每个用户进程分别设置一个读/写位移指针。位移指针应存放在每个进程单独使用的系统打开文件表的表目中。这样，当一个进程读/写文件，并修改读/写位移指针时，其他进程的读/写位移指针不会随之改变，以此使各个进程能独立地访问同一个文件。

对于 UNIX/Linux 系统，若先执行 fork 创建子进程后，父子进程再打开同一个文件，则在系统打开文件表中将产生指向同一个文件的两个不同的表项，两个进程将以不同的读/写位移指针访问同一个文件。图 6-7 表明了两个进程以不相同的读/写位移指针打开同一个文件时，打开文件表中相关表项的链接情况。

备注：两个进程通过不相同的系统打开文件表的表项访问一个文件，即文件1。

图 6-7　两个进程以不相同的读/写位移指针打开同一个文件

3. 符号链接共享

符号链接共享又称软链接，是以另一个文件的路径名为内容的文件，对符号链接文件的访问将被转换为对其中所存放路径名所指文件的访问。符号链接文件通过其中存放的路径名与另一个文件建立了链接关系，即指向了另一个文件。符号链接共享提供了快速定位路径复杂的文件的真实位置的方法，也称为快捷方式。删除符号链接文件，其所指向的文件实体内容依然存在。将文件名和自身的索引节点关联起来的链接称为硬链接。

符号链接共享能链接计算机中不同文件系统中的文件，也可链接计算机网络中不同机器上的文件，此时，仅需提供文件所在机器地址和该机器中文件的路径名即可。

6.5 文件空间管理

文件空间管理不仅需要记录已分配磁盘物理块的情况，还需要记录空闲磁盘物理块的情况。

6.5.1 文件空间分配方法

存储并查找文件的关键是分配并记录存放文件的磁盘块，当文件被删除时，还要回收其所占磁盘块。文件存储空间的分配和回收就是外存空间管理问题。文件空间分配的方法有连续分配、链接分配、索引分配、多级索引分配。

1. 连续分配

连续分配将文件存放在外存连续存储区中，即为磁盘文件分配一组物理位置相邻、编号连续的块，文件内容的逻辑顺序与物理存储顺序一致。通过分配连续块建立的文件称为连续文件，与内存的连续分配相似。最初，整个磁盘空间是一个大的连续分区，随着文件的创建和删除，磁盘连续分区被分配和回收，整个磁盘空间被分割为文件区和空闲区交替出现的格局。系统需要登记各个空闲区的位置和大小以供分配使用。文件区的位置和大小需要登记在目录中以供文件查找访问。连续分配的一个示例如图 6-8 所示。

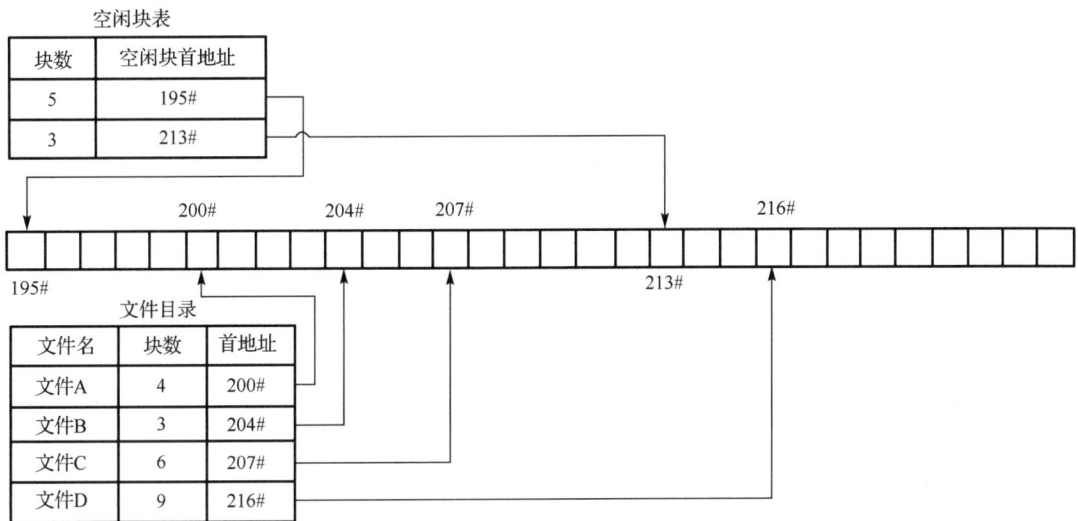

图 6-8　文件存储空间的连续分配

连续分配的缺点是建立文件前需要用户给出文件长度，以便系统查找和分配满足要求的连续存储区。而用户很难确切知道最终创建的文件大小，因此，该方案对用户是不友好的。连续分配方案对修改、插入和增加文件记录有困难。

但是连续分配具有高效存取的优点。访问连续分配文件所需要的寻道数最小，因而寻道时间最少。连续分配非常适合文件转储、备份时的存储空间分配。例如，将磁盘上的文件刻录到光盘上时，由于文件已经事先建立好，其长度已知，刻录到光盘上的文件一般不再需要编辑修改，此时，对光盘存储空间采用连续分配是最简单、最高效的一种分配方法。将一个磁盘上的文件备份到另一个空白磁盘并且不再编辑时，也适合使用连续分配方法。连续分配支持顺序访问和直接访问。

2．链接分配

根据存储单元的大小，链接分配有以磁盘块为单位的链接分配和以簇为单位的链接分配。

1）磁盘块链接分配

链接分配是一种非连续分配方案，即离散分配方案，文件允许存放在位置不连续的磁盘块中，各个磁盘块中文件内容的逻辑顺序采用磁盘块中的指针来指示。按照磁盘块中指针的链接顺序依次访问各个磁盘块即可顺序读取整个文件。第一块的磁盘地址只要登记在目录项中即可通过目录访问整个文件。这种在磁盘块中设置指针反映块间顺序构造的物理文件称为链接文件。链接文件就是磁盘块的链表。磁盘块链接文件示例如图 6-9 所示。

图 6-9　磁盘块链接文件示例

链接分配便于文件内容的增加、删除、修改，创建文件时不需要说明文件的大小，无须合并磁盘空间。链接文件很适合从头到尾顺序访问，随机访问（直接访问）时很不方便，访问任何指定磁盘块时，必须从头开始随着指针找到指定磁盘块。由于指针占据了一些字节，每个物理块的有效容量将有所减少，达不到以 2 的整数次幂为单位的物理块容量，如有效容量小于 512 个字节的扇区大小。要读取一整块文件内容时，需要读两个物理块并进行拼接，增加了 I/O 操作的复杂性和开销。由于链接文件所占物理块较分散，寻道操作频繁，因此增加了 I/O 寻道时间。

2）磁盘簇链接分配

磁盘簇链接分配以簇为文件空间分配单位，建立簇之间的指针链接关系。一个簇由多个连续的磁盘块组成。这样，指针在簇中比在块中占用的磁盘空间百分比降低，磁盘输入输出时，磁头移动频率降低，空闲簇管理所需空间减少。磁盘簇链接分配可以改善许多算法的磁盘访问时间，大多数操作系统采用了磁盘簇分配方案。但是簇会造成较大的内部碎片。

链接分配的另一个问题是可靠性问题。链接分配依靠簇或块中的指针建立各簇或块之间的先后关系，指针分布在整个磁盘上，如果软件出现漏洞或磁介质损坏而使指针丢失、损坏或者错误，将导致文件无法完整访问，或者访问到其他文件的部分内容，写操作则会损坏文件内容。

3）文件分配表

文件分配表（File Allocation Table，FAT）是链接分配方法的变种。将原来分布在文件存储块中的指针集中存放在一个单独的文件分配表中，每个存储块都在该表中占有一项，每项元素以存储块号为索引，每项元素值是该项存储块的后继块的块号。未使用的块的表目内容用 0 值表示。目录项中存放文件首块号码。访问文件时，从目录出发获得文件首块号码，从该号码出发遍历 FAT 中存放的文件块链，即可访问文件所在各个存储块的内容。为文件分配空闲块时，从 FAT 中找到第一个值为 0 的 FAT 表目，用该表目的索引号替换前面的文件结束值，用文件结束值替代该表目的元素值 0。每个分区的开始部分存储 FAT。MS-DOS 和 OS/2 都采用了 FAT。采用 FAT 管理文件链接存储块的一个示例如图 6-10 所示。

图 6-10　示例

3．索引分配

索引分配是实现非连续存储的另一种方法，适用于数据记录保存在随机存取存储设备上的文件。索引分配为每个文件建立一张索引表，存储文件内容的各个存储块地址依次记录在各个表目中，索引表所在存储块地址登记在目录项中。访问文件时，从目录项出发获取索引表，根据索引表记载的存储块地址即可访问文件各部分的内容。这种带有索引表的文件称为索引文件。索引文件支持顺序查找和随机查找。给定数据块逻辑顺序号（即索引表索引号）可以随机查找相应存储块中的数据。显然，索引文件在文件存储器上包含索引区和数据区，索引区包含指向数据区的指针。索引表分为无键索引（图 6-11）和有键索引（图 6-12）。无键索引只能根据索引顺序号访问文件内容块。有键索引可根据键值访问文件内容块。

索引文件不要求物理块连续，便于文件的直接存取和增、删、改。但是索引文件增加了索引表的空间开销和查找时间。

索引文件中的索引项分为两类：一类是稠密索引，即对每个数据记录都在索引表中建立一个索引项；另一类是稀疏索引，它对每一组数据记录建立一个索引项。这种为一组记录建立一个表项构成的索引文件称为索引顺序文件。

图 6-11　无键索引

图 6-12　有键索引

4．多级索引分配

当索引表很大时，索引表占用的物理块数也会很多，为索引表分配位置连续物理块的难度也会增加，若为索引表分配离散空间，就需要为索引表再次创建索引表，形成多级索引分配结构，也称为多重索引结构。UNIX/Linux 采用同时包含直接地址索引项和一次、二次、三次索引表的三级混合索引分配结构作为文件索引表，以满足不同大小文件的需要。每个文件的索引表包含 15 个索引项，每项 4 个字节，分别登记一个存放文件信息的物理块号。最前面 12 项直接登记存放文件内容的物理块号，称为直接地址索引项。如果文件大于 12 块，则利用第 13 项指向一个物理块，该块中最多可存放 256 个文件内容物理块的块号，称为一次间接地址索引项。对于更大的文件还可利用第 14 项和第 15 项作为二次、三次间接地址索引项。UNIX/Linux 采用了三级混合索引分配结构后，文件最大可达 16 兆个物理块。UNIX/Linux 三级混合索引分配结构示例如图 6-13 所示。

图 6-13 UNIX/Linux 三级索引分配结构示例

6.5.2 文件外存空间管理

文件系统不仅需要记录分配给文件的存储块,也需要记录空闲块的数量和位置。存储块的状态在空闲和占用之间动态转换。创建或者扩展文件时,存储块由空闲块转为分配块;删除文件时,存储块由分配块转为空闲块。文件外存空间管理的一些方法如下。

1. 位示图

系统中的每个盘块采用一个二进制位来表示该盘块是否空闲。如果该块空闲,则其对应二进制位值为 1(或 0);如果该块已分配,则其对应二进制位值为 0(或 1)。分配和回收时只需修改二进制位值即可。显然,位示图可以同时管理空闲块和已分配块。

2. 空闲块链

空闲块链:将所有空闲块链接在一起,形成一个链表。链首空闲块的指针保存在磁盘特殊位置,同时也保存在内存缓冲区中,在分配或者回收空闲块时,通过链首指针遍历空闲块链进行空闲块的增减操作。FAT 方法将空闲块的管理和已分配块的管理综合到 FAT 中,不需要独立的空闲块管理结构。

3. 空闲区表

一个空闲区由若干个位置连续的空闲盘块构成。空闲区表为外存上的所有空闲区建立一张空闲区表,每个空闲区占一个表项,表项内容包括空闲区首块位置和连续空闲的块数。空闲区

表一般用于连续分配，回收盘区时要考虑相邻盘区的合并问题。

空闲区也可以链表形式组织，形成空闲区链。空闲区链中的一个节点可以包含多个连续磁盘块，因此，与空闲块链相比，空闲区链可以大大减少链表中的节点数。

4．成组空闲块链

随着磁盘容量的不断增大，用于管理磁盘空间的空闲块管理结构的长度呈不断增长的趋势，而内存容量不但远小于磁盘容量，而且其增长速度也远小于磁盘容量的增长速度，将空闲块管理结构完整放在内存，无疑会加重内存资源的紧缺性。而文件所需存储空间总是有限的，访问空闲块管理结构的一部分通常即可分配文件所需磁盘空间。因此，空闲块管理结构无须完整驻留内存空间。基于此，将空闲块管理结构分为若干个可分组调入的形式。这种分组式的空闲块组织策略先由 UNIX 提出并实现，Linux 继承了这种策略。

UNIX/Linux 将系统中的所有空闲盘块分成若干组，每 100 个盘块是一组，每组第一块登记下一组空闲块的盘物理块号和空闲块总数，由此形成组与组之间的链接关系，即成组空闲块链。也就是说，成组空闲块链的节点是一个长度为 100 的列表，其中列出了 100 个空闲块的块号。访问成组空闲块链进行分配操作时，每次仅需装入其中一组到内存中，待该组中登记的盘块分配完毕后，再从外存装入下一组空闲盘块列表（下一个节点）到内存中。

在回收空闲盘块时，将空闲盘块号登记在位于内存的空闲盘块列表中，仅当该表满（达到 100）时，将其加入成组空闲块链中并写回外存，然后在内存中建立一个新的盘块组（一个新节点）并加入成组空闲块链。成组空闲块链的分配和回收操作实际上是一种栈式操作，分配和回收的动作仅在栈顶进行，分配相当于出栈操作，栈顶指示的空闲块被分配，即出栈。回收时，盘块加入栈顶，即入栈。当前位于内存的盘块组就是栈顶，同时也是成组空闲块链的链首，而链尾是栈底。在同一个盘块组（即节点）中，盘块的分配和回收操作也是以盘块列表为栈的入栈和出栈操作。

成组空闲块链的分配示例如图 6-14～图 6-17 所示。图 6-14 表示空闲盘块组的初始情况。其中，专用块（即管理块）位于内存，直接管理第 4 组的 50 个盘块（300#～349#）。而第 4 组的第一个盘块登记第 3 组 100 个盘块的块号，第 3 组的第一个盘块登记第 2 组 100 个盘块的块号，第 2 组的第一个盘块登记第 1 组 99 个盘块的块号。第 2 组第一个盘块的 s_free[0] 置为 0，表示盘块结尾标志，访问到该项意味着盘块已全部分配出去。

备注：粗虚线表示各组内盘块以及组间盘块构成栈时的排列顺序。

图 6-14　UNIX/Linux 成组空闲块链示例

在图 6-14 的基础上请求分配 2 个空闲盘块，则 349#、348#将会被分配，分配后 s_nfree=48，结果如图 6-15 所示。

图 6-15　分配 2 块后的情况

在图 6-15 的基础上请求分配 47 个空闲盘块，则 347#、346#、…、301#会被依次分配，分配后 s_nfree=1，结果如图 6-16 所示。

在图 6-16 的基础上请求分配 1 个空闲盘块，则 300#将会被分配。分配时，首先将 300#盘块的内容复制到管理块 filsys 中，再将 300#块分配出去，分配后的结果如图 6-17 所示。

图 6-16　分配 49 块后的情况

图 6-17　分配 50 块后的情况

根据上述空闲块的分配过程可以描述相反的回收过程。该过程略。

6.6　内存映射文件

1．内存映射文件原理

进程访问文件的传统途径是借助文件系统完成的。打开文件、读写文件的系统调用显式编写在进程代码空间中，系统内核执行系统调用，启动设备驱动程序访问磁盘，读入文件内容提交给进程。只有文件内容从外存读入内存后，进程方可向内存发出访问（读写）操作。

内存映射文件提供了另一种访问文件的途径。内存映射文件借助于虚拟存储器的缺页中断功能将所需文件内容从外存调入内存。通过内存映射文件途径访问文件时，进程在打开文件后，并不直接执行文件读写系统调用，而是执行内存映射功能，为文件分配虚拟存储器，并将文件部分或全部内容装入该虚拟存储器。对于进程来说，文件内容已经到达内存，可以直接访问内存中的文件内容。对于系统来说，物理内存尚未分配，文件内容尚未装入内存。当进程访问文件所属虚拟存储空间时，发生缺页中断，系统为文件分配物理内存，并将文件内容从外存装入内存。由此可见，内存映射文件的 I/O 操作是由内存访问指令驱动的，一直推迟到针对文件内容的内存操作发生时才物理地执行内存分配和 I/O 操作。文件 I/O 操作不是由进程主动发出的，而是由系统自动、隐含执行的。传统的文件 I/O 操作是建立在实存基础上的。在访问内存中的文件内容前，文件内容必须已经装入内存，文件 I/O 请求必须由进程主动、明确地发出。

缺页中断时，内存映射文件系统从磁盘文件区加载文件内容到内存，装入的是数据；请求分页存储管理系统从对换区的进程映像中调入所缺程序页面到内存，装入的是程序代码。两者的区别如图 6-18 所示。

使用内存映射文件技术可以减少文件内容递交给用户进程时的中转环节，提高大文件的处理效率。通过文件系统进行文件访问操作时，磁盘和用户进程之间的数据交换需要经过内核缓冲来进行。例如，编辑修改磁盘文件的应用涉及磁盘的读写操作。进程先向内核发出读磁盘文件的系统调用，文件内容由系统从磁盘输入内核缓冲区中，再从内核缓冲区传输到用户空间中。修改完毕后，数据经由内核缓冲区输出到磁盘文件中。当文件较大时，数据传送操作较为耗时。内存映射文件方法将文件直接映射到用户空间中，缺页中断时，数据直接从磁盘加载到用户空间中，减少数据传输环节，因而提高了文件访问效率。

图 6-18　虚拟存储管理系统对程序页面的装入和文件内容的装入

2．Linux 内存映射文件

1）内存映射函数 mmap

Linux 提供的内存映射函数为 mmap，其函数声明如下。

```
    void *mmap(void *start, size_t length, int prot, int flags, int fd, off_t
offset);
```

返回值：成功则返回映射区起始地址，失败则返回 MAP_FAILED(-1)。

参数：

start：映射区的起始地址，通常设为 NULL，由系统决定映射区的起始地址。

length：映射区的长度（字节数），映射区映射文件内容的一部分。

prot：映射区的保护方式。其可以是如下值：PROT_EXEC——映射区可被执行；PROT_READ——映射区可被读取；PROT_WRITE——映射区可被写入；PROT_NONE——映射区不可访问。

flags：映射区的特性。其特性有很多种，如可以是以下几种：MAP_SHARED——对映射区的写入数据会复制回文件，且允许其他映射该文件的进程共享；MAP_PRIVATE——建立写时复制的私有映射，对映射区的写入操作会产生一个映射的复制(copy-on- write)，对此区域所做的修改不会写回原文件。

fd：由 open 返回的文件描述符，代表要映射的文件。

offset：被映射对象内容的起点，必须是分页大小的整数倍，通常为 0，表示从文件头开始映射。

2）解除内存映射函数 munmap

函数声明：int munmap(void *start,size_t length);。

头文件：#include<unistd.h>，#include<sys/mman.h>。

函数说明：munmap 函数解除进程地址空间中 mmap 建立的、以 start 为起始地址、长度为 length 的一个内存映射关系。

内存映射的步骤如下。

（1）用 open 系统调用打开文件，并返回文件描述符 fd。

（2）用 mmap 函数对 fd 建立内存映射，返回映射首地址指针 start。

（3）对 start 存储区的读写操作就是对映射文件 fd 的读写操作，但是没有使用文件系统调用函数 read 以及 write，而是使用内存访问指令。

（4）用 munmap(void *start, size_t length)函数关闭内存映射。

（5）用 close 系统调用关闭文件 fd。

实验 13　Linux 内存映射文件

1．Linux 文件操作函数

1）文件打开

功能描述：用于打开或创建文件，在打开或创建文件时可以指定文件的属性及用户的权限等参数。

所需头文件：#include <sys/types.h>，#include <sys/stat.h>，#include <fcntl.h>。

函数原型：int open(const char *pathname,int flags,int perms)。

参数：

pathname：被打开的文件的名称。

flags：文件打开方式。其某些取值如下：O_RDONLY——以只读方式打开文件；O_WRONLY——以只写方式打开文件；O_RDWR——以读写方式打开文件；O_CREAT——如果该文件不存在，则创建一个新的文件，并用第 3 个参数为其设置权限；O_EXCL——如果使用 O_CREAT 时文件存在，则返回错误消息，此参数可测试文件是否存在；O_TRUNC——若文件已经存在，则删除文件中的全部原有数据，并设置文件大小为 0；O_APPEND——以添加方式打开文件，在打开文件的同时，文件指针指向文件的末尾，即将写入的数据添加到文件的末尾。

falgs 参数可以通过"|"组合构成，但前 3 个标准常量（O_RDONLY、O_WRONLY 和 O_RDWR）不能互相组合。

perms：被打开文件的存取权限，可用八进制表示。

返回值：成功则返回文件描述符；失败则返回–1。

2）文件关闭

功能描述：用于关闭一个被打开的文件。

所需头文件：#include <unistd.h>。

函数原型：int close(int fd)。

参数：

fd：文件描述符。

函数返回值：成功则返回 0，出错则返回–1。

3）文件读

功能描述：从文件读取数据。

所需头文件：#include <unistd.h>。

函数原型：ssize_t read(int fd, void *buf, size_t count);。

参数：

fd：将要读取数据的文件描述符。

buf：缓冲区，即读取的数据会被放到此缓冲区中。

count：表示调用一次 read 操作，应该读出字符的数量。

返回值：返回所读取的字节数，0 表示读到 EOF，–1 表示出错。

4）文件写

功能描述：向文件 fd 中写入 count 个字节数据，数据来源为 buf 。

所需头文件：#include <unistd.h>。

函数原型：ssize_t write(int fd, void *buf, size_t count);。

返回值：写入文件的字节数（成功），若返回–1，则表示出错。

5）文件读写指针移动

功能描述：将文件指针移动到指定位置。

所需头文件：#include <unistd.h>，#include <sys/types.h>。

函数原型：off_t lseek(int fd, off_t offset,int whence);。

参数：

fd：文件描述符。

offset：偏移量，每一个读写操作所需要移动的距离，单位是字节，可正可负（向前移、向后移）。

whence：它有如下 3 种取值。

① SEEK_SET——当前位置为文件的开头，新位置为偏移量的大小。

② SEEK_CUR——当前位置为指针的位置，新位置为当前位置加上偏移量。

③ SEEK_END——当前位置为文件的结尾，新位置为文件大小加上偏移量的大小。

返回值：成功则返回当前位移，失败则返回–1。

2．Linux 内存映射文件实例

分别采用传统的文件读写函数和内存映射函数读写文件，比较两者的时间消耗，程序如下。

```c
#include<stdio.h>
#include<stdlib.h>
#include<unistd.h>
#include<string.h>
#include<sys/types.h>
#include<sys/stat.h>
#include<sys/time.h>
#include<fcntl.h>
#include<sys/mman.h>
#define Num 8192*8
int main()
{
    int i=0;
    int fd=0;
    struct timeval tm1, tm2;
    int *idata=(int*)malloc(sizeof(int)*Num);
    gettimeofday(&tm1, NULL);
    for(i=0;i<Num;++i)
        idata[i]=i%8000;
    fd = open("mmapfile.bin", O_RDWR|O_CREAT,S_IRUSR|S_IWUSR|S_IRGRP|
    S_IROTH);//O_BINARY|
    if(sizeof(int)*Num!=write(fd,(void*)idata,sizeof(int)*Num))
    {
        printf("Writing mmapfile.bin failed...\n");
        return -1;
```

```
    }
    close(fd);
    /*read*/
    fd = open("mmapfile.bin", O_RDWR|O_CREAT,S_IRUSR|S_IWUSR|S_IRGRP|
    S_IROTH);//O_BINARY|
    if(sizeof(int)*Num != read(fd,(void*)idata,sizeof(int)*Num))
    {
        printf( "Reading mmapfile.bin failed...\n" );
        return -1;
    }
    for(i=0; i<Num; ++i)
        idata[i]=idata[i]%4000;
    if(sizeof(int)*Num != write(fd,(void*)idata, sizeof(int)*Num))
    {
        printf( "Writing mmapfile.bin failed.../n" );
        return -1;
    }
    free( idata );
    close( fd );
    gettimeofday( &tm2, NULL );
    printf( "Time of read/write: %dms\n", tm2.tv_usec-tm1.tv_usec );
    /*mmap*/
    gettimeofday( &tm1, NULL );
    fd = open("mmapfile.bin", O_RDWR|O_CREAT,S_IRUSR|S_IWUSR|S_IRGRP|
    S_IROTH);
    idata = mmap( NULL, sizeof(int)*Num, PROT_READ|PROT_WRITE, MAP_
    SHARED, fd, 0 );
    for(i=0; i<Num; ++i) idata[i]=idata[i]%2000;
    munmap( idata, sizeof(int)*Num );
    msync( idata, sizeof(int)*Num, MS_SYNC );
    close( fd );
    gettimeofday( &tm2, NULL );
    printf( "Time of mmap: %dms\n", tm2.tv_usec-tm1.tv_usec );
    return 0;
}
```

编译程序：

```
gcc map.c -o map
```

运行程序：

```
./map
```

程序中 idata 保存函数 mmap 的返回值，对 idata 的访问即是对文件的读写访问，但是没有显式调用文件系统读写函数 read 以及 write。这是内存映射文件访问机制与传统文件系统读写文件的显著区别。

6.7　虚拟文件系统

在同一台计算机上同一个操作系统下，可能会使用多个不同的文件系统。例如，Windows 允许某些磁盘分区使用 NTFS 文件系统，而另一些磁盘分区使用 FAT32 或者 FAT16 文件系统。

Windows 根据盘符启用恰当的文件系统。

UNIX/Linux 则将多种文件系统整合到一个统一的结构框架中，该结构框架就是虚拟文件系统（Virtual File System，VFS）。VFS 定义了一个代表不特定文件系统通用特征和行为的文件模型。VFS 的关键思想是抽象出所有文件系统的公共部分，形成一个简单、统一的抽象文件系统接口并提供给用户。用户仅通过抽象文件系统接口层表达文件操作意图，文件操作的具体执行则由与 VFS 接口绑定的底层的实际文件系统来完成。从抽象文件系统到某一个具体文件系统的转换工作由映射模块来完成。VFS 可以支持大量的文件系统和文件结构。Linux 提供的 VFS 及其上下文件环境如图 6-19 所示。

图 6-19　VFS 及其上下文环境

VFS 有两个不同的接口：提供给用户进程的上层抽象接口和提供给实际文件系统的下层接口。

具体文件系统经由注册建立该文件系统到 VFS 的映射关系。在系统启动时 VFS 环境即可创建，根文件系统在 VFS 中注册。用户对其他文件系统的装载也是一个向 VFS 注册的过程。文件系统注册的主要工作是提供一个包含 VFS 所需要的文件操作函数地址列表，建立 VFS 抽象函数与具体文件系统操作函数之间的绑定关系。

当开发一个新的文件系统时，设计者首先获得一个 VFS 期待的功能调用列表，然后在新文件系统中实现这些功能。如果文件系统已经存在，则对该文件系统中的文件操作功能进行封装，将其改造为符合 VFS 接口规范的功能集合。

VFS 在系统启动时建立，在系统关闭时消亡。因此，VFS 是仅存在于内存中的对象。希望被 Linux 支持的各种具体的文件系统程序，如 NTFS、FAT32、FAT16、Ext2、Ext3 等需要存放在外存上指定的内核文件目录中。VFS 和具体的文件系统程序一般存放在 Linux/FS 目录中，每一种具体的文件系统对应一个子目录。每种具体的文件系统需要定义与 VFS 通用接口对应的文件操作数据结构 file-operations，以便建立它们之间的映射关系。

VFS 是一个面向对象的方案，每个对象包含数据和函数指针。这些函数指针指向操作这些数据的文件系统的实现函数。VFS 的 4 个主要对象如下。

1．超级块对象

超级块对象：代表一个特定的已挂载的文件系统。

超级块对象对应位于磁盘上特定扇区的文件系统超级块或文件系统控制块。超级块对象包含的典型数据项如下。

（1）该文件系统所挂接的设备。

（2）文件系统的基本块大小。

（3）修改标志，表示超级块已经修改过，但还未写回磁盘。

（4）文件系统类型。

（5）访问控制标志，如只读标志。

（6）指向文件系统根目录的指针。

（7）打开文件链表。

（8）文件系统访问控制信号量。

（9）操作超级块的函数指针数组的指针，这些函数实现的功能如下。

① 从一个已挂接文件系统上读一个特定的索引节点（read_inode）。

② 把给定的索引节点写回磁盘（write_inode）。

③ 释放索引节点（put_inode）。

④ 从磁盘上删除索引节点（delete_inode）。

⑤ 索引节点属性发生变化（notify_inode）。

⑥ 超级块卸载（put_super）。

⑦ 将超级块写回磁盘（write_super）。

⑧ 获取文件系统统计信息（statfs）。

⑨ 重新挂接文件系统（remount_fs）。

⑩ 释放索引节点，同时清除包含相关数据的页。

2．索引节点对象

索引节点对象：代表一个特定的文件。

每个文件都关联一个索引节点。索引节点对象包含除文件名和文件内容以外的某个文件的所有信息，即文件属性信息，包括所有者、组、权限、文件访问时间、数据长度和链接数等。索引节点对象定义如下操作函数。

（1）为普通文件创建索引节点（create）：为目录项关联的普通文件创建一个新的索引节点。

（2）查找索引节点（lookup）：为对应一个文件名的索引节点查找一个目录。

（3）为目录创建索引节点（mkdir）：为目录项关联的一个目录创建新的索引节点。

3．目录项对象

目录项对象：代表一个特定的目录项。目录项对象包括一个指向索引节点的指针和超级块，还包括一个指向父目录的指针和指向子目录的指针。

4．文件对象

文件对象：代表一个与进程相关的打开文件。文件对象在调用系统调用函数 open() 时创建，在调用系统调用函数 close() 时销毁。文件对象包含如下数据项。

（1）与该文件关联的目录项对象。

（2）包含该文件的文件系统。

（3）文件对象使用计数。

（4）用户 ID。

（5）用户组 ID。

（6）文件指针，指向下一个文件操作作用的位置。

文件对象包含的操作函数有 open、read、write、release、lock。

6.8 Linux 虚拟文件系统（VFS）

6.8.1 VFS 框架结构

在 Linux 系统中可以安装多种不同类型的文件系统。VFS 为各种实际文件系统提供了一个通用的接口。应用程序通过通用接口可以访问不同的实际文件系统，从而使应用程序的编写独立于实际文件系统。VFS 也为不同文件系统之间的信息交换提供了通信媒介。

VFS 框架由若干相互关联的数据结构组成，这些数据结构定义了不特定文件系统的通用特征，包括属性及操作。这些数据结构主要有文件系统类型描述结构 struct file_system_type、超级块对象结构 struct super_block、索引节点对象结构 struct inode、目录项对象结构 struct dentry、文件对象结构 struct file、文件系统安装实例结构 struct vfsmount 以及进程与文件系统关联结构 struct fs_struct 和进程与打开文件关联结构 struct files_struct，涉及的操作包括文件系统的操作和文件及目录的操作。文件系统的操作包括文件系统的注册、装载、卸载，文件及目录的操作包括文件的打开、目录的缓存等。文件系统、文件、目录等对象的操作伴随着相关数据结构空间的建立、属性信息的填写及成员函数的调用而执行。

6.8.2 文件系统操作及数据结构

文件系统操作包括文件系统的注册、装载、卸载。

1. 文件系统的注册

当需要使用某种文件系统时，需要对其执行注册、安装操作，将文件系统与 VFS 链接。当不再需要使用某种文件系统时，对其执行卸载操作。

文件系统注册将在文件系统类型链表中添加被注册文件系统对象，系统中可用的文件系统类型都被加入文件系统注册链表中。一种文件系统只能注册一次，其注册信息填写在 struct file_system_type 对象中。struct file_system_type 是描述文件系统类型的数据结构，其定义如下。

```
struct file_system_type{
    const char *name;
    int fs_flags;
    struct super_block*(*get_sb)( struct file_system_type*, int , const
    char*, void*, struct vfsmount*);
    void (*kill_sb)(struct super_block*);
    struct module *owner;
    struct file_system_type *next;
    struct list_head fs_supers;
};
```

结构成员意义如下。

（1）name：文件系统名称，如"reiserfs""ext3"等。

（2）fs_flags：使用标志，如无须安装、基于内存的虚拟文件系统，有外部设备的文件系统，共享一个超级块的虚拟文件系统，只读装载、禁止某些操作的文件系统等。

（3）owner：文件系统以模块形式加载时，owner 指向模块结构，否则为 NULL。

（4）next：链接各个可用文件系统为链表的指针，已注册文件系统链表第一个结点由变量 file_systems 指向。

（5）fs_supers：具有相同文件系统类型的超级块对象链表表头。超级块对象链表结点的链接字存放在超级块对象的 s_instances 字段中。多个设备上可能存在相同类型的文件系统。每个设备上都有一个超级块。每个已装载文件系统都有一个位于内存的超级块结构，该结构保存了文件系统本身及装载点的信息。可以装载几个同一类型的文件系统，它们各自拥有一个超级块结构。

（6）get_sb：从底层存储介质读取超级块填充到 struct vfsmount 实例中。

（7）kill_sb：删除不再需要的文件系统类型的超级块。

对于编译进内核的文件系统，在内核启动时，完成内含文件系统的注册过程。对于以可装载模块形式存在的文件系统，可在内核启动后的运行阶段，通过执行安装命令 mount 注册文件系统，通过执行卸载命令 umount 卸载不再使用的文件系统。

2．文件系统的装载

文件系统的装载将把文件系统安装在现存文件系统目录树中的某个目录下。同一种文件系统只能注册一次，但是可以装载多个。每个被装载的文件系统都有其对应的超级块。文件系统类型相同的超级块位于同一个链表中，由 struct file_system_type 的成员 fs_supers 指向。每个被安装的文件系统需要两个主要的数据结构描述其安装信息，一个是超级块，另一个是安装点描述结构。

超级块对象代表一个已安装的特定的文件系统，该文件系统位于外存上。超级块对象用于存储特定文件系统的信息，通常对应于存放在磁盘特定扇区的文件系统超级块。对于仅存在于内存的文件系统，如 sysfs、proc 等，其超级块仅在内存中创建。超级块对象由 struct super_block 结构定义，其部分成员信息如下。

（1）struct list_head s_list：指向超级块链表的指针。

（2）dev_t s_dev：设备标识符。

（3）unsigned char s_blocksize_bits：以位为单位的块大小。

（4）unsigned long s_blocksize：以字节为单位的块大小。

（5）loff_t s_maxbytes：文件的最大长度。

（6）struct file_system_type *s_type：文件系统类型。

（7）const struct super_operations *s_op：超级块操作方法集合指针。

（8）const struct dquot_operations *dq_op：磁盘限额操作方法。

（9）const struct quotactl_ops *s_qcop：限额控制方法。

（10）const struct export_operations *s_export_op：网络文件系统使用的输出操作。

（11）unsigned long s_flags：挂载标志。

（12）struct dentry *s_root：目录挂载点。

（13）struct rw_semaphore s_umount：卸载信号量。

（14）int s_count：超级块引用计数。

（15）struct list_head s_inodes：inodes 链表。

（16）struct hlist_bl_head s_anon：匿名目录项。

（17）int s_nr_dentry_unused：链表中目录项的数目。

（18）struct list_head s_inode_lru：未被使用 inode 链表。

（19）int s_nr_inodes_unused：链表中 inodes 的数目。

（20）struct block_device *s_bdev：指向块设备驱动程序描述符的指针。

（21）struct hlist_node s_instances：给定类型文件系统的超级块链表指针。

（22）struct quota_info s_dquot：磁盘限额描述符。

（23）char s_id[32]：包含超级块的块设备名称。

（24）void *s_fs_info：指向特定文件系统超级块信息的指针。

（25）fmode_t s_mode：安装权限。

超级块对象由函数 alloc_super()创建并初始化。在文件系统安装时，调用该函数从磁盘读取文件系统超级块，将其信息填充到内存中的超级块对象中。

超级块对象成员 s_op 指向其操作方法集合，该集合由 struct super_operations 结构定义，其部分成员信息如下。

（1）struct inode *(*alloc_inode)(struct super_block *sb)：申请和初始化一个新的索引节点对象。

（2）void (*destroy_inode)(struct inode *)：释放索引节点。

（3）void (*dirty_inode) (struct inode *, int flags)：索引节点脏（被修改）时调用该函数。

（4）int (*write_inode) (struct inode *, struct writeback_control *flag)：将指定的索引节点写入磁盘，flag 参数表示 I/O 操作是否应当同步。

（5）int (*drop_inode) (struct inode *)：当索引节点的最后一次引用被释放后，调用该函数。

（6）void (*put_super) (struct super_block *)：卸载文件系统时，调用该函数释放超级块。

（7）int (*sync_fs)(struct super_block *sb, int wait)：同步文件系统数据。

（8）int (*remount_fs) (struct super_block *, int *, char *)：重新安装文件系统。

（9）int (*show_options)(struct seq_file *, struct dentry *)：显示特定文件系统装载的选项。

超级块对象成员 s_type 指向其所属文件系统类型对象，即 struct file_system_type 实例。

Linux 及 UNIX 的文件系统是单一的层次结构，即文件系统只有一个根结点。要访问一个文件系统中的文件，必须使这个文件系统成为现有文件系统目录树中某个目录的子树，这个过程称为文件系统的**挂载**或**装载**，所挂载的目录称为**挂载点**或**装载点**。挂载文件系统将使某个目录树集成到现存目录树中，成为它的一个分支。装载点的内容将被替换为被装载文件系统根目录的内容。当文件系统被卸载后，装载点的原有内容才重新恢复。如图 6-20 所示为包含 3 种文件系统类型的一个文件系统单一树形层次结构。这 3 种文件系统分别以"/"，"/mnt"，"/mnt/cdrom"为子树的根，文件系统类型分别为 Ext2、Reiserfs 和 ISO9660。Reiserfs 文件系统装载在 Ext2 内部，Ext2 为其父文件系统，ISO9660 文件系统装载在 Reiserfs 内部，Reiserfs 是 ISO9660 的父文件系统。/mnt 和 /mnt/cdrom 目录为挂载点，它们是挂载后的文件系统目录树的根结点。

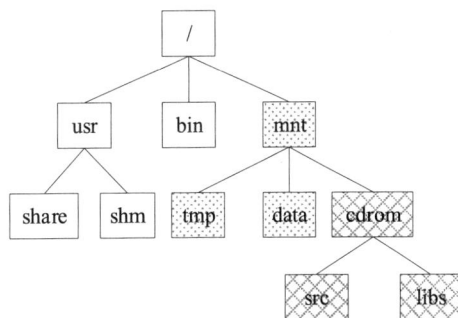

图 6-20 包含多种文件系统类型的文件系统单一层次结构

使用 mount 命令可以查看目录树中

各种文件系统类型的挂载情况。

例如，在 Linux 命令行上输入命令 mount 执行后显示。

```
sfs@ubuntu:~$ mount
/dev/sda1 on / type ext4 (rw,errors=remount-ro)
proc on /proc type proc (rw,noexec,nosuid,nodev)
sysfs on /sys type sysfs (rw,noexec,nosuid,nodev)
udev on /dev type devtmpfs (rw,mode=0755)
devpts on /dev/pts type devpts (rw,noexec,nosuid,gid=5,mode=0620)
tmpfs on /run type tmpfs (rw,noexec,nosuid,size=10%,mode=0755)
vmware-vmblock    on    /run/vmblock-fuse    type    fuse.vmware-vmblock
(rw,nosuid,nodev,default_permissions,allow_other)
gvfs-fuse-daemon    on    /home/sfs/.gvfs    type    fuse.gvfs-fuse-daemon
(rw,nosuid,nodev,user=sfs)
```

每个装载的文件系统除了拥有一个超级块对象，还拥有一个安装点描述结构 struct vfsmount，其定义如下。

```
struct vfsmount{
    struct list_head mnt_hash;
    struct vfsmount *mnt_parent;      /*装载点所在的父文件系统*/
    struct dentry *mnt_mountpoint;    /*装载点在父文件系统中的 dentry*/
    struct dentry *mnt_root;          /*当前文件系统根目录的 dentry*/
    struct super_block *mnt_sb;       /*指向超级块的指针*/
    struct list_head mnt_mounts;      /*子文件系统链表*/
    struct list_head mnt_child;       /*链表元素，用于父文件系统中的 mnt_mounts
                                         链表*/
    int mnt_flags;
    char *mnt_devname;                /*设备名称，例如/dev/dsk/hda1*/
    struct list_head mnt_list;
    struct list_head mnt_expire;      /*链表元素，用于特定于文件系统的到期链表中*/
    struct list_head mnt_share;       /*链表元素，用于共享装载的循环链表*/
    atomic_t mnt_count;
    …
}
```

struct vfsmount 结构中主要成员意义如下。

（1）mnt_mountpoint：保存即将安装新文件系统的装载点在其父目录中的 dentry 结构。

（2）mnt_root：保存被安装文件系统的相对根目录对应的 dentry 结构。

（3）mnt_sb：指向超级块，每个装载的文件系统都有且只有一个超级块结构。

（4）mnt_parent：指向父文件系统的 vfsmount 结构。

（5）mnt_mounts：子文件系统链表的表头，mnt_child 为该链表的链表元素。

（6）mnt_flags：文件系统操作控制标志。

（7）mnt_count：vfsmount 结构使用计数器。

考察图 6-20 所示的安装点/mnt，该安装点安装的文件系统为 Reiserfs，其父文件系统为 Ext2，子文件系统为 ISO9660。安装点/mnt 的 vfsmount 各成员值如下。

mnt_mounts 指向 Reiserfs 的 vfsmount 结构，mnt_child 为空，mnt_parent 指向 Ext2 的 vfsmount 结构，mnt_mountpoint 指向安装点路径/mnt，mnt_root 指向安装点路径/mnt，mnt_sb 指向/mnt 所在设备上文件系统 Reiserfs 的 super_block 结构。

安装点/、/mnt、/mnt/cdrom 的 vfsmount 结构之间的关系如图 6-21 所示。

图 6-21　文件系统安装点 vfsmount 结构之间的关系

3．文件系统的卸载

卸载文件系统将释放其对应的数据结构。首先找到装载点的 vfsmount 结构和 dentry 结构，根据保存的装载点指针和父文件系统指针，将环境恢复到文件系统装载之前的状态，从内核链表中移除被卸载文件系统的数据结构。

伪文件系统是不存在底层块设备支持的一类文件系统。它们可以使用内存作为后备存储器，或者不需要后备存储器，其内容由内核数据结构包含的信息生成。常见的伪文件系统有负责管理表示块设备的 inode 的 bdev、处理管道的 pipefs、处理套接字的 sockfs 等。这些伪文件系统位于/proc/filesystems，不能装载。使用命令"cat /proc/filesystems"可以显示这些伪文件系统。

除可移动设备外，文件系统一般在操作系统启动时装载，在关机时卸载。

6.8.3　文件、目录操作及数据结构

文件系统安装之后，可以对其中的文件、目录执行打开、读写等访问操作。与文件、目录操作相关的数据结构有索引节点对象结构 struct inode、目录项缓存对象结构 struct dentry、文件对象结构 struct file，这些结构通过进程描述结构 task_struct 的成员 struct fs_struct 与文件系统进行关联，通过 task_struct 的成员 struct files_struct 与打开文件进行关联。

1．索引节点对象结构 struct inode

索引节点对象代表一个特定的文件，该文件位于外存上。索引节点包含存取文件或目录所需的属性信息。访问文件时，将其索引节点加载到内存。类 UNIX 文件系统拥有索引节点，需要时可从磁盘读入内存。对于没有索引节点的文件系统，从其所在磁盘中提取与索引节点等价

的信息，以填充内存索引节点对象。索引节点由 struct inode 结构定义，其部分成员信息如下。

（1）struct hlist_node i_hash：散列链表指针。

（2）struct list_head i_list：索引节点当前状态链表指针。

（3）struct list_head i_sb_list：超级块链表指针。

（4）struct list_head i_dentry：引用索引节点的目录项对象链表表头。

（5）unsigned long i_ino：索引节点号。

（6）atomic_t i_count：引用计数器。

（7）unsigned int i_nlink：硬链接数目。

（8）uid_t i_uid：所有者标识符。

（9）gid_t i_gid：组标识符。

（10）dev_t　i_rdev：实际设备标识符。

（11）loff_t i_size：以字节为单位的文件长度。

（12）struct timespec i_atime：最后访问文件的时间。

（13）struct timespec i_mtime：文件最后修改的时间。

（14）struct timespec i_ctime：最后修改索引节点的时间。

（15）unsigned int i_blkbits：块的位数。

（16）blkcnt_t i_blocks：文件的块数。

（17）umode_t i_mode：文件类型与访问权限。

（18）struct inode_operations *i_op：索引节点的操作函数集。

（19）const struct file_operations *i_fop：默认的文件操作。

（20）struct super_block *i_sb：指向超级块对象的指针。

（21）struct address_space　*i_mapping：指向文件的缓存页面。

（22）struct address_space　i_data：设备地址映射。

（23）struct dquot *i_dquot[MAXQUOTAS]：索引节点的磁盘限额。

（24）struct list_head i_devices：设备索引节点链表的指针。

（25）union {

　　　　　　struct pipe_inode_info *i_pipe;　　　　/*管道*/

　　　　　　struct block_device *i_bdev;　　　　　/*块设备*/

　　　　　　struct cdev *i_cdev;　　　　　　　　/*字符设备*/

　　　　};

（26）int i_cindex：拥有一组次设备号的设备文件的索引。

（27）unsigned long i_state：索引节点状态标志。

（28）unsigned long dirtied_when：索引节点的弄脏时间。

（29）unsigned int i_flags：文件系统标志。

（30）atomic_t i_writecount：用于写进程的引用计数器。

（31）void *i_security：指向索引节点安全结构的指针。

VFS inode 是仅存在于内存的一种数据结构，其成员信息来自具体的文件系统。VFS inode 也包含外存 inode 没有的成员。VFS inode 的 i_atime、i_mtime、i_ctime 成员分别存储文件的最后访问时间、最后修改时间和 inode 最后修改时间。i_size 用于存储文件字节长度。i_blocks 存储文件块长度。i_ino 用于保存 inode 号。i_count 记录访问该 inode 结构的进程数目。i_nlink 记录共享该 inode 的硬链接总数。i_mode 存放文件类型和访问权限，i_uid、i_gid 存放文件所有权。

当 inode 表示设备文件时，i_rdev 是一项用于找到目标设备的数字编号，例如，找到块设备的 struct block_device 描述结构。匿名联合中的 i_bdev 指向块设备数据结构，i_cdev 指向字符设备数据结构，i_pipe 指向用于实现管道的 inode。i_devices 用于将设备 inode 链接在一起。

索引节点对象成员 i_op 指向其操作方法集合，该集合由 struct inode_operations 结构定义，其部分成员信息如下。

（1）int (*create) (struct inode *,struct dentry *,int, struct nameidata *)：为文件创建一个新的磁盘索引节点。

（2）struct dentry * (*lookup) (struct inode *,struct dentry *, struct nameidata *)：根据文件对象名称查找其索引节点对象。

（3）int (*link) (struct dentry *,struct inode *,struct dentry *)：创建硬链接，即创建一个新的目录项，与现存某个目录项共享相同的索引节点。

（4）int (*unlink) (struct inode *,struct dentry *)：删除硬链接，即删除目录项，并减少该目录项所关联的索引节点链接数。

（5）int (*symlink) (struct inode *,struct dentry *,const char *)：创建符号连接。

（6）int (*mkdir) (struct inode *,struct dentry *,int)：创建目录。

（7）int (*rmdir) (struct inode *,struct dentry *)：删除目录。

（8）int (*mknod) (struct inode *,struct dentry *,int,dev_t)：创建特殊文件。

（9）int (*rename) (struct inode *, struct dentry *,struct inode *, struct dentry *)：修改目录名。

（10）int (*readlink) (struct dentry *, char __user *,int)：读取符号链接文件名。

（11）int (*follow_link) (struct dentry *, struct nameidata *)：查找符号链接指向的索引节点。

（12）void (*truncate) (struct inode *)：修改指定索引节点的长度。

（13）int (*permission) (struct inode *, int, struct nameidata *)：检查是否允许对索引节点关联的文件进行指定模式的访问。

i_op 指向 inode 操作函数集合，i_fop 指向文件操作函数集合。inode 操作函数集合包括 inode 的创建（create）、查找（lookup）、创建硬链接（link）、解除硬连接（unlink）、文件扩展属性建立/读取/删除（xattr）、修改 inode 文件长度域（truncate）、根据符号链接查找目标文件 inode 的 follow_link、为文件预分配空间（fallocate）。

inode 有如下 3 种状态。

（1）有效但非活动状态（inode_unused）：inode 存在于内存中，未关联到任何文件，也不处于活动使用状态。

（2）使用但未修改状态（inode_in_use）：inode 存在于内存中，正由一个或多个进程使用，且 inode 中的文件属性和文件内容与块设备上的内容相同。

（3）使用且修改状态：inode 存在于内存中，正处于活动使用状态，且 inode 中的文件属性或文件内容与块设备上的内容不同，这种状态的 inode 称作脏的。脏的 inode 位于特定于超级块的以 super_block→s_dirty 为表头的脏链表中。当向磁盘写回数据时，仅考虑脏链表上的 inode 即可。

每个 inode 同时位于以 i_hash 为表头的散列表中和以 super_block→s_inodes 为表头的特定于超级块的链表中。

2. 目录项缓存对象结构 struct dentry

目录项缓存对象代表一个目录项，该目录项位于内存。目录项缓存也称 dentry 缓存，用来存放访问外存时查找到的正在使用的目录项。目录项没有对应的磁盘数据结构。struct dentry 描述了一个目录项的缓存结构。该结构主要成员信息如下。

（1）atomic_t d_count：目录项缓存对象引用计数器。

（2）spinlock_t d_lock：目录项缓存对象自旋锁。

（3）struct inode *d_inode：与文件名关联的索引节点。

（4）struct list_head d_lru：最近最少使用的链表。

（5）struct list_head d_child：链表元素，将当前 dentry 链接到父目录 dentry 的 d_subdirs 链表中。

（6）struct list_head d_subdirs：子目录/文件的目录项链表。

（7）struct list_head d_alias：索引节点别名链表。

（8）unsigned long d_time：目录重置时间。

（9）struct dentry_operations *d_op：目录项操作函数集合指针。

（10）struct super_block *d_sb：目录树根。

（11）unsigned int d_flags：缓存标志。

（12）int d_mounted：安装该目录项的文件系统数的计数器。

（13）struct dentry *d_parent：父目录的目录项对象。

（14）struct qstr d_name：文件名。

（15）struct hlist_node d_hash：查找散列表。

（16）unsigned char d_iname[DNAME_INLINE_LEN_MIN]：短文件名空间。

各个 dentry 结构按层次关系链接在一起，与给定目录下的文件和子目录关联的 dentry 结构归入 d_subdirs 链表中。dentry 结构层次映射了当前正在使用的文件系统中的那部分拓扑结构。

每个目录项对象可处于下列 4 种状态之一。

（1）空闲状态。处于该状态的目录项对象不包含有效信息，未被 VFS 使用，对应的内存区由 slab 分配器管理。

（2）未使用状态。处于该状态的目录项对象包含有效信息，其 d_count 值为 0，其 d_inode 字段指向关联的索引节点，但其所占内存在必要时可能被回收。

（3）正在使用的状态。处于该状态的目录项对象正在被内核使用，其 d_count 值大于 0，其 d_inode 字段指向关联的索引节点。

（4）负状态。与目录项关联的索引节点不存在，相应的磁盘索引节点已被删除，或者目录项对象是在解析一个不存在的文件路径名时创建的。

目录项缓存对象成员 d_op 指向其操作方法集合，该集合由 struct dentry_operations 结构定义，其部分成员信息如下。

（1）int (*d_revalidate)(struct dentry *, struct nameidata *)：在把目录项对象转换为一个文件路径名之前，判定该目录项对象是否仍然有效。

（2）int (*d_hash) (struct dentry *, struct qstr *)：为即将加入散列表的目录项生成散列值。

（3）int (*d_compare) (struct dentry *, struct qstr *, struct qstr *)：比较两个 dentry 对象的文件名。

（4）int (*d_delete)(struct dentry *)：当目录项对象的最后一个引用被删除时，即 d_count 为 0 时，调用该函数。

（5）void (*d_release)(struct dentry *)：释放一个目录项对象时，调用该函数。

（6）void (*d_iput)(struct dentry *, struct inode *)：当一个目录项对象丢弃其索引节点时调

用该函数。

3．文件对象结构 struct file

文件对象代表由进程打开的文件，该文件被加载到内存中。文件对象是为记录进程打开文件、使用文件所需动态信息而建立的内存结构。文件对象由 open()系统调用创建，由 close()系统调用撤销。多个进程可以同时打开和操作同一个文件，所以同一个磁盘文件可以存在多个文件对象。但一个文件对应的索引节点和目录项对象是唯一的。

文件对象与进程描述结构 task_struct 相关联，属于特定于进程的文件描述信息。每个进程的描述结构 task_struct 中包含与文件相关的属性成员 struct fs_struct* fs 和 struct files_struct* files。files 包含进程当前打开的各个文件描述符，也称为进程（或用户）打开文件表。文件描述符（一个整数）用于在一个进程内唯一地标识打开的文件。每个进程最多只能同时打开不超过规定数目的文件。而且，files 前 3 项分别预先设置为标准输入、标准输出和出错消息输出文件。struct files_struct 定义如下。

```
struct files_struct{
    atomic_t count;
    struct fdtable *fdt;
    struct fdtable fdtab;
    int next_fd;
    struct embedded_fd_set close_on_exec_init;
    struct embedded_fd_set open_fds_init;
    struct file *fd_array[NR_OPEN_DEFAULT];
    }
```

fd_array 的每个元素都是一个指针，分别指向一个打开文件的 struct file 描述结构。NR_OPEN_DEFAULT 为每个进程可以打开的最大文件数。

struct file 结构如下。

```
struct file{
        struct list_head fu_list;
        struct path f_path;
        #define f_dentryf_path.dentry
        #define f_vfsmntf_path.mnt
        const struct file_operations *f_op;
        atomic_t  f_count;
        unsigned int f_flags;
        mode_t f_mode;
        loff_t f_pos;
        struct fown_struct f_owner;
        unsigned int f_uid, f_gid;
        struct file ra state f_ra;
        unsigned long f_version;
        struct address_space *f_mapping;
        …
    }
```

其部分成员意义如下。

（1）f_uid 和 f_gid：存放用户的 UID 和 GID。

（2）f_owner：包含处理该文件的进程信息。

（3）f_ra：保持预读特征值，指定实际请求文件数据前，是否预读文件数据、如何预读。

（4）f_mode：创建文件时规定的模式参数，规定文件允许读、写或读写。

（5）f_flags：指定打开文件时期望的打开模式，如以读、写或读写方式打开。期望模式需与文件创建时规定的模式进行权限检查，以确定其合法性。

（6）f_pos：存放文件读写位置指针的当前值。

（7）f_path：封装文件名与 inode 之间的关联、文件所在文件系统的信息。

（8）f_op：指定文件操作调用的各个函数。

（9）f_version：供文件系统检查一个 file 描述结构是否仍然与相关的 inode 内容兼容，确保与缓存对象的一致性。

（10）f_mapping：文件页缓存映射。

每个超级块都提供了一个包含该超级块表示的文件系统的所有打开文件的链表。

文件对象成员 f_op 指向其操作方法集合，该集合由 struct file_operations 结构定义，其部分成员信息如下。

（1）ssize_t (*read) (struct file *, char __user *, size_t, loff_t *)：读函数，函数参数包括文件描述符、缓冲区、偏移量和读的字节数。

（2）ssize_t (*write) (struct file *, const char __user *, size_t, loff_t *)：写函数，函数参数包括文件描述符、缓冲区、偏移量和写的字节数。

（3）ssize_t (*aio_read) (struct kiocb *, char __user *, size_t, loff_t)：异步读函数，函数返回前，读操作可能未结束。

（4）int (*open) (struct inode *, struct file *)：打开文件函数，将一个 file 对象关联一个 inode。

（5）int (*release) (struct inode *, struct file *)：当 file 对象的使用计数器为 0 时，调用 release 释放该对象的内存和缓存内容。

（6）int (*mmap) (struct file *, struct vm_area_struct *)：内存映射函数，将文件内容映射到进程的虚拟地址空间。

（7）int (*readdir) (struct file *, void *, filldir_t)：返回目录表中的下一个目录。

（8）int (*ioctl) (struct inode *, struct file *, unsigned int, unsigned long)：与硬件设备通信，向设备发送控制命令，只适用于设备文件。

（9）unsigned int (*poll) (struct file *, struct poll_table_struct *)：用于实现同步的 I/O 多路复用，是 select 系统调用的基础。select 为读操作设置一个超时限制，如果超过一定时间没有数据到达，则放弃读操作。

（10）int (*flush) (struct file *)：在文件描述符关闭时调用 flush，将使用计数器值减 1，以标记传输结束。

（11）int (*fsync) (struct file *, struct dentry *, int datasync)：用于将内存中的文件数据与存储介质同步，即将文件的缓存数据写回磁盘。

（12）ssize_t (*readv) (struct file *, const struct iovec *, unsigned long, loff_t *)、ssize_t (*writev) (struct file *, const struct iovec *, unsigned long, loff_t *)：用于以分散–聚集的方式读写向量，避免多次调用函数 read/write。向量是一个非连续的内存区域，用于存放读取或写入文件的数据。

（13）int (*lock) (struct file *, int, struct file_lock *)：锁定文件，用于对多个进程的并发文件访问进行同步。

使用该接口的对象不必实现所有的操作。不可用的函数指针设置为 NULL 或者指向一个占位函数，该函数返回错误值。

进程描述结构 task_struct 的属性成员 struct fs_struct* fs 指向与进程工作目录和所在文件系

统相关的结构 struct fs_struct，其定义如下。

```
struct fs_struct{
    atomic_tcount;
    int umask;
    struct dentry *root,*pwd,*altroot;
    struct vfsmount *rootmnt,*pwdmnt,*altrootmnt;
}
```

fs 保存了进程与 VFS 的关系信息，其中 root 指向根目录结点，pwd 指向当前目录结点，umask 给出新建文件的访问模式（可由系统调用 umask 更改），count 是 Linux 保留的属性。

结构主要成员意义如下。

（1）umask：用于设置新文件的权限，其值可以使用 umask 命令读取或设置。

（2）root 和 rootmnt：指定相关进程的根目录（或者某个子目录）和文件系统。

（3）pwd 和 pwdmnt：指定当前工作目录和文件系统的 vfsmount 结构。当进程改变其当前目录时，二者都会改变。

文件系统类型对象结构 struct file_system_type、超级块对象结构 struct super_block、索引节点对象结构 struct inode、目录项缓存对象结构 struct dentry、文件对象结构 struct file、文件系统装载点结构 struct vfsmount 以及进程与文件系统关联结构 struct fs_struct 和进程与打开文件关联结构 struct files_struct、进程描述结构 task_struct 之间的关系如图 6-22 所示。

图 6-22　关系

6.9　Linux Ext2 文件系统

Ext2 文件系统结构与虚拟文件系统结构类似。Ext2 文件系统支持可变块长，路径较短的符号链接存放在 inode 中而不是存储在数据区中，实现快速访问。

6.9.1　Ext2 文件系统结构

Ext2 文件系统建立各种结构用来存放文件系统数据，包括文件内容、目录层次结构、管理数据以及用于管理文件系统内部信息的元数据。这些数据需要存储在硬盘上。

Ext2 文件系统将硬盘空间划分为若干个同等大小的块，按块存放元数据和文件内容。若干个位置相邻的块形成一个管理单元，称为块组。块组内部包含用来管理块组自身空间的元数据。块组中的文件内容和管理数据尽可能紧邻，以减少磁头寻道和旋转的时间。各个块组包含相同的结构成分，一些块组包含附加的结构成分。

超级块作为整个文件系统的访问入口在多个块组中重复存储，以便超级块损坏时能够使用超级块的副本。Ext2 后续版本将超级块重复存储在块组 0、块组 1 以及编号为 2^3、2^5、2^7… 的块组中。Ext2 文件系统的块组结构如图 6-23 所示。

图 6-23　Ext2 文件系统的块组

（1）超级块

超级块存储了描述文件系统自身的元数据，包括磁盘空闲块和已使用块的数目、块长度、当前文件系统状态（用于崩溃处理）、各种时间戳（如文件系统装载时间、写入时间等）等。内核只使用第一个块组的超级块读取文件系统元数据。

（2）块组描述符

块组描述符描述文件系统各个块组的状态，如块组中空闲块和 inode 的数目。每个块组中都包含了文件系统中所有块组的块组描述符信息。

（3）数据块位图和 inode 位图

数据块位图和 inode 位图由二进制位串组成，每个二进制位表示一个数据块或 inode，位值表示相应数据块或 inode 是空闲的，还是已被使用的。

（4）inode 表

inode 表包含块组中所有的 inode，inode 用于保存文件系统中与各个文件和目录相关的元数据。

（5）数据块

数据块部分存放文件内容。

使用文件系统时，超级块的内容被加载到内存并常驻，避免重复访问磁盘上的超级块。

1．超级块

超级块的总长度是 1024 个字节。超级块由 struct ext2_super_block 结构来定义。其主要成员如下。

（1）s_inodes_count：inode 的数目。

（2）s_blocks_count：存储块的数目。

（3）s_r_blocks_count：为系统用户预留的块的数目，其他用户无法使用。

（4）s_free_blocks_count：空闲块的数目。

（5）s_free_inodes_count：空闲 inode 的数目。

（6）s_first_data_block：第一个数据块。

（7）s_log_block_size：块长度，目前可取 1024、2048 或 4096 个字节。块长度必须在创建文件系统时指定，创建以后不能修改。

（8）s_blocks_per_group：每个块组包含的块数。该值在创建文件系统时确定，以后不能修改。

（9）s_inodes_per_group：每个块组的 inode 数目。该值在创建文件系统时确定，以后不能修改。

（10）s_mtime：装载时间。

（11）s_wtime：写入时间。

（12）s_state：文件系统的状态，用于对文件系统进行一致性检查。

（13）s_creator_os：创建文件系统的操作系统。

（14）s_def_resuid 和 s_def_resgid：指定系统用户的用户 ID 和组 ID，默认设置为超级用户 ID，为该用户保留了一定数目的块，称为根储备，对应的块数存储在 s_r_blocks_count 中。根储备为管理员提供处理磁盘空间即将耗尽的工作空间。

（15）s_errors：检测发现的错误。

（16）s_lastcheck：上一次检查的时间。

（17）s_inode_size：inode 结构的长度。

（18）s_block_group_nr：当前超级块所在的块组编号。

（19）s_volume_name[16]：卷名。

（20）s_last_mounted[64]：上一次装载的目录。

（21）s_reserved[190]：填充字节，补齐到块结尾。

虚拟文件系统超级块结构 struct super_block 中的 s_fs_info 成员是用来指向与具体文件系统有关的超级块附加信息的指针。虚拟文件系统索引节点结构 struct inode 中的 i_private 成员是用来指向与具体文件系统有关的索引节点附加信息的指针。对于 Ext2 文件系统，s_fs_info 指向了 struct ext2_sb_info 结构。该结构的主要成员如下。

（1）s_frag_size：以字节为单位的碎片长度。

（2）s_frags_per_block：每块中的碎片数目。

（3）s_inodes_per_block：每块中的 inode 数目。

（4）s_frags_per_group：每个块组中的碎片数目。

（5）s_blocks_per_group：块组中块的数目。

（6）s_inodes_per_group：块组中 inode 的数目。

（7）s_itb_per_group：每个块组中用于 inode 表的块数。

（8）s_gdb_count：用于块组描述符的块数。

（9）s_desc_per_block：每块可容纳的块组描述符的数目。

（10）s_groups_count：文件系统中块组的数目。

（11）s_overhead_last：保存最近一次计算的管理数据占用的存储块数，该值通常不变。

（12）s_blocks_last：保存最近一次计算的用于文件系统的总块数−s_overhead_last，即用于存储文件内容的存储块数，该值通常不变。

（13）s_sbh：包含超级块的缓冲区。

（14）s_es：指向缓冲区中超级块的指针。

（15）s_mount_opt：保存装载选项，包括装载时检查、在目录所在的块组中创建文件、预分配等。

（16）s_mount_state：保存装载状态。

（17）s_sb_block：保存备用超级块块位置。当超级块不是从默认的块 1 读取时，将从 s_sb_block 指向的备用超级块读取。

（18）s_dir_count：目录的总数，该值未在磁盘结构中保存，必须在每次装载文件系统时确定。

2．块组描述符

块组描述符由 struct ext2_group_desc 结构定义，其主要成员如下。

（1）bg_block_bitmap：块位图块块号，该项指向的块中的每一个二进制位的位值表示当前块组中的一个数据块是否空闲。

（2）bg_inode_bitmap：inode 位图块块号，该项指向的块中的各个二进制位用于描述一个块组的所有 inode。

（3）bg_inode_table：inode 表块。

（4）bg_free_blocks_count：空闲块数目。

（5）bg_free_inodes_count：空闲 inode 数目。

（6）bg_used_dirs_count：目录数目。

每个块组都包含文件系统中所有块组的块组描述符。因此，访问任何一个块组都可以获得其他块组的如下信息。

（1）数据块位图和 inode 位图的位置。

（2）inode 表的位置。

（3）空闲块和 inode 的数目。

每个块组中都有一个 local 块用于存放局部于该组的数据块位图，每个块组中也有一个 extra 块用于存放局部于该组的 inode 位图。存放这两个位图的数据块只用于一个块组，不会复制到每个块组。但从每个块组，都可以访问其他块组的数据块位图和 inode 位图。文件内容块位于块组的末尾。

块长度不同，数据块位图所管理的块数也不同。若块长为 1024 个字节，则一个数据块位图可以管理 1024×8=8192 个存储块。若块长为 2048 个字节，则一个数据块位图可以管理 2048×8=16384 个存储块。若块长为 4096 个字节，则一个数据块位图可以管理 4096×8=32768 个存储块。

一个文件的内容尽可能存储在一个块组中，以减小 inode 位图、数据块位图和数据块的寻道代价。

3．inode

inode 是一个定长结构，inode 中用来存放文件内容所在存储块号的索引表也是定长的，而文件长度是可变的，其占用的磁盘存储块数是可变的。Ext2 文件系统采用类似于 UNIX 文件系统的混合索引结构作为文件内容块的索引表，即混合索引表。混合索引表的一部分索引项直接存放文件内容块的块号，称为直接地址索引项。直接地址索引项的项数一般为 12 项。即当文件长度不超过 12 块时，访问 inode 的直接索引项即可存取文件内容。混合索引表的其余索引项为一次、二次、三次 3 个间接地址索引项，分别存放长度超过 12 块的位于不同长度区间的文件内容块的块号、一次/二次/三次索引块的块号。

每个块组都包含一个与本地块组相关的 inode 位图和占用若干个存储块的本地 inode 表。inode 位图用于表示块组中已用和空闲的 inode。inode 数据保存在 inode 表中。inode 由 struct ext2_inode 结构定义，其主要成员如下。

（1）i_mode：文件访问权限，以用户类型（包括用户/组/其他）、文件类型（包括目录、设备文件等）、允许操作类型元组形式给出。

（2）i_uid：文件所有者 UID 的低 16 位。

（3）i_size：文件的字节长度。

（4）i_atime：上一次访问文件的时间。

（5）i_ctime：上一次修改 inode 的时间。

（6）i_mtime：上一次修改文件的时间。

（7）i_dtime：文件删除的时间。

（8）i_gid：组 ID 的低 16 位。

（9）i_links_count：指向 inode 的硬连接的数目，即链接计数。

（10）i_blocks：文件内容占用的块数，块长度为 512 个字节。

（11）i_flags：文件标志。

（12）i_block[EXT2_N_BLOCKS]：保存文件数据块的块指针（块号）。EXT2_N_BLOCKS 默认设置为 15，前 12 项存放文件数据块块号，后 3 项分别存放一次、二次、三次间接地址索引块的块号。

（13）i_file_acl：文件 ACL（访问控制表）。

（14）i_dir_acl：目录 ACL。

（15）i_faddr、l_i_frag、l_i_fsize：分别为碎片地址、碎片编号和碎片长度，用于存储碎片数据，以便将几个小文件的内容存储到一个块中。这些成员已定义，尚未使用，用于未来的新特性。

每个块组中的 inode 数可以任意设置，默认设置为 128。每个块组中的 inode 数保存在超级块的 s_inodes_per_group 成员中。inode 结构的长度为 120 个字节，再根据 inode 数目和块长度可以算出块组中的 inode 占用的块数。

4．目录和文件

目录是一种特殊的文件，拥有自己的 inode 和目录项构成的目录文件内容。目录项由 struct ext2_dir_entry_2 结构定义，其主要成员如下。

（1）inode：inode 编号，指向目录项的 inode。

（2）rec_len：表示从本 rec_len 字段末尾到下一个 rec_len 字段末尾的字节距离，用于扫描目录时，从一个目录项跳转到下一个目录项，被删除的目录项可以被旁路，无须通过移动目录项来实现删除操作。

（3）name_len：目录项名称字符串长度。

（4）name[EXT2_NAME_LEN]：文件名。

（5）file_type：目录项的类型，包括普通文件、目录、字符特殊文件、块特殊文件、命名管道、套接字和符号链接。

文件类型并未包含在 inode 中，而是在对应目录项的 file_type 字段中。文件类型不同，inode 内容也会不同。只有普通文件和目录需要占用磁盘上的数据块，其他类型只需 inode 即可完全描述。

对于符号链接文件，若目标路径字符串长度小于 60 个字符，则目标路径串存储在 inode 的数据块索引表 i_block 中。否则，为符号链接文件分配一个数据块存储目标路径串。

6.9.2　文件系统操作

1．创建文件系统

Ext2 文件系统会为文件分配多于其请求的块数，即预分配。预分配可以节省时间、防止碎片。

在装载一个新格式化的 Ext2 分区时，其中已经包含一个名为 lost+found 的子目录，用于容纳存储介质上的坏块。创建文件系统的步骤如下。

（1）为根目录分配一个 inode 和数据块，初始化根目录。数据块包含 3 项文件列表：.、.. 和 lost+found。.和..都指向根目录的 inode。

（2）为 lost+found 目录分配一个 inode 和一个数据块，数据块包含两项：.和..，.指向该目录自身的 inode，..指向根目录的 inode。

2．装载和卸载

file_system_type 结构用来存放文件系统的装载和卸载信息，包括模块所有者、文件系统名称"ext2"、超级块读取函数名 get_sb 等。

在读取超级块之前，文件系统使用的块长度未知，因此 get_sb 以初始块长度读取超级块，根据超级块中存储的魔数是否等于事先定义的常数判定所读分区是否包含一个 Ext2 文件系统。使用超级块结构成员 s_blocksize 中设定的文件系统块长度修正初始块长度。超级块的内容一直驻留在内存的 ext2_sb_info 数据结构中。接下来逐块读取块组描述符，计算空闲块数目、空闲 inode 数目和目录数目。将超级块内容写回磁盘，因为装载操作会修改超级块的某些值，如装载计数和装载日期等。

6.9.3 文件及目录操作

文件及目录的操作函数分类保存在不同的结构体中，虚拟文件系统调用结构体中的函数实现具体文件系统的访问操作。文件内容操作函数保存在 file_operations 结构体中，文件属性操作函数保存在 inode_operations 中。一般地址空间的操作函数保存在 address_space_operations 中。Ext2 文件系统对不同的文件类型如普通文件、目录提供操作函数集不完全相同的 file_operations 结构体，对其 inode 提供操作函数集不完全相同的 inode_operations 结构体。

1．文件访问操作

文件系统装载后，用户进程就可以调用文件访问函数存取文件内容。文件访问系统调用首先转到 VFS 层，再由 VFS 根据文件类型调用底层文件系统相应的例程。文件访问的基本操作有创建、打开、读写、删除、关闭等。虚拟文件系统提供的通用函数只使用底层文件系统的几个基本函数来完成高级的、抽象的任务。Ext2 文件系统提供给虚拟文件系统通用函数的接口主要有在文件中的特定位置读写数据块的函数。

（1）数据块的定位

Ext2_get_block 函数用于在文件的多级混合索引表中定位一个希望访问的文件内容数据块，其输入是数据块在文件中的位置（即相对块号，从 0 开始），输出为数据块在多级混合索引表中的位置，也称为路径。如果数据块号小于多级混合索引表中直接地址索引项的数目，则返回数据块号，即直接地址索引项号。

否则，判断数据块号是否落在（直接地址索引表+一次间接地址索引表）索引的范围，如果在该范围，则返回一个二维向量，从左到右，第一维为一次间接地址索引项的值，即一次间接地址索引表所在的块号，第二维为目标数据块在一次间接地址索引表中的位置（索引号）。显然，需要计算一个数据块中可容纳的块指针数即块号数，根据超级块中保存的文件系统块长度及每个块指针的长度可以算得该值。

如果目标数据块号落在（直接地址索引表+一次间接地址索引表+二次间接地址索引表）索引的范围，则返回三维向量：（二次间接地址索引项的值，一级间接地址索引号，二级间接地址索引号）。一级高于二级，一级索引表存放块的二次间接地址，二级索引表存放块的一次间接地址。

类似地，如果目标数据块号落在（直接地址索引表+一次间接地址索引表+二次间接地址索引表+三次间接地址索引表）索引的范围，则返回四维向量：（三次间接地址索引项的值，一级间接地址索引号，二级间接地址索引号，三级间接地址索引号）。

根据目标块号在多级混合索引表中的位置，可以依次读取相应的存储块，最终获得目标块号对应的物理块地址。

（2）请求新块

当文件需要追加新块时，需要判定：除了新块，是否还需要间接地址索引块以及多少级。然后查找并分配空闲块，将块登记到多级混合索引表中。如果 inode 具有预分配信息，且预分配功能开启，则内核预分配块，以便新块从预分配区分配。新块的位置应与文件的其他块尽可能紧邻，以减少碎片，减少磁头寻道时间。

空闲块的搜索借助于数据块位图进行。首先在预期目标块（新内容即将追加或插入此块之后）附近查找空闲二进制位，如果有则返回该二进制位对应的空闲块号，否则逐字节查找空闲二进制位，若找到则返回该字节的第一个二进制位。若仍然找不到空闲二进制位，则在整个位图范围内查找空闲二进制位，寻找碎片化的空闲块进行分配。

2. 创建 inode

目录创建的 VFS 层接口为 vfs_mkdir，Ext2 文件系统对该接口提供的实现层函数为 ext2_mkdir。ext2_mkdir 在 dir 参数给定的父目录下创建由参数 dentry 给定的子目录（路径名），并以参数 mode 给定新目录的访问模式。ext2_mkdir 为新建子目录分配一个 inode 以及数据块，将.和..目录项写入数据块。将新目录添加到父目录的数据块中。

创建文件时，系统调用 sys_open 转换为对 VFS 抽象接口 vfs_create 的调用，抽象接口 vfs_create 与 Ext2 文件系统的实现层接口函数 ext2_create 绑定，最终由 ext2_create 执行具体的创建工作。其主要过程包括为新文件分配一个 inode，在目录中生成一个目录项，将文件名和 inode 号填入其中。

（1）空闲 inode 分配策略

分配空闲 inode 时，使子目录的 inode 与父目录的 inode 在同一块组中有利于最小化硬盘寻道时间。文件系统根目录的子目录，其 inode 位置应该尽可能分散，以避免目录聚集到某一块组中。

如果在某个非根目录下创建子目录，需要确定将子目录的 inode 置于哪个块组中。文件系统规定了一个块组中目录 inode 数目的最大值和最小值以及一个块组中空闲块的最小数目，并监控块组中目录数目与 inode 数目的比例，依据下列准则确定 inode 应归属的块组。

① 该块组中目录数未超过最大值。

② 空闲 inode 数目未少于最小值，空闲块数目未小于最小值。

③ 该块组中目录数目与 inode 数目的比例未超过最大值。

这些准则确保目标块组尽可能靠近父目录 inode 所在的块组，除非父目录 inode 已经被删除。算法遍历各个块组，寻找符合这些准则的块组。如果有一个准则不满足，则跳过当前块组，继续检查下一个块组。搜索完最后一个块组，从第一个块组重新开始搜索。如果块组均不满足要求，则选择空闲 inode 数目超过平均值的第一个块组返回。

在系统根目录下创建子目录时，目录的 inode 应尽可能均匀地散布到各个块组中。算法采用不超过现存块组数的随机数随机选择块组及其后续块组进行遍历，将空闲 inode 数目和空闲块数均超过各自平均值、现存目录数小于最佳值（即每组 inode 数）的块组作为目标块组返回。目标块组是目录项数最少且符合前述条件的块组。若不存在这样的块组，则寻找质量稍差的块组。

（2）目录 inode 的分配

在为目录分配 inode 时，系统扫描各个块组，寻找符合下列条件的块组。

① 块组中有空闲空间。

② 与块组中其他类型的 inode 相比，目录 inode 的数目尽可能小。

这些条件确保目录 inode 尽可能均匀散布到各个块组中。如果没有满足条件的块组，则选择空闲空间超过平均水平且目录 inode 数目最少的块组为目录分配 inode。

（3）其他文件 inode 的分配

在为目录以外的其他类型文件分配 inode 时，从新文件父目录 inode 所在的块组开始依次搜索编号为 $start+2^0$，$start+2^0+2^1$，$start+2^0+2^1+2^2$，… 的块组，从找到的有空闲 inode 的第一个块组中为文件分配 inode。start 为起始块组编号。如果没有找到有空闲 inode 的块组，则扫描所有块组，寻找有空闲 inode 的块组。

3．删除 inode

删除目录系统调用 rmdir 由 inode_operations 结构中的 rmdir 函数指针指向的 Ext2 文件系统的 ext2_rmdir 函数执行。删除目录需完成下列操作。

（1）从父目录的 inode 的数据区中删除被删目录对应的目录项。

（2）释放目录占用的磁盘数据块，包括 inode 和子目录项占用的数据块。

被删除的目录应为空目录，即只包含.和..的目录。删除一个目录项时，在目录表中将被删目录项旁路，以后跳过对该目录项的访问。将被删目录项引用的 inode 的链接计数器 i_nlink 的值减 1，如果计数器值变为 0，则释放被删目录项对应的 inode 和目录内容的数据块以及内存中对应的数据结构和为数据分配的内存页，否则删除操作结束，这表明有剩余的硬链接存在，文件系统中仍然存在对数据块的引用。inode 数据块的释放操作仅修改 inode 位图中的二进制位值，不改变 inode 数据块及与 inode 关联的数据块的内容。这意味着被释放的数据块在被重新分配之前，有挽救的机会。

删除普通文件的过程与删除目录的过程非常相似。删除普通文件从 unlink 系统调用开始，逐级向下调用 VFS 层函数 vfs_unlink、特定于文件的 inode_operations->unlink 函数、Ext2 文件系统的 ext2_unlink 函数。

4．文件内容所占磁盘存储块的删除

删除文件内容存储块之前，必须确保文件系统中不存在对文件内容的引用，即硬链接计数器 i_nlink 的值必须为 0，内存中也不存在对该文件 inode 结构的引用，即 inode 使用计数器 i_count 值必须为 0。删除包括文件内容块的删除和 inode 结构本身所占存储块的删除。实际删除操作只是将待删文件内容的数据块位图或 inode 位图的对应位置零。

Ext3 与 Ext2 兼容，但提供了扩展日志功能，可用于系统崩溃恢复。

Ext3 文件系统的日志功能是记录对文件系统数据的操作，以便操作被无意中断时恢复文件系统数据的一致性。

Ext3 将对文件系统元数据的每个操作都视为事务，在执行操作前在日志中记录该事件，操作结束后，从日志中删除该记录。如果事务数据写入日志之后，在操作执行之前发生了系统错误，则在下次装载文件系统时将执行该操作。

习 题 6

6-1 假设一个文件被删除了，但该文件的符号链接仍存在，被删除文件的磁盘空间可以再度被利用。如果一个新文件被创建在该文件释放的存储区域或具有同样的绝对路径名，这会产生什么问题？如何避免这些问题？

6-2 在三级索引分配结构中，每个文件的索引表为 15 个索引项，每项 4 个字节，登记一个存放文件信息的物理块号。最前面 12 项直接登记存放文件信息的物理块号，叫直接寻址索引项。如果文件大于 12 块，则利用第 13 项指向一个物理块，该块中最多可存放 256 个文件物理块的块号，称为一次间接寻址索引块。对于更大的文件还可利用第 14 和第 15 项作为二次和三次间接寻址索引块。请分别计算采用直接寻址索引块、一次间接寻址索引块、二次间接寻址索引块和三次间接寻址索引块时可建立的文件最大为多少个物理块？

6-3 在三级索引分配结构中，每个文件的索引表为 15 个索引项，每项 4 个字节，登记一个存放文件信息的物理块号。0～11 项为直接寻址索引项，用来登记存放文件信息的物理块号。第 13 项为一次间接寻址索引项，该项指向一个物理块，该块中最多可存放 256 个文件物理块的块号，第 14 和第 15 项分别为二次和三次间接寻址索引。请分别计算长度为 7200B、20000B、500000B 的文件占用多少个数据块、多少个一次间接寻址索引块、多少个二次间接寻址索引块和多少个三次间接寻址索引块？

6-4 在采用空闲块成组链接法的文件系统中，系统当前剩余空闲块 350 块，空闲块以 100 块为一组进行链接管理。

（1）请绘制这 350 块空闲块的链接示意图；

（2）假设每块空闲块的容量为 1024B，每个块指针占 4B，如果一个文件长度为 52KB，且对文件占用的物理块按照三级索引分配结构进行管理，则该文件的数据块和地址索引块一共占用多少个物理块？请绘制为文件分配这些物理块后，剩余空闲块的成组链接示意图；

（3）文件经过编辑减小为 30KB，则该文件释放了多少个物理块？此时该文件的数据块和地址索引块一共占用多少个物理块？请绘制回收该文件释放这些空闲块后，剩余空闲块的成组链接示意图。

6-5 列举常用的 Linux 文件与目录操作命令及用法实例，并上机完成目录创建、进入目录、建立文件、显示文件、显示目录、管道操作、输出重定向、文件合并、文件拆分、文件查找等功能。

6-6 试用 Linux 文件操作函数分别实现二进制文件和文本文件的读写与显示功能并上机调试。

6-7 试用 Linux 文件操作函数实现多进程对文件的并发访问功能，注意观察各个进程的文件读写指针是否相同，一个进程对文件的修改结果是否可被其他进程看到。

6-8 什么是文件？文件如何分类？UNIX 文件分为哪些类型？

6-9 文件有哪些属性？

6-10 文件有哪些访问方式？每种访问方式是如何工作的？

6-11 文件有哪些操作类型？

6-12 目录项包含哪些信息？

6-13 什么是索引节点？基于索引节点的目录项是如何设计的？

6-14 外存索引节点包含哪些项目？

6-15 内存活动索引节点表的作用是什么？

6-16 请说明通过基于索引节点的目录查找文件的过程。

6-17 什么叫路径名、目录路径名、文件路径名、绝对路径名、相对路径名、当前目录？

6-18 什么是文件的逻辑结构？文件逻辑结构有哪些？其组织特征各是什么？

6-19　什么是文件的物理结构？构造文件物理结构的方法有哪些？常见的文件物理结构有哪些？其各自的组织方法是什么？

6-20　磁盘文件系统主要包括哪些结构信息？

6-21　什么是用户打开文件表和系统打开文件表？文件描述符与用户打开文件表、系统打开文件表以及内存活动索引节点表有什么关系？

6-22　简述文件创建系统调用处理过程。

6-23　简述文件打开系统调用处理过程。

6-24　简述文件读/写系统调用处理过程。

6-25　简述文件关闭系统调用处理过程。

6-26　什么是文件共享？文件共享有哪些形式？各种形式的策略是什么？

6-27　文件空间分配方法有哪些？

6-28　简述 UNIX/Linux 多级索引分配外存方法。

6-29　文件外存空间管理方法有哪些？

6-30　简述 UNIX/Linux 成组空闲块链外存空间管理分配与回收方法。

6-31　什么是内存映射文件？它与传统的文件访问方法有什么区别？

6-32　Linux 内存映射文件函数有哪些？

6-33　简述 Linux 内存映射文件的操作步骤。

6-34　什么是虚拟文件系统？它由哪些对象组成？

第 7 章

操作系统安全

7.1 操作系统安全的概念

7.1.1 信息安全及威胁

1. 信息安全

许多公司的计算机上存放着技术的、商业的、财务的、法律的及其他方面有价值并需要保密的信息。家用计算机上也会存放财务及其他方面的非公开信息。确保计算机上信息安全变得越来越重要。防止单位及私人信息免受非法访问是信息安全的重要目标和内容。信息安全保障包括技术、管理、法律、政治等方面的措施。在技术方面，信息安全类似计算机软硬件资源的管理，属于一种公共事务，因而自然成为操作系统提供的一种机制和服务。作为计算机的应用门户，操作系统理应提供一定的信息安全服务。信息安全的一些具体含义包括数据保密、数据完整性、系统可用性等。

数据保密：未经授权数据不被访问。数据所有者指定许可访问者，系统执行用户的决定。

数据完整性：未经授权数据不被修改，包括数值变动、数据删除、添加错误数据等操作。

系统可用性：防止系统功能被扰乱、失效。例如，拒绝服务攻击频繁向 Internet 服务器发送请求导致系统死机，无法提供正常服务。

2. 信息安全威胁

对信息安全构成威胁或破坏的对象包括僵尸、入侵者、内部攻击等。

1）僵尸

僵尸：计算机合法用户以外的人（通过病毒和其他手段）获取一些家用计算机的控制权，成为这些计算机的新主人，以合法用户名义实施操作，如发送垃圾邮件等，使得垃圾邮件的真正来源难以被追踪到。

2）入侵者

入侵者：闯入与自己不相干的区域阅读无权阅读的文件或者未经授权就改动数据。

入侵者分为以下种类。

（1）非专业用户随意浏览未加防护的文件和电子邮件。

（2）内部人员的窥视。例如，学生、系统程序员、操作员或其他技术人员以进入计算机系统作为挑战。

（3）为获取利益而尝试。例如，系统开发人员通过修改软件窃取单位利益。

（4）商业或军事间谍。受到竞争对手资助，以窃取计算机程序、交易数据、专利、技术、设计方案和商业计划等为目的。

编写病毒的人也是入侵者。入侵者设法进入特定计算机系统窃取或破坏特定的数据，病毒作者常想造成破坏而不在乎谁是受害者。病毒是能够自我复制并通常会产生危害的程序代码。

病毒：一种特殊的程序，将自己植入其他程序中进行繁殖、传播，使更多的程序受到感染。

病毒传播机理：病毒制造者采用某些工具软件将病毒插入容易引人注意的软件里，如网页游戏、盗版商业软件或其他引人注意的软件，下载运行这些包含病毒的软件时，病毒自我复制传播，引起更多的软件感染病毒。

3）内部攻击

内部攻击：由公司的编程人员利用专业知识和访问权限对系统进行攻击。

逻辑炸弹：隐含在具有正常功能的软件中，条件具备时才运行实施破坏的程序。破坏行为包括删除文件、毁坏数据库、使进程无法正常运行、使系统瘫痪等。

后门陷阱：内部人员在软件中插入可以跳过正常认证过程的程序代码，人为造成安全漏洞。防止后门陷阱的一个方法是代码审查。程序员完成某个模块的编写和测试后，将其放入代码数据库中进行检验。

缓冲区溢出攻击：通过向程序的缓冲区中写入超出其长度的内容，造成缓冲区溢出，破坏程序堆栈，使程序转而执行其他指令，达到攻击的目的。造成缓冲区溢出的原因是程序没有仔细检查用户输入参数长度的合法性。

格式化字符串攻击：在 printf 函数格式化字符串可以由用户通过输入来决定的情况下，该函数的返回地址可能被改写为恶意攻击代码的程序地址，造成安全漏洞。

代码注入攻击：将目标程序不期望执行的程序以输入参数的形式提供给它执行。例如，在命令行参数中包含其他命令及参数。

木马攻击：将有害代码嵌入有用软件中，供用户下载、安装、运行，激活有害代码并实施攻击。

间谍软件：将其在用户不知情的情况下加载到计算机上，在后台做一些超出用户意愿的事情。

间谍软件隐藏自身，收集用户数据并传给远程监控者，改变软件设置或者进行其他恶意行为。

间谍软件的目的大致有营销、监视、控制。例如，通过收集信息以便更好地将广告投放到特定计算机，达到营销目的。某些公司故意在职员计算机上安装间谍软件以监视员工的举动。一些间谍软件控制被感染计算机按控制者意志行事。间谍软件通过嵌入免费软件、网页下载程序、浏览器第三方工具条或者类似 ActiveX 的控件中传播。

数据意外遗失是信息安全受到危害的另一种常见形式。造成数据意外遗失通常包括如下几方面的原因。

（1）天灾：火灾、洪水、地震、战争、暴乱或老鼠咬坏磁带或软盘等。

（2）软硬件错误：CPU 故障、磁盘或磁带不可读、通信故障或程序中的错误。

（3）人为过失：不正确的数据登录、错误的磁带或磁盘安装、运行错误程序、磁带或磁盘遗失及其他过失。

数据意外遗失造成的损失往往比入侵者造成的损失大。对数据尤其是原始数据进行远地备份可以避免大多数数据的意外遗失。

7.1.2 信息保护

保护信息的措施有很多，如加密、数字签名、防火墙等。

1．加密

加密的目的是将明文（即原始信息或文件）通过某种手段变为密文，只有经过授权的人才知道如何将密文恢复为明文。加密算法中使用的加密参数称为密钥。如果 P 代表明文，K_E 代表加密密钥，C 代表密文，E 代表加密算法及加密函数，则 $C=E(P, K_E)$ 就是加密的定义。其含义是把明文 P 和加密密钥 K_E 作为参数，通过加密算法 E 把明文变为密文。

解密是一个还原明文的过程。设 D 表示解密算法，K_D 表示解密密钥，则 $P=D(C, K_D)$ 表示以密文 C 和解密密钥 K_D 作为参数，通过解密算法 D 获得明文 P。

加密包括私钥加密和公钥加密。私钥加密体系的缺陷是，发送者与接收者必须同时拥有密钥，它们甚至必须有物理上的接触，才能传递密钥。

公钥加密技术的特点是加密密钥和解密密钥不同，给出一个筛选过的加密密钥后不可能推出对应的解密密钥。加密密钥可被公开而只有解密密钥处于秘密状态。在公钥密码体系中，加密运算比较简单，而没有密钥的解密运算却十分烦琐。公钥机制的运算速度比对称密钥机制慢数千倍。

使用公钥密码体系时，每个人都拥有一对密钥（公钥和私钥），公钥是公开的。公钥是加密密钥，私钥是解密密钥。发送机密信息时，用接收方的公钥将明文加密。由于只有接收方拥有私钥，所以只有接收方可以解密信息。

MD5 是一种产生 16 个字节结果的加密散列函数，常用来对用户口令进行加密。

2．数字签名

数字签名用于防止或识别信息被篡改。

文件所有者利用其私钥对文件的散列值进行运算得到散列值 D，该值称为签名块。签名块附加在原始文档之后传送给接收方。接收方收到原始文档和散列值后，首先使用事先约定的散列函数（如 MD5）计算文档的散列值，然后使用发送方的公钥对签名块进行运算以得到 E。如果计算后的散列值与签名块中的散列值不一致，则表明文档或者签名块被篡改过。

要使用这种签名机制，接收方必须知道发送方的公钥。消息发送方的常用方法是在消息后附加数字证书，证书中包含用户姓名、公钥和可信任的第三方数字签名。

认证机构（Certification Authority，CA）作为可信的第三方提供签名证书。然而用户要验证有 CA 签名的证书，就必须得到 CA 的公钥，从哪里获得这个公钥呢？公钥基础设施提供了一套管理公钥的完整机制。所有浏览器都预加载了大约 40 个著名 CA 的公钥。

如何在不安全的系统中安全地保存密钥呢？工业上采用可信平台模块（Trusted Platform Module，TPM）芯片解决该问题。TPM 是一种加密处理器，使用内部的非易失性存储介质来保存密钥。该芯片使用硬件实现数据的加密/解密操作，速度比软件实现快许多。TPM 可以验证数字签名。一些计算机已经安装了 TPM 芯片。

Microsoft 的观点是由操作系统控制 TPM 芯片，并使用该芯片阻止非授权软件的运行。非授权软件可以是盗版软件或没有经过操作系统认证的软件。如果将 TPM 应用到系统启动的过程中，则计算机只能启动经过内置于 TPM 的密钥签名的操作系统，该密钥由 TPM 生产商提供，该密钥只会透露给允许被安装在该计算机上的操作系统生产商。因此，使用 TPM 可以限制用户对软件的选择，用户只能选择经过计算机生产商授权的软件。

例如，TPM 可以用于防止音乐与电影的盗版。TPM 通过检查日期判断当前媒体是否已经"过期"，如果过期，则拒绝为该媒体解码。

TPM 并不能提高计算机在应对外部攻击中的安全性。TPM 关注的重点是采用加密技术来阻止用户做任何未经 TPM 控制者直接或间接授权的事情。

7.2 信息安全保护机制

明确安全需求，采用清晰的模型说明允许做的事情、需要保护的资源是实现系统安全的前提和基础。

1. 域

计算机系统中有许多需要保护的对象。这些对象可以是硬件（如 CPU、内存段、磁盘驱动器或打印机等）或软件（如进程、文件、数据库或信号量等）。每个对象都有用于引用该对象的名称和允许对该对象执行的操作。例如，read 和 write 是对文件对象执行的操作，up 和 down 是对信号量执行的操作。进程可以获得对这些对象的某些操作权限。被保护对象及其操作权限是采用域来规定的。

域：域是一对（对象，权限）组合，用于指定一个对象和可在该对象上执行的操作子集。权限是指对某个操作的执行许可。

域相当于单个或者一组用户，告诉用户允许或禁止做的事情。一组为某个项目编写代码的人员可能属于一个相同的域，以便于其有权读写与该项目相关的文件。

对象如何分配给域由需求来决定。分配的基本原则是最低权限原则，即每个域拥有最少数量的对象和满足其完成工作所需的最低权限，以此达到最好的安全性。

图 7-1 给出了 3 种域，每个域中都有一些对象，每一个对象都有不同的权限（读、写、执行）。打印机同时存在于两个域中，且在每个域中具有相同的权限；文件 1 同样出现在两个域中，但它在两个域中具有不同的权限。

图 7-1　域

任何时间，每个进程会在某个保护域中运行，对该集合中的对象执行权限集中规定的操作。进程运行时也可以在不同的域之间切换。

在 UNIX 操作系统（包括 Linux、FreeBSD 及类似系统）中，进程的域由用户 ID（UID）和组 ID（GID）定义。给定某个（UID，GID）的组合，就能够得到可以访问的所有对象列表（文件，包括外存上的普通文件及设备文件），以及对它们是否可以读、写或执行。使用相同（UID，GID）组合的两个进程访问的是完全一致的对象组合。使用不同（UID，GID）组合的进程访问的是不同的文件组合，这些文件组合可能有大量的重叠。

为了跟踪每个对象属于哪个域，可以建立一个域表，表的行代表域，列代表对象。行列交界值为域中该对象的许可操作权限。这样的表也称为访问控制列表（Access Control List，ACL）。

访问控制列表给出了每个访问对象的域（用户）及其访问权限。

例如，ACL(F1)=(A:RW; B:R)表示文件 F1 的访问控制列表包含两个表项 A:RW 和 B:R，表项 A:RW 表示任何用户 A 拥有的进程都可以读写文件。表项 B:R 表示任何用户 B 拥有的进程都可以读文件。这些用户的其他访问和其他用户的任何访问都被禁止。访问控制列表中权限是用户赋予的，而不是进程赋予的。只要系统运行了保护机制，用户 A 拥有的任何进程（无论多少个）都能读写文件 F1。系统关心的是所有者而不是进程 ID。

再如，ACL(F2)=(B:RWX; C:RX)表示用户 B 和 C 都可以读并且执行文件 F2。用户 B 也可以执行写操作。

访问控制列表可以规定单个用户对某个对象的访问权限，也可以同时规定用户组对某个对象的访问权限。在某些系统中，每个进程具有 UID 和 GID。这类系统的访问控制列表结构如下。

UID1，GID1：权限 1；UID2，GID2：权限 2；…

例如，ACL(Password)=(tana,sysadm:RW)，ACL(Pigeon_data)=(bill,pigfan:RW; tana,pigfan: RW)表示组 sysadm 中的用户 tana 可以读写文件"Password"，组 pigfan 中的用户 bill 和 tana 可以读写文件"Pigeon_data"。

tana,*:RW：表示无论用户 tana 属于哪一组都可以对某对象进行读写。

virgil,*:(none);*,*:RW：表示给 virgil 之外的登录项以读写文件的权限。

debbie:RW;phil:RW;pigfan:RW：表示 debbie、phil 和其他所有 pigfan 组中的成员都可以读写给定的文件。

2．隐写

隐写术：将保密信息的字节/位值插入原始文档的字节/位序列中。

例如，将隐藏的水印插入网页上的图片中可以防止窃取者用在其他网页上。

3．认证

认证用于确认用户身份，包括使用口令的认证、使用实际物体的认证、使用生物识别的认证等方式。

1）使用口令的认证

使用口令的认证核对用户登录系统时输入的用户名和口令与用户注册时设定的用户名和口令是否一致，以判定用户是否具有系统访问权。用户注册时设定的用户名和口令保存在系统口令表中。为了防止非法用户查看口令表窃取其他用户的口令，口令表并不直接存储用户注册时设置的口令，而是存储口令的转换值，输入转换值并不能成功登录到系统。转换值由复杂的加密函数或加密例程生成。例如，加密例程 crypt(3)将口令和另一个多位随机数（盐值）作为输入参数，将输出作为输入再次加密，经过多次加密后产生口令的加密值。

2）使用实际物体的认证

使用实际物体而不是用户知道的信息。例如，银行 ATM 要求用户使用磁卡和口令通过远程终端（ATM）登录到银行主机上。磁卡有两种：磁条卡和芯片卡。磁条卡的磁条上可以写入少量字节（如 140 个字节）信息。这些信息被终端读出并发送到主机中。这些信息一般包括用户口令。

芯片卡在卡片上包含小型集成电路。芯片卡又分为储值卡和智能卡。储值卡包含一定数量的 ROM 存储单元（通常小于 1KB），在断电和离开读写设备后仍然保持记忆。储值卡上没有 CPU，其中的信息仅能被读卡器阅读和改变。

智能卡包含 CPU、ROM、RAM。智能卡可以像储值卡一样储值，但具有更好的安全性和更广泛的用途。智能卡的用途主要如下。

（1）身份识别：通过对卡内信息进行计算，确认持卡人的身份。

（2）支付工具：内置记账数据，起电子货币的作用。

（3）加密/解密：采用 DES、RSA、MD5 等密码机制对用户身份的真实性、资料的完整性、交易的不可否认性及合法性进行加密保护，增加卡片的安全性，并可采用离线作业，降低网络通信成本。

（4）电子信息存储：将客户个人财务信息、医疗信息等记录在智能卡上，减少书面作业程序时间，降低客户档案维护成本，并可被不同单位共享。智能卡身份证可以记录公民指纹、生日、个人档案等，还可作为护照使用。门禁智能卡除了记录通行许可信息之外，还可存储小额款项，实现电子钱包的功能。

3）使用生物识别的认证

使用生物识别的认证是指利用生物特征的唯一性对用户身份进行认证。对用户的某些物理特征，如指纹、视网膜、DNA 等进行验证，这些特征很难伪造。

典型的生物识别系统由两部分组成：注册部分和识别部分。注册部分存储数字化的用户特征，并抽取最重要的识别信息存放在用户记录中。用户信息存放在（远程）中心数据库或用户随身携带的智能卡中以备远程读卡器识别。识别部分用来比较用户登录时提供的信息与注册时提交的信息，若相同则允许登录，否则拒绝登录。广泛应用于商业的虹膜识别技术采用 1m 以外的照相机对用户视网膜进行拍照采样，经过 Gabor 小波变换提取特征信息，并将结果压缩为 256 个字节。该结果在用户登录时与现场采样结果进行比较，如果两者的海明距离小于某个阈值，则该用户通过验证。

4．签名

有一种签名分析称为签名比较，用户使用与终端相连的特殊签名笔签名，验证系统将签名与在线存放的或智能卡中的已知样本进行比较，分析两者的相似性。还有一种签名分析比较笔的移动轨迹及书写签名时产生的压力。

5．防火墙

防火墙是一种位于内部网络与外部网络之间的网络安全系统，依照特定的规则，允许或限制传输数据的通过。

防火墙有硬件防火墙和软件防火墙两种基本类型。单位局域网的保护通常选择硬件防火墙，家庭个人计算机通常采用软件防火墙。允许或禁止通过防火墙的数据包由配置规则来决定。防火墙实际上是一种包过滤器。软件防火墙是附加在操作系统内核网络代码上的数据过滤器。

6．反病毒方法

（1）病毒扫描查杀：定期扫描计算机系统，寻找病毒特征码并排除计算机病毒，随时更新病毒库。

（2）完整性检查：在确认可执行文件未被病毒感染时，计算其校验和并保存起来，下次运行时重新计算校验和，根据两次校验和是否匹配来判断文件是否感染病毒。

（3）行为检查：对引起程序执行流程发生改变的引导扇区覆盖、可执行文件覆盖等行为进行检测，以判断系统是否存在病毒。

（4）病毒避免：防止病毒进入系统。避免病毒感染的措施为：选择安全操作系统，仅从可靠供应商处购买软件，购买和使用性能良好的反病毒软件并及时更新，谨慎单击邮件附件，定期备份重要文件到外存中。

（5）代码签名：软件厂商发布带有数字签名的软件，以供用户确认软件来源和软件是否遭到篡改。

代码签名过程为：软件供应商首先对程序代码进行散列函数计算，得到一定位数的值，如采用 MD5 算法得到 128 位散列值，然后通过私钥加密取得散列值的数字签名，该数字签名始终伴随着这个软件。当用户得到这个软件后，同样对软件代码计算出散列函数值，再使用公钥解密软件附带的数字签名，如果散列函数值与解密值相等，则用户接收软件，否则作为伪造版本加以拒绝。代码签名的工作原理如图 7-2 所示。

图 7-2 代码签名的工作原理

习 题 7

7-1 在一台公用计算机上，如果一个用户禁止其他用户访问自己的文件目录，在 Linux 和 Windows 中分别如何实现这一目标？

7-2 一个计算机系统拥有 10 个用户，现在允许其中 6 个用户访问某个文件，其他 4 个用户禁止访问该文件，在 Linux 中如何实现这一目标？

7-3 学校实验室计算机上安装有不同的软件系统供学生在不同时间上机实验，在特定的时间段特定的软件可以供上该实验课的学生使用，其他软件、其他学生不可使用，但是实验室管理人员任何时候都可使用计算机上的任何软件，请说明如何实现这一点。

7-4 手机被人们赋予了通信功能以外的支付功能，由于手机丢失或被借用可能造成未授权支付。手机具有私人性，如何增强支付时对手机主人身份的识别功能？

第8章

多处理机与多计算机操作系统

由于电子信号的速度不可能超过光速，通过提高时钟频率使 CPU 获得更快计算速度的硬件技术已经遭遇了瓶颈。减小计算机体积有助于减少信号传输时间，保证较高的计算速度，但是计算速度越快，产生的热量越多，计算机越小，也就越难散热。

获得更高速度的另一种处理方式是大规模使用并行计算机。并行计算机具有较多的 CPU，每个 CPU 都以常规速度运行，但是所有 CPU 的计算能力会超过单个 CPU 的计算能力。其他获得更高处理速度的潜在技术是生物计算机。

在天气预报、机翼气流建模、世界经济模拟及药物–受体相互作用分析理解等高强度数据处理中经常采用高度并行计算机，多个 CPU 长时间并行工作。

多核处理器是多 CPU 系统的一种产品形式。多核处理器是指在一个处理器中集成两个或多个完整的计算引擎（内核），也称为单芯片多处理器。

仅仅提高单核芯片的速度会产生过多热量且无法带来相应的性能改善。单个处理单元的速率提高到一定程度会产生大量难以及时散发的热量，并且难以获得令人满意的性价比。

通过划分任务，多核处理器可利用其中的多个执行内核并行执行多个线程。采用线程级并行编程的软件可以利用多核处理器提高运行速度。例如，浏览器进程运行时会创建和执行代码解析、Flash 播放、多媒体播放、Java 脚本解析等一系列线程，这些线程可以在多个计算内核上并行执行，提高网页处理效率。对于没有采用并行编程的多个单线程进程，操作系统可以将它们调度到不同的计算机内核上并行运行，同样可以加快这组进程的执行速度。

多核处理器虽然在硬件上带来了并行处理多个任务的潜在能力，但是并行处理程序的编制却异常困难。目前的大部分应用程序不能够自动分解为多个任务并分别交给多个计算内核运行。因此，对大多数用户来说，多核处理器带来的实际益处可能并不明显。

8.1 多处理机操作系统

1. 多处理机之间的关系

1）主从多处理机

在主从多处理机中，操作系统运行在其中一个 CPU（即主 CPU）上，进程运行在其他 CPU（即从 CPU）上。如果主 CPU 时间宽松，则也可运行进程。从 CPU 可以向主 CPU 请求运行进程，这种模型称为主从模型。主从多处理机系统的全局数据结构是唯一的，没有多个副本，因此可避免数据不一致的现象。但是当 CPU 较多时，主 CPU 会成为瓶颈。因此，主从模型不能用于 CPU 较多的大型多处理机系统。

2）对称多处理机

在对称多处理机系统中，操作系统可在任意 CPU 上运行，且操作系统的若干功能模块可以并行运行在多个 CPU 上，使操作系统获得较高的运行效率。例如，操作系统的进程调度程序、文件系统调用处理程序和缺页中断处理程序可分别运行在 3 个 CPU 上。作为各个 CPU 都可执行的共享程序，操作系统存在错误共享的可能。为此，需将操作系统分割为互不影响的临界区，每个临界区由其互斥信号量加以保护。被多个临界区使用的共享数据结构（如进程表）也需要有各自的互斥信号量加以保护。采用互斥机制后，也需要采取预防或解除死锁的机制。

2. 多处理机同步

在多处理机系统中，临界资源往往是各个 CPU 共享的资源，一个 CPU 在访问临界资源前关闭本机中断并不妨碍其他 CPU 对临界资源的非互斥访问。因此，用来控制临界资源访问的硬件原子测试加锁（TSL）操作需要首先锁住总线，防止其他 CPU 访问它，再进行存储器的读写访问，最后解锁总线。在解锁之前，CPU 可以选择等待或者运行其他线程任务。

3. 多处理机调度

多处理机调度复杂于单处理机调度。单处理机调度是一维的，只需考虑调度哪个进程或哪个线程占有处理器即可。多处理机调度是二维的，调度程序必须决定哪一个进程或线程在哪一个 CPU 上运行。

对于相互独立的线程的调度，可以按优先级设置若干系统级的调度队列，空闲 CPU 可以从中取出一个线程任务执行，各个 CPU 负载能够自动维持平衡。

对于彼此相关的线程，它们需要频繁通信，因而需要在多个 CPU 上同时调度。最简单的调度算法是为各个线程分配各自专用的 CPU 并且同时开始运行。只有空闲 CPU 数量满足相关线程数量时，该组线程才开始执行，每个线程保持其 CPU 直到运行终止，这就是群调度。应用程序也可根据当前可用 CPU 的数量主动调整其线程数量以符合可用 CPU 数量。

群调度属于协同调度，将一组相关线程看作一个调度单位而共同调度，群中所有成员在不同 CPU 上同时运行，所有成员共同开始和结束其时间片。

群调度的关键是将 CPU 时间划分为离散的时间片，在每个新的时间片开始时，所有 CPU 都重新调度。群调度的目的是使一个进程的所有线程在同一个时间片内共同运行，这样，一个线程向另一个线程发送的消息可以立即得到应答。

8.2　多计算机操作系统

1. 多计算机模型

多计算机也称集群计算机或者工作站集群，是紧耦合 CPU，不共享存储器。每台计算机都有自己的存储器。多计算机的基本部件是一台配有高性能网络接口卡的 PC 裸机。多计算机的目标是在微秒数量级上发送消息，而不是在纳秒数量级上访问存储器。

多处理机提供了一个简单的通信模型：所有 CPU 共享一个公用存储器，通过读写公用存储器，进程很容易实现通信目的。进程同步可以采用信号量、管程等技术实现。其不足之处是大型多处理机构造困难，造价昂贵。

2. 多计算机硬件

一台多计算机的基本节点包括一个 CPU、一个存储器、一个网络接口，有时还包含一个硬盘。节点可以封装在标准的 PC 机箱中，通常没有图像适配卡、显示器、键盘和鼠标等。上百个甚至上千个节点连接在一起组成一个多计算机。

1）互连技术

每个节点有一块网卡，两个节点通过连接网卡的电缆或光纤实现互连。一个节点的网卡也可通过电缆连接到交换机上。若干个节点可以通过交换机连接为星形结构，各个节点也可连接为环形结构。各个节点的拓扑结构还包含网格结构、立体结构等。多计算机中的交换机制有存储转发包交换和电路交换。存储转发包交换在由交换机构成的动态路由中经过缓冲传递消息。电路交换在消息传递前建立一个专用路径，消息在该路径上进行非缓冲地、不间断地传递。

2）网络接口卡

网络接口卡具有缓存信息的私有 RAM、使私有 RAM 与内存直接交换信息的 DMA 通道，甚至具有 CPU（一般被称为网络处理器）。

3．多计算机软件

1）底层通信软件

底层通信软件需要考虑通信效率、多进程及操作系统对网络接口的资源共享问题。减少数据包的复制次数有助于减少通信效率的损失。将网络接口映射到用户地址空间而不是内核地址空间，将在网络接口与用户进程之间建立信息传输的直接通道，避免了数据包经由内核传递时复制引起的效率损失。当多个进程均需访问网络接口以传递信息时，可以采用空分复用方式将网络接口上的 RAM 划分为若干个分区，并分别映射到不同进程空间。为了解决内核与用户对网络接口的争用问题，通常使用两套网络接口：一套映射到用户空间中，供应用程序使用；另一套映射到内核空间中，供操作系统使用。

2）节点至网络接口的通信

在内存和网络接口中交换数据时，相应内存页面要锁定，以防止页面替换造成错误。

3）用户层通信软件

发送和接收消息是用户层最重要的通信操作，操作系统向用户提供了发送和接收两种重要的通信原语。

发送原语调用方式如下。

```
send(目标进程标识，消息地址)；
```

send 原语向目标进程发送消息。

接收原语调用方式如下。

```
receive(监听地址，消息接收缓冲区地址)；
```

receive 原语从监听地址接收消息并将其复制到接收缓冲区中。监听地址可以由多计算机的 CPU 编号和该 CPU 上的进程或端口编号组成。

消息发送或接收的调用又分为阻塞和非阻塞两种形式。阻塞式调用需要进程等待消息发送完或接收后才继续执行。非阻塞式调用则不需要进程等待调用执行结果即可继续执行。非阻塞式调用需要解决的问题是，进程不知道传输何时结束、何时重用消息缓冲区是安全的。

4．远程过程调用

远程过程调用是由本地进程调用位于异地计算节点（其他 CPU）上的过程，用于对该过程所在节点上的数据进行原地计算，计算结果通过网络返回本地。被调用的过程称为服务器，发出调用的过程称为客户机。

远程过程调用支持的客户机/服务器计算模式有别于本地的、集中的计算模式。在本地的、集中的计算模式下，数据及其加工程序均位于本地计算机。如果数据位于其他计算机上，则需要通过通信机制将数据由其他计算机传送到本地机上才能计算。数据量很大时，数据传输会消耗大量的时间和网络带宽。远程过程调用计算模式将完成计算任务的数据及过程按照原地计算的原则部署在若干台计算机上，与数据对应的处理过程配置在该数据所在计算机上。需要对其他计算机数据进行处理的本地程序向该机上的数据处理过程发出远程过程调用。经过封装抽象，远程过程调用与本地过程调用形式相近。远程过程调用计算模式避免了大量原始数据在网络上的移动，网络上仅传输计算请求信息和计算结果信息，节约了传输带宽，获得了较好的计算效率。

5. 多计算机调度

在一台多处理机中，所有进程都在同一个存储器中。任何进程可以调度到任何 CPU 上运行。在一台多计算机中，每个节点都有其自己的存储器和进程集合，因此可以应用任何本地调度算法。一个 CPU 要运行其他节点上的进程需要花费大量的时间来获得该进程。

多计算机调度的主要目标是根据一定的准则将进程分配到计算节点上。

多计算机系统需要解决的关键问题是以有效的方式将进程分配到各个节点上，这种分配算法称为处理器分配算法。处理器分配算法的目标有 CPU 负载均衡、总的通信带宽最小化、用户和进程公平使用计算资源等。图论确定算法分配处理器的方法是使每个 CPU 分得的进程组内通信高流量、进程组间通信低流量。

发送者发起的分布式启发算法是在过载节点接收到新进程时，咨询其他节点是否过载，以便将新接收的进程传送到未过载节点运行的算法。

接收者发起的分布式启发算法在一个进程结束时，轻载节点咨询其他节点是否可以分配新的进程任务。如果不可以，则该节点继续运行已经安排好的任务，等到下次进程结束时再次询问。

分布式系统与多计算机类似，每个节点都是一台完整的计算机，带有全部的外部设备，每个节点可以运行不同的操作系统，节点可能分散在全世界范围内，整个分布式系统可以由通过 Internet 松散协作的上千台机器组成。分布式系统是基于某种概念将分散机器统一起来的一种系统。分布式系统构建在计算机网络上层。

习　题　8

8-1　在共享内存多处理机系统中，如何协调多个处理器对同一内存单元的同时访问问题？

8-2　在多处理机系统或多计算机系统上开发应用软件，程序员和操作系统分别负责哪些事务？对于特定的应用，如何选择合适的计算系统架构？